"十四五"时期国家重点出版物出版专项规划项目

第二次青藏高原综合科学考察研究丛书

典型工矿区地表系统
健康诊断与绿色发展模式

卢宏玮 等 著

科 学 出 版 社

北 京

内 容 简 介

本书系“第二次青藏高原综合科学考察研究”之典型工矿区地表系统健康诊断与绿色发展模式考察任务的成果总结，由工作在青藏高原一线的科研人员共同编著。全书共6章，内容包括科考的背景、意义、目标及内容，科考区域和路线，青藏高原典型工矿区地表系统健康诊断，青藏高原典型工矿业生产活动特征及污染物排放分析，青藏高原典型工矿区景观格局的环境质量响应，青藏高原能矿业绿色发展模式探讨。本书的特点是通过科考获得了大量的高原工矿业生产、污染物排放、地表环境质量、产业绿色发展模式等第一手资料，为工矿业活动的生态环境影响研究提供了数据支持，对实现区域绿色高质量发展具有一定支撑作用。

全书内容系统全面、资料严谨翔实、结构逻辑严密，可为青藏高原典型工矿区地表环境的深入研究提供关键数据。本书可供环境、能源、地学等专业的科研、教学相关人员参考使用。对于书中的不足，敬请读者批评指正。

审图号：GS京(2024)0212号

图书在版编目(CIP)数据

典型工矿区地表系统健康诊断与绿色发展模式 / 卢宏玮等著. —北京：科学出版社，2024.4

（第二次青藏高原综合科学考察研究丛书）

ISBN 978-7-03-078350-9

Ⅰ. ①典…　Ⅱ. ①卢…　Ⅲ. ①青藏高原-工矿区-地表-工业生态系统-研究　Ⅳ. ①X171

中国国家版本馆CIP数据核字(2024)第070060号

责任编辑：朱　丽　董　墨　李嘉佳 / 责任校对：郝甜甜

责任印制：徐晓晨 / 封面设计：马晓敏

科学出版社 出版

北京东黄城根北街16号

邮政编码：100717

http://www.sciencep.com

北京建宏印刷有限公司印刷

科学出版社发行　各地新华书店经销

*

2024年4月第　一　版　开本：787×1092　1/16

2024年4月第一次印刷　印张：18 1/4

字数：438 000

定价：288.00元

（如有印装质量问题，我社负责调换）

“第二次青藏高原综合科学考察研究丛书”

指导委员会

“第二次青藏高原综合科学考察研究丛书”
编辑委员会

《典型工矿区地表系统健康诊断与绿色发展模式》编写委员会

主　任　卢宏玮

副主任　方华军　赵建安　朱秉启

委　员（按姓氏汉语拼音排序）

陈少辉　冯　玮　冯三三　李晓军

王凌青　姚天次　于　庆　张丰松

钟　帅

第二次青藏高原综合科学考察队
工矿区地表系统健康诊断与绿色发展
分队人员名单

姓名	职务	工作单位
卢宏玮	分队长	中国科学院地理科学与资源研究所
方华军	副分队长	中国科学院地理科学与资源研究所
朱秉启	副分队长	中国科学院地理科学与资源研究所
赵建安	副分队长	中国科学院地理科学与资源研究所
钟　帅	队　员	中国科学院地理科学与资源研究所
王凌青	队　员	中国科学院地理科学与资源研究所
陈少辉	队　员	中国科学院地理科学与资源研究所
张丰松	队　员	中国科学院地理科学与资源研究所
冯三三	队　员	中国科学院地理科学与资源研究所
姚天次	队　员	中国科学院地理科学与资源研究所
薛宇轩	队　员	中国科学院地理科学与资源研究所
于　庆	队　员	中国科学院地理科学与资源研究所
胡纾寒	队　员	中国科学院地理科学与资源研究所
李　玎	队　员	中国科学院地理科学与资源研究所
李晓军	队　员	中国科学院沈阳应用生态研究所
周国英	队　员	中国科学院西北高原生物研究所

张　长	队　员	湖南大学
李　琦	队　员	西北大学
陈义忠	队　员	河北工业大学
冯　玮	队　员	中国人民大学

丛书序一

青藏高原是地球上最年轻、海拔最高、面积最大的高原，西起帕米尔高原和兴都库什、东到横断山脉，北起昆仑山和祁连山、南至喜马拉雅山区，高原面海拔4500米上下，是地球上最独特的地质–地理单元，是开展地球演化、圈层相互作用及人地关系研究的天然实验室。

鉴于青藏高原区位的特殊性和重要性，新中国成立以来，在我国重大科技规划中，青藏高原持续被列为重点关注区域。《1956—1967年科学技术发展远景规划》《1963—1972年科学技术发展规划》《1978—1985年全国科学技术发展规划纲要》等规划中都列入针对青藏高原的相关任务。1971年，周恩来总理主持召开全国科学技术工作会议，制订了基础研究八年科技发展规划（1972—1980年），青藏高原科学考察是五个核心内容之一，从而拉开了第一次大规模青藏高原综合科学考察研究的序幕。经过近20年的不懈努力，第一次青藏综合科考全面完成了250多万平方千米的考察，产出了近100部专著和论文集，成果荣获了1987年国家自然科学奖一等奖，在推动区域经济建设和社会发展、巩固国防边防和国家西部大开发战略的实施中发挥了不可替代的作用。

自第一次青藏综合科考开展以来的近50年，青藏高原自然与社会环境发生了重大变化，气候变暖幅度是同期全球平均值的两倍，青藏高原生态环境和水循环格局发生了显著变化，如冰川退缩、冻土退化、冰湖溃决、冰崩、草地退化、泥石流频发，严重影响了人类生存环境和经济社会的发展。青藏高原还是“一带一路”环境变化的核心驱动区，将对“一带一路”沿线20多个国家和30多亿人口的生存与发展带来影响。

2017年8月19日，第二次青藏高原综合科学考察研究启动，习近平总书记发来贺信，指出“青藏高原是世界屋脊、亚洲水塔，是地球第三极，是我国重要的生态安全屏障、战略资源储备基地，是中华民族特色文化的重要保护地”，要求第二次青藏高原综合科学考察研究要“聚焦水、生态、人类活动，着力解决青藏高原资源环境承载力、灾害风险、绿色发展途径等方面的问题，为守护好世界上最后一方净土、建设美丽的青藏高原作出新贡献，让青藏高原各族群众生活更加幸福安康”。习近平总书记的贺信传达了党中央对青藏高原可持续发展和建设国家生态保护屏障的战略方针。

第二次青藏综合科考将围绕青藏高原地球系统变化及其影响这一关键科学问题，开展西风–季风协同作用及其影响、亚洲水塔动态变化与影响、生态系统与生态安全、生态安全屏障功能与优化体系、生物多样性保护与可持续利用、人类活动与生存环境安全、高原生长与演化、资源能源现状与远景评估、地质环境与灾害、区域绿色发展途径等 10 大科学问题的研究，以服务国家战略需求和区域可持续发展。

“第二次青藏高原综合科学考察研究丛书”将系统展示科考成果，从多角度综合反映过去 50 年来青藏高原环境变化的过程、机制及其对人类社会的影响。相信第二次青藏综合科考将继续发扬老一辈科学家艰苦奋斗、团结奋进、勇攀高峰的精神，不忘初心，砥砺前行，为守护好世界上最后一方净土、建设美丽的青藏高原作出新的更大贡献！

孙鸿烈
第一次青藏科考队队长

丛书序二

青藏高原及其周边山地作为地球第三极矗立在北半球，同南极和北极一样既是全球变化的发动机，又是全球变化的放大器。2000年前人们就认识到青藏高原北缘昆仑山的重要性，公元18世纪人们就发现珠穆朗玛峰的存在，19世纪以来，人们对青藏高原的科考水平不断从一个高度推向另一个高度。随着人类远足能力的不断加强，逐梦三极的科考日益频繁。虽然青藏高原科考长期以来一直在通过不同的方式在不同的地区进行着，但对于整个青藏高原的综合科考迄今只有两次。第一次是20世纪70年代开始的第一次青藏科考。这次科考在地学与生物学等科学领域取得了一系列重大成果，奠定了青藏高原科学研究的基础，为推动社会发展、国防安全和西部大开发提供了重要科学依据。第二次是刚刚开始的第二次青藏科考。第二次青藏科考最初是从区域发展和国家需求层面提出来的，后来成为科学家的共同行动。中国科学院的A类先导专项率先支持启动了第二次青藏科考。刚刚启动的国家专项支持，使得第二次青藏科考有了广度和深度的提升。

习近平总书记高度关怀第二次青藏科考，在2017年8月19日第二次青藏科考启动之际，专门给科考队发来贺信，作出重要指示，以高屋建瓴的战略胸怀和俯瞰全球的国际视野，深刻阐述了青藏高原环境变化研究的重要性，希望第二次青藏科考队聚焦水、生态、人类活动，揭示青藏高原环境变化机理，为生态屏障优化和亚洲水塔安全、美丽青藏高原建设作出贡献。殷切期望广大科考人员发扬老一辈科学家艰苦奋斗、团结奋进、勇攀高峰的精神，为守护好世界上最后一方净土顽强拼搏。这充分体现了习近平生态文明思想和绿色发展理念，是第二次青藏科考的基本遵循。

第二次青藏科考的目标是阐明过去环境变化规律，预估未来变化与影响，服务区域经济社会高质量发展，引领国际青藏高原研究，促进全球生态环境保护。为此，第二次青藏科考组织了10大任务和60多个专题，在亚洲水塔区、喜马拉雅区、横断山高山峡谷区、祁连山–阿尔金区、天山–帕米尔区等5大综合考察研究区的19个关键区，开展综合科学考察研究，强化野外观测研究体系布局、科考数据集成、新技术融合和灾害预警体系建设，产出科学考察研究报告、国际科学前沿文章、服务国家需求评估和咨询报告、科学传播产品四大体系的科考成果。

两次青藏综合科考有其相同的地方。表现在两次科考都具有学科齐全的特点，两次科考都有全国不同部门科学家广泛参与，两次科考都是国家专项支持。两次青藏综合科考也有其不同的地方。第一，两次科考的目标不一样：第一次科考是以科学发现为目标；第二次科考是以摸清变化和影响为目标。第二，两次科考的基础不一样：第一次青藏科考时青藏高原交通整体落后、技术手段普遍缺乏；第二次青藏科考时青藏高原交通四通八达，新技术、新手段、新方法日新月异。第三，两次科考的理念不一样：第一次科考的理念是不同学科考察研究的平行推进；第二次科考的理念是实现多学科交叉与融合和地球系统多圈层作用考察研究新突破。

“第二次青藏高原综合科学考察研究丛书”是第二次青藏科考成果四大产出体系的重要组成部分，是系统阐述青藏高原环境变化过程与机理、评估环境变化影响、提出科学应对方案的综合文库。希望丛书的出版能全方位展示青藏高原科学考察研究的新成果和地球系统科学研究的新进展，能为推动青藏高原环境保护和可持续发展、推进国家生态文明建设、促进全球生态环境保护做出应有的贡献。

姚檀栋

姚檀栋
第二次青藏科考队队长

前　　言

青藏高原是我国重要的生态安全屏障和战略资源储备基地，也是全球气候变化显著敏感区和生态环境脆弱区。面向青藏高原第二次综合科学考察目标和青藏高原绿色发展的国家战略需求，“工矿区地表系统健康诊断与绿色发展考察研究”科考分队系统总结了2019～2021年青海祁连山成矿带、柴达木循环经济试验区、西宁工业园区以及西藏雅鲁藏布江中游、拉萨河流域、年楚河流域（简称“一江两河”地区）、阿里地区、昌都市等地典型工矿区的科学考察研究成果，汇集成此书以支撑青藏高原生态屏障建设和绿色高质量发展。本书共分为6章，具体各章节内容和人员分工如下。

第1章由卢宏玮、方华军、赵建安等编写，主要介绍了开展青藏高原典型工矿区地表系统健康诊断与绿色发展考察研究的背景、意义和总体目标。第2章由卢宏玮、方华军、赵建安、朱秉启、王凌青、张丰松、钟帅、姚天次、冯玮等编写，介绍了科考区域的地质、气候、水文、生态、能矿资源本底特征以及工矿业发展现状，特别阐述了重点矿区和工业企业的生产状态，为后续章节的分析提供自然环境和社会经济背景。第3章由卢宏玮、朱秉启、陈少辉、冯三三、于庆等编写，按照点面结合的思路，首先系统分析了典型工矿区周边地区植被指数、植被覆盖度、反照率、地表温度、土壤水分的时空演变特征，然后评估了水土环境质量以量化工矿业活动对矿区周边生态环境的影响。第4章由方华军、李晓军等编写，以青海省现存的规模最大的生产长流程钢铁企业——西宁特殊钢股份有限公司（简称西宁特钢）为例，重点介绍了钢铁行业的生产工艺和钢铁生产过程的物质流，剖析了各个环节可能造成的水土、大气环境污染。第5章由方华军、王凌青、张丰松等编写，以典型工矿区为例重点分析了矿业活动对矿区内部及周边水土环境质量、景观格局的影响，阐明了典型工矿区景观格局的环境质量响应特征。第6章由赵建安、钟帅等编写，在分析高原能矿业发展时空规律的基础上，针对性地提出了优化和加快区域清洁能源等绿色能矿业发展的建议，梳理总结了高原地区现存的四套能矿业绿色发展模式。

本次科考工作的开展和本书的编辑出版得到了“第二次青藏高原综合科学考察研究”专题“工矿区地表系统健康诊断与绿色发展考察研究”（2019QZKK1003）和中国科学院A类战略性先导科技专项“泛第三极环境变化与绿色丝绸之路建设”（XDA20040300）的资助，作者表示由衷感谢。同时，特别感谢各级政府、第二次青藏高原综合科学考察研究办公室给予的帮助和支持。由于时间紧、报告涉及面广以及作者水平有限，书中难免出现不足和疏漏，恳请广大读者指正，共同努力提高青藏高原工矿业绿色发展研究水平。

《典型工矿区地表系统健康诊断与绿色发展模式》编委会

2022年4月

摘　要

青藏高原海拔高耸、地壳运动活跃、能矿资源丰富，是我国重要的生态安全屏障和战略资源储备基地，也是全球气候变化显著敏感区和生态环境脆弱区。过去近三十年的工矿业活动对高原生态环境产生了一定影响，给高原生态安全屏障建设和区域绿色发展带来挑战。鉴于此，“工矿区地表系统健康诊断与绿色发展考察研究”科考分队以青海祁连山成矿带、柴达木循环经济试验区、西宁工业园区以及西藏“一江两河”地区、阿里地区、昌都市等地的典型工矿区为科考重点，开展了典型工矿区地表系统要素变化、工矿业活动污染物源汇特征及生态环境影响、工矿业绿色发展途径等考察研究工作，获得了高原工矿区地表系统关键要素、工矿业生产及环境影响的丰富数据，并产生了许多新的认识。

高原工矿业活动对工矿区及周边地表系统总体影响较小。近20年来青藏高原矿区周围归一化植被指数（NDVI）略微减小、植被覆盖度减小、地表反照率增大、白天地表温度普遍升高、土壤等效水量普遍减小。采矿等人类活动导致少部分地区水环境质量恶化，个别水体存在一定程度的总氮和化学需氧量（COD）污染；土壤中重金属Cd、Cr、Cu、Ni、Pb和Zn的平均含量高于背景值，但多数未超过国家土壤环境质量标准二级限值，高原东、南部地区存在一定程度的Pb、Zn污染，推测可能与当地工矿业活动有关。

大型钢铁企业产能高，节能减排压力大。西宁特殊钢股份有限公司（简称西宁特钢）是青海省目前仅存的一家大型钢铁联合企业，2019年无组织颗粒污染物排放量远高于有组织颗粒污染物。在各生产工序中，高炉炼铁工序和烧结工序贡献了76%的颗粒污染物排放量和79%的SO_2排放量；Pb、Zn和Ni排放量居重金属前三位，年排放量分别为22926.006kg、22833.014kg和10880.017kg，占排放总量的 32.92%、32.79% 和 15.63%。

典型工矿区景观破碎化程度加重，水、土、气等环境质量总体较好。1980 ～ 2000 年，典型工矿区及外扩区域景观格局基本稳定，2000 年后破碎化程度加重。2020 年 8 月矿区空气环境质量监测数据均小于《环境空气质量标准》(GB 3095—2012) Ⅰ类标准限值；地表水水质指标基本能满足Ⅱ类水域标准限值，个别地下水样的浊度、氯化物指标超过Ⅲ类标准限值；土壤重金属浓度显著低于建设用地土壤污染风险筛选值。

青藏高原清洁能源开发潜力巨大，国家级绿色能源基地建设优势明显。青藏高原核心区域（青海、西藏两省区及“三江流域”接壤区）风能、太阳能、水能、地热能等低碳清洁能源开发潜力巨大，核心区北部的“风 – 光 – 热”和南部的“水 – 光 – 热”协同开发优势显著，建议加快高原核心区输出型绿色能源基地建设，将区域清洁能源开发作为国家能源体系调整和绿色能源基地建设的重要组成部分。

产业供需协同有助于西藏区域绿色能源体系建设。当前，清洁能源已成为西藏自供能源的主体，未来西藏很可能从电力净输入省区转变为电力净输出省区，新能源动力发展前景良好，但成品油、煤炭等化石能源消费区外输入仍将持续，建议加大政策引导，稳步扩大区内绿色能源消费市场；转变观念，大力开拓区外境外绿色能源消费市场；适度超前，加快智能电网建设步伐；积极探索“光热 +”等新型绿色能源开发和储能技术发展。

高原能矿业绿色发展需要从产业到产品分层级探讨。能矿资源本底赋存结构、区位条件等方面的差异使得高原能矿业因产业、企业和产品不同形成不同的青藏高原能矿业绿色模式。建议根据地区能矿业发展实际状况，划分为产业绿色发展模式和企业绿色发展模式等至少两个层级，通过“资源链”的扩展和延伸、生产的无废排放，实现产业关联和绿色生产。

目　录

第1章

引　言

1.1 科考背景和意义

(1) 发展绿色工矿业是实现青藏生态脆弱区绿色发展战略的必然需求。

自党的十八届五中全会提出要牢固树立创新、协调、绿色、开放、共享的发展理念以来，绿色发展逐渐成为经济社会发展的一个指导理念和重要规范。党的十九大报告进一步指出，必须树立和践行绿水青山就是金山银山的理念，坚决贯彻节约资源和保护环境的基本国策，实行最严格的生态环境保护制度，形成绿色发展方式和生活方式，坚定走"生产发展、生活富裕、生态良好"的文明发展道路。工矿业作为国民经济发展的基础产业，在现代化进程中起着不可替代的作用，但一直以来"先破坏后治理"或"破坏后无力治理"的发展模式给环境带来较大破坏。随着绿色发展理念的提出和生态文明建设的推进，"绿色工矿业"成为工矿业转型升级的必由之路。20 世纪 70 年代（1973 ～ 1976 年），以中国科学院为主，我国科学家对青藏高原进行了首次大规模的综合科学考察。考察项目涉及地质、地球物理、地貌与第四纪、古脊椎动物与古人类、动植物、农业、气候、水文、土壤、森林、冰川和人文等 50 多个学科，为认识青藏高原的自然资源与生态环境奠定了重要基础。受限于当时的科技条件和社会经济发展水平，该次考察存在相当一部分空白，如对工矿业在青藏高原地区的活动范围、分布特征和衍生的生态环境问题等缺少关注。2009 ～ 2013 年，中国科学院地理科学与资源研究所牵头开展了澜沧江中下游及大香格里拉地区科学考察，首次将青藏高原工矿业开发纳入考察范围，但关于工矿业活动造成的污染隐患和环境风险等方面的调查少之又少。40 年来，青藏高原的气候、生态、环境已经或正在发生巨大变化，敏感和脆弱的生态环境受威胁较大；而且该区域工矿业发展迅速，已经给相邻地区的生态环境和经济发展带来了负面影响，严重威胁生命支持系统，造成生态危机。在习近平总书记提出的"为守护好世界上最后一方净土、建设美丽的青藏高原作出新贡献，让青藏高原各族群众生活更加幸福安康"重要指示下，系统开展工矿业的水土环境影响科学考察，构建青藏生态脆弱区绿色工矿业发展模式，必将为青藏高原经济社会发展和生态环境保护做出重要贡献。

(2) 评估工矿区及周边地表系统健康水平与生态环境风险是进行区域工矿业环境保护的基础。

青藏高原拥有特殊的地质构造背景，境内有班公错—怒江、雅鲁藏布江、藏东三江三个重要成矿带，具有丰富的矿产资源。优势矿产资源主要有铬铜铅锌、铁金锑、锂硼、地热以及矿泉水等，不少优势矿产，尤其是铬、铜等潜在资源量大，价值高，战略地位十分重要。据不完全统计，在青藏高原地区已发现 120 多种矿产，其中有探明储量的达 60 余种，且铬铁矿、铜、钾盐、氯化镁、氯化锂、湖盐、硼矿、刚玉及工艺水晶分别占全国总储量的 45.7%、18.6%、97.9%、100%、94.1%、55.7%、35.0%、100% 和 100%（表 1-1）。

随着市场经济的发展和改革的深化，青藏高原工矿业发展迅速，经济类型也呈现多样化态势，初步形成了一批效益型骨干企业，其在个别地区（个别县域）国民经济和社会发展中的地位越来越重要。据统计，2007年青藏高原矿业产业贡献率达到10.99%，对于GDP增长具有重要影响。根据调查，西藏地区共有350多家注册矿业开发的企业，已建矿山的规模均为小型，开采、选冶技术相对落后，采富弃贫现象时有发生，对周边生态环境造成巨大压力。2015年由姚檀栋院士领衔发布的《青藏高原环境变化科学评估：过去、现在与未来》指出，除了城市化生活垃圾以及周边地区的远距离传输等造成的重金属污染问题外，青藏高原更大的污染威胁来自采矿。西藏矿山在2007年的废水排放量近10亿t，其固体废弃物排放量在2009年达1880万t。由于大多数煤矿都是露天矿坑且缺乏环境监管，工矿业活动区大气和水土环境污染问题较为突出。然而，目前人们对于工矿区地表系统健康水平和风险仍然缺乏科学认识。因此，开展青藏高原典型工矿区及周边地表系统健康诊断和风险评估研究对于实现高原生态环境脆弱区经济－社会－环境协调发展具有重大意义。

表1-1 青藏高原主要矿种及分布

主要矿种及其占全国总储量的比重/%	主要分布区
铬铁矿（45.7）、刚玉（100）、钾盐（97.9）、氯化镁（100）、氯化锂（94.1）、湖盐（55.7）、工艺水晶（100）	西藏、青海柴达木盆地、川西北
铜（18.6）、硼矿（35.0）、锂矿、白云母	藏东、川西北、柴达木盆地
自然硫、菱镁矿、碘、天然碱	西藏、柴达木盆地

(3) 工矿业绿色发展是青藏高原经济可持续发展的重要支柱。

绿色工矿业是产业升级与转型的产物，是在新形势下保证区域可持续发展的必然途径。研究表明，青藏高原仍然处于污染物排放随经济增长而增长的阶段，且距离转型拐点仍有一段距离。青藏高原生态环境脆弱，强烈的外界干扰使得区域脆弱的生态系统更容易遭受破坏，相应的自我恢复能力也比较低。工矿业对于生态环境的影响主要来自其对土地和水的压力。由于工矿业本身具备空间扩展性、时间的持续性、环境的强干扰性，这种压力具有明显的累积效应，从而会持续造成地表和地下水质破坏、河流改道或断流、植被破坏、水土流失、沙漠化加剧、生境退化等。青藏高原生态脆弱地区具有资源不可再生性，因此不仅需要从经济指标出发，而且要将自然资源的利用和对环境造成的影响放在首要位置。高寒生态脆弱地区的绿色工矿业发展除了需要考虑当地的经济发展状况和自然禀赋外，还应当参考工矿业生产过程中的资源消耗、污染排放等信息。因此，高寒生态脆弱地区绿色工矿业应当符合当地的经济、社会、生态环境等方面条件，在推动经济发展的大前提下进行绿色开发、生态保护、资源节约、节能减排，使经济、社会、生态环境达到和谐发展的状态，最终实现可持续发展。因此，高原工矿业绿色发展是支撑青藏高原经济可持续发展的重要支柱。

(4) 面向国家“一带一路”倡议，必须重点考察高原绿色产业化基本路径。

“一带一路”倡议落实在空间地域上，青藏高原地区具有重要的连接作用。高原地区不仅是我国向西、向南深化对外开放的重要前沿地带，是“一带一路”倡议的直接连接地域和转化区域，也是中国落实“一带一路”倡议具体目标，与南亚、东南亚国家共同构建中巴、中尼、孟中印缅三大经济走廊的重要组成部分。高原地区既是对外开放前沿地带，又作为走廊建设的重要组成部分，在国家层面上被赋予了重要的示范和带动作用。发挥高原地区自身的资源优势，并将其转变为特色产业，是推进“一带一路”倡议的有效途径。在气候变化剧烈、人类活动强度增大、局部生态环境恶化、居民生计和地方经济面临压力背景下，区域工矿业绿色发展的科学途径是什么？青藏高原工矿业的格局和发展趋势如何？这种工矿业分布格局和开发利用方式可能引发哪些生态环境风险？风险程度如何？采用何种途径应对这种风险？科考分队致力于精准诊断青藏高原典型工矿区地表系统健康水平，评估青藏高原工矿业生态环境风险，提出促进高原工矿业可持续发展与生态环境保护相协调的绿色发展途径，进而守护好世界上最后一方净土。

1.2 科考目标及内容

面向青藏高原第二次综合科学考察目标和绿色发展的国家战略需求，围绕青藏高原主要工矿区及其周边地表系统开展考察研究，科学认识地表系统关键要素（水 - 土 - 气 - 生态）时空演变规律，揭示高原工矿业活动的生态环境底线及潜在风险，摸清工矿区地表系统健康水平，提出高原工矿业绿色发展的科学途径，为实现青藏地区工矿业可持续、高质量发展提供科学数据和决策支持。主要科考内容包括：

(1) 典型工矿区地表系统要素变化考察。利用 Google Earth Engine (GEE) 和机器学习等方法获取 2000 ～ 2020 年青藏高原地表温度 (land surface temperature，LST)、归一化植被指数 (NDVI)、植被覆盖度、地表反照率 (ALB) 和土壤湿度等要素的时空变化信息研制相关图集；根据典型工矿区空间结构和自然地理条件，在矿区内部及周边布设水、土壤、植物、矿渣、尾矿样点，采集环境样品，并利用便携式设备现场检测取样点的基础理化参数；建立典型工矿区水土要素理化数据集，分析地表环境要素时空变化特征。

(2) 典型工矿业活动污染物特征及生态环境影响考察。以青海省最大的生产长流程钢铁企业——西宁特殊钢股份有限公司（简称西宁特钢）为重点科考对象，调查钢铁行业的生产工艺、钢铁生产过程的物质流，识别生产过程中各个环节可能造成的水环境、土壤环境和大气环境污染及污染物，形成污染物和污染源数据集。以青海典型工矿区为案例，重点调查工矿活动对当地地表系统关键要素的影响，分析矿区景观格局的响应特征。

(3) 典型工矿业绿色发展途径考察。矿产业主要关注铜铅锌多金属矿富集区和超基性岩铬铁矿富集区；能源产业则主要关注水能资源富集的流域，太阳能、地热能富集的高原面上平台区，以及这些区域内的代表性能矿企业。重点考察上述工矿产业及企业对工矿资源的开发利用方式与规模特征、主要生产工艺、“三废”处置与排放管理状况，以及未来的发展趋势，探讨、总结青藏高原工矿业可持续发展途径。

第2章

科考区域和路线

2.1 区域概况

2.1.1 地理位置

青藏高原南起喜马拉雅山脉南侧，与印度、尼泊尔、不丹毗邻；北至昆仑山、阿尔金山和祁连山，以4000m左右的高差与亚洲中部干旱荒漠区的塔里木盆地及河西走廊相连；西部为帕米尔高原和喀喇昆仑山脉，与吉尔吉斯斯坦、塔吉克斯坦、阿富汗、巴基斯坦和克什米尔地区接壤；东部以玉龙雪山、大雪山、夹金山、邛崃山及岷山的南侧或东侧为界；东及东北部与秦岭山脉西段和黄土高原相接。我国境内部分西起帕米尔高原，东至横断山脉，横跨32个经度；以南起自喜马拉雅山脉南缘，以北止于昆仑山—祁连山北侧，纵贯约15个纬度，范围为25°59′37″～39°49′33″N，73°29′56″～104°40′20″E，面积为258.37万km^2，约占我国陆地总面积的26.9%（图2-1）。

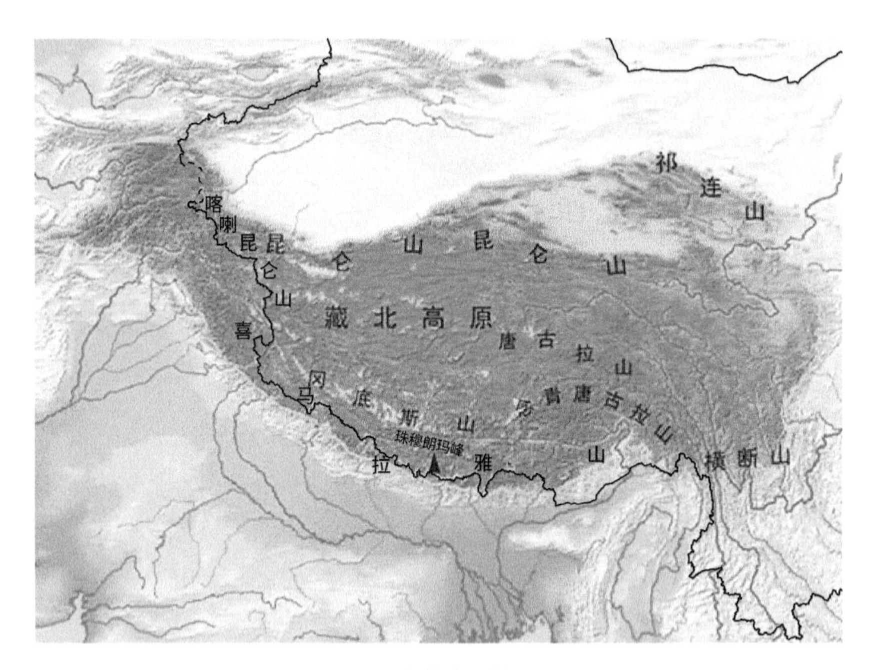

图2-1　青藏高原地形图

在行政区划上，青藏高原范围涉及6个省区、212个县（市），即西藏自治区（错那、墨脱和察隅3县仅包括少部分地区），青海省（部分县仅含局部地区），云南省西北部迪庆藏族自治州，四川省西部甘孜藏族自治州（简称甘孜州）和阿坝藏族羌族自治州（简称阿坝州）、木里藏族自治县，甘肃省甘南藏族自治州、天祝藏族自治县、肃南裕固族自治县、肃北蒙古族自治县、阿克塞哈萨克族自治县，新疆维吾尔自治区南缘的巴音郭楞蒙古自治州、和田地区、喀什地区以及克孜勒苏柯尔克孜自治州等的部分地区。

2.1.2　地质背景与流域分布

了解青藏高原的地质矿产分布特征是理解青藏高原工矿业发展和分布的前提和基础。在地质构造上，整个青藏高原地体并不是整体一块，而是由不同的地块 / 板块拼合而成的。青藏高原主要由六大自西向东延伸的板块构成（Yin and Harrison，2000），包括青藏高原南部的喜马拉雅地块和拉萨地块，高原中部的羌塘地块，高原北部的松潘—甘孜地块，昆仑—柴达木地块和祁连地块（图 2-2）。

从空间分布上来看，青藏高原上的大河（如印度河、雅鲁藏布江、长江、澜沧江、怒江、黄河等）通常是在沿着构成高原的上述构造块体之间的缝合带上发育的（图 2-2）。例如，印度河和雅鲁藏布江是沿着喜马拉雅地块和拉萨地块之间的印度—雅鲁藏布江缝合带而发育的，长江是沿着拉萨地块和羌塘地块之间的金沙缝合带 / 线而发育的。青藏高原的不同地块是由不同岩性构成的地体，它们反映了高原的构造差异和基岩组成上的差异。青藏高原上的河流因而也流经了不同的基岩。

青藏高原的河流大多发源于高原上的高山冰川，在高原的隆起地区构成了“亚洲水塔”（即真正的亚洲水塔不是高原本身而是高原上的隆起山脉）。发源于青藏高原“亚洲水塔”的主要水系有 15 个，如图 2-3 所示。

由上述构造板块、矿产地质、成矿带和水系分布可以看出，自然背景下，青藏高原的地质矿产富集区和主要成矿带几乎都分布在高原的构造断层线和缝合带上（图 2-2），而这些断层线和缝合带不仅是高原上发育的大型河流径流的主要通道（图 2-2 和图 2-3），也是城镇、工矿业等人类活动主体分布的区域。因此，在区域大尺度上，青藏高原的河流与地质矿产分布有着高度的空间一致性，高原河流是工矿业来源的微量元素天然的、最终的排泄通道。换句话说，青藏高原的河流水体具有天然的微量元素污染潜力。

2.1.3　气候与生态环境

气候上，这个广阔的高原区域呈现出高山气候类型，近 50 年以来的年平均温度（MAT）相对较低，范围介于 –15 ～ 10℃ [图 2-4（a）]。年平均降水量（MAP）分布不均匀，从青藏高原东南方向的 600 mm 以上向西北方向降低到 200 mm 以下 [图 2-4（b）]。同样，年平均辐射（MAR）从东南部小于 5000 MJ/m^2 向西部逐渐增加到超过 7500 MJ/m^2 [图 2-4（c）]。青藏高原的植被类型主要是高山草原植被，高山草原覆盖了青藏高原约 75% 的面积 [图 2-4（d）]。受地形和气候的共同限制，高山草原类型从东南部的高山嵩草草甸向中部地区的高山针茅草原转变，再向青藏高原西北部腹地转变为由黄花蛇舌草和驼绒藜共同主导的高山荒漠草原（Wu et al.，2021）。

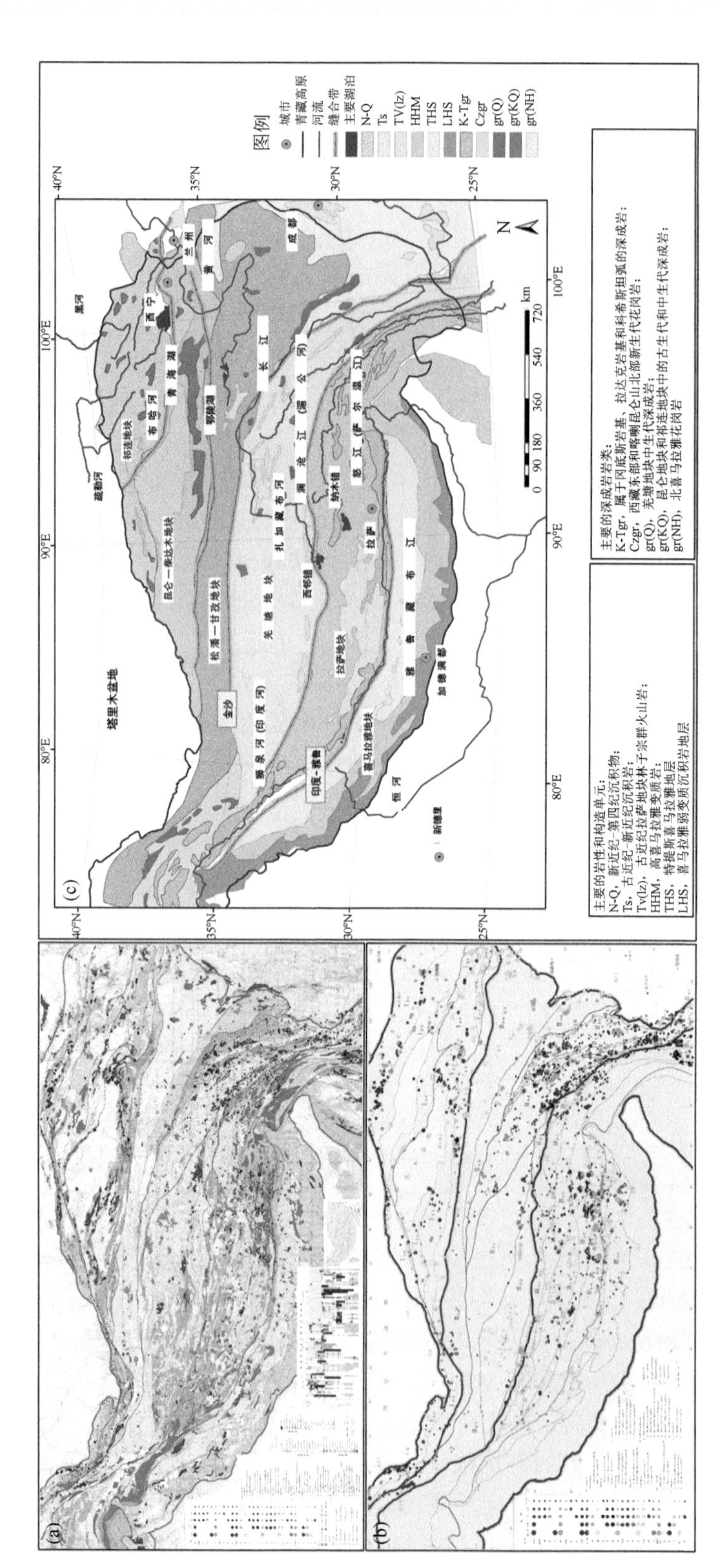

图 2-2 青藏高原地质矿产（a）、成矿带（b）与六大地质板块和大型河流分布图（c）（引自中国地质调查局成都地质调查中心，2021；Yin and Harrison，2000；Qu et al.，2019）

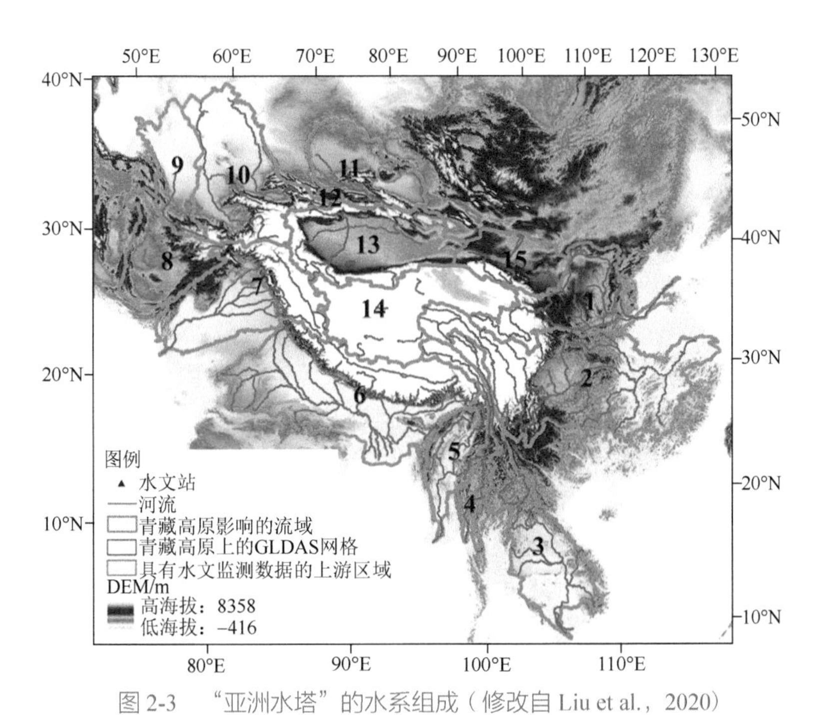

图 2-3　“亚洲水塔”的水系组成（修改自 Liu et al.，2020）

1. 黄河，2. 长江，3. 澜沧江 - 湄公河，4. 怒江 - 萨尔温江，5. 伊洛瓦底江，6. 雅鲁藏布江 - 恒河水系，7. 印度河，8. 赫尔曼德河，9. 哈里鲁德河，10. 锡尔河阿姆河水系，11. 伊犁河，12. 伊塞克湖水系，13. 塔里木河，14. 青海高原内陆河水系，15. 河西走廊水系

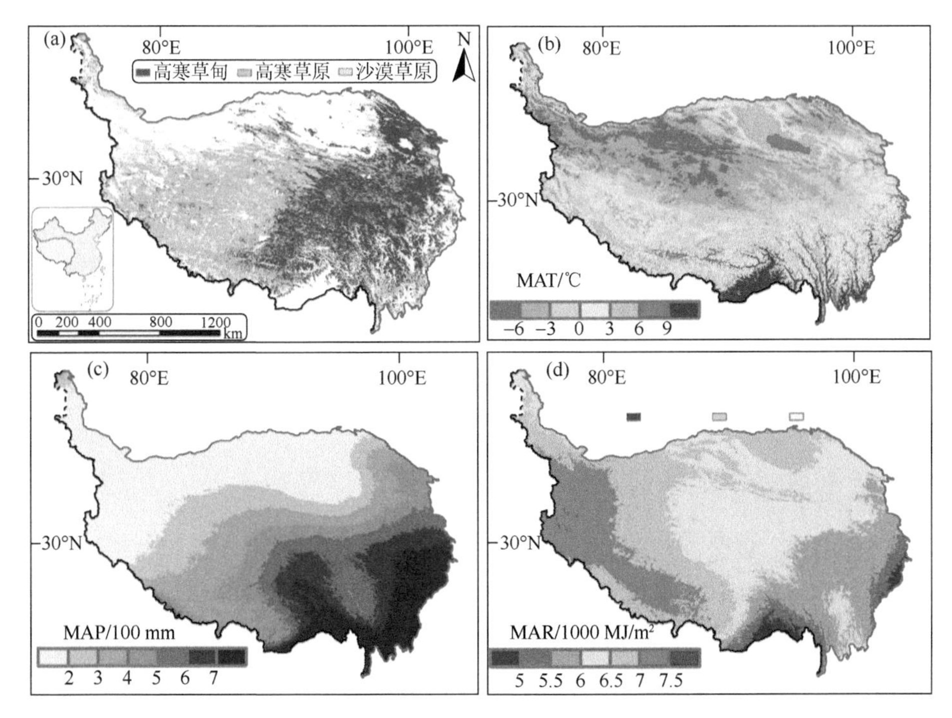

图 2-4　青藏高原植被类型 (a)、年均温度 (b)、年均降水量 (c)、年均辐射 (d) 空间分布（修改自 Wu et al.，2021）

2.1.4 资源条件

1. 矿产资源

青藏高原地域广阔，有着漫长而复杂的地质历史，发育有班公错—怒江、雅鲁藏布江、藏东三江三个重要成矿带，具有丰富的矿产资源。其中青海省境内祁连山成矿带以有色金属、石棉、煤为主；柴达木盆地北缘成矿带以贵金属、有色金属、煤炭为主；柴达木盆地以石油、天然气、盐类矿产为主；东昆仑成矿带以有色金属、贵金属矿产为主；“三江”北段成矿带以铜、铅、锌、钼等有色金属矿产为主。按矿产种类的区域分，大致有“北部煤，南部有色金属，西部盐类和油气，中部有色金属、贵金属，东部非金属”的特点。在矿种上，有矿产种类多、共生伴生矿产多、小矿多且分散、矿产资源储量相对集中的特点。全省盐湖类矿产资源（钾、镁、钠、锂、锶、硼等）储量相对丰富。石油、天然气、钾盐、石棉及有色金属（铜、铅、锌、钴等）矿产品的供应已在全国占有重要地位。现有各类矿产 135 种，查明矿产 88 种；单矿种产地数 1121 个，其中大型 184 个，中型 224 个，小型 713 个。在已探明的矿种保有资源储量中，有 56 个矿种居全国前十位，镁盐（氯化镁和硫酸镁）、钾盐、锂矿、锶矿、石棉矿、饰面用蛇纹岩、电石用灰岩、化肥用蛇纹岩、冶金用石英岩、玻璃用石英岩 11 种矿产居全国第一位，有 25 种排在前三位。

西藏自治区有着丰富的矿产资源，已发现矿种 102 种，查明矿产资源储量的有 41 种，勘查矿床 100 余处，发现矿点 2000 余处，已开发利用的矿种有 22 种。西藏优势矿种有铜、铬、硼、锂、铅、锌、金、锑、铁，以及地热、矿泉水等，部分矿产在全国占重要地位，矿产资源潜在价值在万亿元以上。矿产资源储量居全国前 5 位的有铬、工艺水晶、刚玉、高温地热、铜、高岭土、菱镁矿、硼、自然硫、云母、砷、矿泉水 12 种。石油资源目前也有很好的开发远景。鉴于得天独厚的矿产资源，中央第五次西藏工作座谈会将西藏的矿产资源开发和矿业发展置于国家和西藏工作大局中统筹考虑，提出要把西藏建成国家“重要的战略资源储备基地”，“合理有序地开发矿产资源”及在西藏东部、中部、西部及西北部建成有色金属、铬铁矿、盐湖的开发与储备基地。从经济发展和社会进步的角度来看，西藏矿业是西藏实现现代化和跨越式发展的重要支撑。

2. 清洁能源

(1) 风能资源。青藏高原风能资源丰富。青海风功率密度最大地区在柴达木盆地、青南高原西部和环湖地区。沱沱河代表年整体年平均风功率密度高达 104.9 W/m^2，伍道梁达 95.6 W/m^2，冷湖、察尔汗、茫崖均在 80 W/m^2 以上，青海湖西南部的茶卡、江西沟在 65 W/m^2 左右。青海省境内风能总储量为 4.02 亿 kW，技术可开发量约 1210 万 kW，远期可达 1 亿 kW 以上。西藏年平均风功率密度最大值区主要位于藏北一线、喜马拉雅山脉与冈底斯山脉之间的山谷地带东段、南部边缘地区以及洛隆，年平均风功率密度为 50 ～ 122 W/m^2。西藏风能资源总储量约为 773 亿 kW。

(2) 光照资源。青藏高原海拔高，空气稀薄，是世界上太阳能最丰富的地区之一，年太阳总辐射量高达 5400 ～ 8000MJ/m^2，比同纬度低海拔地区高 50% ～ 100%。光照资源不仅丰富，而且季节分配较均匀，有利于农业和太阳能资源开发利用。例如，青海省在柴达木盆地实施数个百万千瓦级光伏电站群建设工程，打造国际最大规模的光伏电站。截至 2016 年底，青海光伏发电装机容量达 682 万 kW。2014 年西藏被国家列为不受光伏发电建设规模限制的地区，优先支持西藏开发光伏发电项目。截至 2017 年底，西藏光伏发电装机容量达 79 万 kW。四川省甘孜州和阿坝州太阳能可开发量超过 2000 万 kW，已建成投产 35 万 kW 光伏电站。

(3) 水能资源。青藏高原多条大江大河流经高山峡谷，蕴藏着丰富的水能资源。西藏水能资源技术可开发量为 1.74 亿 kW，位居全国第一，近年建成多布、金河、直孔等中型水电站，截至 2017 年底，全区水电装机容量达到 177 万 kW，占全区总装机容量的 56.54%。青海水能资源技术可开发量为 2400 万 kW，建成了龙羊峡、拉西瓦、李家峡等一批大型水电工程，截至 2016 年底，青海省水电装机容量达 1192 万 kW。四川省甘孜州和阿坝州水能技术可开发量约 5663 万 kW，已建成水电总装机容量达 1708 万 kW。

(4) 地热资源。青藏高原位于亚欧板块与印度洋板块交界处，地质运动活跃，地热资源丰富。高原地热资源的特点是热田多、分布广、热储量高。青海地热属于地下热水田类型，地热矿点有 200 多处，地热资源热水总流量约为 830 万 t/a，总放热量为 3355 亿万 J/a，热水温度多为 20 ～ 40℃和 40 ～ 60℃，少数在 80℃以上。西藏是中国地热活动最强烈的地区，地热蕴藏量居中国首位，各种地热显示几乎遍及全区，有 700 多处，其中可供开发的地热显示区 342 处，绝大部分地表泉水温度超过 80℃，地热总热流量为 55 万 kcal/s（1 kcal = 4190J），发电潜力超过 100 万 kW。

2.1.5　工矿业发展现状

1. 青海工矿业发展现状

1）工业发展现状

根据《青海统计年鉴 2020》，青海省 2019 年共有规模以上工业企业 585 家，较 2018 年增加 23 家。在规模以上工业企业中，从事煤炭开采和洗选业的企业有 16 家，石油和天然气开采业 1 家，金属矿采选业 10 家，非金属矿采选业 10 家，造纸和纸制品业 1 家，石油、煤炭及其他燃料加工业 4 家，化学原料和化学制品制造业 63 家，医药制造业 24 家，非金属矿物制品业 70 家，金属冶炼和压延加工业 82 家，金属制品业 14 家，电力、热力、燃气及水生产和供应业 142 家。青海省 2019 年规模以上工业企业总产值为 2337.15 万元，较 2018 年减少 58.64 亿元（表 2-1）。

表 2-1　青海省钢铁行业总产值与工业总产值表

项目	2011 年	2012 年	2013 年	2014 年	2015 年	2016 年	2017 年	2018 年	2019 年
钢铁行业产值 / 亿元	168.73	189.32	213.35	208.19	193.46	171.18	170.96	165.93	154.68
工业总产值 / 亿元	1807.39	2165.25	2497.86	2622.73	2518.69	2751.88	2496.94	2395.79	2337.15
占比 /%	9.34	8.74	8.54	7.94	7.68	6.22	6.85	6.93	6.62

数据来源：《青海统计年鉴》(2012 ～ 2020 年)。

根据网上公开资料，青海省从事黑色金属采选业及黑色金属冶炼和压延加工业的企业主要有 13 家（表 2-2)，其中西宁特钢是最大的生产长流程钢铁企业。2011 ～ 2019 年青海省钢铁行业产值维持在 150 亿～ 215 亿元，约占青海省工业总产值的 6% ～ 10%。对比表 2-3 与表 2-4 可知，青海省粗钢和钢材几乎全部产自西宁特钢，与调研结果一致。

表 2-2　青海省主要从事黑色金属采选业、黑色金属冶炼和压延加工业企业名单

企业	地址	经营范围
西宁特殊钢股份有限公司	西宁市	钢铁冶炼、铁合金、焦炭
西部矿业集团有限公司	海西蒙古族藏族自治州	铁矿采选
青海庆华煤化有限责任公司	海西蒙古族藏族自治州	焦炭
青海华铁金属有限公司	西宁市湟源县	铁合金
青海华晟铁合金冶炼有限责任公司	西宁市湟源县	铁合金
青海物通铁合金有限公司	海东市互助县	铁合金
青海博强实业集团有限公司	海东市互助县	铁合金
青海汇能冶炼有限公司	海东市民和县	铁合金
青海天源冶金材料有限公司	海北藏族自治州	铁合金
青海盛基硅业有限公司	海东市	铁合金
青海甲鼎铁合金集团有限公司	海东市	铁合金
青海首恒新材料科技有限公司	海东市	铁合金
青海通力铁合金有限公司	海东市	铁合金

注：海西蒙古族藏族自治州以下简称海西州；海北藏族自治州以下简称海北州。
数据来源：国家企业信用信息公示系统。

表 2-3　青海省钢铁行业主要工业产品产量　　(单位：万 t)

产品名称	2010 年	2011 年	2012 年	2013 年	2014 年	2015 年	2016 年	2017 年	2018 年	2019 年
焦炭	130.00	167.00	240.00	252.00	132.90	—	134.25	151.00	172.00	191.00
生铁	111.69	115.75	150.80	135.10	127.00	112.60	96.61	102.43	124.45	151.90
粗钢	137.00	139.00	141.00	148.00	144.29	121.00	115.00	120.00	138.08	179.00
钢材	138.00	141.00	139.00	131.00	131.41	114.00	125.00	127.00	146.63	181.00

数据来源：《青海统计年鉴》。

表 2-4　西宁特殊钢股份有限公司主要工业产品产量　　（单位：万 t）

产品名称	2010 年	2011 年	2012 年	2013 年	2014 年	2015 年	2016 年	2017 年	2018 年	2019 年
焦炭	66.80	71.90	74.10	78.50	77.02	61.61	56.54	51.81	46.38	55.64
生铁	111.69	114.60	129.20	135.10	141.80	112.60	96.61	102.43	124.45	—
粗钢	137.00	139.00	141.00	148.00	144.29	120.00	115.00	120.00	138.08	179.00
钢材	126.60	130.10	131.20	131.00	129.24	114.00	125.00	127.00	146.63	181.00

数据来源：西宁特殊钢股份有限公司年度报告。

工业化在青海经济发展过程中发挥了重要作用。然而，在国家转变经济增长方式的大背景下，青海省工业发展存在多个制约因素，例如：①缺乏资金、技术和人才，工业企业核心技术依赖于外部力量，产品创新周期长，自主创新能力薄弱；②产业链条短，重工业比重高，产业与企业的互补和融合度不足，产品结构单一，附加值低；③产业结构不合理，资源、能源消耗严重，能源供给不足，工业活动引发的生态环境问题突出；④工业企业能耗高，产能低，尤其是黑色金属冶炼业和有色金属冶炼业；⑤信息化程度低，水平低于邻近的多个其他省份；⑥企业运营效率低，市场竞争力不强，产品知名度不高等。由此可见，青海省工业产业亟待优化升级，以适应国际产业发展的主流趋势，实现地区工业绿色、高质量的发展。

2）绿色矿业发展现状

近年来，青海省着力推进绿色矿业建设，将资源开发对矿区及周边生态环境扰动控制在可控制范围内，努力构建科技含量高、资源消耗低、环境污染少的资源绿色开发和产业绿色发展新模式。通过颁布和落实一系列政策，实现了由“注重资源开发”向“资源环境并重”、由“粗放浪费”向“集约高效”、由“要素驱动”向“创新驱动”、由“矿群关系紧张”向“和谐共建共享”四个转变，成功探索出了矿业开发和生态保护协调发展的高原绿色矿山建设模式，涌现出都兰金辉矿业有限公司“把沙漠戈壁变绿洲”、青海盐湖工业股份有限公司“察尔汗盐湖”、青海中天硼锂矿业有限公司“矿产资源＋旅游综合开发”等模式。

通过绿色矿业建设，青海省各矿山企业积极寻求矿业开发与生态保护的平衡点，在绿色发展中提升生产力。统计显示，2018 年青海省共有矿山生产企业 600 家，全省年产矿石量 1.36 亿 t，实现采掘业工业总产值 546.17 亿元，利润 63.71 亿元。相比于 2017 年和 2016 年，矿山数量分别减少 158 家和 266 家，采掘业工业总产值分别增加 67.04 亿元和 146.35 亿元，利润分别增加 3.98 亿元和 22.36 亿元，大中型矿山比例持续增加，矿山规模结构逐步优化，生产效能和经济效益逐步提升，绿色矿山建设作用进一步凸显。“建设绿色矿山，发展绿色矿业”已成为矿业企业、管理部门、行业协会等社会各界的基本共识。2022 年 2 月，青海省已建成绿色矿山 52 家，其中国家级 8 家、省级 27 家、州级 8 家、县级 9 家。

当前，青海省绿色矿业建设遇到的主要问题如下：区域生态环境脆弱，受到采选冶技术落后、生态保护意识薄弱、政策法规不完善等因素的限制，早期的矿产资源开发活动给当地生态环境造成了严重的破坏；矿产循环与综合利用水平低，综合利用监管不足，综合开发优惠政策体系不完善；矿业开发资本投入不足，人才流失严重，高水平人才缺乏；区域高寒缺氧，地形崎岖，技术落后，矿企运行成本高、利润低，绿色转型意愿不强等。

2. 西藏工矿业发展现状

1）工业发展现状

根据《西藏统计年鉴 2020》，西藏自治区 2019 年共有工业企业 3818 家，其中轻工业 2495 家，重工业 1323 家，较 2018 年分别减少 502 家和 12 家。从国民经济行业来看，西藏自治区 2019 年共有从事煤炭开采和洗选业的企业 2 家，金属矿采选业 36 家，非金属矿采选业 187 家，开采辅助活动 17 家，其他采矿业 17 家，造纸及纸质品业 13 家，石油加工、炼焦和核燃料加工业 4 家，化学原料及化学制品制造业 161 家，医药制造业 36 家，非金属矿物制品业 474 家，金属矿冶炼及压延加工业 31 家，金属制品业 120 家，燃气生产和供应业 9 家。与 2018 年相比，除石油加工、炼焦和核燃料加工企业外，上述各行业企业数均有一定减少。2000 年以来，西藏自治区工业总产值呈快速增加趋势，2019 年达到 306.7395 亿元，增加主要来自重工业企业的贡献（图 2-5）。这说明西藏工业生产效率和效益有了明显提高。

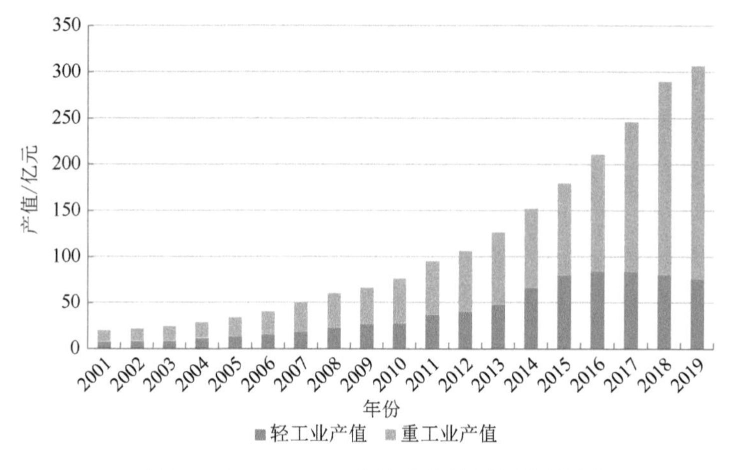

图 2-5　2001 ～ 2020 年西藏自治区工业总产值

由于历史和地理条件，西藏的产业现代化起步较内地晚，现代技术和管理还不成熟。尽管自 1994 年第三次西藏工作座谈会以来，国家对西藏提供的人才、技术、资金援助前所未有地加大，全社会固定投资和招商引资的力度增大，有力地促进了西藏工业的发展，高原特色产业、建材产业、藏医药产业、矿产业等得到蓬勃发展。但扩大到国内和国际大市场的背景下，西藏工业尚处于起步阶段，企业核心竞争力和综合经济实力不高，节约化水平、质量水平、现代化管理水平和品牌建设水平依旧不足。目前，工业的发展主要集中在以拉萨为首的七地市城区，县、乡镇的工业基础非常薄弱，县、乡镇一级更多的是小作坊式，产品质量水平、效益、品牌之路任重而道远。

2）绿色矿业发展现状

西藏矿产资源虽然丰富，但由于西藏生态环境的敏感性，长期以来，中央及西藏地方政府对于西藏矿业开发持谨慎态度，非常注重生态环境的保护和工业污染源达标治理工作。现阶段西藏建设项目的环境影响评价执行率达 90% 以上，重点建设项目的环境影响评价执行率达 100%，较好地落实了“环保第一审批权”，取得了积极的效果。除了明确的政策举措外，西藏还投入了大量的资金改善生态，如发放草原生态保护补助奖励和森林生态效益补偿金，设立了环境保护奖金等。总体上西藏地区水质和空气质量保持优良。

西藏绿色矿业建设目前主要面临以下问题：区域生态环境脆弱，抗干扰能力低，自我更新能力差，一旦破坏，很难从根本上恢复；生态保护的法律制度不完善，宣传教育也不到位，环保意识淡薄，资源的乱采滥挖现象时有发生；西藏处于边陲，环境恶劣，远离内地，交通不便，矿业发展所必需的人力资源、物资、技术等要素极其匮乏，发展成本巨大；企业经济效益差，管理水平低下，技术落后，造成了资源和能源的极大浪费；在西藏传统的文化观念下，其对经济发展比较淡漠，相当部分的农牧民对于现代化认识不深，更有一些思想保守的人认为最好的发展就是不发展等。

3. 已考察区域能矿业发展现状

自 2020 年 8 月中旬以来，能矿业绿色发展子专题相关人员进行了青海海西州柴达木盆地循环经济试验区、西藏“一江两河”地区及昌都江达玉龙铜矿区和四川甘孜藏族自治州 3 个区域的能矿业绿色发展野外科考工作。现就所考察区域能矿业发展现状给予概述与分析。

1）已考察区域是青藏高原主要能矿业发展区

众所周知，能矿业发展具有鲜明的地域性特征，即能矿业发展的前提必须建立在坚实的能矿资源赋存和空间聚集基础上，青藏高原地处欧亚板块与印度板块结合部位的特提斯构造域东段，尤其是第四纪以来青藏高原因碰撞、挤压、褶皱的隆生过程，由北向南形成了祁连—柴达木、昆仑、巴颜喀拉、羌塘—昌都、冈底斯和喜马拉雅 6 个构造带，带来了丰富多样的矿产资源，主要分布在雅鲁藏布江岩带、班公湖—怒江—瑞丽岩带、西金乌兰—金沙江—哀牢山岩带、秦—祁—昆成矿带、可可西里—巴颜喀拉成矿带、三江成矿带和冈底斯—波密—腾冲成矿带中，已发现和可确定的矿种超过 100 种，具有开发利用价值的矿种超过 70 个；青藏高原作为中国和世界第三极，地势高耸，在成为“亚洲水塔”和亚洲长江、黄河、澜沧江、怒江、恒河、印度河等大江大河发源地的同时，也带来了丰富和最具潜力的清洁能源资源（水能、风能、太阳能、地热能等）。

中华人民共和国成立以来，青藏高原能矿业资源逐步被认识、勘探和发现，开始了青藏高原能矿资源的开发利用进程。尤其是进入 21 世纪以来，青藏高原地区的能矿资源才真正进入到大规模开发利用阶段，能矿业开始了快速发展步伐。在有效资金和技术的加持下，能矿业逐步成长为青藏高原地区重要的现代产业；同时，由于能矿资源在青藏高原地区鲜明的地域性特征，反映在具体区域上，青藏高原地区能矿资源主要赋存地集中呈现为柴达木能矿资源富集区（为青海省海西州主体，主要能矿资源为煤炭、石油、天然气、可燃冰、风能、太阳能、钾钠镁锂湖盐矿、铅锌铜等有色金属矿、黑色金属矿、贵金属矿等），“一江两河”能矿资源富集区，川滇藏接壤区能矿资源富集区（水能、太阳能、地热能）、黑色金属＋有色金属＋稀有金属＋非金属矿富集区（重点是铬铁矿、铜、铅锌银金钼多金属矿、锂辉岩、石灰岩矿等），藏西喜马拉雅—印度河缝合带（日喀则西部、阿里中西部）湖盐矿、多色金属矿与稀有金属富集区（铜铅锌银金共伴生矿、锡铍铌伴生矿、锂辉石矿和硼锂钾共伴生湖盐矿）4 个区域（图 2-6）。在能矿绿色发展子课题业已完成的野外考察区域中，已初步覆盖了上述 4 个区中的 3 个区域。

图 2-6　青藏高原能矿业发展“资源－区位”示意图

虽然整体上青藏高原能矿业规模较小，产业发展在国家层面尚未占据重要位置，但部分能矿产业及其企业、产品已具有国家级意义。例如，2019 年青海省钾肥产量 804 万 t，占全国总产量的 87.7%，全部来自柴达木能矿资源富集区，青海盐湖钾肥股份有限公司、格尔木藏格钾肥有限公司为国内位列前两位的生产企业；同时，新能源产业关键矿产锂资源主要分为湖盐型和伟晶岩型两类，其中盐湖类锂矿资源主要分布在青海柴达木能矿资源富集区（如察尔汗盐湖）和藏西高原盐湖区（如扎布耶茶卡），也是目前国内盐湖类锂矿资源主要开发区。2018 年西藏自治区铬铁矿产量占全国总量的 90% 以上，2019 年仍占 75% 以上（国内铬铁矿产量仅占全国消费量的 2% 左右，且生产稳定性较差），全部来自西藏山南市罗布莎地区，西藏矿业罗布莎矿山为国内最大的铬铁矿生产企业，为国家解决铬铁矿资源禀赋不足问题奠定了基础。在能源开发利用方面，青海省是目前清洁能源和新能源开发进展较快的省份，清洁能源占比在全国各省区中最高；进一步在地市州层面比较，甘孜州清洁能源占比为 100%，水能装机容量超过 1000 万 kW，且近年来呈现出加快发展态势，“两江一河”（具体到甘孜州为金沙江上游、雅砻江中游、大渡河中游）多个大型水电站处在加快建设中，预计到“十四五”末期的 2025 年，甘孜州水能装机容量将超过 2000 万 kW。

相关统计数据还显示，在青海省 2019 年的主要能矿工业产品中，海西州（主体即柴达木能矿资源富集区）的洗精煤、石油、天然气、焦炭、原油加工量、铁矿石原矿、碳酸钠（纯碱）、原盐、钾肥等能矿产品产量占 100%，农用化肥占 95.9%，黄金占 87.6%，硫酸占 87.5%，原煤占 86%，风力发电量占 60.7%，太阳能发电量占 42.1%。西藏自治区“一江两河”能矿资源富集区及昌都市（行政区域涉及拉萨市、日喀则市、山南市、林芝市、昌都市）的铬铁矿、铜铅锌矿、碳酸锂矿、水泥、天然饮用水等矿产品产量占西藏自治区的 100%，发电量占 95% 以上。甘孜州工业以水力发电生产为主，2019 年甘孜州发电量达到 410 亿 kW·h（全部为清洁发电量，基本为水电，少量为光伏电），占当年四川省发电总量的 11.2%，按地市州比较，在青藏高原地区位列第一。由此表明，柴达木盆地循环经济试验区、西藏“一江两河”地区及昌都江达玉龙铜矿和四川甘孜藏族自治州 3 个区域也是目前青藏高原地区主要能矿业发展区。

2）相关能矿产业具有显著的特色资源优势

青藏高原地区能矿业能够形成和发展，本质上得益于青藏高原地区丰富且具有特色的能矿资源赋存。首先是在种类上，青藏高原地区的特色能矿业资源具有规模性的赋存而形成资源总量优势，其次是在空间上的有效聚集性赋存（空间组合性形成的区位优势）。当这些特色资源集中赋存区在交通、通信等基础设施达到一定“门槛”后，资源本身的特色优势及其关联的投入产出优势就开始显现出来。

目前，青藏高原地区能矿业具有特色的优势能矿资源（在国内主要能矿资源赋存区中比较）在类别上主要包括铬铁矿、铜多金属矿、银多金属矿、盐湖类矿（分为氯化钾、氯化锂两种类型）和清洁能源（水能、风能、太阳能、地热能，潜在的包括陆域可燃冰、干热岩等）。其中，柴达木盆地能矿资源富集区因钾钠镁锂盐湖资源的规模性与组合型聚集分布，为青藏高原地区北部柴达木盆地资源富集区成为中国最大的钾肥生产基地奠定了坚实的资源基础，是目前青藏高原地区能矿业“资源优势 + 区位优势”转化为“产业优势 + 产品优势”的典型区。西藏自治区山南市曲松县的罗布莎铬铁矿区虽然剩余技术可采储量只有 300 多万吨，但资源量占全国总量的 30% ～ 40%，作为目前国内唯一大型铬铁矿赋存区，因其开采的原矿产品资源品位较高（金属含量 45% 左右），无须选矿段工序直接进入市场，虽然矿山所处位置相对偏僻，且已从露采转型为井工开采，但能够在国家层面解决铬铁矿有无问题，也能获得国家的支持而进行开发，为“资源优势”转化为“产品优势”的典型。青藏高原地区南部的“一江两河”与川滇藏接壤地区，铜多金属矿勘探成果的规模性增长为两个区域铜多金属矿采选业发展奠定了坚实的资源基础，是“资源优势”逐步转向“产业优势”的典型。青藏高原东部川滇藏接壤地区以技术可开发量超过 1 亿 kW 的潜在装机规模成为国家级水能资源主要潜力区，也是目前青藏高原主要清洁能源输出区。此外，伟晶岩型锂辉岩在青藏高原地区（马尔康—雅江—喀喇昆仑巨型锂、铍矿带，属松潘—甘孜—可可西里—喀喇昆仑地块）东（甘孜州及阿坝州）西（西藏阿里地区和青海海西州）两端的相对集中分布与赋存，显示出高原伟晶岩型锂矿资源良好的勘探和开发前景（东端的甘孜州甲基卡锂辉岩矿已部分进入实质性开采阶段）。

3）相关能矿业在区域经济发展中占据重要地位

从全国层面比较，青藏高原地区能矿业在总体规模上较小，各区能矿业发展规模更有显著差异，但能矿业已在所处区域经济发展中占据了不同程度的重要地位，其中柴达木能矿资源富集区的能矿业已成为区域经济主体和主导产业。柴达木能矿资源富集区（在经济和产业发展角度被称为柴达木循环经济试验区）作为海西州的行政区域主体，占据海西州行政区域面积的 78.6%（其余部分主体为昆仑山及沱沱河国家级自然保护区和三江源国家公园组成部分），是海西州主要人类活动区和能矿资源开发区（即海西州的经济和产业结构与柴达木能矿资源富集区等同）。2019 年，海西州 GDP 总量为 666.11 亿元，其中第二产业增加值占 63.2%，第二产业中的工业增加值又占全州 GDP 总量的 58.5% 和第二产业的 88.8%，工业在区域国民经济体系中占据主体地位。其中，化石能源采选及加工、非化石能源矿产及加工（包括盐湖化工）、新能源产业等构成了海西工业的主导产业，煤炭、原油、天然气、铁矿石、铅锌矿、碳酸锂、黄金、原盐、成品油、焦炭、纯碱、钾肥、甲醇、水泥、发电（清洁能源发电量已占全部发电量的 88%，其中太阳能发电和风电分别占 47.5% 和 31.8%）等构成了工业的大宗及外输产品。

在西藏自治区，“一江两河”地区及藏东昌都市（在自然地域上为川滇藏接壤地区组成部分）既是西藏自治区人类活动的主要区域，也是能矿业的主要发展区。虽然整个西藏自治区工业化程度较低（2019 年第二产业增加值比重为 37.4%，工业增加值只占 7.8%），工业总产值只有 289 多亿元，但其中有色金属矿采选业、非金属矿物制品业及电力热力生产和供应业产值分别占全部工业产值的 25.32%、28.99% 和 16.55%，足见能矿业在西藏工业中的重要地位。此外，有色金属采选业和非金属矿物制品业还是西藏工业的主要纳税部门行业，位居第一位和第二位。因全区煤炭、石油、天然气等化石能源资源短缺，能源开发基本为可再生清洁能源资源，以转化电能为主，电力、热力生产和供应业以水电生产为主，光伏电、地热电、燃料油火力发电及风电，成为电力生产的重要补充。铬铁矿、铜铅锌矿、水泥、天然饮用水、电构成了区域主要工业产品。

在青藏高原东南部的四川省甘孜州，区域经济三次产业结构与西藏自治区类似，即工业化程度同样较低，工业在区域国民经济体系中占比较小，2020 年全州 GDP 总量为 410 亿元，第二产业增加值只占 GDP 总量的 25% 左右；但与西藏自治区不同的是，其中工业增加值比重就占 21.7%，显著高于西藏自治区的工业比重。甘孜州水能资源技术可开发量达 4130 万 kW，包括在建项目开发率已超过了 50%，已建成统调统分水电装机规模达到 1128 万 kW，在建大中型水电站超过 1000 万 kW，年上网电量 430 亿 kW·h，在青藏高原地区也仅次于青海全省，故甘孜州的电力、热力、燃气及水生产和供应业可谓一枝独秀，增加值占全州工业增加值的 81.3%，水电生产已成为甘孜州第一大产业，电力成为产业发展中主要的外输产品。在整个青藏高原地区，甘孜州的电力外输规模位居首位。矿产采选业增加值虽只占工业增加值的 13.5%，但却是仅次于电力生产的第二大工业产业部门，矿产资源从种类到赋存条件都具有一定特色，如铜、铅、锌、银等有色金属和贵金属多为共伴生，锂辉石矿资源已探明储量居亚洲之冠，且品质优良。目前，全州已建成九龙里伍铜矿、九龙黑牛洞铜矿和白玉呷村银多金属矿 3 个绿色矿山，主要产品为铜铅锌银等矿产品，但锂矿采选业起步较晚，如加上水泥制造业，能矿业增加值比重占整个甘孜州工业增加值的 95% 以上，这一结构足见能矿业在甘孜州经济中的重要地位。

能矿业在各个区域的发展进程和地位虽存在显著差异，但立足自身的特色资源优势发展起来的能矿业，已在不同程度上占据了区域经济发展的重要地位，也是区域经济未来发展的主要产业类别。

4）相关能矿业在国内区内市场具有较高的市场效应

在产业发展空间布局上，能矿业是典型的资源指向性布局；同时，青藏高原地区的能矿业发展大多属于"嵌入型"产业－项目布局。青藏高原地区能矿业发展，在产业层面多属于非关联性发展产业，空间上缺乏相应产业关联性，尤其是在项目投入上，从生产环节的技术装备、配套基础设施、人员配置等到员工生活，基本属于项目全要素投入，主要生产技术装备基本需要从青藏高原地区外部输入，同时能矿业项目，尤其是矿业项目的产品，市场基本在青藏高原外的国内市场。此外，在优惠政策上，高原地区未得到来自国家或地方政府针对能矿业发展的特别支持。采用的高原地区专项财政补贴也与国内其他地区的同类型产业的财政补贴政策相同。

青藏高原地区能矿业进入 21 世纪以来呈现出较快发展态势，主要是各类原材料产成品的发展，仅在国内市场就拥有全部市场需求，产生这一结果的原因主要来自以下几个方面。

⑴ 自 21 世纪初期中国转向全面产业重型化发展后，到 2010 年我国制造业增加值就超过美国，成为全球制造业第一大国，2018 年我国制造业增加值已占全世界的 28% 以上，成为驱动全球经济增长的重要引擎。在全球 500 多种主要工业产品中，220 多种工业产品的产量中国居全球第一，因此，在种类与规模上，中国制造业对各类能矿业原材料产品具有最旺盛的全方位市场需求，是青藏高原地区能矿业获得发展的宏观经济基本面动因。

⑵ 进入 21 世纪的中国已成长为全球最大制造业大国，在国家层级，拥有全部 41 个工业大类、207 个工业中类、666 个工业小类，形成了独立完整的现代工业体系，是全世界唯一拥有联合国产业分类体系中全部工业门类的国家。但中国的工业化进程尚未全面完成和实现国家工业化，且呈现出规模和结构调整的趋势，上溯到工业前端的采掘业与原材料工业环节，资源性矿产品市场必然呈现出增长型需求态势，是青藏高原地区能矿业获得发展的产业中观面动因。

⑶ 国家发展战略的调整与转型，可持续发展战略（资源有序利用）、生态环境保护优先战略（低碳发展战略）、碳达峰碳中和战略的先后推进和实施加速了对青藏高原地区优势能矿资源的基本面需求，水能、风能、太阳能、地热能、铜铅锌银金多金属矿、盐湖型钾钠镁锂矿、盐湖型锂钠硼矿、锂辉石矿等具有国家级优势和特色的能矿资源，获得了前所未有的开发利用机遇，是青藏高原地区能矿业获得发展的微观面动因。

⑷ 青藏高原能矿资源并非仅具有种类和规模优势与特色，就能获得开发利用和

青藏高原外部市场需求，而需要在三类限因素（技术可行性、经济可行性、环境可行性）从限制性约束转变为可行性约束的前提下，方能获得开发利用机遇，但由于距离青藏高原地区外部市场远近和青藏高原地区的通达性（交通、通信基础设施供给能力）方面的差异，青藏高原地区的能矿业发展在空间和时序上呈现出“北大南小、先北后南、先东后西”的发展格局，是青藏高原地区能矿业获得不同空间和时序发展的供给面动因。

(5) 青藏高原地区在国家和对口支援省区、中央企业加持下的区域协调发展国家战略和区域社会发展现代化战略方面，重点是基础设施的现代化发展及其相关产业蓬勃兴起，激发了当地市场对青藏高原优势和特色能矿资源的规模化需求快速增长，如煤油气、水能、风能、太阳能、地热能、水泥用石灰石等区域典型能矿资源。这些能矿资源的开发利用也在青藏高原地区的社会现代化发展中发挥了重要作用，能矿业在局部地区也成为主导产业。

2.2 科考路线

2.2.1 主要科考路线

围绕三大科考内容，科考分队共开展了 6 次野外科学考察活动。

1. 祁连山成矿带典型工矿区地表系统要素变化考察

科考时间：2019 年 7 月 6 日～7 月 16 日。

科考地点：湟源县（鑫飞化工厂）—西宁市区—海晏县（海北化工厂）—德令哈—大柴旦（锡铁山）—敦煌—嘉峪关（嘉北工业园区）—张掖—肃南工业园—张掖（自然资源厅、生态环境厅、水文厅）—民乐县—门源—青海海鑫矿业（图 2-7）。

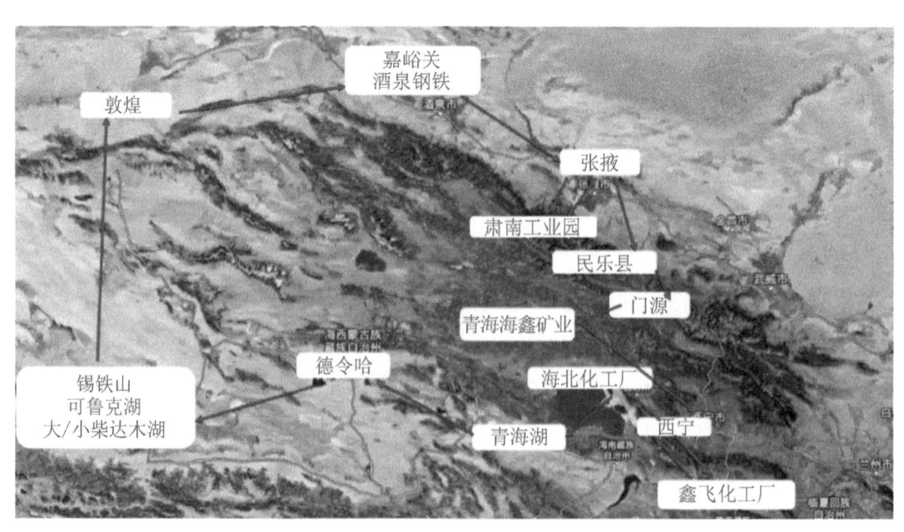

图 2-7　祁连山成矿带典型工矿区考察路线

2. 青海环柴达木盆地能矿业绿色发展考察

科考时间：2020 年 8 月 9 日～ 8 月 17 日。

科考地点：西宁市区—乌兰循环经济工业园（乌兰县茶卡盐湖、青海庆华矿冶煤化集团有限公司、黄河乌兰光伏电站）—德令哈市工业园（中广核槽式光热电站、中控太阳能德令哈塔式光热电站、钜光太阳能德令哈帆式—蝶式光热电站、青海西部镁业公司）—大柴旦循环经济工业园（青海柴达木兴华锂盐有限公司、锡铁山铅锌矿）—格尔木循环经济工业园（格尔木炼油厂、金昆仑锂业、鲁能风光热储多能互补示范工程、青海盐湖钾肥股份有限公司、中国盐湖循环经济产业展业中心、青海盐湖集团镁业一体化产业园、西藏和锂锂业有限公司）—都兰县风电场（图 2-8）。

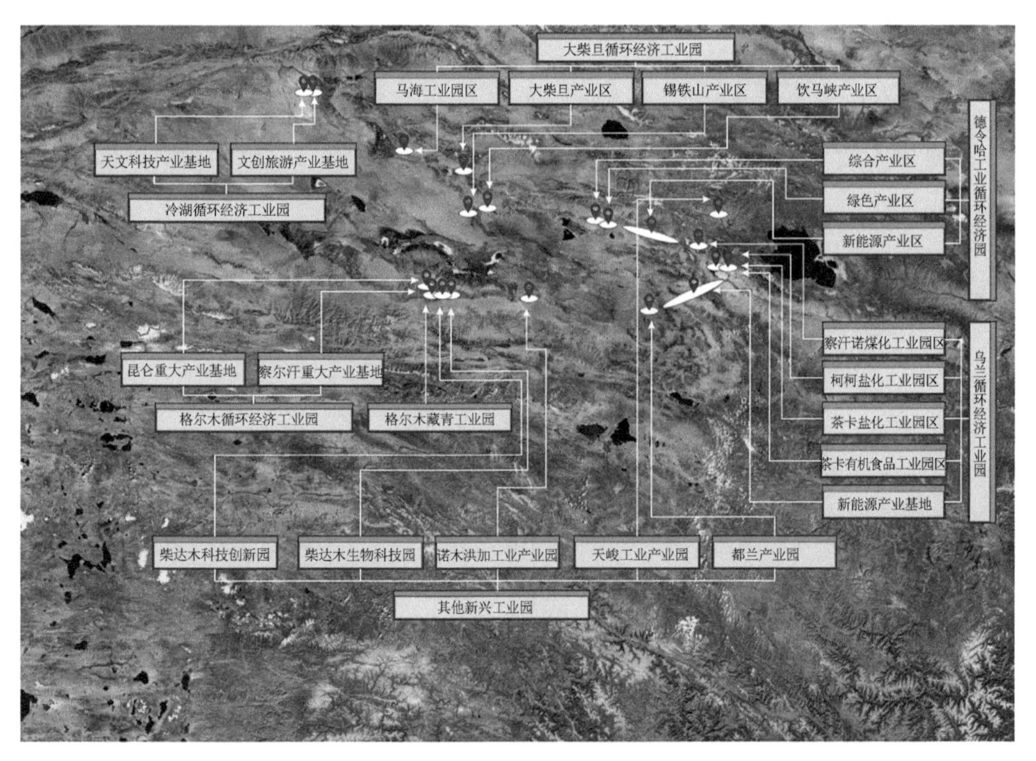

图 2-8　柴达木盆地能矿产业考察路线

3. 青藏高原西南部典型工矿区地表系统要素变化考察

科考时间：2020 年 8 月 12 日～ 8 月 31 日。

科考地点：拉萨市（甲玛—驱龙铜矿等）—山南市（曲松县罗布莎铬铁矿等）—日喀则市（仲巴县硼砂矿等）—阿里地区（多龙铜矿、泽错大型盐湖锂矿等）—那曲市（当曲铁矿、依拉山矿区、安多县东巧矿区、安多琪林湖矿区等）（图 2-9）。

4. 典型工矿区景观格局环境质量响应考察

科考时间：2020 年 8 月 24 日～ 8 月 28 日。

科考地点：青海省典型工矿区（图 2-10）。

图 2-9　青藏高原西南部典型工矿区考察路线

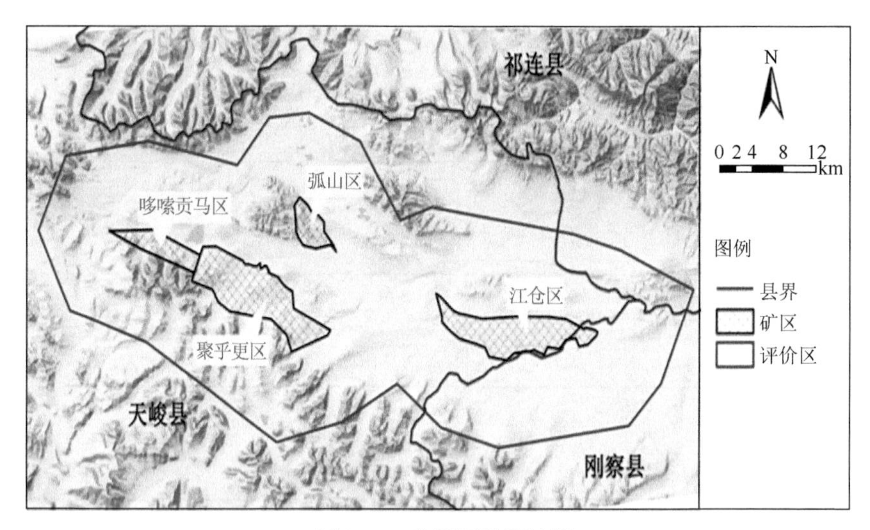

图 2-10　典型工矿区位置

5. 西藏“一江两河”及昌都江达玉龙铜矿能矿产业绿色发展考察

科考时间：2020 年 9 月 5 日～ 9 月 20 日。

科考地点：拉萨市（西藏自治区发展改革委能源局、西藏自治区自然资源厅、西藏自治区经济和信息化厅、西藏自治区商务厅、西藏自治区统计局、西藏矿业发展股份有限公司、中国黄金国际资源有限公司（简称中金国际）、西藏华泰龙矿业开发有限公司、西藏高争建材股份有限公司拉萨分公司）—山南市（羊卓雍湖抽水蓄能电站、华新水泥（西藏）有限公司、西藏矿业曲松罗布莎铬铁矿山）—昌都市江达县（昌都江达玉龙铜矿）（图 2-11）。

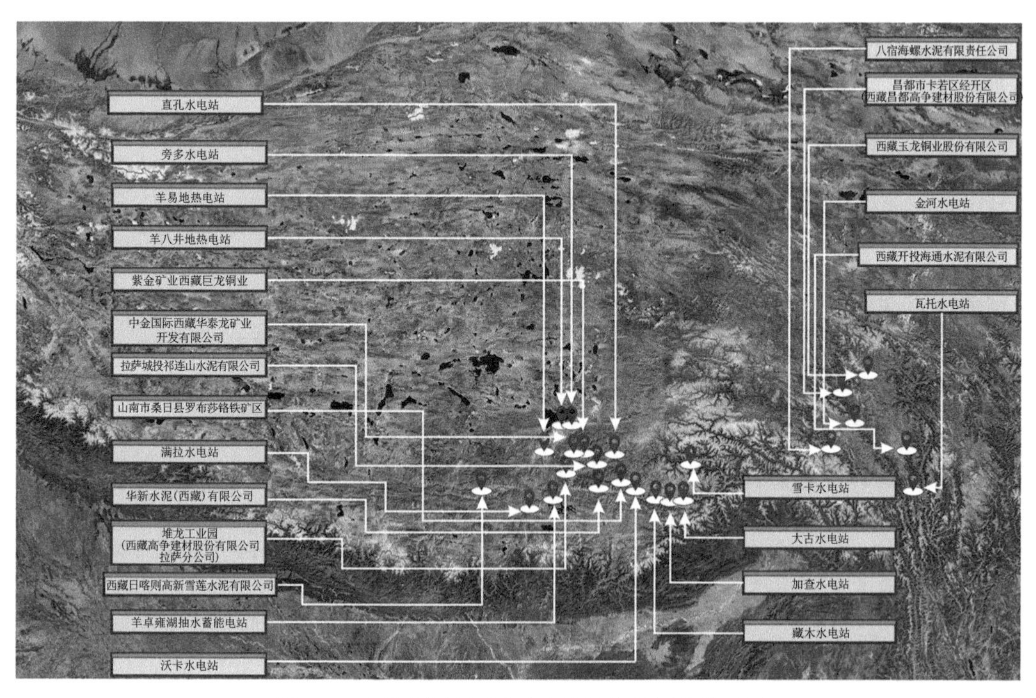

图 2-11　西藏自治区能矿产业绿色发展考察路线

6. 典型工矿业活动污染物源汇特征考察

科考时间：2020 年 9 月 17 日～9 月 20 日。

科考地点：青海省西宁特钢（图 2-12）。

图 2-12　西宁特钢调研照片

2.2.2 考察的主要能矿区域及重点能矿企业

1. 主要能矿区域

1）柴达木循环经济试验区

柴达木循环经济试验区（简称“试验区”）是国家首批13个循环经济产业试点产业园区之一，也是目前国内面积最大、资源丰富，且唯一位于青藏高原的循环经济产业试验区。试验区地处青藏高原核心区北部，主体为有“聚宝盆”之称的柴达木盆地，居青、甘、新、藏四省（自治区）交往中心地带，规划试验区区域面积为25.6万km^2，范围上与柴达木盆地高度重合，为青海省海西州的主体（占海西州行政区域面积的78.6%），平均海拔3000m，高原干旱大陆性气候特征显著；试验区内能矿资源富集，累计发现各类矿产112种，已探明储量的矿产60种，潜在经济价值超过100万亿元，以煤油气、盐湖类资源和铜铁铅锌等能矿资源为主，其中盐湖类资源地位尤其显著，钾盐、镁盐、锂矿、锶矿、芒硝、化肥用蛇纹岩、石棉7种矿产储量居全国首位，保有储量在全国列前10位的主要矿种达24种，且地下可燃冰（主要分布在区域东北部木里地区）、干热岩（主体在临近试验区东部的共和盆地）等清洁能源和地上风能、太阳能等新能源赋存丰富，潜力巨大，在能矿资源赋存总体格局上具有类型全、品位高、组合好和实现产业关联度强的特点。

2010年3月，《青海省柴达木循环经济试验区总体规划》获国务院批准实施。试验区的产业发展核心区主要由格尔木、大柴旦、德令哈、乌兰4个循环经济工业园和2019年新组建的冷湖循环经济工业园构成，实现“一区五园，多产业园，三级架构，两级管理”的发展格局（如加上地处格尔木市东部近郊的西藏自治区经济“飞地”格尔木藏青工业园，实际为“一区六园”，见表2-5），其中格尔木循环经济工业园又称昆仑经济技术开发区，初步确定的“一区六园”循环经济工业园规划总面积为307km^2。此外，还包括规划和建设天峻工业产业园、都兰产业园、诺木洪加工业产业园、柴达木生物科技园、柴达木科技创新园等若干新兴工业园。试验区以资源“综合开发、循环利用”为核心，以资源型、区域型循环经济特色产业发展为特色，以“低度排放、高效利用”为目的，目前盐湖化工、油气化工、有色金属、煤化工、新材料、新能源、特色生物循环经济主导产业体系初步形成，已成为国家最重要的钾、钠、镁、锂、锶、硼等盐湖资源开发及加工基地和青藏高原主要的油气化工生产加工基地，也是青海省两个装机容量超千万千瓦新能源基地主要分布地。试验区相继被认定为“西部大开发特色优势产业基地”“柴达木盐湖化工及金属新材料国家新型工业化产业示范基地”“国家可持续发展实验区”“盐湖特色材料国家高新技术产业化基地”“全国循环经济工作先进单位”等。区内已形成现代交通运输体系，铁路、公路、航空、管道四类运输方式齐备，青藏铁路、敦（煌）格（尔木）铁路、格（尔木）库（尔勒）铁路、京藏高速等重要交通干线的汇集，使格尔木市成为青藏高原主要交通枢纽。

表 2-5　柴达木循环经济试验区工业园、产业园区名录

试验区	循环经济工业园	循环经济产业园区	产业园区规划面积 /km²
柴达木循环经济试验区	格尔木循环经济工业园	昆仑重大产业基地	45
		察尔汗重大产业基地	75
	德令哈循环经济工业园	综合产业区	52
		绿色产业区	5
		新能源产业区	18
	大柴旦循环经济工业园	锡铁山产业区	6.17
		饮马峡产业区	30.01
		大柴旦产业区	6.58
		马海工业园区	—
	乌兰循环经济工业园	察汗诺煤化工业园区	3.0
		柯柯（茶卡）盐化工业园区	4.5
		茶卡有机食品工业园区	1.5
		新能源产业基地	> 90
	冷湖循环经济工业园	天文科技产业基地	8.35
		文创旅游产业基地	2.10
	格尔木藏青工业园	—	50(30+20)
	其他新兴工业园	天峻工业产业园	—
		诺木洪加工业产业园	—
		都兰产业园	—
		柴达木科技创新园	—
		柴达木生物科技园	

柴达木循环经济试验区不仅是青海省和青藏高原的主要能矿业经济发展区，也是我国西部重要的能矿资源开发区，其能矿业绿色发展在青藏高原可持续发展进程中占十分重要的地位。柴达木循环经济试验区在管理上由海西州党委、政府负责，海西州党委、政府主要领导兼任试验区管委会党政负责人，各工业园党政负责人通常由所在市县区党政主要负责人兼任，或海西州相关党政负责人兼任。循环经济工业园以下各产业园区一般不再单独设管委会等管理机构（工商登记注册最低在循环经济工业园管委会一级），根据需要在产业园区设循环经济公园管委会派出机构，新兴产业园区政府管理由所在地县级人民政府设管委会。

关于整个柴达木循环经济试验区的空间规划和用地规划数量，实际上并没有最终确定。其一，规划建设的新能源用地包括都兰诺木洪、乌兰茶卡、大柴旦锡铁山等规划和建设的 16 个风能、太阳能（光伏 + 光热）新能源产业发展基地，在用地上，大多未进入规划的循环经济工业园的园区规划面积中，如乌兰新能源产业基地用地，除早期已运营的少数光伏园区以外，新建和在建的项目大多（调整后的乌兰新能源产业发展部分，在用地规模上将超过 90km²）没有计入乌兰循环经济工业园远期规划 14.5 km² 中（2014 年时规划近 4 km²），再如冷湖循环经济工业园挂牌时规划的

10.45 km^2，也未包含新能源产业发展用地，只有德令哈循环经济工业园新能源产业区，格尔木循环经济工业园等部分规划中，包括新能源产业发展用地。其二，其他新兴工业园，多没有远期发展用地规划。在大柴旦循环经济工业园规划时，就没有考虑和规划马海工业园区的用地；柴达木科技创新园、柴达木生物科技园已被调整到昆仑重大产业基地范围中，没有具体用地规划数；天峻工业产业园受2020年聚乎更矿区环境事件等影响，没有确定规划用地数；都兰产业园因从6个矿山的黄金采选到集中进行冶炼深加工等问题未实现有效衔接，缺乏整个产业园区及各个矿山的最终用地规划数；诺木洪加工业产业园主体已转向枸杞种植、加工、运销一体化发展，现以发展主体为原诺木洪农场的青海诺木洪枸杞科技产业园为主，涉及整个规划区，总面积约169.8km^2，因其涉及枸杞种植规模及相关产业发展规模问题（已从2011年规划的10万亩[①]枸杞种植示范基地规模，发展到2020年初的18.3万亩，成为全国枸杞集中连片种植规模最大、单产最高、品质最优的种植基地），未确定其最终用地规模。

a. 格尔木循环经济工业园（格尔木昆仑经济技术开发区）

格尔木循环经济工业园位于柴达木循环经济试验区柴达木盆地西南部、南邻昆仑山，周边矿产资源富集，以格尔木市为中心，重点向北布局发展。1992年6月经青海省委、省政府批准，该工业园最初成立格尔木昆仑经济开发区；2005年12月正式确定为省级经济开发区，更名为青海格尔木昆仑经济开发区；2012年10月升级为国家级经济技术开发区，定名为格尔木昆仑经济技术开发区；2013年2月，因整个柴达木循环经济试验区的建立，格尔木昆仑经济技术开发区再次更名为柴达木循环经济试验区格尔木循环经济工业园（原格尔木昆仑经济技术开发区全称继续保留），为柴达木循环经济试验区主要组成部分。2018年3月，经国家发展改革委、科技部、国土资源部、住房和城乡建设部、商务部、海关总署审核，格尔木昆仑经济技术开发区列入《中国开发区审核公告目录（2018年版）》国家级经济技术开发区序列，再次成为国家正式备案的经济技术开发区；2019年，格尔木昆仑经济技术开发区成为青海省绿色园区，并成功入围国家第四批绿色园区；2020年，格尔木昆仑经济技术开发区上榜首批国家绿色产业示范基地名单。作为青海省仅有的两个国家级经济技术开发区之一（另一个为西宁经济技术开发区），经过多年建设与发展，园区承载力不断提升，先后规划和建成一批可支撑园区长远发展的水、电、路、气、排污、通信等配套项目，中危废弃物处置、污水处理、重金属应急和监控体系、铁路专用线、通信设施、燃气管网、照明工程、消防配套等一批影响深远的硬件配套设施项目建设也在全面推进中。

整个格尔木循环经济工业园依托格尔木及周边地区丰富的盐湖、油气及金属资源，已探明各类矿产资源50余种，有全球四大盐湖之一的察尔汗盐湖和全国第二大镍矿，其中钾、镁、锂及石盐储量居全国之首，铁矿及铜、铅、锌、镍、钴、钼等多金属矿找矿实现重大发现和突破。以盐湖资源综合开发利用为核心，着力发展盐湖化工、油

① 1亩≈666.67m^2。

气化工、金属冶金三大支柱产业，辐射带动茫崖、冷湖、大柴旦、都兰等地的盐湖资源、有色黑色资源、煤炭资源、石油天然气资源开发及循环经济工业发展，构建国家重要的钾肥、盐湖化工、油气化工产业基地。该工业园先期规划面积 92.67km^2，分为盐湖化工（60km^2）、石油化工（14.18km^2）、有色金属（18.49km^2）三个循环经济专业区，后调整规划面积扩张到 120km^2，并调整为由昆仑重大产业基地和察尔汗重大产业基地组成的“一园两基地”。其中，昆仑重大产业基地位于格尔木市中心城区东南侧，规划面积 45km^2，重点发展油气化工、黑色有色金属冶炼、新能源、新材料、特色轻工、装备制造等产业，昆仑重大产业园进一步被划分为油气化工园、昆仑新材料产业园、军民融合产业园和以新能源、精细化工、装备制造和现代物流为主的科技创新园；察尔汗重大产业基地位于格尔木市北部的察尔汗盐湖格察（格尔木—察尔汗盐湖）高速公路东西两侧，规划面积 75km^2，重点发展盐湖化工产业及下游产业链的延伸，主要由盐湖生态镁锂钾产业园、特色生物产业园和中小企业创业基地组成，该工业园行政管理处在格尔木市，设格尔木循环经济工业园（格尔木昆仑经济技术开发区）管委会。整个园区内已注册各类企业 500 多家，其中规模以上工业企业 50 多家，限额以上企业 9 家，基本形成了以盐湖化工为核心，融合油气化工、煤化工、金属冶金、新能源、新材料、特色生物等多产业一体化发展的产业体系。工业园内先后建立 6 个国家级科技平台、7 个省级工程技术研究中心、4 个重点实验室，以及海西州资源综合利用与循环经济张懿院士工作站 1 个，培育了 11 家科技型企业、8 家高新技术企业、5 家科技“小巨人”企业。现已建成全国大型钾肥生产基地、盐湖化工基地、区域性石油天然气化工基地。该工业园已分别形成 800 万 t 钾肥、40 万 t 硝酸钾、8 万 t 碳酸钾、2 万 t 高氯酸钾、140 万 t 工业盐、100 万 t 纯碱、2 万 t 氯酸钠、5 万 t 碳酸锂、1000t 金属锂、10 万 t 金属镁、5.6 万 t 镁合金、1 万 t 氢氧化镁等盐湖化工原材料产品生产能力，青海盐湖工业集团、格尔木藏格钾肥有限公司、青海锂业有限公司等重点企业不断壮大；油气化工产业 150 万 t 一次原油加工、100 亿 m^3 天然气、200 万 t 天然气甲醇、日处理 35 万 m^3 液化天然气等油气产品生产能力，格尔木炼油厂、青海中浩天然气化工有限公司等重点企业取得长足发展；金属冶金产业已形成 250 万 t 铁矿采选、120 万 t 铅锌矿采选、10 万 t 电解铅、16 万 t 粗铅冶炼、6000t 锑多金属生产能力，青海西豫有色金属有限公司、青海庆华矿业有限责任公司等一批重点企业初具规模。

格尔木循环经济工业园已先后编制完成《格尔木工业园总体规划》《格尔木工业园总体规划环境影响报告书》《格尔木工业园产业发展规划》《青海省柴达木循环经济试验区格尔木工业园国家低碳工业园区试点实施方案》，正在开展国家循环化改造示范试点园区建设、全国 100 个资源综合利用示范企业建设、矿产资源综合利用示范基地建设、国家级创新型盐湖化工循环经济特色产业集群建设、国家低碳工业园区试点等循环经济专项建设。工业园能矿业未来确定的发展目标是：千万吨钾肥基地、千万吨级高原油气田及相关产业、千万吨金属选冶基地、千万千瓦新能源发电基地；百万吨金属镁、百万吨储热熔盐、百万吨烯烃、百万吨纯碱、百万吨钢铁、百万吨聚氯乙烯（PVC）、百万吨高海拔多矿物质矿泉水及功能性矿泉水产品；百亿元油气化工产业、百亿元金属选冶产业、百亿元碳酸锂及电池产业、百亿元金属镁镍及合金产业、百亿元轻工业产业和百亿元服务业产业。

b. 德令哈循环经济工业园

德令哈循环经济工业园位于海西州首府德令哈市辖区内，东临乌兰工业园，西接大柴旦和格尔木工业园，青藏铁路、高速公路穿园而过，距德令哈机场25km，位于柴达木循环经济试验区的中心地带。德令哈循环经济工业园属于综合性工业园区，工业园规划核心区面积为75km^2，由综合产业区、绿色产业区、新能源产业区3个产业园区组成，能矿业项目主要分布在综合产业区和新能源产业区。其中，综合产业区规划面积52km^2，已建成面积13km^2；绿色产业区规划面积5km^2，其中一区规划面积1.4km^2，二区规划面积3.6km^2，已建成面积1.7km^2；新能源产业区规划面积18km^2，已建成面积11km^2。德令哈循环经济工业园管委会设置在德令哈市。目前，园区入驻企业已超过140家，其中规模以上企业24家，产业集聚效应和辐射作用得到初步显现。

德令哈循环经济工业园目前水、电、路、气等基础设施基本能够保障园区发展需要，产业孵化基地、循环经济促进中心、消防设施、环境监测等配套服务设施相继建设，公共服务设施承载能力和服务水平逐步改善。其中，综合产业区已建成，区内基本实现“七通一平”，16条市政道路总里程达76km，日供水能力2.5万m^3，供水管网约80km、排水管网约51km、中水管网约32km，集中供热中心1处，设涩宁兰天然气输气管线园区下载输配站，工业污水处理厂、固体废物处置场、循环经济促进中心及环保检测中心等环保设施配置齐全；绿色产业区已建成13条市政道路共17km，供水管线19km、排水15km、中水16km、燃气管网11km，标准化厂房及职工公租房，配套电网、工业污水处理厂、集中供热中心、研发中心、服务中心等基础和服务设施基本完整；新能源产业区依托自东向西的315国道和金光大道，配置有主供水加压泵站，供水管网约30km、燃气管网4km，配置了新能源发电外输上网330kV输变电站及配套电网。

园区产业与工业发展项目方面，盐碱化工产业已形成280万t纯碱、200万t水泥、10万t氯化钙、5万t食用级小苏打、0.5万t食品级氯化钙等产能，主要企业为青海发投碱业、中盐昆仑碱业、金锋实业等；新材料产业已形成15万t高纯氢氧化镁、10万t高纯氧化镁、4万t电熔镁砂、5万t烧结镁砂、5亿Wh石墨烯锂电池、2万t碳酸锂、10万t储热熔盐、1.5万t金属硅、10万t高性能结构板材、5000t纤维滤材、3万t氯酸盐等产能；在建50万t镁质特种耐火材料、1万t高强高模聚乙烯纤维（一期1200t）、6000t高端六氟磷酸锂等项目，主要企业有青海西部镁业有限公司、青海恒信融锂业科技有限公司、青海聚纤新材料科技有限公司、青海盈天等能源有限公司；新能源产业已建成1549MW新能源发电项目，其中太阳能光伏发电1240MW、太阳能光热发电110MW、风力发电199MW，在建风电项目5个，装机容量399.5MW，主要企业为浙江中控技术股份有限公司、中国广核集团有限公司、中国节能环保集团有限公司、中国国电集团有限公司等；装备制造业形成180万m管线（钢丝网骨架聚乙烯管、钢带增强聚乙烯波纹管、聚乙烯管）、6.5万t钢结构、1万t电线电缆、300MW高原型风机制造、15 万套光热镜架、10 万 t 镀锌件、1000 套 1.5 ～ 3MW 风力发电机组塔架、年产 5 万 t VCI（volatile corrosion inhibitor，气相缓蚀剂）片锌技术防腐钢、年产 2 万 t 特种紧固件等产品产能，主要有青海明阳新能源有限公司、海西华汇化工机械有限公司等企业；特色生物加工产业涉及燕窝、灵芝孢子粉提取物胶囊等系列产品、枸杞原果系列产品、藜麦系列产品、冻干枸杞、枸杞袋泡茶、500t 食用红花油、3000t 枸杞酵素、20 万 t 生物有机肥、火焰蓼种植加工基地等项目，产品均已投放市场，截至 2020 年，在建项目包括年产 3 亿的盒包装米饭、海西藏红花现代种植加工基地、牦牛和藏羊蛋白肽、年产 300t 的青稞酒等项目，代表性企业包括北京同仁堂健康药业（青海）有限公司、青海国草生物科技有限公司、德令哈伊明农牧有限公司等。

c. 大柴旦循环经济工业园

大柴旦循环经济工业园位于柴达木循环经济区北部，园区主体属于大柴旦行政区，东接德令哈循环经济工业园，西邻冷湖循环经济工业园，规划面积 42.76km^2，是柴达木循环经济试验区重要的工业园区之一。依托地理优势，海西州大柴旦行政区内能矿产资源丰富，优势矿种为铅、锌、岩金、硼、锂、煤和重晶石，且具有品种多、储量大、品位高的特点；非宜农土地资源广袤；太阳能、风能开发潜力巨大。大柴旦循环经济工业园是以能源、煤炭综合利用、盐湖化工、冶金产业发展为主体的能矿业产业工业园，目标是建设柴达木循环经济试验区中具有明显示范作用的典范产业区，形成以精细化工、盐化工、能源化工为主，并集物流商贸于一体的现代化化工产业区，促进整个柴达木盆地西北片区工业的快速发展。

大柴旦循环经济工业园交通、电力、水利、通信、网络等基础设施处在分步建设、日臻完善阶段，园区产业和项目承载能力全面提升，基本具备支撑循环经济产业集中布局、发挥规模效益的条件。目前，敦格铁路贯穿饮马峡、锡铁山产业区，分别在饮马峡、大柴旦产业区配置有客货运火车站点，马海站至饮马峡站货车已通车；国道 215 线及敦格高速公路自北向西南通过，与高泉煤矿区、滩间山金矿区、鱼卡煤矿区、马海盐湖和柴旦产业区、锡铁山产业区通过三级公路相连，国道 315 线及西格高速公路自东向西横穿，与大煤沟、大头羊、绿草山煤矿区和饮马峡产业区通过三级公路相连；有线和无线通信网络配置齐全，4G 无线信号覆盖整个规划区和 3 个产业区（不包括后补充的马海产业园区）；新疆哈密至格尔木双回路输电线路 750kV 鱼卡开关站和 110kV 流砂坪汇集站建成投入使用，已形成以锡铁山 330kV 变电站为核心，包括锡铁山 110kV，饮马峡 110kV、35kV，110kV 锡铁山至鱼卡、饮马峡、大煤沟的电网主骨架，以 35kV、10 kV 为补充的低压电网覆盖各工矿区企业；配置了涩宁兰天然气输气管道，天然气管网已进入 3 个产业区；园区已形成五彩碱业一期引水工程（DN800）和辅线（DN400）两条供水管道，日总供水量 5 万 m^3，引水工程二期主要在大柴旦循环经济工业园饮马峡产业区配套约 40km，双管道（DN1000）输水管道工程，日供水总量 10 万 m^3 项目已在筹建之中；环保设施方面，锡铁山产业区建成污水处理厂、固废垃圾填埋场，饮马峡产业区污水处理厂在建，垃圾填埋场已纳入“十四五”规划项目。

“十三五”以来，大柴旦循环经济工业园进入加快发展时期，按照“一园多区、统一规划、合理布局、产业互补、特色鲜明”的要求，已初步构建起“一园三区（锡铁山产业区、饮马峡产业区、大柴旦产业区）”的产业发展格局，该工业园管委会设置在柴旦镇。整个工业园已入驻企业超过30家。其中，以冶金和铅锌尾渣与盐湖资源综合利用融合发展为主导的锡铁山盐湖化工产业区，以锡铁山镇和西部矿业锡铁山矿为核心，西北距柴旦镇约70km，东距青藏铁路锡铁山火车站约7km，南距国道215线约7km，规划面积6.17km^2，现已入驻企业3家，已形成年产150万t铅锌采选、12万t硫酸、18万t合成氨、7.5万t磷酸、10万t粉状磷铵和1万t H酸单钠盐、0.4万t K酸、0.3万t间酸能力。以盐湖化工与煤炭资源清洁利用融合发展为核心的饮马峡能源、精细化工产业区，位于饮马峡火车站以北、全集山红铁沟西南侧，西北距柴旦镇约70km，规划面积30.01km^2，主要通过扩大规模打造千万吨煤炭保障基地，现已入驻企业15家，已形成110万t纯碱、1.5亿条编织袋、0.3万t甲硫基乙醛肟、10万t硫化碱、10万t氯化钙、1万t H酸，在建10000t 1-氨基蒽醌及8000t溴氨酸（2020年）、120万t/a高效节水优质纯碱（2018年）、3000t中高档分散染料（2020年）、氨基醚系列产品项目（2020年）。以盐湖化工和精细化学品为主体的大柴旦化工产业区，毗邻大柴旦湖，以柴旦镇为核心，规划面积6.58km^2。现已入驻企业7家，已形成30万t硼矿开采、8万t硼酸、10万t氯化钾、10万t硫酸钾、2万t硫酸镁、1.1万t氯化锂生产能力，在建1万t氯化锂项目。马海产业园区因涉及行业和可能的项目较复杂，点多面广，未确定规划用面积。

d. 乌兰循环经济工业园

乌兰循环经济工业园位于柴达木循环经济试验区东部，地处乌兰县内，为海西州乌兰县一体化工业发展园，该工业园由乌兰县管理运作，管委会设置在乌兰县城希里沟镇。乌兰循环经济工业园西接德令哈循环经济工业园，东临海南州共和盆地，为柴达木循环经济试验区“一区五园”最东部的工业园，依托海西州北部木里地区丰富的焦煤资源和茶卡、柯柯盐湖钠资源，以及乌兰、都兰、天峻地区丰富的高原特色生物资源，以资源综合开发为重点，着力发展煤焦化工、盐化工、特色生物产业，以配套盐湖资源开发为主导，以煤炭清洁利用、高原特色生物资源开发为特色的循环经济工业园，规划目标是建成可以辐射天峻、乌兰、都兰等地区经济发展的煤焦化工、特色生物产业基地。

乌兰循环经济工业园先期规划总体面积为14.5km^2（因不断进入的新能源项目，先期发展区已调整为99km^2，远期105.5km^2），分别由察汗诺煤化工业园区、柯柯（茶卡）盐化工业园区、茶卡有机食品工业园区及新能源产业基地4个产业园区组成，4个产业园区北部通过国道315线、青藏铁路东西相连，南北通过国道109线实现察汗诺—茶卡支线相通。乌兰工业园已完成《乌兰县工业发展规划》《茶卡有机食品产业园发展规划》《乌兰县东大滩光伏产业园区规划》《乌兰县茶卡风力产业园区规划》《乌兰县工业园区循环化改造方案》等各类规划和实施方案。近期规划建设区内道路、电力、供水、污水和固体垃圾处理等基础设施正在逐步配套完善中，已配置察汗诺煤化工业园铁路专用线、厂区道路、750kV 开关站、330kV 输变电站、110kV 输变电站工程，建成了希里沟镇、柯柯镇、茶卡镇生活垃圾处理场，县城供水改扩建工程，县城污水处理厂等一批项目。

乌兰循环经济工业园通过自身投入，不断加大招商引资力度，现有工业企业 50 多家在乌兰工业园注册，其中煤化工企业 2 家，盐湖化工企业 8 家，光伏发电企业 7 家。其中，察汗诺煤化工业园已形成庆华煤化集团有限公司一期（100 万 t 焦化）、二期年产 210 万 t 焦化、年产 300 万 t 洁净煤、2×15MW 热电联产、15 万 t 焦油及粗苯、硫酸铵深加工等产能，并利用焦化所产煤气、粉煤灰、煤焦油等附属产品，按照循环经济发展要求，配套建设利用焦炉煤气及煤矸石发电、回收和加工煤焦油、硫膏、硫铵、粗苯、60 万 t 电石等下游产品开发项目，积极有序推进煤炭深加工和综合利用。盐化工业产业园区分别依托茶卡、柯柯两大盐湖优势资源，努力壮大工业盐产能，积极开发多品种及高端食用盐，大力推进高纯度氯化钾及盐化系列产品，延伸盐湖优势资源综合循环利用程度，现茶卡盐湖 15 万 t 多品种食用盐项目已建成投产，入驻企业有青海省盐业股份有限公司、青海友明盐化有限公司、青海京柯盐化有限公司等。茶卡有机食品工业园区以海西畜牧业优势资源为依托，辐射周边农牧区，以茶卡镇为核心，以高原特色农畜产品深加工为主，在茶卡构建畜产品产、供、销一体化工业园区，现已建成年屠宰 20 万只羊单位茶卡畜产品深加工项目、年产 5 万 t 有机无机肥项目。新能源产业园区远期规划目标是形成 6000MW 光伏、3000MW 光热、600MW 风电的新能源产业基地，现已建设光伏项目 10 个，总容量 220MW，全部实现并网发电，已有青海黄河上游水电开发有限责任公司、乌兰金峰新能源光伏发电有限公司、乌兰益多新能源有限公司、青海昱辉新能源有限公司等企业入驻；正积极推进东大滩、茶卡地区等风电、光伏发电规划和项目落地。

e. 冷湖循环经济工业园

冷湖循环经济工业园是柴达木循环经济试验区“一区五园”中最新成立的工业园，该工业园管委会于 2019 年 10 月 18 日正式挂牌，设置在茫崖市冷湖镇，管委会行政负责人由茫崖市市长兼任。工业园位于柴达木盆地西北部，地处青甘新三省区交界处，为柴达木盆地“入疆通甘”重要门户，“古丝绸之路”南线必经之地；区域现代交通公路、铁路、航空、管道运输方式齐备，格库铁路、国道 215 线、省道 305 线贯穿园区；园区及周边区域除了拥有丰富的石油天然气、盐湖、风、光等传统优势资源外，还拥有世界级优良的暗夜星空资源（所处地理位置、气候、空气洁净度和海拔等因素，使冷湖地区在天文观测研究方面具有独特优势，具备世界级优良天文台址的发展前景，是中国天文学的核心战略资源）、全类型雅丹地貌资源等自然景观资源，以及石油工业遗址和创业精神等丰富的文化旅游资源。茫崖市和冷湖循环经济工业园依托传统优势能矿资源、自然景观资源和新型天文科技资源，全力构筑石油天然气、盐湖化工、新能源、装备制造、天文科技和文创旅游产业（创新“天文 + 科普 + 旅游”模式）组成的产业体系，在致力开发和发展氯化钾、硫酸钾、硫酸钾镁肥、颗粒钾、碳酸锂、氯化锂、低钠食品盐、工业盐等工业产品的同时，大力发展风力发电 + 太阳

能发电 + 储能等千万级新能源产业，已建成风电项目 4 个，续建项目 5 个，平价光伏项目 1 个。

冷湖循环经济工业园构建以来，主动适应经济社会发展新变化，因地制宜探索，推动各类产业深度融合发展，转型升级开辟工业园区产业发展新路径。目前已规划新型产业基地面积为 10.45km^2（依托石油天然气、盐湖、风、光等传统资源形成的油气化工、盐湖化工传统优势产业和正在发展的新能源产业，因油气资源采选完毕后会发生空间转移和风能、太阳能新能源产业用地规模较大，实际在现冷湖循环经济工业园规划中，用地需求没有计入）。其中，天文科技产业基地以冷湖地中四 5 号基地片区为核心，该片区是 20 世纪 60 年代柴达木盆地最早开始的油气开采冷湖基地遗址、原冷湖行政管理委员会老基地以及原冷湖市所在地，最多时聚集与油气采选业相关的人口近 20 万人，距离现冷湖镇 10 多千米，规划面积 8.35km^2，围绕星空资源和地质景观资源，以争取大型科学装置（如天文望远镜项目）为依托和落地，促进科学研究、天文科技、航空航天、装备制造与文旅创意产业发展相结合，以加强与高校、科研机构合作力度为目标，重点培育新型民用航天航空和机器人科技研发实验场，以技术引领产业聚集。文创旅游产业基地则以现冷湖镇建成区为核心，规划面积 2.1km^2，利用冷湖镇相对完备的城镇基础设施、公共服务设施和资源，将冷湖镇发展成文化（科普、科幻、文创）、体育、全域旅游融合发展的特色基地型小城镇。

已建成的火星营地、火星一号公路等项目已成为网红旅游打卡点，2020 年冷湖镇被认定为省级火星研学旅行实践教育科研科普基地，成为中国首个火星研学旅行实践教育营地。可回收火箭试验基地、月宫一号生态圈技术、天文望远镜镀膜等天文科技等项目正在加速推动。2021 年 4 月 16 日，青海省海西州与中国科学技术大学共同签署《关于“大视场巡天望远镜项目”合作协议》，标志着大视场巡天望远镜（WFST）项目正式落地青海省茫崖市冷湖镇赛什腾山天文台址，5 月 11 日中国科学技术大学 - 紫金山天文台 2.5m 大视场巡天望远镜项目在赛什腾山开工。清华大学 6.5m 望远镜项目等科研项目、可回收火箭试验基地等天文科技项目正在推进。已签约落地天文科技项目 7 个，一批天文望远镜等国家大科学装置正在冷湖工业园落地建设，国内最大的天文观测基地和世界级的天文研究中心即将形成。

在规划和建设两个新型产业基地的基础上，冷湖循环经济工业园还将进一步利用天文科技资源，并加大冷湖地区特有的自然景观资源力度，如开发昆特依大盐滩（盐壳平原）、德宗马海湖大盐滩、雅丹地貌（魔鬼城）等原生态旅游资源。构建现代能矿业（盐湖化工为支柱，石油天然气化工、有色金属等循环经济能矿产业，以及千万千瓦级绿色新能源基地）与特色全域创新文化旅游产业相融合的区域特色产业体系，建设特色循环经济发展示范园区。

f. 格尔木藏青工业园

格尔木藏青工业园是在中央政府协调下，由西藏自治区和青海省两省（自治区）共建，以西藏自治区管理为主的“飞地型”工业园，位于青藏高原柴达木盆地南缘的格尔木市城区东部，园区北部与国道 109 线和京藏高速相邻，距格尔木主城区 17km，分别距离格尔木火车站、昆仑物流中心 19km 和 10km。格尔木藏青工业园主要充分利用西藏特色优势矿产资源，在园区内构建以西藏矿产品冶炼和深加工为主，循环经济产业和物流商贸产业为支撑的“一体两翼”的产业体系。其具体的发展思路是在西藏的优势矿产品完成采选工序后，通过青藏铁路、青藏公路（高速 + 国道 109 线）将精矿半成品转运到格尔木藏青工业园，再完成精矿的冶炼段工序和深加工，发展目标是成为西藏自治区和国家级重要的有色金属和盐湖化工基地。

格尔木藏青工业园的园区规划最大可用地总面积 $50km^2$，前期开发 $30km^2$，分两期建设，划分为 10 个功能区，包括铜冶炼区、铅锌冶炼区、铜深加工区、盐湖化工区、新能源新材料区、节能电池加工区、装备制造区、运输及仓储区、公用设施集中区和生活商贸区，形成铜 50 万 t、铅 30 万 t、锌 30 万 t、盐湖化工产品 45 万 t、硫酸铵 160 万 t 设计生产能力和一定规模的有色金属精深加工生产能力。入驻园区的企业可享受中央给予西藏的特殊财税、金融政策，西藏自治区招商引资优惠政策，西部大开发以及青海省、柴达木循环经济试验区内各项优惠政策。

格尔木藏青工业园于 2014 年 6 月全面开工建设，截至 2019 年底，园区水、电、气、暖、路、讯等配套设施建设累计投入资金约 30.10 亿元，已建成藏青路等 8 条市政道路及商业住宅区 4 条道路，以及给排水管网、通信管网、电力和热力管沟各 34km（规划为 73.62km），防洪渠 2.35km，市政道路植树绿化面积约 450 亩，园区配套生产、生活供水加压站一座（近期 4.5 万 m^3/d，远期 19.05 万 m^3/d），110kV 和 35kV 变电站各一座，铺设进入园区及内部 10 ～ 110kV 输电线路 37km，75t/h 水煤浆蒸汽锅炉一台，12 宗场地平整 1.58 万亩，$30km^2$ 用地围护栏项目等各类基础配套和设施等，实现移动、电信、联通通信网络信号全覆盖，以及在建日处理能力 2.25 万 t 污水处理厂一座和天然气管网 18.5km；同时，已建成标准型厂房 60 万 km^2，商业住宅楼 3.5 万 m^2，投入运行环境保护空气质量自动监测站 1 座。因园区为干旱荒漠型地貌，绿地系统布局为“一环、多片、多带” 结构，达到各类绿地控制指标难度和投入尤其大（如园林景观路绿化率不小于 40%，红线宽度 38m 的道路绿地率不小于 20%，红线宽度小于 30m 的道路绿地率不小于 15%，商业中心绿地率不低于 30%，客运站绿地率、园区管理、项目管理单位、公共文化机构等单位不低于 35%）。

受多重因素如西藏的有色金属采选业发展规模未达到预期，有色金属等精矿产品深加工的出藏方向和实际落地与预想相背离，园区“三废”排放指标额度的落实等，目前格尔木藏青工业园的实际运行结果与规划预期和发展方向有所背离的影响和制约，只有数家盐湖锂加工企业（如西藏和锂锂业、西藏容汇锂业科技等）、非金属矿产加工业（西藏大德建材材料科技），以及非矿产类加工业企业落户格尔木藏青工业园内。

g. 其他新兴工业园

除上述“一区六园”外，柴达木循环经济试验区还构想和规划了若干新兴工业园，主要包括规划建设以焦煤开发、牦牛养殖深加工、物流为特色的天峻工业产业园，以马北气田、东西台盐湖、一里坪盐湖、马海盐湖等资源综合开发、集约利用、精深加工为特色的马海工业园（现已调整成为大柴旦循环经济工业园的一个产业园区），以多金属采选、石材加工、枸杞种植深加工为特色的都兰产业园（包括都兰县内的沟里、滩涧山、五龙沟、大场金矿、坑得弄舍金矿、瓦勒根金矿 6 个矿区金矿探明储量 > 450t，构想通过“采选 + 冶加”模式，实现一体化发展），以枸杞种植和深加工为特色的诺木洪加工业产业园，以中藏药、生物医药、农畜产品加工为特色的柴达木生物科技园，以科技研发、科技试验、项目孵化为特色的柴达木科技创新园等。

2）西藏“一江两河”及昌都能矿业发展区

“一江两河”地区是西藏自然条件较好、人类活动强度较高的河谷流域区，行政区域范围包括拉萨市大部，日喀则市、山南市和林芝市，面积约 8.4 万 km^2，属于西藏自治区社会经济发展和城镇化水平较高区域。“一江两河”地区位于青藏高原南部和西藏自治区中南部，为青藏高原核心区域，平均海拔近 4000m，气候类型总体上属于高原温带半干旱季风气候区，干湿季明显，年降水量 200 ～ 600mm，3500m 以上河谷地区降水较集中于 6 ～ 9 月，多夜雨，年日照时数可达 3000h，首府拉萨市有“日光城”之称。同属青藏高原核心区的藏东昌都市，位于青藏高原“三江”（金沙江、澜沧江、怒江）流域核心地带，平均海拔 3500m，属于高原温带半湿润季风气候类型，年降水量在 400 ～ 600mm，干湿季分明，年日照时数虽不及“一江两河”地区，亦可达 2500h 左右，且山高谷深，地形更趋复杂，“一山有四季、十里不同天”的垂直地带性高原气候特征更显著。

西藏“一江两河”地区及藏东昌都市地处冈底斯东段成矿带及雅鲁藏布江断裂带、藏东“三江”成矿带和班公错—怒江成矿带上，加之雅鲁藏布江断裂带内超基性岩体的较广泛分布，使“一江两河”地区及藏东昌都地区成为西藏及整个青藏高原主要的铬、铜、铅、锌、钼、金、银等有色金属、贵金属等矿产资源赋存区。其中，山南曲松县罗布莎铬铁矿为目前国内唯一的大型铬铁矿山，西藏初步确认的五大铜多金属矿区（拉萨墨竹工卡县驱龙铜矿、拉萨墨竹工卡县甲玛铜多金属矿、日喀则谢通门雄村铜矿、昌都江达玉龙铜矿、阿里改则县多龙铜矿）有 4 个集中分布在“一江两河”地区和藏东昌都市。既有资源调查与勘探成果表明，“一江两河”地区及藏东昌都市化石能源资源短缺，但地表水能与光热资源开发潜力巨大；能矿资源赋存与组合虽不及高原核心区北部的青海柴达木地区，但特色与优势明显。与高原北部区的柴达木盆地循环经济试验区不同的是，该区域是高原地区主要的人类活动区域，但中华人民共和国成立以来柴达木盆地丰富的能矿资源区域聚集性赋存，尤其是起步阶段的化石能源（煤油气）与盐湖、有色金属、黑色金属等矿产业资源，以及转型发展后的风能、太阳能等新能源资源，在空间分布上的高度规模性聚合，致使现代能矿业发展进程和发展水平远高于高原地区南部的西藏“一江两河”地区及藏东昌都市。

但与北部柴达木循环经济试验区不同的是，“一江两河”地区及藏东昌都市在大区域尺度上可赋予能矿产业发展区的称谓，但能矿资源在空间上不具有种类和规模高度聚合与叠加的特性，更缺乏煤油气等传统化石能源资源的基本保障和支撑，加之更典型的“高寒缺氧”高原特性和生态环境脆弱性，导致“一江两河”地区及藏东昌都市的能矿业发展，不具有柴达木循环经济试验区内形成循环经济工业园的基本前提和自然环境条件，即“一江两河”地区及藏东昌都市能矿业发展区在区域层级的空间上，直接由绝对和相对分散的能源发展区（主要指清洁能源产业发展）、矿业矿山区甚至单一企业组成，大致相当于柴达木循环经济试验区第三级能矿产业园区层级，甚至更低的企业层级组成，即使属于产业园区的产业功能亦相对单一，企业关联性和组合型发展难度大，矿产业企业难以在矿山区层级乃至大区域层级实现“采选冶”一体化发展，一般只能实现采选一体化，精矿半成品输出区外。因此，在总体空间格局上，“一江两河”地区及藏东昌都市内作为资源指向性显著的能矿业发展，具有规模大和“散点状分布”的基本特性。值得庆幸的是，进入 21 世纪后，现代清洁能源产业（水力、光伏、地热发电）、采矿业（矿产采选业）和基础原材料制造业（水泥）在“产业 - 产品”生产技术、工艺和“三废”治理方面的技术能力进步，为“一江两河”地区及藏东昌都市的优势能矿资源开发和特色能矿业发展奠定了新的发展基础。

在西藏自治区，包括“飞地型”产业园区格尔木藏青工业园在内，目前已有 6 个省级和省级以上的经济技术开发区，即国家级拉萨经济技术开发区、拉萨高新技术产业开发区、西藏自治区格尔木藏青工业园（青海省柴达木循环经济试验区内）、西藏那曲高新技术产业开发区、达孜工业园区及拉萨综合保税区。该区规划和发展了数十家产业园区，其中部分有重叠，如拥有各类产业园区最多的拉萨市，在既有 3 家省级以上经济技术开发区、产业园区（不含拉萨综合保税区）基础上，还规划和发展了 9 家产业园区，即文创园、空港新区、堆龙工业园、达孜工业园、曲水工业园、智昭产业园、林周鹏博健康产业园、尼木产业园和当雄牦牛产业园，另拟增加当雄新能源产业园、墨竹民族手工业产业园和循环经济产业园（可能会将两家铜矿采选企业纳入该县循环经济产业园区范围内）。在西藏自治区已规划发展的各类经济技术开发区、高新区、产业园区，目前大多与工矿业无关，即工矿业企业多未划入这些园区内，只有部分企业（主要是水泥制造业，如西藏高争建材股份有限公司拉萨分公司就分布在堆龙德庆工业园内）被纳入所在区域的产业园区范围内，但产业园区的发展项目主体大多与工矿业无关联。

“一江两河”地区及藏东昌都市，工矿业发展区直接由能源产业园区（沿江河上下分布的“点—条状”水电站和“散点状”分布的新能源发电场）、矿产采选区和水泥企业生产园区组成（相关产业园区和企业见表 2-6），即目前在“一江两河”地区及藏东昌都市，乃至整个西藏自治区的工矿业企业，尤其是能源类和矿业类企业，因远离所在行政区城镇所在地，多数资源开发点的相关矿山以单一企业的形式存在。因此，在表 2-6 的主要工矿业及企业中，既有产业园区及主要工矿企业，也有单一工矿企业，在此不再进行矿产区陈述和分析。已有能源项目中，西藏自治区已有的能源项目以清洁能源发电装机为主，截至 2020 年，总装机容量已超过 400 万 kW。中小型清洁能源项目以水电站为主，主要是位于“一江两河”地区及藏东昌都市的项目。此外，列入的水电站最低装机容量在 2 万 kW 以上；新能源建设项目多属于小型光伏发电项目，在此不再列出。

表 2-6　西藏“一江两河”主要能矿业产业园区、企业名录

发展区	产业园区或企业	产业园区规划面积 /km²
西藏“一江两河”及藏东昌都能矿业发展区	堆龙工业园（西藏高争建材股份有限公司拉萨分公司）	6.07
	拉萨城投祁连山水泥有限公司（达孜县章多乡）	—
	中金国际西藏华泰龙矿业开发有限公司（墨竹工卡县甲玛乡）	—
	紫金矿业集团西藏巨龙铜业有限公司（墨竹工卡县甲玛乡）	—
	华新水泥（西藏）有限公司（山南市桑日县绒乡）	—
	山南市曲松县罗布莎铬铁矿区（西藏矿业罗布莎铬铁矿、山南江南矿业铬铁矿）	—
	西藏日喀则高新雪莲水泥有限公司（萨迦县吉定镇）	
	昌都市卡若区经开区（西藏昌都高争建材股份有限公司）	8.13
	八宿海螺水泥有限责任公司（昌都八宿县白玛镇）	—
	西藏开投海通水泥有限公司（昌都芒康县宗西乡）	—
	西部矿业集团西藏玉龙铜业股份有限公司（昌都江达县青泥洞乡）	—
	羊卓雍湖抽水蓄能电站（山南市贡嘎县＋浪卡子县，11.25 万 kW）	—
	羊八井地热电站（拉萨市当雄县羊八井镇，2.62 万 kW）	—
	羊易地热电站（拉萨市当雄县格达乡，1.6 万 kW）	—
	直孔水电站（拉萨河流域，墨竹工卡县，10 万 kW）	—
	旁多水电站（拉萨河流域，林周县旁多乡，12 万 kW）	—
	沃卡水电站（山南市桑日县白堆乡，3 万 kW）	—
	藏木水电站（雅江加查峡谷梯级，24 万 kW）	—
	加查水电站（雅江加查峡谷梯级，36 万 kW）	—
	大古水电站（雅江加查峡谷梯级，66 万 kW）	—
	雪卡水电站（林芝市巴河流域，4 万 kW）	—
	金河水电站（澜沧江支流金河流域，6 万 kW）	—
	瓦托水电站（澜沧江支流金河流域，5 万 kW）	—
	满拉水电站（雅江支流年楚河流域，2 万 kW）	—

3）四川甘孜州矿业绿色发展区

甘孜州位于青藏高原东南部和四川省西部，面积 15.3 万 km²，2020 年人口为 110.74 万人，是青藏高原东部面积最大、人口最多的涉藏地区和历史上俗称“康巴地区”的核心区。其平均海拔 3500m，地处青藏高原东南缘，紧邻四川盆地，造就了地域内东部直接从平均海拔 500m 的四川盆地过渡到海拔 2000m 的高原东南缘台阶地，致使高原东部地势剧烈抬升，北部丘状高原地势高亢，南部横断山系河谷深切，沟壑纵横，北高南低，中间凸起，现代冰川发育，山地面积占比达 78.4%，属于横断山系的沙鲁里山脉和大雪山纵贯南北，构成了大渡河、雅砻江、金沙江的“两江一河”自东向西北排列的地形地貌特征。区内海拔超过 5000m 的山峰多达 200 多座，其中超过 6000m 的 5 座，德格雀儿山、理塘格聂山是其中的代表，大雪山脉主山贡嘎山主峰高达 7556m，为高原东部最高山峰，导致整个区域呈现出显著的垂直地带性。

区域气候类型主要属于高原气候，冬季长，干湿季明显，年均日照时数超过

2000h，南北差异显著（东部地区年日照时数为 1400 ～ 1700h，中西部 15 个县市则达 2000 ～ 2600h），技术可开发装机容量 5455 万 kW，但资源基础远优于风电，还与主要水电开发站场有较好的时空契合度；全州山地面积大，河谷深切，地形起伏变化大，导致州内可开发风能资源分散且单元规模较小（风电技术可开发量合计 143 万 kW，为太阳能技术可开发量的 2.6%），且海拔较高（可开发风电场站多集中分布在海拔 4000 ～ 5000m 的高海拔区），与水电开发站场的时空契合度相对较差；区内河流均发源于巴颜喀拉山，大渡河、雅砻江、金沙江均属于长江流域，流域面积占全州面积的 96%，占长江流域面积的 8.5%（北部占比不到 4% 的区域为黄河流域），全州常年水资源量近 1400 亿 m^3，水能技术可开发量 4130 万 kW，长江流域部分占 95% 以上；甘孜州属于青藏高原隆升强烈活动区，处于三江成矿带核心地带，造就了甘孜州较丰富的矿产资源禀赋，是青藏高原乃至我国铜、铅、锌、金、银、锂、钽、铍、铌、镍等有色金属、稀有金属的重要赋存区，以地跨康定、道孚、雅江 3 市县的甲基卡锂辉岩矿、白玉县呷村银多金属矿、九龙里伍铜多金属矿最具有代表性；全州地热泉活跃（现有温泉占四川省总量的 2/3 以上，目前尚未发现可工业开发地热泉），由此构成甘孜州能矿产业发展的资源基础。

甘孜州是以藏族为主的多民族聚居区 (2020 年藏族人口占 81.9%)，自古就是进入高原核心区的主要通道和“茶马古道”主要组成部分，康巴文化底蕴深厚，旅游资源丰富多样。其临近成渝双城经济圈，在青藏高原具有显著的区位优势，国道 4218 线（四川雅安至新疆叶城，已建雅安至康定段，规划、待建高速公路 11 条）、国道 317 线、国道 318 线、国道 215 线、省道 217 线、国道 248 线等国省道构成了全州公路网基本骨架，拥有甘孜康定、稻城亚丁和甘孜格萨尔 3 座机场（均为 4C 级，但主跑道均超过 4000m），在建的川藏铁路雅（安）至林芝段自东向西横贯中部（现规划线路经过甘孜州泸定、康定、雅江、理塘、巴塘、白玉、德格 7 市县），将为区内丰富的能矿资源开发和绿色能矿业发展持续提供更加便捷的基础和保障。

在甘孜州，最具有代表性且技术经济成熟度较高的资源无疑是水能资源。截至 2021 年，以大渡河、雅砻江和金沙江三大干支流为主的水能开发正进入加速阶段，已建、在建水电装机容量合计已超过技术可开发量的 50%(2018 年合计装机总规模达 2120.6 万 kW)，无火电、风电装机，2020 年发电量 476.94 亿 kW·h。2020 年底全州进入统一调度、统一分配，四川省公司直接调管分电站 62 座（同一调度单元予以合并），合计上网装机 1158.43 万 kW，省网统调电站装机规模居四川省首位，其中水电 1122.43 万 kW，占四川省的 25%，光伏 36 万 kW，占四川省的 23%。2020 年甘孜州工业增加值占全州 GDP 总量的 21.7%，其中电力、热力、燃气及水生产和供应业增加值占全州 GDP 总量的 17.6% 和全部工业增加值的 81.31%。如果能够解决电力输出通道问题，避免丰水期弃水窝电问题（如 2020 年因此少发电约 70 亿 kW·h，占全部上网可发电量的 12.8%），甘孜电力生产和供应业增加值及占比将会更大、更高。

矿产业在甘孜州工业中居第二位，2020 年矿产业增加值为 12.02 亿元，占甘孜州全部工业增加值的 13.5%，主要产品为铜、铅、锌、金精矿等，如加上非金属矿产品加工业（2020年甘孜州生产水泥熟料46万t，水泥55.41万t），则矿产业在州内工业增加值占比超过16%。

综上表明，能矿业尤其是以水力发电为主体的电力生产，已成为甘孜州经济的重要组成部分。可以认为，清洁电力生产已在甘孜州经济增长中占主导地位。2021～2025年，随着雅砻江两河口、金沙江上游叶巴滩、苏洼龙、巴塘，以及大渡河硬梁包等共约800万kW大型水电站的陆续投产发电，甘孜州的清洁电力生产规模将进一步大幅增长（金沙江上游因跨省区界，水电站装机和发电量以西藏昌都和四川甘孜州各占50%计）。

甘孜州的能矿业产业园区发展状况也基本与西藏自治区相同，水能发电业一枝独秀，新能源项目建设较为滞后，能矿业居中（一度分散发展的铁合金、采金等采矿业已基本禁止和消失）。在产业园区建设方面，甘孜州行政区域范围内，目前规划和建设的10个产业园区基本属于非能矿类园区，只有中国呷村工业园区与能矿业相关（主体为西部矿业股份有限公司绝对控股的四川鑫源矿业有限责任公司呷村银多金属矿，但矿山采选业主体不在标定的园区内），甘孜州外还有成甘和甘眉两个“飞地型”产业园区，州内基本没有相对成型并具一定规模的能矿产业园区，即能矿业主要集聚在能矿资源赋存地区并以单一企业方式存在。因此，表2-7为能矿业产业园区和企业名录（附企业位置为乡镇所在地或流域地段）。

表2-7　四川甘孜州主要能矿业产业园区、企业名录

发展区	产业园区或企业
四川甘孜州能矿业发展区	甲基卡锂辉岩矿区（位于康定、雅江、道孚3县交界处，部分开采，正进行采、选分离工序的康定市鸳鸯坝场区建设，距离矿山区约100km）
	中国呷村工业园（白玉县阿察乡，甘孜州甘白路，四川鑫源矿业呷村银多金属矿，西部矿业控股）
	四川里伍铜业股份有限公司里伍铜矿、中咀铜矿（九龙县魁多乡）
	中国电投新那加光伏电站（乡城县正斗乡，现州内最大装机8万kW）
	中国电建新能源集团有限公司贡唐岗光伏电站（炉霍县下罗柯马乡）
	大唐集团四川甘孜火古龙光伏电站（甘孜县斯俄乡）
	国电集团猴子岩水电站（康定市大渡河中游，170万kW）
	大唐集团长河坝水电站（康定市大渡河中游，260万kW）
	大唐集团黄金坪水电站（康定市大渡河中游，85万kW）
	华电集团泸定水电站（泸定县大渡河中游，92万kW）
	国电大岗山水电站（泸定县大渡河中游，130万kW）
	雅砻江水电公司两河口电站（雅江县雅砻江中游，300万kW）
	雅砻江水电公司牙根水电站（雅江县雅砻江中游，150万kW）
	四川金康电力金元水电站（康定市大渡河支流金汤河中游，10.8万kW）
	华能小天都水电站（康定市大渡河支流瓦斯河，24万kW）
	华能冷竹关水电站（泸定县大渡河支流瓦斯河，18万kW）
	川投田湾河水电站（田湾河梯级，甘孜州部分24万kW）
	龙洞水电站（康定市瓦斯河，16.5万kW）

续表

发展区	产业园区或企业
四川甘孜州能矿业发展区	中电建五一桥水电站（九龙县雅砻江支流九龙河，13.2 万 kW）
	沙坪水电站（泸定县雅砻江支流九龙河，16.2 万 kW）
	偏桥水电站（甘孜县雅砻江支流九龙河，22.8 万 kW）
	红坝水电站（九龙县大渡河支流松林河，10 万 kW）
	中国水电踏卡水电站（九龙县雅砻江—九龙河支流踏卡河，11 万 kW）
	中国水电斜卡水电站（九龙县雅砻江—九龙河支流踏卡河，13 万 kW）
	溪古水电站（九龙县雅砻江支流九龙河，24.9 万 kW）
	江边水电站（九龙县雅砻江支流九龙河，33 万 kW）
	关州水电站（丹巴县大渡河支流小金川河，24 万 kW）
	吉牛水电站（丹巴县大渡河革什扎河，24 万 kW）
	达阿果水电站（雅江县雅砻江支流霍曲河，22 万 kW）
	乡城水电站（乡城县金沙江支流定曲河，12 万 kW）
	洞松水电站（乡城县金沙江二级支流硕曲河，18 万 kW）
	去学水电站（得荣县金沙江二级支流硕曲河，24.6 万 kW）

注：水电站运行规模在 10 万 kW 以上。

2. 重点能矿企业绿色发展概述

1）木里矿区

木里矿区位于海北州与海西州交界处的大通河上游，大通山以北，托莱山以南的江仓断陷盆地内，横跨海西、海北两州，天峻县、刚察县和祁连县三县，主要部分江仓河以西位于天峻县，总体上呈东南低、西北高的趋势。该矿区东西长 50 km，南北宽 8 km，总面积约 400 km^2，由江仓区、聚乎更区、弧山区、哆嗦贡马区组成。

矿区煤炭资源丰富，储量可达 35.4 亿 t。江仓矿区内可采煤层共 12 层，属于腐殖煤。江仓矿区内除煤炭资源外，其他矿产有菱铁矿和油页岩等，黄铁矿在煤系地层中屡见不鲜，但多呈结核或透镜状，且远离煤层顶底板，无工业价值。菱铁矿以大小不等的结核存在于岩层中，无工业价值。煤中钒元素品位在 0.1 ～ 3.3 ppm①，锗元素品位在 0 ～ 24 ppm，镓元素品位在 0 ～ 5 ppm，品位低，无工业价值。聚乎更区共含有可采、局部可采煤层 5 ～ 6 层，由下往上编号除下 2、下 1 煤层外，其余煤层均赋存不稳定，为不可采煤层。该区煤类属于焦煤类，精煤回收率高，属于良优等，属易选－中等可选煤，结焦性能中等，因此，聚乎更矿区的煤炭资源可作为冶金工业的炼焦用煤。矿区内现未发现与煤层伴生的具有工业价值的其他有益矿产资源。哆嗦贡马区煤炭资源需进一步勘探。此外，典型矿区所在区域内矿产资源还有硫磺、石灰石、石棉、云母、石膏、冰洲石、芒硝、岩盐、高岭土、铅锌、铜、黄铁矿、金等，除煤、铅锌小规模开采外，

① 1 ppm=10^{-6}。

其他尚未开采利用。

2）多龙铜矿

多龙铜矿位于西藏阿里地区改则县物玛乡境内，在改则县城西北方向约 110 km 处，是班公湖－怒江成矿带内已发现的最大的斑岩型铜金矿产地，是《全国矿产资源规划（2016—2020 年）》中明确提出的全国 28 个对国民经济具有重要价值的矿区之一。多龙矿区从西南到东北方向分布有波龙、多不杂、荣那等矿床。按矿床成因，分为两种类型：斑岩型铜矿床，以埋藏浅、品位低、规模大为特征，产出于斑岩体中，以多不杂、波龙矿床为典型；浅成低温热液铜矿床，成矿温度较低，矿床形成深度一般小于 1000 m，成矿流体主要为大气降水与岩浆水的混合热液，以荣那矿床为典型。

从目前的勘查结果看，多龙矿区已经探明的铜矿达到 2000 万 t。按照我国大型铜矿的规模要求，相当于找到了 40 个大型铜矿。另外，研究结果表明，在深部和外围仍有约 1000 万 t 铜矿尚未找到，也就是说还有 20 个大型铜矿。这么大的规模使多龙矿区成为我国第一个世界级超级铜矿聚集区，已经找到的铜矿资源量在世界超级铜矿排行榜中位列前茅，成为我国最具有潜力的铜矿资源储备开发基地之一。多龙矿床的铜主要以黄铜矿的形式呈细脉浸染状或稀疏浸染状分布于含矿岩体中，伴生金、银等贵金属。其中，多不杂矿床铜平均品位 0.64%，波龙矿床铜平均品位 0.65%，荣那矿床铜平均品位 0.51%。铜的品位超过国家规定（0.4%）的要求。多龙矿区的矿体埋藏较浅，部分出露于地表，非常适合露天开采。露天开采可用大型机械施工，建矿快，产量大，劳动生产率高，成本低，生产安全。从经济角度而言，其极具开发价值。

3）西宁特殊钢股份有限公司

该公司位于青海省西宁市城北区柴达木西路 52 号，注册资本为人民币 74121.9252 万元，是中国西部地区最大的资源型特殊钢生产基地，是国家级创新型企业、国家军工产品配套企业。该公司是一家集原料—烧结—炼铁—炼钢（转炉、电炉）—热轧多工序于一体的长流程钢铁企业。该公司已形成年产钢 200 万 t、钢材 200 万 t 的综合生产能力，是以“钢铁制造、煤炭焦化、地产开发”三大产业板块为主体的资源综合开发型钢铁联合企业集团，是中国四大特殊钢企业集团之一。

为建设中国重要的特种钢生产基地，“十二五”期间公司对工艺装备进行了全面升级改造，先后建成 110 t Consteel 电炉，410mm×530mm 三机三流大方坯连铸机、精品特钢大棒材生产线（Φ80 ～ Φ280mm）、精品特钢小棒材生产线（Φ16 ～ Φ100mm）。截至 2020 年，公司已拥有 75 万 t 精品特钢大棒材生产线，45 万 t 精品特钢小棒材生产线及 2 万 t 冷拔（银亮）材生产线，70 万 t 连轧生产线，10 万 t 中、高合金锻材生产线，主要品种有碳结钢、碳工钢、合结钢、合工钢、轴承钢、模具钢、不锈钢、弹簧钢八大类。产品规格包括热轧棒材 Φ16 ～ Φ280mm、锻造棒材 Φ100 ～ Φ550mm、冷拉（银亮）材 Φ12 ～ Φ80mm、异型电渣熔铸件等。产品广泛应用于汽车、铁路、船舶、石油化工、矿山机械、兵器装备及航空航天等行业，该公司曾荣获中国首次载人交会对接任务天宫一号、神舟九号和长征二号 F 研制配套物资供应商、中国航天突出贡献供应商、0910 工程突出贡献奖、冶金产品实物质量“金杯奖”等 190 多个省部级以上荣誉称号。

4）中广核德令哈槽式 50MW 光热电站

项目全称为中广核新能源德令哈光热示范电站，位于青海省海西州德令哈工业园光热产业园区（新能源产业园区），占地 2.46km^2（相当于 360 多个标准足球场的面积），权属中国广核集团有限公司，是我国首个装机容量达到 50MW 的大规模商业化光热发电电站项目。

该光热示范电站由太阳岛、热传及蒸汽发生系统、储热岛、发电岛四大部分组成，发电装机容量 50MW。太阳岛集热器由 25 万片共 62 万 m^2 的反光镜、11 万 m 长的真空集热管、跟踪驱动装置等部件组成，采用槽式导热油集热技术路线，开创了全球光热电站冬季低温环境下注油先例；配备一套低成本、大容量、无污染的 9h 熔融盐储热储能系统，熔融盐储罐装置直径 42m，为项目 24h 实现连续发电生产提供稳定热能；发电汽轮机由东方汽轮机有限公司提供，为针对 50MW 等级（单台机组）槽式导热油光热电站开发的双缸、双转速、一次再热、轴向排汽、冲反结合的凝汽式汽轮机，满足机组每日快速启停的需求；该光热电站于 2018 年 10 月正式投入运行，可实现年发电量近 2 亿 kW·h；与同等规模火电厂相比，年可替代和节约标煤 6 万 t。

5）中控太阳能德令哈塔式光热电站

该站全称为青海中控太阳能发电有限公司，位于青海省海西州德令哈工业园光热产业园区，位于中广核新能源德令哈光热示范电站西侧，总占地面积 3.3km^2，由 10 MW 和 50 MW 两期塔式光热发电项目组成，权属浙江中控太阳能技术有限公司。

10MW 塔式光热电站于 2013 年 7 月投运，采用直接蒸汽发生（DSG）技术，为我国首座、全球第三座具备规模化储能系统的商业化塔式光热电站，但熔盐吸热、储热、换热系统于 2016 年 8 月才实现塔式 DSG/ 熔盐二元工质运行；镜场采光开口面积为 6.3 万 m^2，包括 21500 台 2m^2 定日镜及 1000 台 20m^2 定日镜，设计点发电效率为 15.7%。

二期 50MW 光热发电项目采用塔式集热和熔盐储热技术，占地 2.47km^2，总投资 11.3 亿元，于 2018 年 12 月并网发电，2019 年 4 月实现满负荷发电；由镜场、吸热、储热、换热、发电系统组成，其中吸热塔高度 200m，镜场反射面积为 54.27 万 m^2，安装 27135 台 20m^2 的定日镜；配置 7h 储热系统，熔盐用量 10116t，设计熔盐工作温度为 290 ～ 565℃；发电蒸汽主蒸汽参数为 540℃ /13.2MPa，可连续 24h 发电；发电装机容量 50MW，设计年发电量 1.46 亿 kW·h；与同等规模火电厂相比，年可替代和节约标煤 4.8 万 t。

6）鲁能风光热储多能互补示范工程

该工程全称为鲁能集团青海新能源公司多能互补电厂（简称“示范工程”），位于青海省海西州格尔木市，分为两个场区，包含风电场、光伏电站、光热电站、储能电站、330kV 汇集站和国家级多能互补运行控制中心 6 个部分，项目总装机容量 700MW，其中风电 400MW、光伏 200MW、光热 50MW、储能 50MW，2017 年 6 月开工建设，2019 年 9 月全部建成并网发电，为国家首个正式建设和投运集风光热储于一体的多能互补科技创新项目。示范工程设计年发电量 12.63 亿 kW·h，可替代和节约标煤 40.15 万 t。

风电场位于格尔木市区东的大格勒乡境内，包含南北两个风场，北风场占地约 36.3km^2，南风场占地约 56.8km^2。光伏电站、光热电站、储能电站、330kV 汇集站和国家级多能互补运行控制中心均位于格尔木市光伏发电园区内。光伏电站位于格尔木市光伏发电园区北侧，占地面积约 338hm^2，厂区形状为矩形。光热电站位于光伏电站南侧，占地约 426hm^2，采用塔式集热与熔盐储热光热发电技术；聚光集热系统由占地面积 61 万 m^2、一座 188m 高吸热塔和 4400 个面积为 138m^2 的定日镜组成（镜场由 Abengoa 提供技术支持）；熔盐储热和蒸气发生系统储热时长为 12h（相当于 1400MW·h 的容量），高温高压再热纯凝汽轮发电机系统可实现 24h 连续稳定发电；配置 1 座 110kV 升压站，电力通过 110kV 地埋电缆送至 330kV 汇集站；储能系统配置 50MW/100MW·h 磷酸铁锂电池，由 50 个储能集装箱和 25 个 35kV 箱变组成，用于调峰填谷，可使风光弃电率控制在 5% 以下。

7）中国石油青海油田格尔木炼油厂

中国石油青海油田格尔木炼油厂（简称格尔木炼油厂）为青藏高原唯一的百万吨级石油炼化企业，权属中国石油天然气集团有限公司，位于格尔木市黄河路，厂区海拔 2850m，占地面积 1.53km^2，1993 年 7 月建成投运，一次炼油能力 150 万 t/a。

目前，格尔木炼油厂配置 150 万 t/a 常减压蒸馏、90 万 t/a 催化裂化、30 万 t/a 汽油重整、20 万 t/a 柴油加氢、80 万 t/a 加氢裂化、25 万 t/a 汽油加氢醚化、15 万 t/a 航煤加氢、10 万 t/a 气体分馏、2 万 t/a 聚丙烯、2 万 t/a MTBE（甲基叔丁基醚）、8 万 t/a 干气、20 万 t/a 液化气脱硫、(10+30) 万 t/a 甲醇、5 万 t/a 烷基化等炼油及石化装置；油源来自柴达木盆地西北的青海油田，管道输送；产品系列主要为汽油（93 号、95 号国Ⅴ+国Ⅵ）、柴油（−10 号、−20 号、−30 号、−35 号）、液化气、甲醇、聚丙烯、MTBE、纯苯、硫磺、液氨等。企业对环境保护较为重视，自其建成投运以来，就配套了较全面的“三废”处理装置，制定和实施了污染源自行监测方案。“三废”中废水主要为 COD、氨氮，废气主要为 SO_2、NO_x、TSP，固废主要为废催化剂和干化污泥。

8）察尔汗钾肥公司与镁业循环经济产业园

察尔汗钾肥公司全称为青海盐湖工业股份有限公司（1997年深圳证券交易所上市，简称盐湖股份）钾肥分公司，权属青海省人民政府国有资产监督管理委员会（简称青海省国资委），位于格尔木市区北 60km 的察尔汗盐湖区南侧，该分公司为盐湖股份的核心企业之一，钾肥产能 500 万 t/a（居全球第四位），为中国最大钾肥工业生产企业。盐湖股份现下属全资子公司、分公司、控股公司 30 多家，秉持“以钾为主、综合利用、循环经济”的发展理念，实现了从单一的钾肥向化肥产业、无机到有机、化工到精细化工、石油化工、天然气化工、煤炭化工等多重跨越，产品由单一氯化钾发展到氢氧化钾、碳酸钾、硝酸钾、氢氧化钠、碳酸钠、金属镁、氧化镁、氢氧化镁、碳酸锂、PVC、甲醇、尿素、聚丙烯、焦炭、水泥、编织袋等多种产品。

盐湖股份拥有察尔汗盐湖资源主导开发权。察尔汗盐湖总面积为 5856km^2，为中国最大的盐湖，世界第二天然盐湖（仅次于美国盐湖城盐湖）和中国最大的可溶性钾镁盐矿床，钾、钠、镁、硼、锂、溴等总储量 600 多亿吨，其中氯化钾表内储量 5.4

亿 t，占全国已探明储量的 97%；氯化镁储量 16.5 亿 t，氯化锂储量 800 万 t，氯化钠储量 426.2 亿 t，均占全国首位。盐湖潜在开发价值超过 12 万亿元，是我国盐化工业发展的战略宝地，综合利用具有广阔的前景。

该分公司生产工艺经历了传统的拉耙子洗涤法生产（钾肥厂时期）—螺旋分解机装置下的冷分解洗涤法工艺—鸭嘴式采矿机装置下的浮选法工艺，到最终形成自主研发和具有国际同类先进水平的“反浮选 - 冷结晶、冷结晶浮选法、尾盐热熔结晶法”技术工艺，该分公司自主设计建造第一艘水采船（盐湖 3 号），目前盐湖钾盐资源开发成套技术达到了世界领先水平。在盐湖资源综合利用方面，通过技术创新提升资源采收率和利用率实现减量化，通过尾盐钾、尾液钾 100% 综合利用实现资源再利用，通过固液转化驱动开采并运用“淡水 + 老卤 + 贫矿 = 卤水资源”开发模式盐湖再造的“采补平衡”实现资源再发现，通过人造湿地实现对盐湖生态环境再改善。

金属镁一体化产业园位于察尔汗钾肥公司东南部，跨青藏铁路与察尔汗钾肥公司相邻，是盐湖股份推进盐湖资源综合利用的又一重要载体，初步形成了新能源 + 新材料融合发展的镁业循环经济产业园。该产业园项目总体规划总投资约 600 亿元，规划形成 40 万 t/a 金属镁、240 万 t/a 甲醇、240 万 t/a 甲醇制烯烃、40 万 t/a 丙烯、200 万 t/a 聚氯乙烯、200 万 t/a 纯碱、240 万 t/a 焦炭、200 万 t 电石、10 万 t 氯化钙项目及配套相应的供热中心，目标是成为全球最大镁业基地。现已形成产能主要包括 10 万 t/a 金属镁、100 万 t/a 甲醇、100 万 t/a 甲醇制烯烃、50 万 t/a 聚氯乙烯、100 万 t/a 纯碱、240 万 t/a 焦炭、40 万 t 电石、10 万 t 氯化钙项目及配套相应的供热中心等。

9）锡铁山铅锌矿

锡铁山铅锌矿全称为西部矿业股份有限公司锡铁山分公司，权属西部矿业股份，位于柴达木盆地中北部的青海省海西州大柴旦行政委员会锡铁山镇东北侧和青格铁路东侧。1981 年锡铁山铅锌矿成为国家重点建设项目，1982 年建矿成立锡铁山矿务局，1987 年正式投运，2000 年改制为西部矿业集团有限公司，2007 年组成西部矿业股份有限公司（简称西部矿业）在上海证券交易所上市，西部矿业已从单一矿山企业拓展到冶炼、盐湖化工、煤炭加工、金融服务、信息产业、地产开发等多种经营的大型综合企业；截至 2019 年 12 月，西部矿业拥有有色及贵金属、黑色金属矿产保有资源储量金属量铜 621.18 万 t、铅 178.09 万 t、锌 327.40 万 t、镍 27.06 万 t、钼 36.06 万 t、银 25144.42t、金 12.75t、铁 28413.60 万 t、五氧化二钒 58.94 万 t；青海锡铁山铅锌矿、内蒙古获各琦铜矿、西藏玉龙铜矿、四川会东铅锌矿、四川呷村银多金属矿等为其下属核心企业。

锡铁山铅锌矿坐落在柴达木盆地北缘中段，蕴藏铅、锌、锡、铜、金、银、锑、钼、锗、镓等多种有色贵金属，是青海省最大的有色金属矿山，含矿带长 6000m，宽 50 ～ 850m，探明矿体 183 个，组成 3 个矿带，矿区海拔 3100 ～ 3500m，累计探明铅锌矿石量 2000 多万吨，铅、锌金属量 332 万 t，含铅 3.7% ～ 4.7%、锌 5.4% ～ 7.2%，伴生有锑、钼、锗、镓、银、硫、金等有色金属矿床。其实际开采历史已逾百年，1987 年该矿山正式投运后已进行多次升级改造，2017 年开始的绿色 + 智慧矿山建设为建矿以来最全面的技术升级改造，2018年其正式成为国家级绿色矿山单位，2020年为自然资源部发布的《绿色矿业发展示范区名单》中“青海大柴旦绿色矿业发展示范区”核心企业。“资源空间可视化、采矿装备高效化、工艺控制自动化、生产计划专家化、生产执行智能化、人员本质安全化、业务流程数字化、决策支持智慧化”是其对智慧矿山建设的最佳总结；通过升级改造，现有年出矿能力基本保持在140万t。

矿山已形成斜坡道9.4km，巷道400多千米，千米副井980m，为青海省开采之最；2018年启动的全面充填开采工艺降低了工业固体废料排放，稳定矿山生产能力，提高资源利用率，有效控制地压应力，改善矿山贫损指标，开采回采率居行业领先水平；通过选矿厂技术升级改造项目、超高效节能电机的运用、选矿废水高效回收利用等，选矿成本、单位综合能耗、清水用量等大幅降低，综合回收率持续提高，选矿自动化设备装备率从9%提高到92%，选矿车间用电单耗由原有的每吨23.28kW·h降低至每吨18.48kW·h；在岗职工人数由2015年底改造前的898人缩减至350人；累计投入近亿元整治矿区环境，绿化、美化、亮化矿区，矿区绿化面积6.23万m^2，为矿山可绿化面积的100%；建成的年处理量250万t的选矿废水处理设施，全年废水回收利用率达到90%以上，尾矿实现零污染排放，并运行废石及尾矿充填系统，进一步降低尾矿堆存。

10）中金国际西藏华泰龙矿业开发有限公司

中金国际西藏华泰龙矿业开发有限公司（简称华泰龙公司）位于西藏“一江两河”开发区中部的拉萨市墨竹工卡县甲玛乡境内，权属中国黄金集团公司控股的境外上市公司——中国黄金国际资源有限公司（简称中金国际，2010年12月香港交易所上市），是集地质勘探、矿山开采、选矿和科研于一体的综合性大型矿业公司。矿山属于青藏高原冈底斯山脉东段，主体位于甲玛铜多金属矿牛马塘矿段—铜铅山—角岩—南坑，2007年在4个采矿权、5个探矿权、8个矿权人、15支包工队伍复杂矿业权关系中整合而成，为大型铜金多金属矿之一，矿山海拔4000～5407m，矿权面积144km^2；开采标高4085～5300m，实际生产控制面积6.74km^2；2008～2013年甲玛矿区累计查明资源储量铜金属量752.35万t、钼69.99万t、铅111.10万t、锌63.80万t、金174.50t、银1085.37t；2014～2017年通过继续加大勘查投入，在矿区外围、深部及铜山取得找矿新突破，累计探获铜金属量预计可达1000万t；截至2020年，累计探明地质资源储量折合当量铜近2000万t。

项目于2008年建设，2010年7月一期工程（6000t/d）投产运行，2016年12月二期扩建工程投产，2018年全面建成投运，矿量处理规模为4万t/d，生产周期330d，设计年产能铜8万t、金2.5t、银53t、钼2900t。矿山生产能耗主要为电力，220kV专线接入矿区，总负荷约5.0万kW，矿区内设110kV变电站3座，实现双电源环网供电，2019年全年消费电4.63亿kW·h，水214万t。

采矿分露采（作业区地表标高4970m）与坑采（平硐＋竖井＋辅助斜坡道）两个部分，露采矿石量占60%，通过斜坡道（露采部分）与皮带传送转运破碎再至选矿段；选矿流程由破碎、磨矿、浮选、铜钼分离、精尾矿处理五个部分组成，其中磨矿部分采用全球先进且成熟的SABC破碎工艺（“半自磨＋球磨＋破碎”选矿工艺），两段强化闭路磨矿；二期选矿浮选采用混合浮选分两个系列（一期同为2个系列，产能为3000t/d），单机浮选容量200m^{3}共24台，采用“一粗三扫三精”生产流程，形成混合矿浆与尾矿；铜钼混合矿浆后进入铜钼分离系统，生产流程为“一粗两扫十精”（一期为“一粗两扫八精”），钼精矿品位可达45%以上；尾矿实现一、二期合并处理，采用尾矿压滤干堆技术（也叫干排），为含水量17%干饼，通过隔膜加压泵站加管道输送至尾矿库干堆场堆放，压滤水返回到回水池经处理后循环使用，尾矿水不外排；同时通过浮选废水回用处理技术（循环使用）实现选矿用水94%以上的循环利用率。

自建设开始，华泰龙公司就不断加大环保投入，一期环保投入占总投资的11.3%，二期进一步提高到14%。以“点上开发、面上保护”为总思路，环保投入主要用于矿区尾矿复垦、水循环处理、矿区绿化、水土保持等项目，实现了尾矿压滤干排式堆存、选矿工艺全过程收尘、全过程监控；矿区配备干法堆放尾矿库2座，有效库容超过8000万m^3，防洪标准按500～1000年一遇设防，尾矿库下端设集水池，收集渗水，集水池进行帷幕灌浆防渗，渗水抽回到回水池，实现尾矿库污水“零排放”；生活污水于处理站处理后用于矿区场地绿化和道路抑尘；按照“边建设边治理，边生产边治理”同步推进原则，对各采矿区堆土场实施矿区水土保持和植树复草绿化工程，目前，整个矿区绿化率达80%以上，绿化面积为65万m^2；建立太阳能供暖系统，配备高效节能设备，采用电容器补偿，提高功率因数。此外，还实施了“西藏特大型多金属矿高效开发利用关键技术研究项目”，研究地下大规模安全高效采矿技术、精细化选矿关键技术、节能减排关键技术等，以进一步提升资源综合利用与生态环保水平。

此外，与华泰龙公司毗邻的紫金矿业集团西藏巨龙铜业有限公司在2021年末完成了一期项目建设，开始进入生产阶段。西藏巨龙铜业有限公司一期工程的铜多金属矿采选产能规模为华泰龙公司的4倍多，三期工程完工后，其将成为年产铜金属60万t的世界最大采选规模的铜矿山。

11）西藏高争建材股份有限公司拉萨分公司

西藏高争建材股份有限公司拉萨分公司位于拉萨市堆龙德庆区乃琼镇加木村，源于原拉萨水泥厂（西藏高争建材股份有限公司的核心企业），该公司于2001年1月组建，企业权属西藏天路股份有限公司和西藏高争（集团）有限责任公司，水泥及其制品生产与销售为企业主营业务，现生产厂区及生产线为2003年自拉萨市西郊迁建（实际为新建）。西藏高争建材股份有限公司拉萨分公司现有新型干法硅酸盐水泥熟料生产线3条，分别为2004年和2008年投运的2000t/d（实际产能2500t/d，转窑规格Φ4.0×60m）1、2号线，2017年投运的4000t/d（实际产能5000t/d转窑规格Φ4.8×74m）3号线，设计水泥熟料产能8000t/d，2019年水泥熟料产量367万t，水泥500万t（散装率49%）。

主原料水泥用灰岩矿山碳酸钙品位48%～52%，露采，现有资源技术可采储量约1.4亿t，矿山距离生产线约1km，皮带传送，按现有生产规模可保障7～8年，企业面临2030年前后水泥用石灰岩有效保障问题；主燃料为来自青海柴达木盆地大柴旦地区的高关煤矿，铁路+公路运输或公路运输到厂，热值达6000cal的烟煤，年消费量

40 万 t 左右；2019 年，因运用富氧燃烧技术，生产吨熟料煤耗从 140kg 下降到 2019 年的 124kg，水泥均电耗 97kW·h/t；生产线收尘为窑尾袋式收尘 + 窑头电收尘，配置低氮燃烧器 + 空气分级燃烧技术 + 选择性非催化还原方法（SNCR）+ 氨水喷淋工艺，实现脱硫脱硝，脱硫率 90%，生产线大气排放环保在线监测（拉萨市生态环境局，联网西藏自治区生态环境厅）；3 条生产线均配置低温余热发电，其中 1、2 号线合并配置 8000kW 和 3 号线配置 9000kW 机组共 2 套低温余热发电装置，37.5 ～ 40kW·h/t 熟料，可满足水泥生产 40% 左右电力需求；生产用水实现 100% 回收再利用，生活用水处理后作为中水用于内部绿化与道路消尘。

12）西藏矿业曲松罗布莎铬铁矿山

西藏矿业曲松罗布莎铬铁矿山又称西藏矿业发展股份有限公司山南分公司，罗布莎铬铁矿为山南分公司核心企业，也是西藏矿业股份四大核心矿产资源（铬铁矿、湖盐锂、铜多金属矿、硼矿）之一，权属西藏矿业发展股份有限公司，矿山坐落于雅鲁藏布江中游南岸，西藏自治区山南市曲松县罗布莎镇。西藏矿业股份缘起于罗布莎铬铁矿，1967 年 5 月成立的西藏东风矿（罗布莎铬铁矿前身），在 1994 年由罗布莎铬铁矿和矿产品经销公司联合组建为西藏矿业发展总公司，1997 年再由西藏矿业发展总公司为主要发起人成立西藏矿业发展股份有限公司，于 1997 年 7 月深圳证券交易所上市。

铬铁矿通常赋存于超基性岩体中，山南曲松县罗布莎地区岩体即属于超基性岩体。罗布莎超基性岩体分布在雅鲁藏布江中游的超壳断裂带的斜辉橄岩相带中，总体呈东西向展布，东部窄西部宽，在岩体中段罗布莎村以东，岩体呈北西—南东方向；岩体为一向南倾斜的单斜岩体，北界缓、南界陡；目前已探明岩体达 200 多个，自西向东可划分为罗布莎、香卡山、康金拉三个矿区，14 个矿群；罗布莎矿区位于罗布莎岩体西端，面积约 22km^2。自 20 世纪 60 年代中后期开发以来，累计探明铬铁矿资源量 500 多万吨，目前尚有资源量 370 万 t，矿层最低标高 3770m，南北海拔标高差 1500m，为我国目前唯一的大型铬铁矿矿山，占全国已探明铬铁矿资源的 40% 以上，远期资源量有望增长到 1000 万 t，西藏矿业深部勘探找矿的方向着重于向下的南部。

我国属于铬铁矿资源短缺国，现有铬铁矿需求 98% 依赖进口，西藏自治区是国内自供矿主产地，罗布莎铬铁矿占国内年自供矿的 75% 以上。罗布莎铬铁矿山早期为单独 1 家企业露采，现已转向斜井井工开采。因资源开发主导权问题，现矿区实际存在 2 家采矿企业，主体为在产的西藏矿业发展股份有限公司山南分公司罗布莎铬铁矿山，拥有剩余探明储量 200 多万吨（矿体北、中部位），另一部分储量为山南江南矿业有限公司所有，占据矿体中、南部位，矿权范围 15.9667km^2，已探明资源 150 多万吨，跨罗布莎—香卡山—康金拉。2 家企业合计产能 10 万～ 15 万 t/a，江南矿业部分具体生产情况不明。西藏矿业发展股份有限公司山南分公司部分现产能 10 万 t/a，近年已转向 3890 平硐 + 4030 斜井井工开采、轨道出矿和进行充填法采矿工艺技改（原采用分层崩落开采工艺），2019 年实际产量为 5.68 万 t。

因井工开采后的罗布莎铬铁矿品位较高，Cr_2O_3 平均品位在 45% 以上，可直接入炉冶炼，故现生产矿石不进行选矿（无选矿工序），矿石综合采收率为 90% ～ 95%，无固废及废水排放；矿山生产井工作业和充填料生产能耗均为电力，无废气排放；原矿出硐在堆场形成一定运量后，通过公路运输转运至 60km 外的山南市乃东区转运场，再公路运输至拉萨转铁路运输外运或直接公路运输出藏（川藏铁路拉林段建成开通货运业务后，可在乃东区直接铁路运输出藏）。此外，为实现矿山可持续发展与绿色生产，西藏矿业发展股份有限公司山南分公司还进行了原露采部分的Ⅰ、Ⅱ、Ⅴ矿群矿山地质环境保护与土地复垦工程（已完工）。

13）西藏昌都江达玉龙铜矿

西藏昌都江达玉龙铜矿全称西部矿业集团西藏玉龙铜业股份有限公司，位于西藏自治区昌都市江达县青泥洞乡的宁静山下，企业 2005 年在西藏昌都发起成立，权属西部矿业股份有限公司（控股股东，占股 58%），经营范围包括铜矿及其伴生金属矿的探矿、采矿、选矿、冶炼等。

昌都江达玉龙铜矿处于我国著名的有色金属成矿带和海相火山沉积铁带的“三江”特提斯成矿带北中段，其中成矿期为燕山—喜马拉雅期的玉龙—芒康成矿带，在浅成、超浅成的花岗斑岩或二长花岗斑岩中，形成规模宏大的斑岩铜多金属矿带，同时在接触带矽卡岩中也有铜铁多金属矿床，昌都江达玉龙铜矿是一个特大型斑岩和接触交代混合型铜矿床（位于玉龙成矿带上的还有多霞松多、马拉松多、莽宗等大中型铜矿），矿权范围内总资源量为 10.27 亿 t 矿石量，铜金属量 658 万 t，钼矿 40 万 t，远景铜金属储量有望达到 1000 万 t。矿区海拔标高 4569 ～ 5118m，面积 4.30km^2，主要由Ⅰ、Ⅱ、Ⅴ号 3 个矿体组成，其特点是矿床规模大，埋藏浅，品位较高，有效组分多，有用组分在精矿中富集，赋存条件和水文地质条件简单，适宜大规模露天开采。

矿山分两期建设，采矿均为露采。一期工程 2013 年投运（2016 年验收），年处理矿石量 230 万 t，采矿平均回收率 86%（损贫率≤ 3%），铜精矿及阴极铜含铜金属量 3 万 t/a（电解铜 1 万 t/a）；二期工程 2020 年 12 月投运，年处理矿石量 1800 万 t（6 万 t/d），铜精矿 10 万 t/a；合计形成年处理矿石 1989 万 t，设计年产铜精矿 40 万 t，钼精矿 1.4 万 t，年生产铜金属量 13 万 t 的综合生产能力。一期工程采矿为氧化铜 2100t/d，硫化铜 1200t/d；氧化矿直接生产阴极电解铜，基本工艺路线为湿法工艺（堆浸、萃取、电积），硫化矿选矿则采用浮选工艺，尾矿湿矿入库；氧化矿采用粗碎 + 洗矿 + 中碎的碎矿工艺，矿浆与块矿分别送搅拌浸出和堆浸；萃取工艺采用两级萃取一级反萃流程，反萃后液经富铜液隔油槽和超声波除油装置除油后得到电积前富铜液，经电富液储槽储存并澄清；电积工艺采用不溶阳极和始极片法进行电积作业，电积经过一个周期后，阴极由吊车送阴极洗涤机组，洗涤后的阴极铜即为成品电铜。硫化矿采用粗碎 + 半自磨开路磨矿 + 球磨闭路的碎磨工艺、部分优先 + 混合浮选精矿再磨分离浮选 + 尾矿脱泥再选的磨浮工艺、铜硫精矿浓缩过滤两段脱水的脱水工艺；浸出工艺流程为硫化矿铜精矿焙砂与氧化矿泥合并送搅拌浸出车间，用泵送浓缩机三段逆流洗涤，洗涤后上清液与堆浸富液合并进过滤，获得富液。在露采中设计专门的表层土排土场 2 座，分别为台阶状玉龙沟高位排土场（4300 万 m^3，堆高 180m）和觉达玛弄高位排土场（6.90 亿 m^3，堆高 400m），分期进行矿山地质环境保护与土地复垦工程；在尾矿处理方面，一期工程配置隔膜防渗斜坡式尾矿库设计能力 4800 万 m^3，二期工程诺玛弄配置隔膜防渗斜坡式尾矿库能力 2.8 亿 m^3，尾矿库废水沉淀后通过泵站抽取处理后再利用，实现 100% 回收利用；二期工程在采矿区末端设矿石破碎站 + 皮带传送，以替代矿石进入选矿车间的公路运输（以电代油）；能源消费以电为主，二期工程投运后矿区总负荷超过 8 万 kV，逐步实现采矿设备以电代油（电动铲车、纯电动矿用自卸车）。

14）大渡河长河坝水电站

大渡河长河坝水电站全称为中国大唐集团大渡河长河水坝水电站，为大渡河干流水电规划三库 22 级的第 10 级电站，上接猴子岩电站，下接黄金坪电站，坝址处控制流域面积 5.66 万 km^2，多年平均流量 $843m^3/s$。其于 2010 年 12 月开工建设，2018 年建成运行，为一等大Ⅰ级水库电站，总库容为 10.75 亿 m^3，死库容 6.20 亿 m^3，常年蓄水位海拔标高 1690m，具有不完全年调节能力，总投资 232 亿元。其以发电为主，无航运、防洪等功能。大坝抗震烈度为 9 度（站场区地震基本烈度 8 度），为集超高心墙堆石坝、河床深厚覆盖层、高地震烈度、狭窄河谷四大难度于一体的世界级高坝。

大渡河长河坝水电站枢纽建筑物由拦河大坝（坝高 240m，坝长 529m，砾石土心墙堆石坝，总填筑方量 3500 万 m^3）、右岸泄水建筑物（最大洪水泄流量 $10400m^3/s$，最大流速 49m/s）、左岸地下引水式发电建筑物（配装 4 台混流式水轮发电机组）等组成，总装机 260 万 kV(4×65 万 kV)，设计单独运行年发电量为 107.9 亿 kV·h，最低保障出力 14.5%，联合调度运行最低保障出力可提高到 24.5%，年发电量可达到 111 亿 kV·h。

大渡河长河坝水电站在丰水期不能满负荷发电的问题较为突出，如考察分队调查时间正处于丰水期，因上网通道输电能力问题，260 万 kW 的总装机只有 170 万 kW 能力运行，产能发挥不到 2/3，远超甘孜州 2020 年 12.8% 的平均弃水窝电率。大渡河长河坝水电站丰水期自建成运行以来的弃水窝电问题，在甘孜州及整个四川省均较为典型，无疑是多年来四川清洁电力外送出川困难在企业层面的一个缩影。

15）甘孜州康定鸳鸯坝绿色锂业加工集中区

甘孜州康定鸳鸯坝绿色锂业加工集中区项目全称为康定市鸳鸯坝绿色锂业加工集中区项目部，由融捷股份有限公司在康定市注册的 4 家全资子公司分别实施。规划项目总投资 14 亿元，共包括 4 个子项目，即 250 万 t/a 锂矿精选，1600 万 km^2/a 尾矿加工轻质板材，锂工程技术研究院及观光、相关附属设施，105 万 t/a 采矿扩能及矿山道路 4 个子项目。其中，250 万 t/a 锂矿精选项目规划投资 7.2 亿元，2022 年 5 月建成投产，选矿采用浮选工艺，“破碎—浮选—过滤”加“尾渣湿排至尾矿库之后浮选水抽回”辅助洗选水全回收，Li_2O 品位从初选矿 1.3% 精选为 5.6% 精矿粉后外运，尾矿部分外销到四川省乐山市夹江县，作为陶瓷加工业辅料；1600 万 km^2/a 尾矿加工轻质板材项目规划投资 2 亿元，基本原料来自 250 万 t/a 锂矿精选尾矿，2022 年底建成投产；锂工程技术研究院及附属项目规划投资 1.6 亿元，2022 年建成运营；105 万 t/a 采矿扩能及矿山道路项目总投资 3.2 亿元，2021 年底建成投产。该集中加工区尚处于基建阶段，项目实施地除泸定县鸳鸯坝外，子项目 4 实际实施地在融达锂业（融捷股份有限公司子公司）甲基卡矿山。从项目规划设计看，该集中加工区主项目生产工艺能够实现无尾矿、无废水排放，能源消费全部为电力，在设计上符合绿色生产标准。

融达锂业甲基卡矿山由甘孜州融达锂业有限公司投资实施，该公司 2005 年 7 月在四川省注册成立（注册资本 3 亿元人民币），属于有色金属矿采选业，主营行业为有色金属矿采选业，服务领域为开采、选取锂辉石矿；加工和销售锂精矿、铍精矿、钽铌精矿及锂的深加工产品。其成立后于 2013 年 5 月才正式取得甘孜州康定市塔公乡甲基卡锂辉石矿 134 号脉 30 年开采经营权，但矿山在 2010 年就已投产；规划设计规模为 3000t/d，受矿山所在地宗教文化、环境保护等因素影响，其生产实际处于断续状态，2020 年生产锂精矿 6 万 t，2021 年基本处于停产状态。现将规划调整为矿山只进行采矿，原矿初选后外运至 125km 外的鸳鸯坝锂业加工集中区做精选。现采矿许可证载明的生产规模为 105 万 t/a，开采方式为露天开采，矿区面积 1.14km^2，拥有 2899.5 万 t 的矿石资源保有量，有效期至 2041 年 5 月，如在鸳鸯坝的配套选矿能力，按其 2022 年建成运行后，融达锂业的有效开采期不到 12 年（不超过 2035 年）。

融达锂业的采矿权实际为甲基卡锂辉岩矿区一部分。因整个甲基卡锂辉岩矿区地跨甘孜州康定市、雅江县和道孚县，海拔 4300 ～ 4500m，涉及范围面积约 62km^2，资源赋存随勘探进行处于不断扩大中，在川西地区的花岗伟晶岩型锂辉岩矿床中，甲基卡锂矿规模最大，已探明的锂辉石 Li_2O 资源总量超过了 280 万 t，远景储量有望突破 500 万 t，远超 182.96 万 t 的澳大利亚格林布什而成为世界最大的花岗伟晶岩型锂辉岩矿山，虽海拔较高，但因埋藏较浅，易于露采，实际开采成本较低。同一时期的四川天齐盛合（天齐锂业全资子公司）在 2008 年取得了雅江县措拉锂辉石矿探矿权（同属于甲基卡锂辉岩矿区，涉及范围 2.07km^2），后关联公司取得两宗探矿权，涉及范围扩大至 18.53km^2。由此，目前整个矿区共涉及 2 个采矿权和 2 个探矿权，范围已超过 20km^2。有关报道显示，由于进入甲基卡只能通过康定市塔公镇进出的一个矿山通道，在融达锂业因故停产后，另外几座锂矿的开发也陷入停顿状态。

上述状况表明：①虽然甲基卡锂辉岩矿产资源本身品质较优，但矿区处于海拔 4300m 以上的高寒草甸区，生态环境脆弱，交通不便，不宜在现地进行选矿，采矿后的生态修复问题也需要引起高度重视；②矿区在行政区域上地跨康定市、雅江县、道孚县，涉及不同行政区域的利益问题，由此产生了不同的探矿权和采矿权企业利益主体，开发将至少涉及地方政府、现地居民（实际为牧区牧民）和企业三方面的叠加型复杂利益分配问题；③因甲基卡锂辉岩矿区生态环境脆弱，融达锂业所面临的选矿场站问题，天齐锂业同样存在（在雅江范围择址建设难度更大），为避免重复建设，实现绿色矿产开发，可能需要在州政府层面进行协调，进行“探矿权 + 采矿权”的资源整合，以及采选矿的资本股权的链条衔接。

16) 炉霍贡唐岗光伏电站

炉霍贡唐岗光伏电站全称为中国电建集团炉霍新能源开发有限公司贡唐岗光伏电站，为炉霍新能源开发有限公司投资建设的第一个光伏电站，站场位于炉霍县下罗柯马乡，地理坐标 31°19′18.81″N，100°49′9.8″E，海拔约 4190m，占地面积约 1300 亩，多年平均辐照量为 6692MJ/m^2，属于全国太阳能资源较丰富地区。

贡唐岗光伏电站装机容量为50MWp，安装光伏发电组件195120块，8万根支架，采用行业组串式逆变器技术，安装逆变器1626台，组成32个光伏发电方阵。年可发电量7697.5万kW·h，年利用小时数1539h，所发电为直流电，经逆变器转交流电后，送至箱式变电站升压到35kV，由4条集成线路汇总送至1#主变，经1#主变升压后送至110kV炉霍变电站进入四川电网，进入炉霍主网线路长约18km，铁塔46基。

该光伏电站总投资约5亿元，按照“数字电站、网络控制”的集中控制思路进行规划、设计、建设和运行，生产运行采用少人值守的运维模式，于2016年1月实现并网发电，在四川新能源优惠政策支持下，目前实现全电上网。原规划二期50MWp建设因上网指标问题，实际未进行。

该光伏电站场处于高寒草甸区，从实际运行状况看，对生态环境扰动较小，且光伏板布置场区在补建网围栏后，植被生长状况还优于建设前。

17）白玉呷村银多金属矿

白玉呷村银多金属矿全称为四川鑫源矿业有限责任公司白玉呷村银多金属矿，四川鑫源矿业有限责任公司为青海省国资委下属西部矿业股份有限公司控股子公司，公司前身为地方国投控股白玉玉发矿业，2003年增资扩股后共有5家股东，分别为西部矿业股份有限公司（持股比例76%），四川峨眉山四零三建设工程有限责任公司（8.4%），白玉县国有资产投资管理有限责任公司（7.344%），甘孜县国有资产投资经营管理有限责任公司（7.056%），四川省矿业投资集团有限责任公司（1.2%）。四川鑫源矿业目前实际拥有白玉呷村银多金属矿和热银矿探矿权（呷村矿后备接替资源）两宗矿业权。

白玉呷村银多金属矿位于甘孜州白玉县麻邛乡境内（白玉县属于川藏接合部、横断山脉北段），地理坐标99°32′E，31°10′N，矿区通过县乡4级公路22km抵昌台接入3级甘（甘孜县）白（玉）公路（尚无标号的省道）后，东距甘孜县100km接入国道317线，西距白玉县90km接入国道215线。矿区所在地为甘孜州北部丘状高原区，矿区北、西和南侧地势较高，海拔4300～4600m，矿区内地势相对开阔，中南段平缓，海拔4100～4300m，最高峰然坪峰海拔4714m。该矿区具有典型的高原气候特征，为高山乔灌草过渡地带，年降水量659～944mm，无霜期约120d，但年日照时数超过2500h。

矿山为银共伴生多金属矿，是我国迄今为止发现的唯一“黑矿型”特大型高品位银多金属矿和三江多金属成矿带上最具有代表性的银多金属矿床之一。截至2018年底保有储量银金属量692.39t（平均品位199g/t）、铅金属量29.79万t（平均品位3.38%）、锌金属量50.86万t（平均品位5.77 %）、铜金属量3.41万t（平均品位0.88%）；2020年保有银铜铅锌矿资源储量约375万t，独立铅锌矿440万t；按30万t/a处理量，呷村银多金属矿矿山服务年限为21.4年，现深部改扩建后年处理量达到80万t/a。距离呷村矿区700m的南部有热矿区，为矿山接替资源利用区（查明资源储量约400万t）。

矿山坚持“贫富兼采、综合利用”原则，以“三大变革”为主线，积极推进矿山“作业机械化、装备大型化、流程自动化、生产高效化”建设。采矿为坑采，采用平硐－溜井＋辅助斜井＋采取斜坡道的开拓方案，2017 年 4 月建设并运行充填系统，充填采矿法工艺占比 70%（浅孔留矿法及分段空场法占比 30%，嗣后充填，以尾矿充填为主，尾砂胶结充填为辅），矿山综合采矿损失率由 20.00% 降低到 13.75%，开采回采率达到 86.25%；选矿基本工艺为磨浮选工艺，球磨＋半自磨相结合，破碎段为“三段一闭路”流程，磨浮段分两个生产系列，单系列设计处理能力为 750t/d，一选厂为“两磨一浮”，采用“铜铅锌全优先浮选工艺”（铜、铅浮选在常规中性 pH 条件下进行，锌浮选活化后采用低碱浮选捕收），金银主要回收至铜、铅、锌精矿中，银在铜铅锌中的综合回收率为 93.91%，尾矿有少部分损失；二选厂针对难选矿，采用低品位独立铅锌选矿工艺，在浮选段采用“低碱低电位铅锌全优先浮选”工艺。整个选矿段铜平均回收率达到 76.33%，铅锌均超过 82%（达到设计指标要求）。

矿区供水、供暖、供电、卫生、供氧、环保等配套设施齐全，配套无外排尾矿库（已闭库 1 期，现启用为 2 期尾矿库），生产能耗已实现全电化消费和生产生活无煤炭消费，工业废水采用“电催化氧化膜隔离处理工艺”处理，实现全回用“零外排”，包括废石场、选矿厂未征地区域、尾矿输送泵站、加油站、场区道路、矿石溜井、尾矿库堆积坝区域、表土堆放场在内的复垦率达到 94.74%，较好实现了“边开采、边治理、边恢复”；此外，职工住宿楼、食堂、活动室、健身房、培训中心、图书室、花园、锅炉房、制氧站等生活配套设施齐备。

2019 年呷村银多金属矿获得四川省“绿色矿山”称号，并进入“全国绿色矿山名录”。但需指出的是，该矿山在智能化、数字化矿山建设，节能降耗节水及安全生产方面（如采矿段外包为实现严密监管）尚有继续改进的空间。

18) 九龙五一桥水电站

九龙五一桥水电站全称为四川中铁能源五一桥水电有限公司（四川松林河流域开发有限公司）五一桥水电站，为中电建水电开发集团有限公司（原中国水电建设集团四川电力开发有限公司）下属全资子公司，注册资金 10000 万元人民币，成立于 2004 年，现总资产达到 6.89 亿元，经营范围为水电发售。四川松林河流域开发有限公司成立于 2002 年，为中电建水电开发集团有限公司投资经营的首家中型发电企业，经营范围为电力生产和销售，水电项目开发、建设、投资和水电技术咨询服务。2010 年按照中电建水电开发集团有限公司部署，松林河公司和五一桥公司合并转型为片区性公司，采用“一套人马，两块牌子”模式，管理两公司下属的 4 个电站的运行和经营，五一桥水电站即为该片区公司下属 4 个电站之一。该电站原为中铁十四局开发建设，2007 年开发权由中国水电集团四川电力开发公司收购。

五一桥水电站位于九龙县九龙河流域乃渠乡，是九龙河干流“一库五级”中的第二级，电站海拔标高 2200m，距九龙县城呷尔镇 48km。该水电站于 2005 年底开工建设，2008 年底全部机组并网发电，但至 2019 年 2 月才完成全部工程竣工验收，工程全部投资 7.8 亿元；该水电站采用径流引水式开发，渠首（位于刘龙和新山沟口下游约 0.9km 处）为中型Ⅲ等工程，水库正常蓄水位 2425m，总库容 79.1 万 m^3，只具有日调节能力；发电厂房位于九龙河七日沟口下游约 3.5km 右岸漫滩，库、厂址相距约 16.5km；电站总装机容量 13.2 万 kV(3×4.4 万 kV)，主设备均为昆明电机厂有限责任公司提供，设计年利用小时数 4730/4980h（单独 / 联合）、年均发电量 6.247/6.576 亿 kW·h（单独 / 联合），实际仍为单独运行，年利用小时数 3790h，年发电量 5.5 亿 kW·h。

该水电站目前面临的主要问题与大渡河长河坝水电站相似，在丰水期因上网问题，不能满负荷发电而弃水窝电，且因其自身规模较小，较长河坝弃水窝电的问题更为突出。为解决发电产能发挥不足，该电站曾与“区块链”商合作，在发电厂站内布局了负荷 1 万多千瓦的“挖矿机”数年，部分缓解了并网难的问题，因 2020 年后国家政策限制，目前已停止合作。

五一桥水电站弃水窝电问题是目前甘孜州中小型水力发电企业存在的一个普遍问题缩影。在我国目前电力生产端“厂网分离”的经营格局下，清洁能源生产过程自身存在技术缺陷（水力发电表现为丰枯期不同的发电出力能力，风电表现为随风资源的季节和时序变化而出力大小不同，光伏发电表现为昼夜差和日照变化），但输电网不能不计成本地增加输电供给能力。这种状况在单一清洁能源开发和生产区域显得十分突出，进而扩大到整个青藏高原南部地区的清洁能源开发，如不能解决和提升清洁能源发电电源的相对稳定生产，进行不同清洁能源生产端的协调和融合，该问题将会进一步凸显该问题。

19）九龙里伍铜矿

九龙里伍铜矿全称为四川里伍铜业股份有限公司里伍铜矿，为四川里伍铜业股份有限公司核心企业。矿山始建于 1988 年，1994 年试生产，1995 年 9 月正式投产，1998 年完成股份制改造。四川里伍铜业股份有限公司主要从事有色金属采、选、冶炼、加工，有色金属产品的销售，水能、矿产资源的开发等，公司为非上市国有控股的股份制企业，甘孜藏族自治州国资公司和九龙县国有资产投资经营有限责任公司为第一、第二大股东。除原有里伍铜矿山外，与里伍铜矿山相邻的中咀矿区、黑牛洞矿区已先后进入了建设和开发阶段，并成为四川里伍铜业股份有限公司主要接替矿山，即“一矿三区”。除矿山外，四川里伍铜业股份有限公司还有九龙县雅砻江矿业有限责任公司（包入了黑牛洞矿区）、九龙县里铜电力有限责任公司［装机 4.76 万 kV 的三垭河梯级水电站，(2×1.0+0.36+2×1.2) 万 kV，分别并入四川电网和凉山州地方电网］、四川金伯利地质勘查有限公司、丹巴协作铂镍有限责任公司等子公司。

里伍铜矿主体矿山位于甘孜藏族自治州九龙县魁多乡、烟袋乡境内，与四川凉山州冕宁县南河乡隔雅砻江（海拔 1600m）相望，属于构造深切割的中高山区，矿山东向面临雅砻江，矿区海拔 2250 ～ 3400m。矿区地处三江成矿带Ⅰ级特提斯成矿域的康滇地轴西侧，松潘—甘孜造山带东南缘，北东向（木里—锦屏）弧形推覆构造带北西侧后缘，成矿区Ⅱ级属巴颜喀拉—松潘（造山带）成矿省，Ⅲ级为南巴颜喀拉—雅江锂—铍—金—铜—锌—水晶成矿带，是我国少见的大型富铜多金属矿床。矿床富含铜、锌、钴、金、银等多种有益元素，以铜为主，锌次之；矿体主要赋存在中元古界里伍岩群变质岩中，矿体产状主要受窟窿环状滑脱构造带控制，呈似层状、薄透镜状、脉状产出，局部产状则受层间裂隙和次级褶皱影响；矿区主要包括黑牛洞、笋叶林、中咀、挖金沟、柏香林 5 个矿段，已发现铜矿体 26 个，其中铜储量大于 1 万 t 的矿体有 7 个，以黑牛洞—大水沟矿段的 2 个矿体（I_3、II_4）和中嘴矿段的两个矿体规模较大。在“一矿三区”中，里伍铜矿体部分尚保有铜金属量 2.20 万 t、锌 2.54 万 t（原累计探明保有矿石量 1155 万 t，现只保有 166.66 万 t）；中咀矿区部分保有铜金属量 17.29 万 t、锌金属量 8.65 万 t；黑牛洞矿区保有铜金属量 25.77 万 t、锌金属量 17.72 万 t。从前景看，整个矿区仍具有较大的找矿潜力。

作为四川省和国家级重点铜矿生产基地，里伍铜矿区地理环境较差，矿山作业区东向至雅砻江河谷相对高差达 1200m 以上（中咀矿区最低高差达到 1800m），地形陡峭，矿区岩石破碎，断崖绝壁，纵坡坡度超过 30°。自 20 世纪 90 年代以来，经三期技改扩，里伍铜业年采矿能力达到 70 万 t/a，采空区处理已从崩落法、支撑法、封闭法、长壁法等相结合，发展到采用以高浓度尾砂与固废充填相结合为主的矿井回填方案，现矿石处理（选矿段）为 500t/d+1500t/d，选矿站场车间依山势而建，沿 2550 ～ 2650m 纵坡分工艺流程自上而下布局，选矿基本工艺为磨浮选工艺，球磨 + 半自磨相结合，流程为粗碎（10 ～ 400 目）—细碎（12 ～ 60 目）—球磨—浮选—脱水（精矿过滤废水泵送回高位水池重新做选矿循环使用，尾矿浆液经浓缩后溢流水泵送回高位水池）；矿山采矿（主要方式为爆破掘进）、矿山转运（轨道、皮带相结合）、选矿各工段能源消费全部为电力，精矿外运为公路运输；尾矿库分 3 地三期（挖金沟、笋叶林、磨房沟尾矿库），透水堆积坝式，现磨房沟尾矿库占地 238 亩，设计服务年限 20 年，总库容 535 万 m^3，有效库容 481 万 m^3，总坝高 113m（初期 38m），选矿尾矿采用湿排入库，尾矿库尾矿透水回用（尾矿底流自流进入到尾矿泵站，库内澄清水经排水斜槽、排水明渠、排水涵洞等至尾矿泵站，再泵送回高位水池，实现选矿段用水循环利用）；尾矿库排洪方式为库外排洪隧道加库内排水井 - 管式联合排洪。

目前，由于里伍铜业主体已开发生产 20 多年，3 个矿区中里伍矿区已处于开采后期。为实现上市目标，里伍铜业对整个主业进行了分类包装，将新矿区黑牛洞部分作为下属直属公司九龙县雅砻江矿业有限责任公司的核心资产。由于黑牛洞矿区从采矿到选矿，从资源到技术装备均处于开发生产前中期，故整个里伍铜业主业在绿色矿山建设方面参差不齐，中咀矿区相关设施处在配套完善阶段。到 2020 年 1 月，只有直属核心企业九龙县雅砻江矿业有限责任公司的黑牛洞铜矿进入“全国绿色矿山名录”（见《自然资源部关于将中国石油天然气股份有限公司大港油田分公司等矿山纳入全国绿色矿山名录的公告》）。

第3章

青藏高原典型工矿区地表系统健康诊断

3.1 青藏高原典型工矿区地表要素变化分析

青藏高原地表要素是陆气间碳循环、水循环和能量循环的关键变量，也是地气间水分、热量和动量交换的主要载体，涉及地表水文过程、植被动力学过程、生物化学过程、边界层湍流输送过程、辐射传输过程、物理化学过程，与多个圈层的稳定和变化紧密联系（孙菽芬，2005），对研究青藏高原气候和水资源变化有着重要意义（刘振伟，2021）。青藏高原地表要素（如植被指数、植被覆盖度、反照率以及土壤湿度）借助土壤和植被调节着地气之间质量、能量以及动量交换，不仅会改变区域乃至全球尺度的大气环流（Pitman，2003），同时也会改变气候系统对外界扰动的敏感程度。因此，地表要素的变化研究吸引了越来越多水文、大气、环境、遥感、生态等领域科学家的关注（李成伟，2018）。

青藏高原地表要素的时空分析常常采用各种各样的参数（如植被指数、地表温度以及土壤湿度等）进行刻画，这些参数受青藏高原陆面过程典型特征的影响。青藏高原各区域能量收支、水分收支中各个组分强烈的季节差异是青藏高原地表要素变化的重要外营力。青藏高原空间差异明显的干湿状况成为影响青藏高原地表要素变化的第三个因素，干湿状况的空间差异造就了青藏高原地表覆盖明显的空间变化（李成伟，2018）。在大气驱动、地表要素以及描述方法的协同支持下，地表要素的时空变化能体现不同时间尺度的陆面过程动态变化，包括生物化学过程、植物和土壤的温度和含水量、生态系统的物候与碳氮循环以及植被的动态变化等（李成伟，2018）。

青藏高原地表要素的时空变化既是全球气候变化的指示器，又是全球气候变化的推动机。因此，国内外对青藏高原及其邻近地区的地表要素观测研究持续关注，中国高寒区地表过程与环境观测研究网络也逐渐形成，目前，已有中国科学院的17个野外观测站投入使用（彭萍和朱立平，2017）。虽然野外观测站观测手段不断丰富、观测研究能力不断提升、观测网也在逐渐加密，但因青藏高原地表要素时空变化的复杂性，地表观测依然存在诸多不足。野外观测站分布很大程度上受地形、气候、经济等因素制约，在一些高原、冰川或者丛林，由于当地气候条件恶劣或者经济落后，很难实地建设观测台站，这直接影响地面观测网对不同气候条件地表的覆盖程度（李成伟，2018），相对于250万km^2广袤复杂的青藏高原而言，野外观测站的观测资料远远不足。

近年来，快速发展的卫星技术可以提供区域乃至全球高时空分辨率对地观测，大大提高了地表要素的观测能力，为大空间尺度研究地表要素的时空变化带来了诸多便利。遥感数据有着覆盖面积广、更新速度快、获取方便、时效性强等特点，具有综合性、可比性、经济性的优势，能够通过卫星数据反演得到一系列重要的地表要素（如地表温度、土壤水分、反照率以及植被覆盖度），一系列遥感产品的出现极大地方便了青藏高原地表要素调查研究等系列工作（李成伟，2018）。虽然遥感资料本身的可靠性和准确性还有待验证，但与地表观测站实测相互补充，它们作为地表观测系统的两大核心共同组成了对地观测的空天地立体化观测网络，能够帮助人类更好地理解地表要素的变化轨迹。

3.1.1　数据来源

中分辨率成像光谱仪（moderate-resolution imaging spectroradiometer，MODIS）是 Terra 和 Aqua 卫星搭载的传感器，是美国地球观测系统（earth observation system，EOS）计划中的重要一环。基于 EOS 观测数据，截至目前，美国国家航空航天局开发了 6 种地球表层 MODIS 产品，其中陆地 2 级标准归一化植被指数和增强型植被指数产品 MOD13，陆地 3 级标准地表反照率产品 MOD43，陆地 2、3 级标准地表温度产品 MOD11 为研究青藏高原地表要素时空变化奠定了数据基础。

Google Earth Engine（GEE）是 Google 提供的对大量全球尺度地球科学资料（尤其是卫星数据）进行在线可视化计算和分析处理的云平台。该平台能够存取卫星图像和其他地球观测数据库中的资料并提供足够的运算能力对这些数据进行处理。GEE 上包含超过 200 个公共数据集，超过 500 万张影像，每天新增数据量约 4000 张影像，容量超过 5PB。相比于 ENVI 等传统影像处理工具，GEE 可以快速、批量处理数量巨大的影像，可快速计算如 NDVI 等地表关键要素时空序列。GEE 不仅提供在线的 JavaScript API，同时也提供离线的 Python API，美国国家航空航天局提供的 MODIS 数据集及其产品已经在 GEE 上免费共享，通过这些 API 可以快速建立基于 GEE 以及 Google 云的处理和分析 MODIS 数据产品的 Web 服务。

青藏高原各类工矿业超过 340 家，具体分布如图 3-1 所示，图 3-2 ～图 3-4 分别展示了青藏高原北部、东南部和西南部各类工矿业的分布。

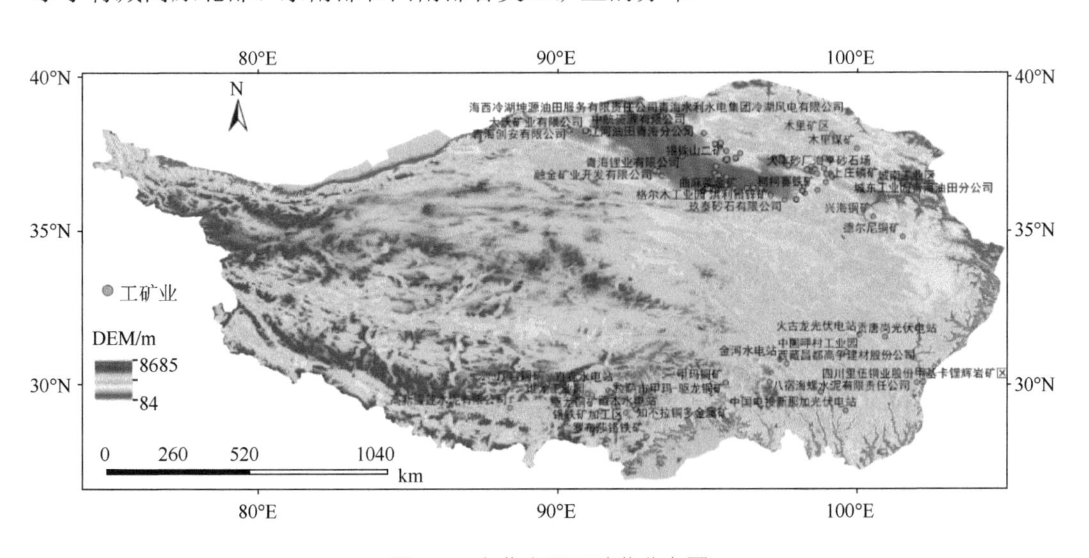

图 3-1　青藏高原工矿业分布图

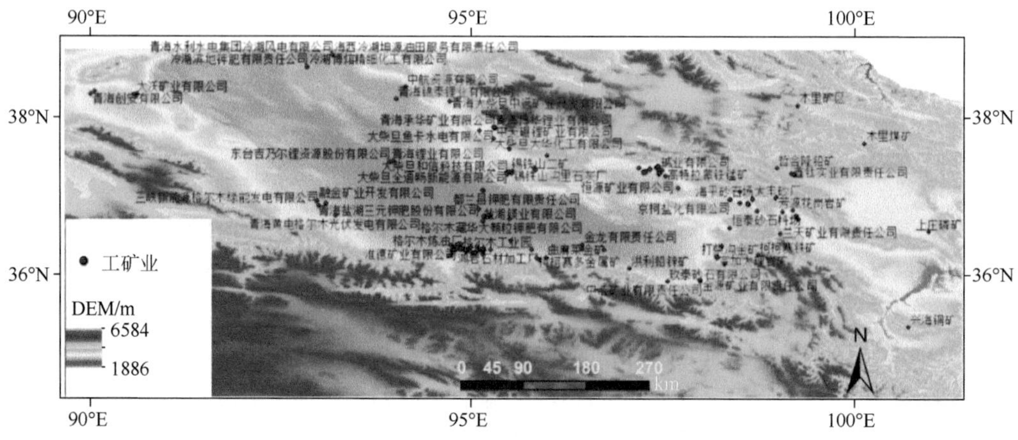

图 3-2 青藏高原北部工矿业分布图

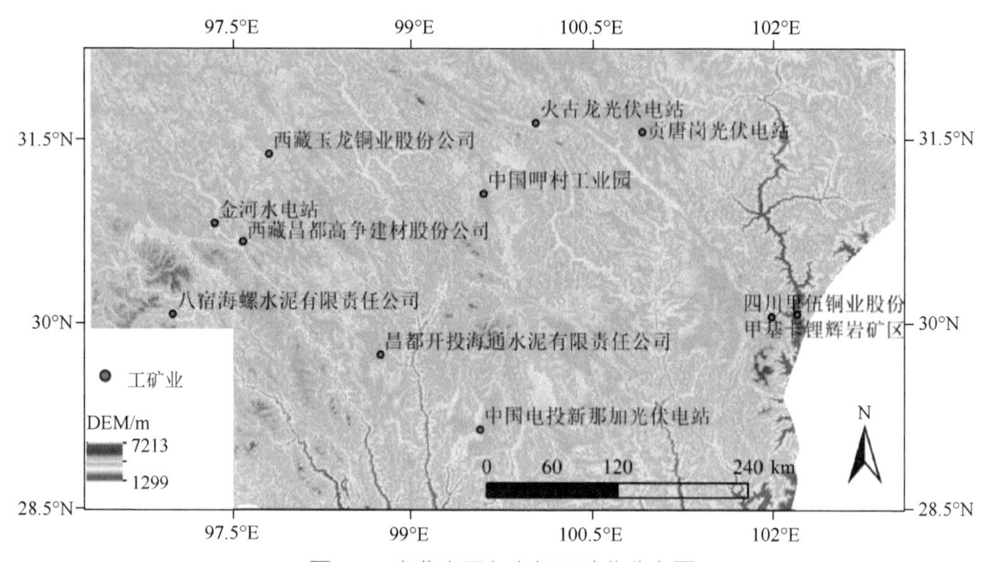

图 3-3 青藏高原东南部工矿业分布图

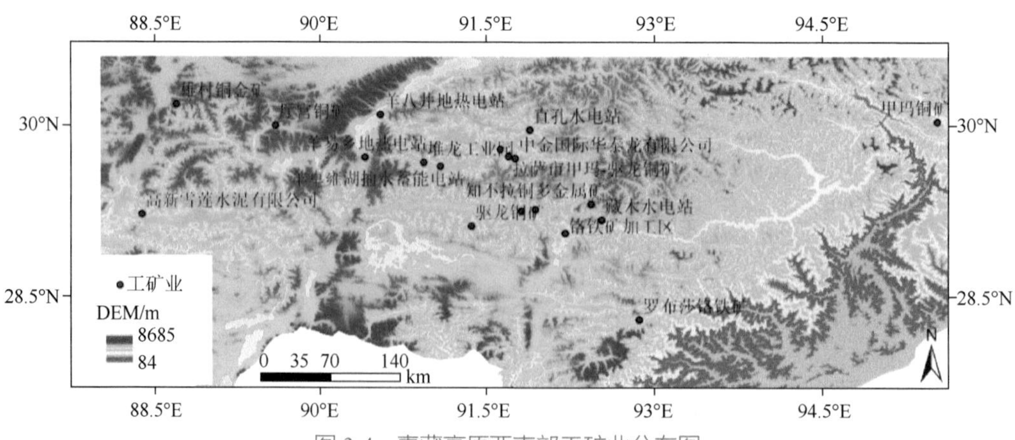

图 3-4 青藏高原西南部工矿业分布图

3.1.2　植被指数

植被是青藏高原陆地生态系统的主体和基础，与岩石、地质、地貌、气候、水文、土壤、动物和微生物等共同构成了自然地理环境，是连接其他自然要素的重要纽带和最能反映其他要素性质的指示者（宫照等，2020；刘宪锋等，2013），在生态系统运行和结构组成中扮演着重要角色，是生态系统中能量转换的重要环节，承担着陆地生态系统中生物和非生物部分之间进行物质交换和能量循环的重要任务，是无机物转换为有机物，太阳能转换为化学能的关键部分。

因此，定量评估青藏高原植被覆盖的动态变化，研判青藏高原植被的时空变化规律，深化地表植被变化过程的认识至关重要。作为地表物质与能量循环的首要环节，监测地表植被的长势、盖度和空间分布情况，掌握其动态变化过程，深入探讨气候变暖背景下青藏高原植被时空变化及响应过程，能够为揭示植被的时空变化规律和评价生态系统功能等提供有力支持，对理解青藏高原生态环境与气候变化的互馈机理、解析气候变化与植被生态系统相互作用路径、超前制定合理的生态保护应对方案都有重要的指导意义，对理解全球气候变化与植被生态系统之间的互馈关系、评价陆地生态系统的环境质量及生态过程调节具有重要的理论意义，对认识全球及区域气候变化的陆地植被生态系统响应具有重要现实意义（尚颖洁，2021）。

植被变化研究中，归一化植被指数（normalized differential vegetation index，NDVI）已被证实能很好地反映地表植被覆盖、生长状况及气候变化（李艳芳和孙建，2015），对植被的生物量、长势等状态非常敏感（孙建，2013），因而常被作为定性和定量评价植被覆盖及其生长的重要指标并得到广泛应用。青藏高原多数地区为中、低植被覆盖度，NDVI 对于研究该区植被更具有优势，根据长时序 NDVI 数据不仅可以获取青藏高原植被生长状况的时空信息，还可以通过分析统计得到植被长势和覆盖度的变化规律和空间关系，有利于提高植被覆盖评估的准确性（孙建，2013）。

图 3-5 和图 3-6 中蓝圈为青藏高原工矿区。图 3-5 和图 3-6 表明青藏高原 NDVI 分布整体上呈现出西低东高的大格局，以（87.03°E，26.06°N）～（102.01°E，40.05°N）为分界线，该分界线以西青藏高原 NDVI 基本为负值，分界线以东 NDVI 为正值。NDVI 的最高值分布在东南部的云南高原，NDVI 平均值大于 0.8，是植被长势最好的地区。青藏高原整体上植被分布稀疏，多以高山草原为主，NDVI 均值介于 0.1 ～ 0.15。上述分析表明，青藏高原 NDVI 值在局部连续性中渐变，在整体上东部西部形成强烈反差，即相似性、统一性与差异性并存。2000 ～ 2020 年青藏高原大部分地区年均 NDVI 值的变化并不明显，整体上依然保持了东部边缘高、西部内陆低的分布形态，这也反映在图 3-7 中，以（87.03°E，26.06°N）～（102.01°E，40.05°N）为分界线，分界线以西大部分地区 NDVI 年际斜率值变化不大，且有向下趋势，中西部 NDVI 变化斜率以负值为主，植被普遍呈退化状态，只有在接近塔里木盆地边缘地带 NDVI 值有明显增加；分界线以东大部分地区 NDVI 值基本保持不变，NDVI 增加趋势主要分布于青藏高原东北边缘的祁连山、昆仑山西北部和东部以及青藏高原高海拔向黄土高原低海拔过渡的衔接带，增长率超过 0.02/10a。

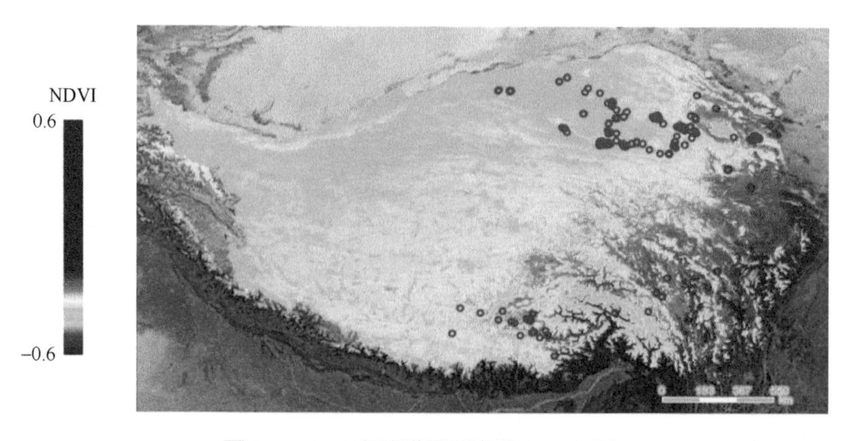

图 3-5　2000 年青藏高原年均 NDVI 图
图中蓝圈为青藏高原工矿区

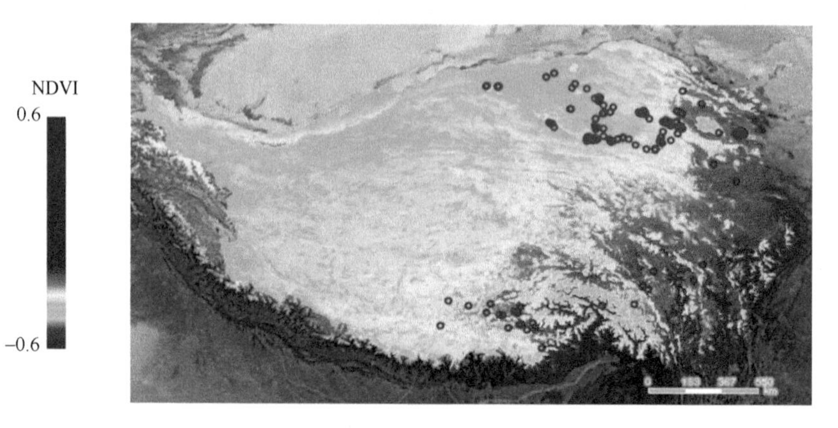

图 3-6　2020 年青藏高原年均 NDVI 图
图中蓝圈为青藏高原工矿区

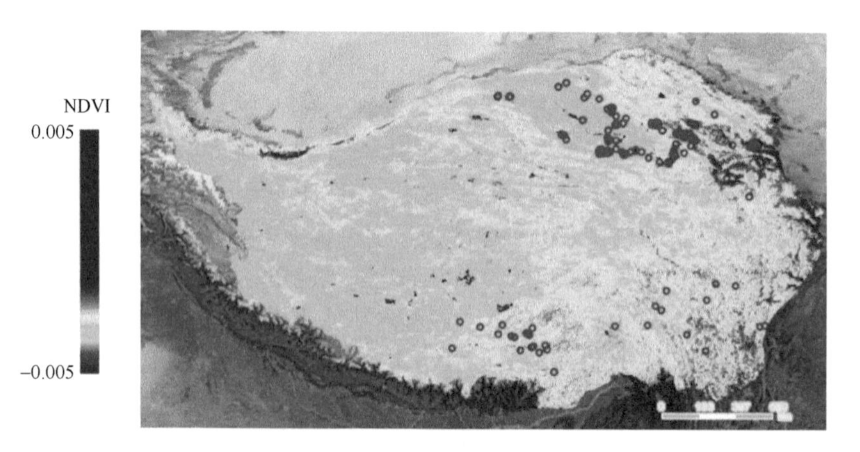

图 3-7　2000 ~ 2020 年青藏高原年均 NDVI 趋势图
图中蓝圈为青藏高原工矿区

图 3-5 ～图 3-10 展示了青藏高原主要矿区年均 NDVI、近 20 年年均 NDVI 趋势图、标准差图及变化净差图。近 20 年来青藏高原矿区周围的 NDVI 值整体上表现出略微减小的趋势，其中，木里煤矿、木里矿区、雄村铜金矿、厅宫铜矿、曲龙铜矿、曲麻莱金矿等大部分矿区周围的 NDVI 值减小明显，自 2000 年以来 NDVI 值趋势向负，仅青海西宁城东工业区、城南工业区及德尔尼铜矿等少数矿点周围的 NDVI 值呈现出改善趋势，主要原因在于这些地方本底的 NDVI 值就很高，在一定程度上抵消了工矿业开采对周围植被造成的破坏压力。处于青藏高原中低海拔区的德尔尼铜矿、兴海铜矿等矿区的 NDVI 值呈升高趋势，而高海拔和较高海拔区域的曲龙铜矿等矿区的 NDVI 值则处于减小的趋势，整体上青藏高原各个矿区周围的 NDVI 值普遍趋于退化，彰显了矿产开发过程中人类活动对植被生长产生的副作用，未来 NDVI 值的变化趋势总体上趋于弱化。图 3-5 ～图 3-7 间接表明人类对矿区的开发活动在一定程度上破坏了矿区周围植被生态系统的自然生长状态。上述分析在图 3-11 ～图 3-15 中表现得更为详细。

图 3-8 ～图 3-10 展示的青藏高原 NDVI 统计特征进一步表现了植被的空间依赖性和局部异质性。图 3-10 差值图整体上与逐像元变化斜率计算结果（图 3-7）一致，青藏高原上大部分地区植被的变化程度不大，并且植被改善的面积略等于退化的面积，NDVI 值大的区域 NDVI 值趋于改善，而 NDVI 值小的区域 NDVI 值趋于退化，基本上以（87.03°E，26.06°N）～（102.01°E，40.05°N）为分界线形成对比。这些分析结果为后续矿区开发对植被生态系统压力评估和气候变化预测模型的参数设定等提供有关植被变化特征的场景信息，也为适应环境变化和制定科学决策方案、开展植被生态环境保护提供依据（图 3-16）。

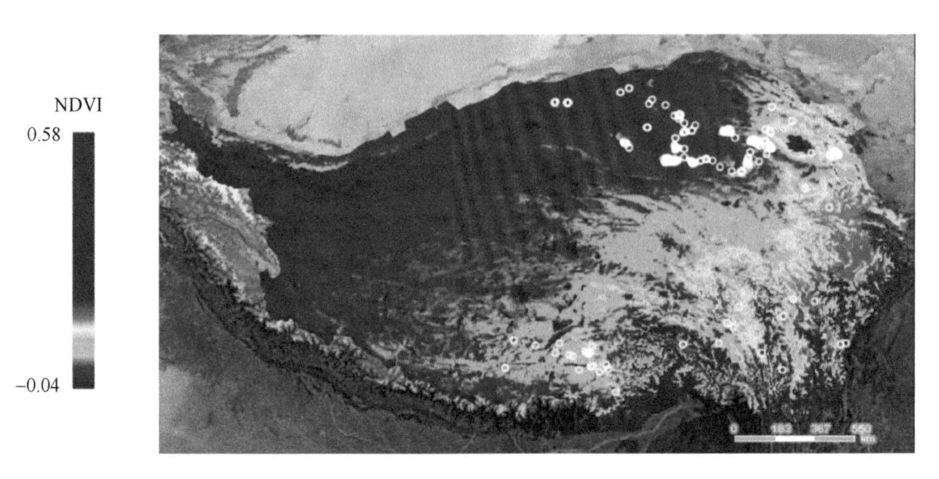

图 3-8　2000 ～ 2020 年青藏高原年均 NDVI 均值图

图中白圈为青藏高原工矿区

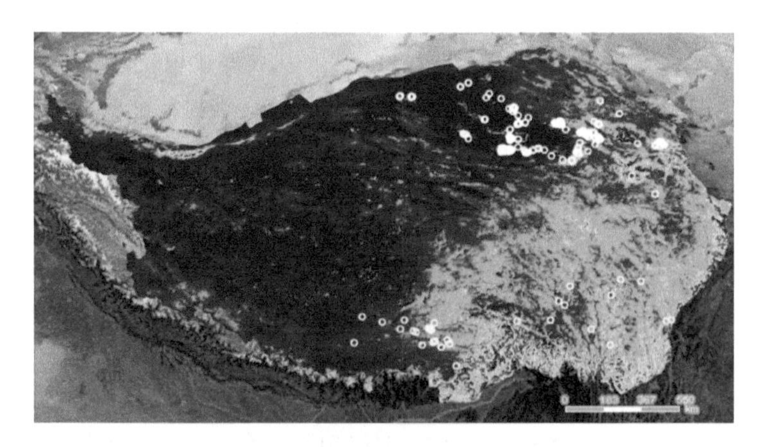

图 3-9　2000 ～ 2020 年青藏高原年均 NDVI 标准差图
图中白圈为青藏高原工矿区

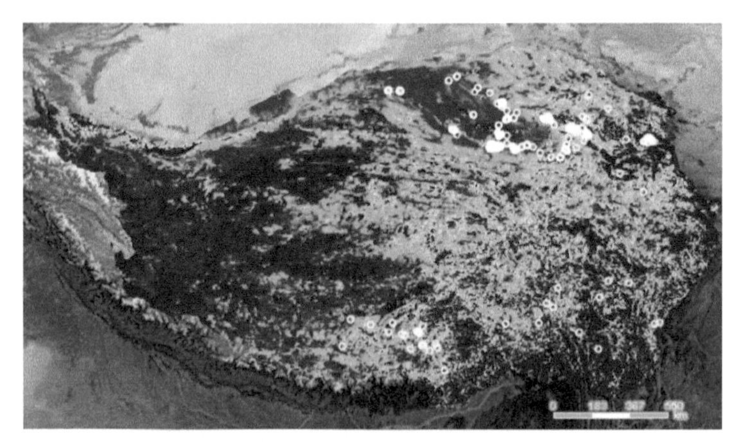

图 3-10　2020 年较 2000 年青藏高原年均 NDVI 差值图
图中白圈为青藏高原工矿区

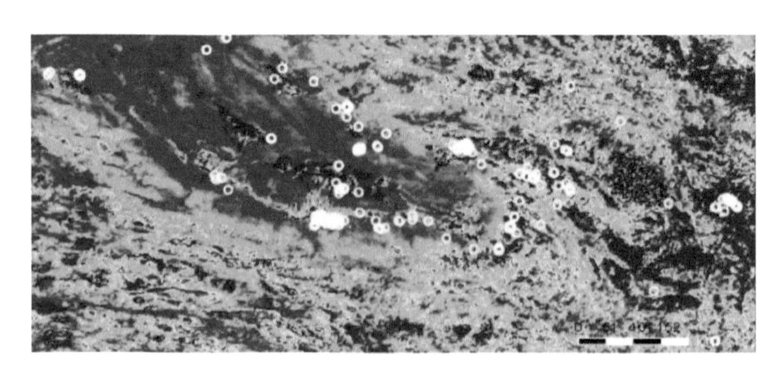

图 3-11　2020 年较 2000 年青藏高原北部年均 NDVI 差值图
图中白圈为青藏高原工矿区

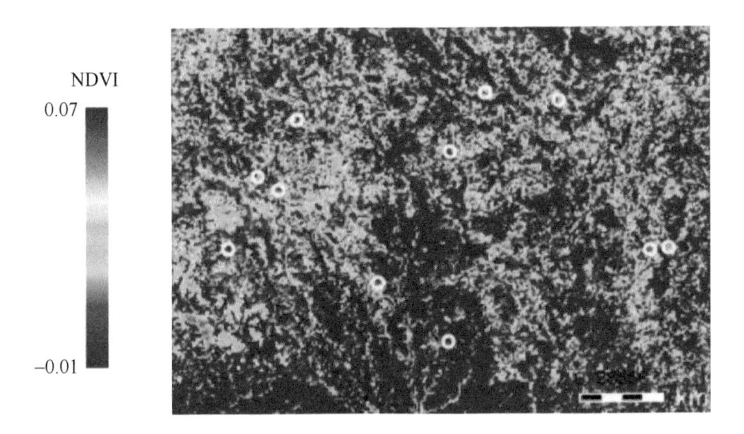

图 3-12　2020 年较 2000 年青藏高原东南部年均 NDVI 差值图
图中白圈为青藏高原工矿区

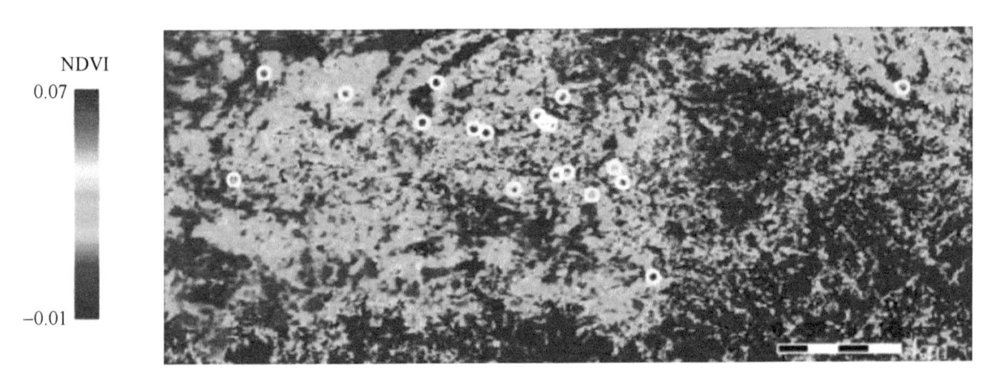

图 3-13　2020 年较 2000 年青藏高原西南部年均 NDVI 差值图
图中白圈为青藏高原工矿区

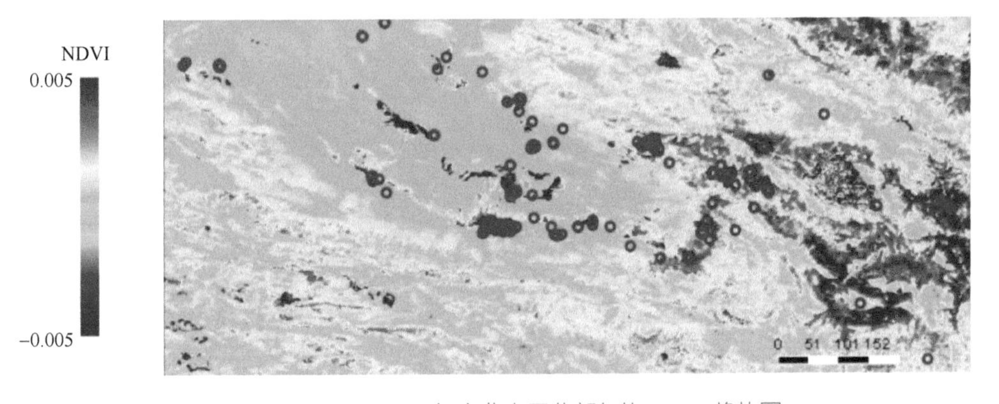

图 3-14　2000 ～ 2020 年青藏高原北部年均 NDVI 趋势图
图中蓝圈为青藏高原工矿区

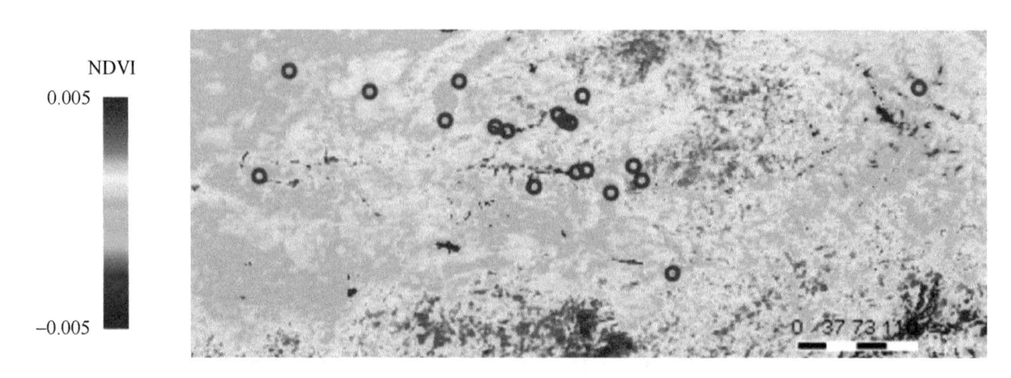

图 3-15 2000 ～ 2020 年青藏高原西南部年均 NDVI 趋势图

图中蓝圈为青藏高原工矿区

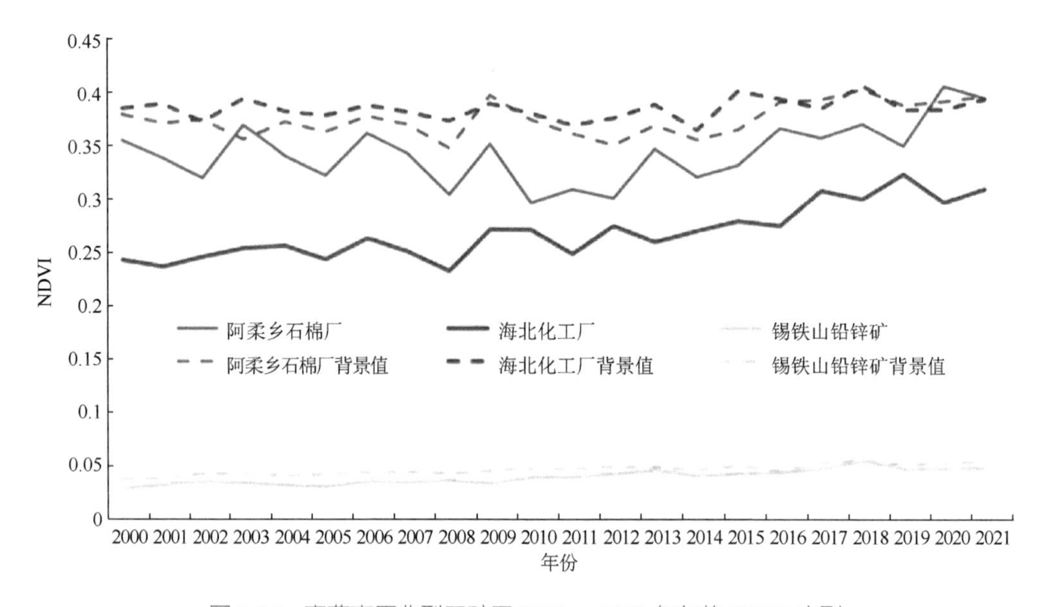

图 3-16 青藏高原典型工矿区 2000 ～ 2020 年年均 NDVI 序列

3.1.3 植被覆盖度

植被覆盖度（fractional vegetation coverage，FVC）是表征地表植被覆盖的重要参数，可评估不同时空尺度上地表植被的覆盖状况（刘振伟，2021），在一定程度上能够反映生态环境的变化，是推动“绿色发展”的关键。青藏高原植被覆盖度因受气候、地形、水分等各方因素的影响而分布复杂（李艳芳和孙建，2015），因此植被覆盖度研究对青藏高原生态环境变化规律的探索具有深刻意义。为此，非常有必要分析青藏高原植被覆盖度变化的空间分布特征，具体请见图 3-17 ～图 3-28。

图 3-17　2000 年青藏高原年均植被覆盖度图

图中红圈为青藏高原工矿区

图 3-18　2020 年青藏高原年均植被覆盖度图

图中红圈为青藏高原工矿区

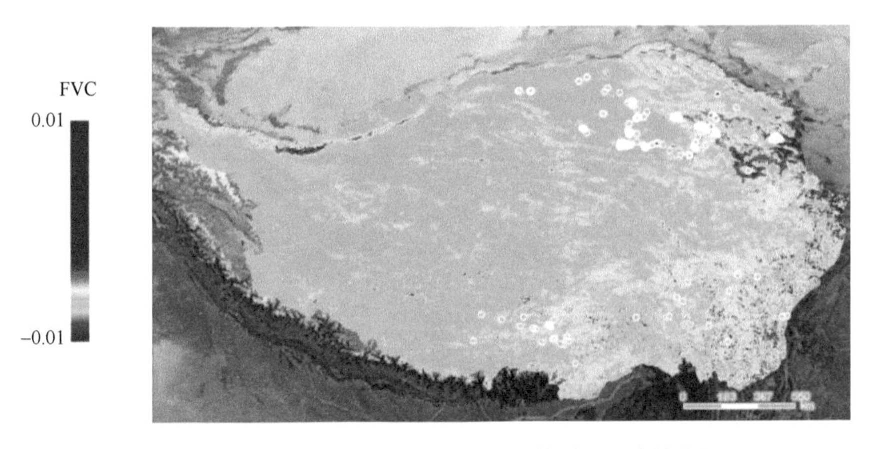

图 3-19　2000 ～ 2020 年青藏高原年均植被覆盖度趋势图

图中白圈为青藏高原工矿区

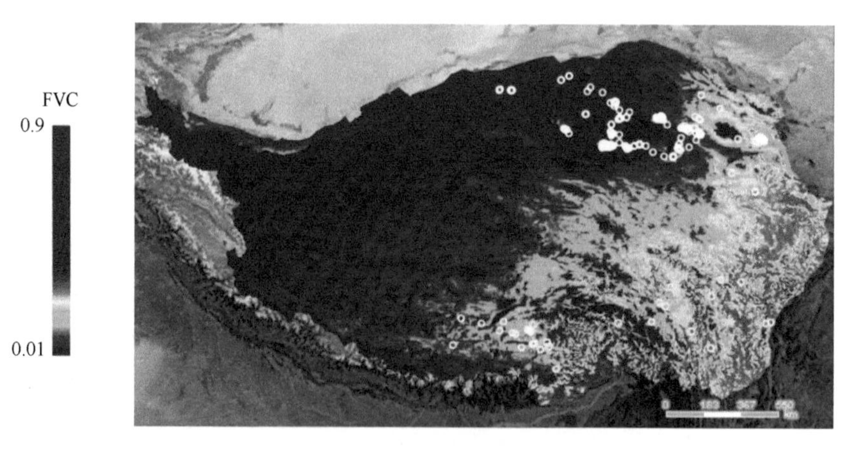

图 3-20　2000 ～ 2020 年青藏高原年均植被覆盖度均值图

图中白圈为青藏高原工矿区

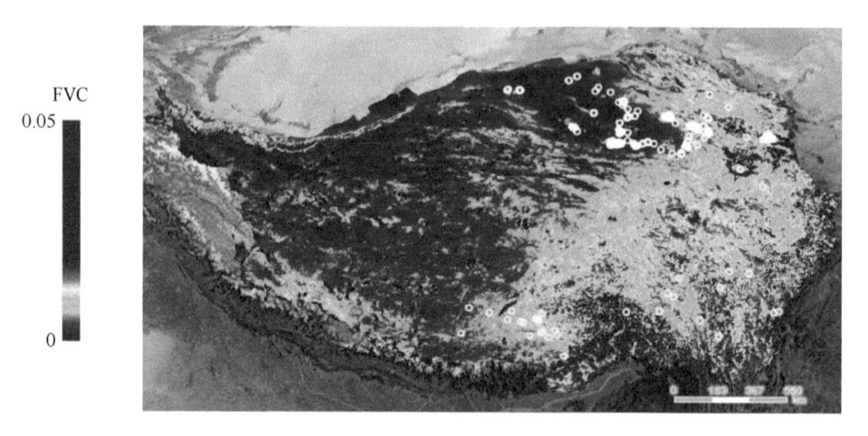

图 3-21　2000 ～ 2020 年青藏高原年均植被覆盖度标准差图

图中白圈为青藏高原工矿区

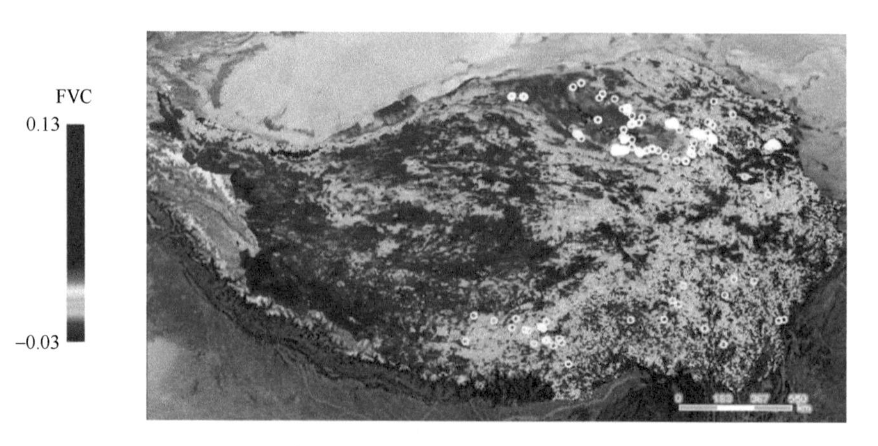

图 3-22　2020 年较 2000 年青藏高原年均植被覆盖度差值图

图中白圈为青藏高原工矿区

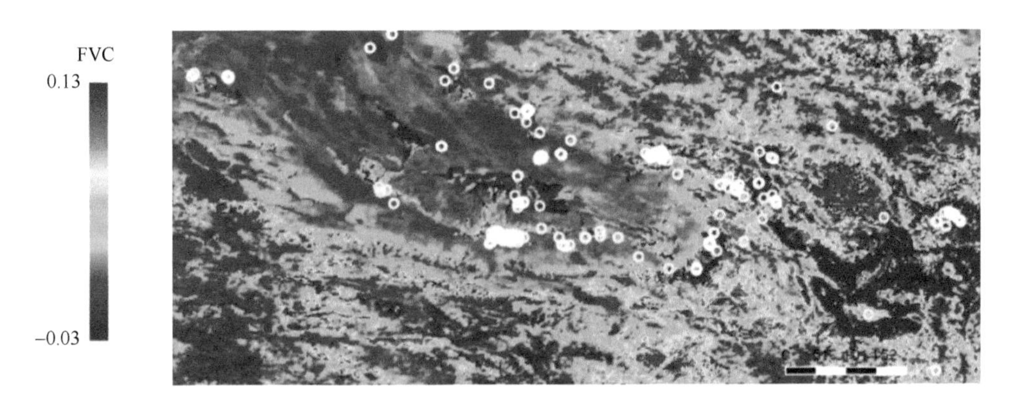

图 3-23　2020 年较 2000 年青藏高原北部年均植被覆盖度差值图

图中白圈为青藏高原工矿区

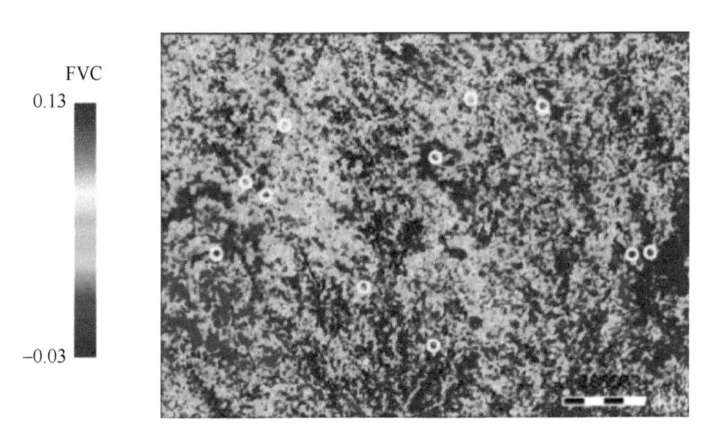

图 3-24　2020 年较 2000 年青藏高原东南部年均植被覆盖度差值图

图中白圈为青藏高原工矿区

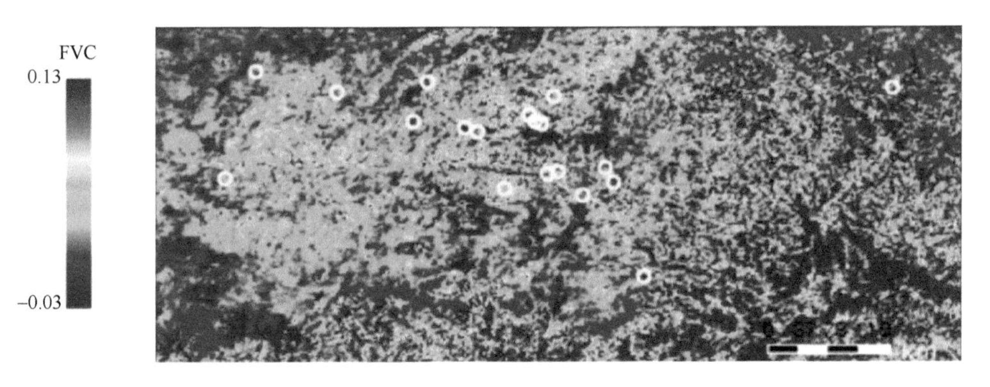

图 3-25　2020 年较 2000 年青藏高原西南部年均植被覆盖度差值图

图中白圈为青藏高原工矿区

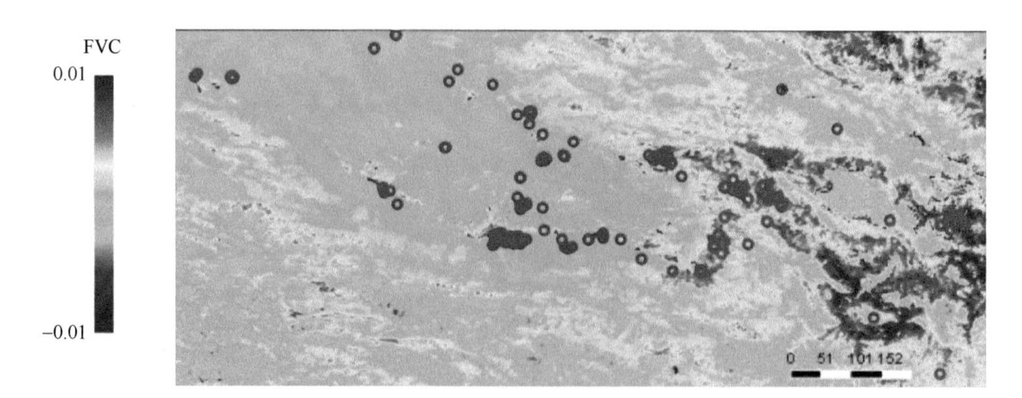

图 3-26　2000 ~ 2020 年青藏高原北部年均植被覆盖度趋势图

图中红圈为青藏高原工矿区

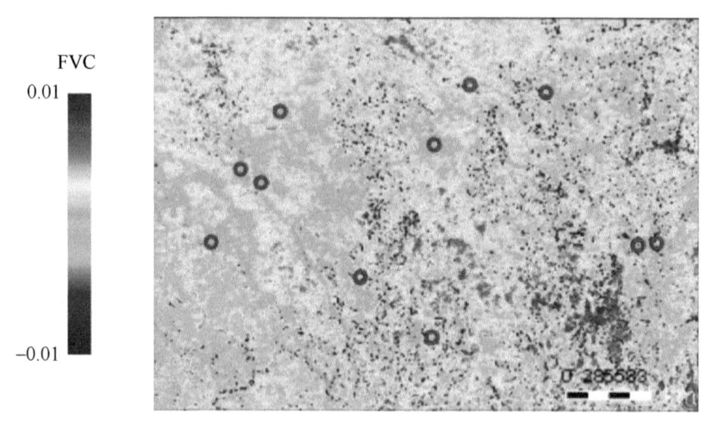

图 3-27　2000 ~ 2020 年青藏高原东南部年均植被覆盖度趋势图

图中红圈为青藏高原工矿区

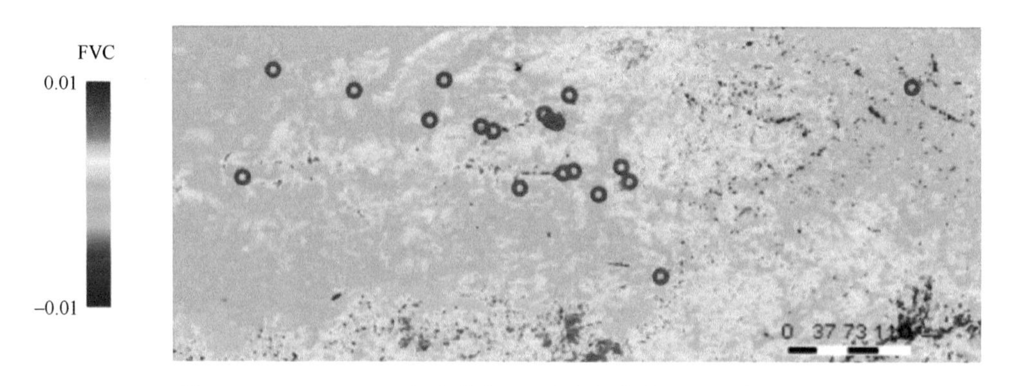

图 3-28　2000 ~ 2020 年青藏高原西南部年均植被覆盖度趋势图

图中红圈为青藏高原工矿区

图 3-17 和图 3-18 为 2000 年和 2020 年青藏高原年均植被覆盖度。从空间分布来

看，2000 ～ 2020 年青藏高原植被覆盖度空间分布总体变化不显著，整体上保持了类似于 NDVI 东部边缘高、西部内陆低的空间格局。2000 ～ 2020 年不同区域的植被覆盖度变化程度相近，不同地表覆盖类型中植被变化差异不明显。从植被覆盖度的年均时间序列来看，五幅年均植被覆盖度图中湿润地区的云南高原及湿润 / 半湿润地区的川西藏东高山深谷针叶林的植被覆盖均较茂盛。青藏高原从南向北横跨中亚热带、高原温带及高原亚寒带三个温度带，植被对气候具有较强的敏感性，植被分布格局具有显著差异。图 3-19 中，以（87.03°E，26.06°N）～（102.01°E，40.05°N）为分界线，分界线以西大部分地区植被覆盖度值基本无变化，且略有减小；分界线以东大部分地区植被覆盖度值略有增加。植被覆盖度改善区域多分布在甘肃省、四川省东部、青海省中部和西部、西藏自治区东南部，而植被覆盖度退化区域多分布在青海省中部和西藏自治区中部。

从图 3-19 中可以看出，近 20 年来青藏高原矿区周围的植被覆盖度呈现出减小的趋势，其中，雄村铜金矿、厅宫铜矿、曲龙铜矿、铬铁矿加工厂、曲麻莱金矿、木里煤矿、木里矿区等大部分矿区周围的植被覆盖度有所衰退，自 2000 年以来植被覆盖度值趋势向负，变化斜率相近，这些矿区所在的两个高原温带分区祁连青东高山盆地针叶林 / 草原区和藏南高山谷底灌丛草原的植被覆盖度的斜率值分布范围相似，但藏南高山谷底灌丛草原中所有斜率的平均值小于青藏高原斜率中位数，较低的斜率值离散程度更高；仅兴海铜矿等个别矿点周围的植被覆盖度呈现出改善趋势，相比于 NDVI 改善的矿区个数减少更多。兴海铜矿地处湿润和半湿润地区的果洛那曲高原山地高寒灌丛草甸区，该区具有较高的植被覆盖度本底，矿区周围的植被表现为改善趋势，在一定程度上补偿了工矿业开发对植被生态系统造成的破坏。地处青藏高原低海拔区的德尔尼铜矿区的植被覆盖度不同于其 NDVI 值呈升高趋势，所在的果洛那曲高原山地高寒灌丛草甸区的植被覆盖度整体上斜率值小于 0，表明德尔尼铜矿区周围植被的退化仍需得到关注。总体而言，青藏高原各个矿区周围的植被覆盖度普遍趋于退化，体现了矿区活动过程对植被生长产生的消极作用，未来植被覆盖度的变化依然趋弱。

图 3-20 ～图 3-22 分别展示了青藏高原 2000 ～ 2020 年年均植被覆盖度的均值图、标准差图及差值图，植被覆盖度的这些统计值进一步表现了植被的广域异质性和局部聚集性，且以（87.03°E，26.06°N）～（102.01°E，40.05°N）为分界线，东部和西部形成鲜明对比。青藏高原植被生态系统大部分处于高海拔地区，气候自然环境恶劣、生态可持续性极其脆弱、生态服务功能可恢复力较差，一旦被破坏将很难恢复，因此加强青藏高原植被生态保护力度，减小工矿资源开发等人类活动对高原生态环境造成的冲击力，持续提高植被生态服务质量，促进高原社会经济与生态环境和谐发展是非常有必要的（宫照等，2020）。

3.1.4　地表反照率

地表反照率是影响地 - 气相互作用和控制地表辐射能量收支的一个重要参数，其微小变化也会影响地面的辐射能量收支，进而直接影响局地、区域乃至全球的气候系统（陈爱军等，2018；曹晓云，2018）。青藏高原地表覆盖类型具有多样性和多变性，冰川、积雪和冻土等高反照率地表类型广泛分布，大范围地－气间异质性相互作用深刻地影响着青藏高原季风环流、我国和亚洲地区的天气。全球增温大背景下，青藏高原大部分冰川和积雪的快速融化显著地改变着地表反射的太阳辐射与入射的太阳辐射之比，调整着地表对太阳辐射的反射能力，促使青藏高原的地表反照率发生变化，进而影响生态系统中的一系列物理、生理和生物化学过程。因此，研究青藏高原地表反照率的时空分布及动态变化，对于更加准确地认识青藏高原地－气相互作用及其气候效应具有重要的科学意义。

图 3-29 ～图 3-40 反映了 2000 年与 2020 年青藏高原年均地表反照率的空间概况。图 3-29 ～图 3-40 表明，青藏高原年均地表反照率近 20 年空间分布区域差异明显，整体上呈从东南部低值区向西北部高值区逐渐过渡的特征。高海拔山区常年分布着大片具有强反射能力的冰川、冻土和积雪，如喜马拉雅山、唐古拉山、巴颜喀拉山等，是地表反照率的高值区，也是地表反照率异常变化的敏感区，而东南部和南部森林草原带的地表反照率则较低。近 20 年来全球升温导致青藏高原气候暖湿化，随着高原冰川消融和季节性积雪减少，青藏高原地表反照率整体减小。在图 3-31 中，以（87.03°E，26.06°N）～（102.01°E，40.05°N）为分界线，分界线以西的青藏高原西南部、中部和东北部等年均地表反照率缓慢增加，分界线以东大部分地区年均地表反照率呈减小趋势，减小较快的地区主要分布在青藏高原南部、东北部的祁连山等地区。

结合图 3-31 可以看出，近 20 年来青藏高原矿区周围的地表反照率呈现明显增大趋势，其中，木里煤矿、木里矿区、格尔木工业园、曲麻莱金矿等矿区周围的地表反照率增加明显，自 2000 年以来地表反照率趋势值为正，与其他自然带相比，可能是因为工矿业开发活动对植被生态系统的影响，这些矿区所在的柴达木盆地荒漠区及青南高原宽谷高寒草甸区的地表反照率的斜率值基本上略呈增加趋势。随着藏南高山谷底灌丛草原区植被覆盖度的改善，甲玛铜矿和知不拉铜多金属矿等个别矿点周围的地表反照率呈现出减小趋势。鉴于青藏高原大部分地区年均地表反照率年际变化整体缓慢波动减小与季节性积雪减少和冰川消融密切相关，地处果洛那曲高原山地高寒灌丛草甸区的兴海铜矿、藏南高山谷底灌丛草原的雄村铜金矿等矿区周围的地表反照率并未发生明显的变化。总体而言，青藏高原各个矿区周围的地表反照率普遍强化，体现了矿区活动过程对植被生长的消极影响。

图 3-32 ～图 3-34 分别展示了青藏高原 2000 ～ 2020 年年均地表反照率的均值图、标准差图及变化差值图。图 3-32 显示青藏高原地表反照率的均值呈现了与同期植被覆盖度 / 植被指数相反的空间分布形态。图 3-33 地表反照率的标准差图中年均地表反照率标准差较大区主要包括祁连山、念青唐古拉山等地区，这些地区海拔高、地形复杂，地表反照率易受降雪、冰川伸缩、植被覆盖等因素影响，是地表反照率波动的敏感区。图 3-34 呈现了与植被覆盖度 / 植被指数差值图相反的空间分布格局，以（87.03°E，26.06°N）～（102.01°E，40.05°N）为分界线，东部和西部地区形成鲜明对比。

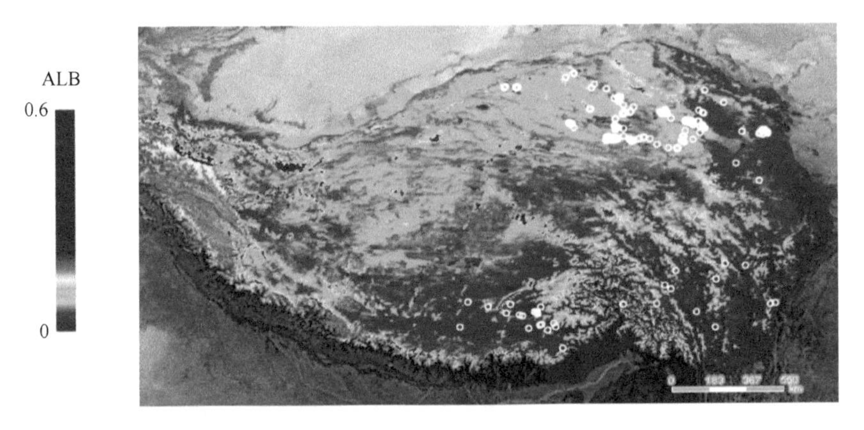

图 3-29　2000 年青藏高原年均地表反照率图
图中白圈为青藏高原工矿区

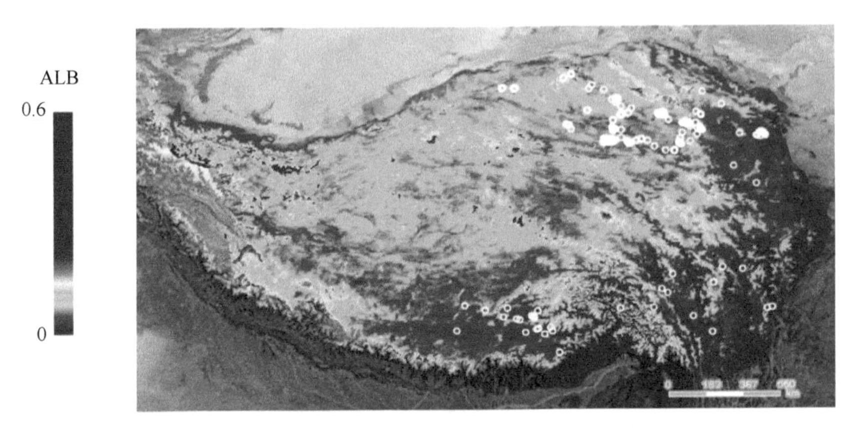

图 3-30　2020 年青藏高原年均地表反照率图
图中白圈为青藏高原工矿区

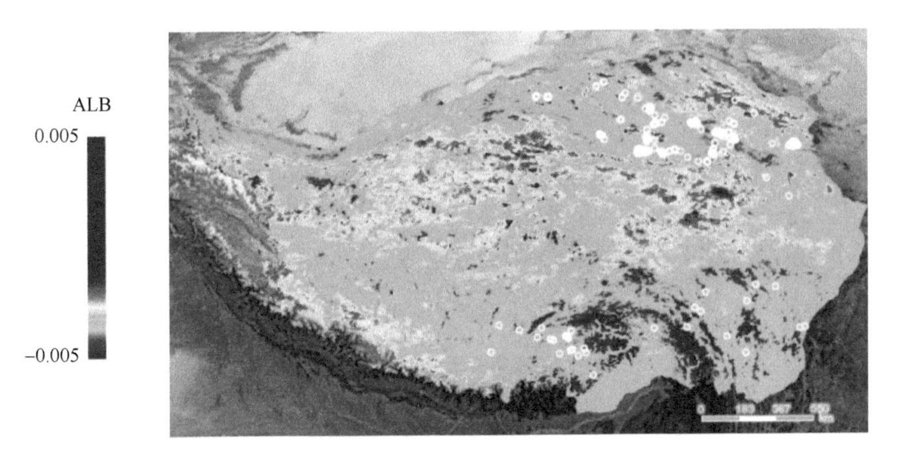

图 3-31　2000 ～ 2020 年青藏高原年均地表反照率趋势图
图中白圈为青藏高原工矿区

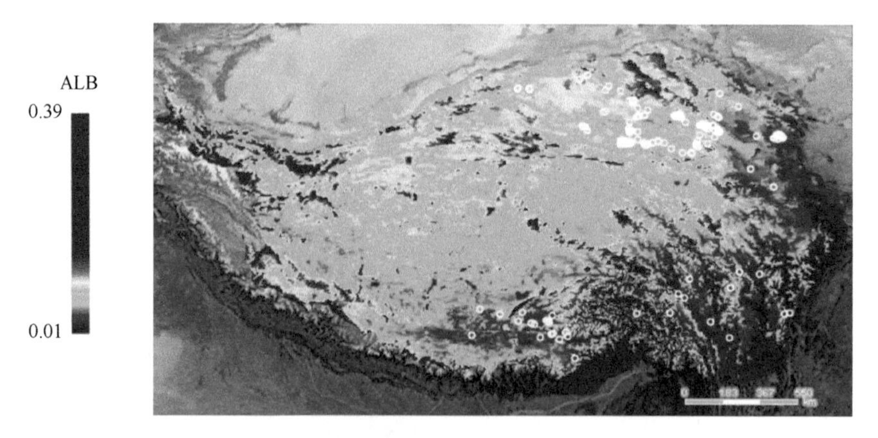

图 3-32　2000 ～ 2020 年青藏高原年均地表反照率均值图

图中白圈为青藏高原工矿区

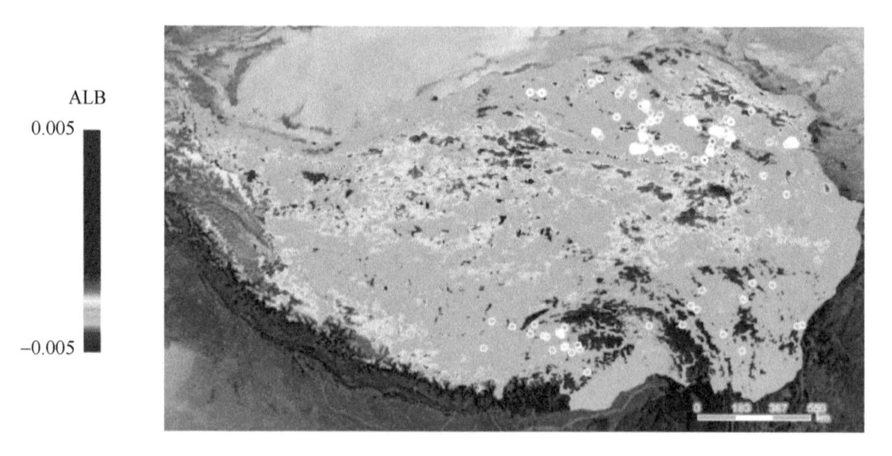

图 3-33　2000 ～ 2020 年青藏高原年均地表反照率标准差图

图中白圈为青藏高原工矿区

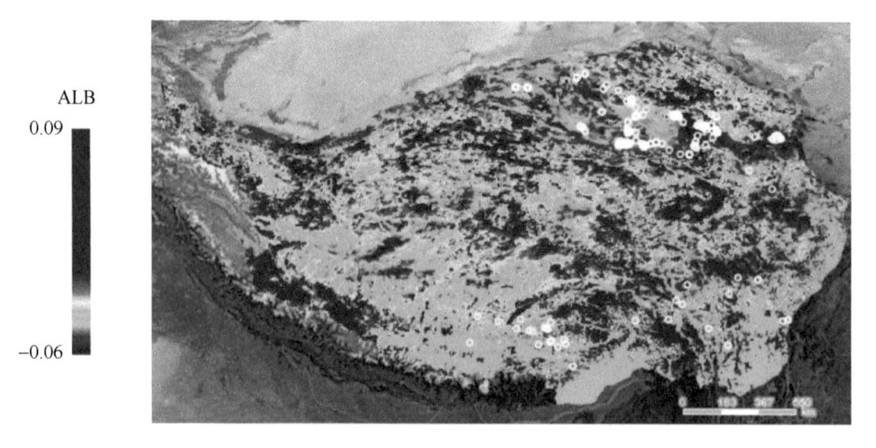

图 3-34　2020 年较 2000 年青藏高原年均地表反照率差值图

图中白圈为青藏高原工矿区

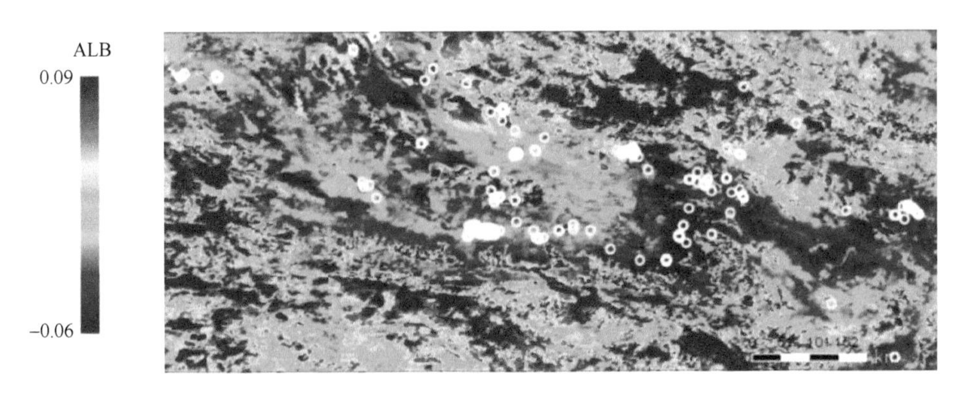

图 3-35　2020 年较 2000 年青藏高原北部年均地表反照率差值图

图中白圈为青藏高原工矿区

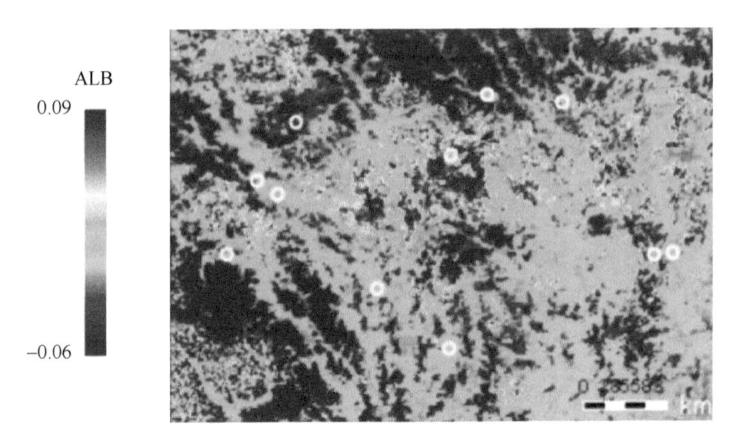

图 3-36　2020 年较 2000 年青藏高原东南部年均地表反照率差值图

图中白圈为青藏高原工矿区

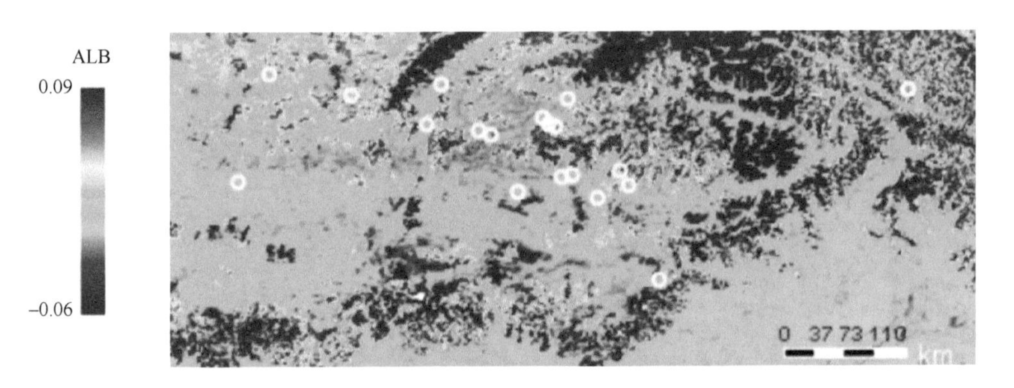

图 3-37　2020 年较 2000 年青藏高原西南部年均地表反照率差值图

图中白圈为青藏高原工矿区

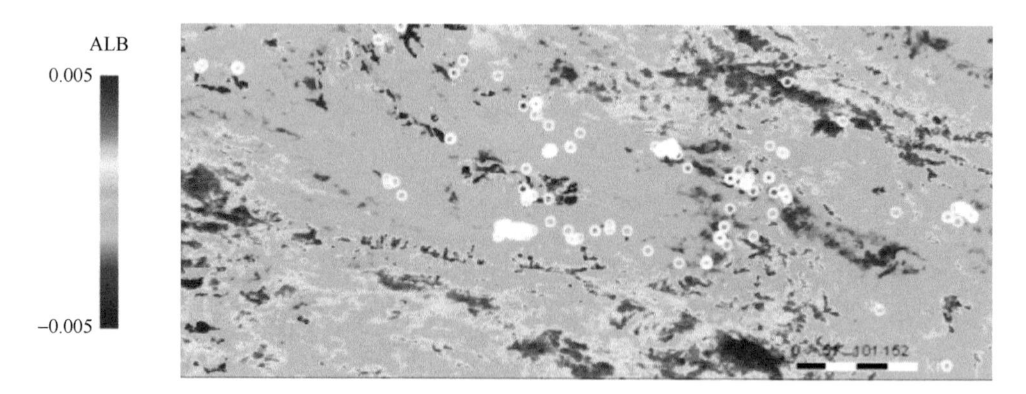

图 3-38　2000 ～ 2020 年青藏高原北部年均地表反照率趋势图

图中白圈为青藏高原工矿区

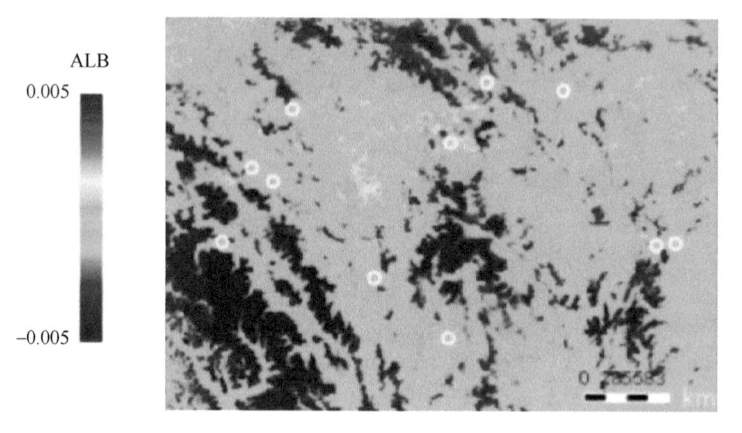

图 3-39　2000 ～ 2020 年青藏高原东南部年均地表反照率趋势图

图中白圈为青藏高原工矿区

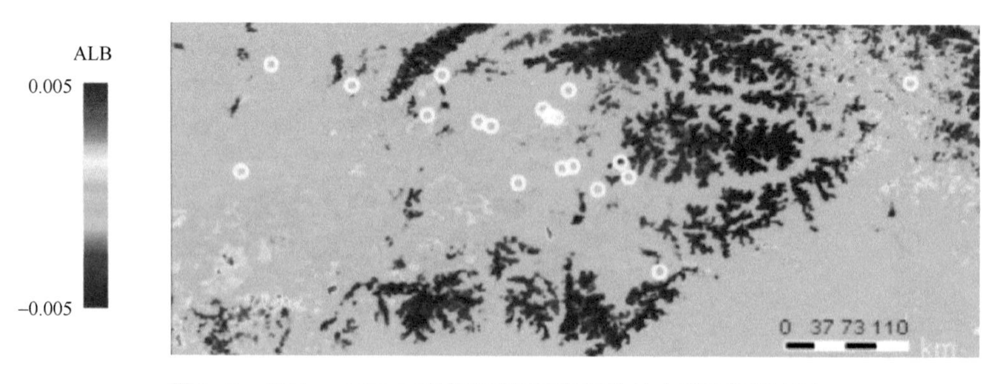

图 3-40　2000 ～ 2020 年青藏高原西南部年均地表反照率趋势图

图中白圈为青藏高原工矿区

3.1.5　地表温度

地表温度作为衡量区域和全球尺度上能量循环的一个重要参数，综合了所有地 - 气相互作用和能量交换的结果，既隐含着气候因子的时空变化，又承载着地表特征的时空变化，是对地 - 气之间能量和水分相互作用的响应，是生态、水文、气候、环境变化等诸多研究中不可或缺的重要影响因子。作为与植物生长息息相关的环境要素，高寒草地及其群落对地表温度变化反应敏感，地表温度的微小波动可能引起生态系统强烈响应（陆品廷，2018）。青藏高原大尺度复杂地形影响着地表辐射和地 - 气能量平衡，青藏高原下垫面变化与青藏高原地表温度的变化有着千丝万缕的联系，青藏高原的地表温度与当地气温以及环境变化存在着强烈的相互作用。因此，利用遥感技术监测青藏高原地表温度的变化情况，对推动青藏高原农林牧副渔生产、区域社会经济可持续协调发展以及应对全球气候变化危机都具有十分重要的现实意义（温馨，2020）。

图 3-41 和图 3-42 反映了高原 2000 ～ 2020 年地表温度的时空变化概况。近 20 年青藏高原年均白天地表温度空间差异对比明显，年均白天地表温度呈现出显著的区域差异，大部分地区的年均白天地表温度在 277.15 ～ 294.15 K，西南部的塔克拉玛干边缘是青藏高原高温区，原因在于这里海拔较低，地表覆盖类型以裸地为主；西南的藏南河谷海拔在 4500 ～ 5000m，这里纬度较低，受温暖的西南季风影响，年均地表温度较高。在图 3-43 中，青藏高原年均白天地表温度年际间变化率聚集成两大分区，其中一部分是青藏高原南部的云南高原以及藏南高山谷底、羌塘高原湖盆、果洛那曲高原山地、川西藏东高山区的衔接区等，年均白天地表温度呈明显上升趋势，平均变率约为 0.025℃ /a；另一部分为青藏高原其余部分，年均白天地表温度呈不明显上升趋势，平均变率不到 0.01℃ /a。总体来说，青藏高原年均白天地表温度呈上升趋势。

结合青藏高原主要矿区分布，从图 3-43 中可以看出，近 20 年来青藏高原矿区周围的年均白天地表温度趋势聚集呈明显增大和不明显增大两类：其中，甲玛铜矿、雄村铜金矿、厅宫铜矿、拉萨市甲玛曲龙金矿、曲龙铜矿、罗布莎铬铁矿、铬铁矿加工厂、知不拉铜多金属矿等矿区周围的年均白天地表温度升高明显，自 2000 年以来年均白天地表温度变化率为正，这可能是因为工矿业开发活动对植被系统造成破坏而导致下垫面散热功能退化，这些矿区所在的藏南高山谷底、羌塘高原湖盆、果洛那曲高原山地、川西藏东高山区四区的年均白天地表温度变化率呈增加趋势；木里煤矿、木里矿区、格尔木工业园、曲麻莱金矿、上庄磷矿、城南工业区、城东工业区、兴海铜矿、德尔尼铜矿、甘河工业园等矿区周围的年均白天地表温度变化率增加不明显，这些矿区地处祁连青东高山盆地、柴达木盆地荒漠区、青南高原宽谷高寒草甸区、果洛那曲高原山地高寒灌丛草甸区，年均白天地表温度呈不明显上升趋势。总体而言，青藏高原区各个矿区周围的年均白天地表温度普遍升高趋势体现了矿区活动过程是地表温度升高的助推器。

图 3-44 ～图 3-46 分别展示了 2000 ～ 2020 年青藏高原年均白天地表温度的均值、标准差及差值图。图 3-44 表明，青藏高原近 20 年年均白天地表温度均值与图 3-39 的空间格局相似。从图 3-45 中可以看出，青藏高原北部的塔里木盆地边缘及东北部的柴达木盆地等地区的地表温度多年均值明显高出整体均值。从图 3-46 可以看出，青藏高原近 20 年年均白天地表温度大部分呈升高趋势，这表明青藏高原年均白天地表温度对全球升温响应明显。结合图 3-47 ～图 3-52，可以发现青藏高原年均白天地表温度低值区增温趋势更为明显，而年均白天地表温度高值区升温缓慢。

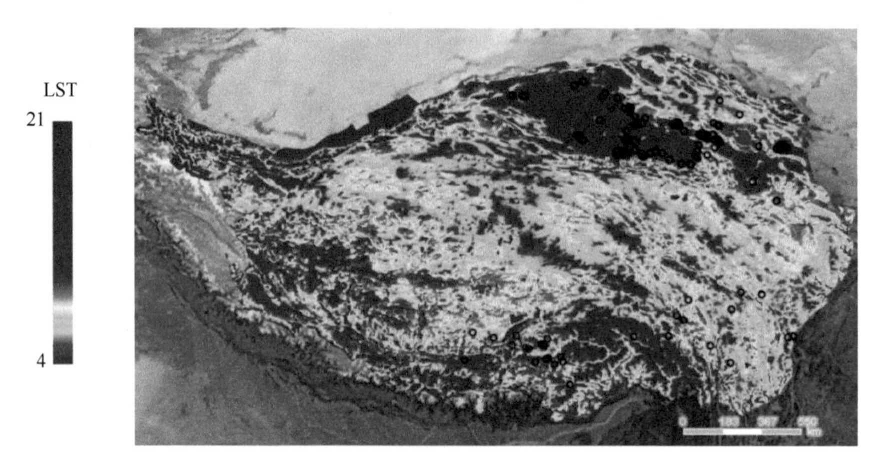

图 3-41　2000 年青藏高原年均白天地表温度图

图中黑圈为青藏高原工矿区

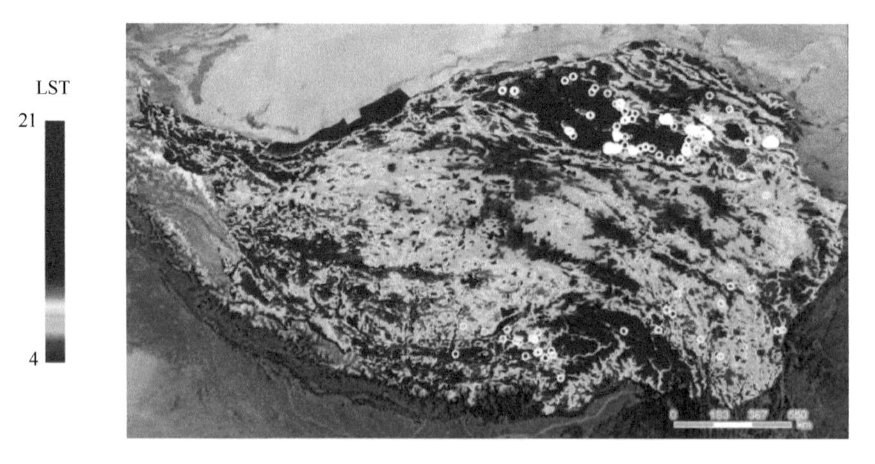

图 3-42　2020 年青藏高原年均白天地表温度图

图中白圈为青藏高原工矿区

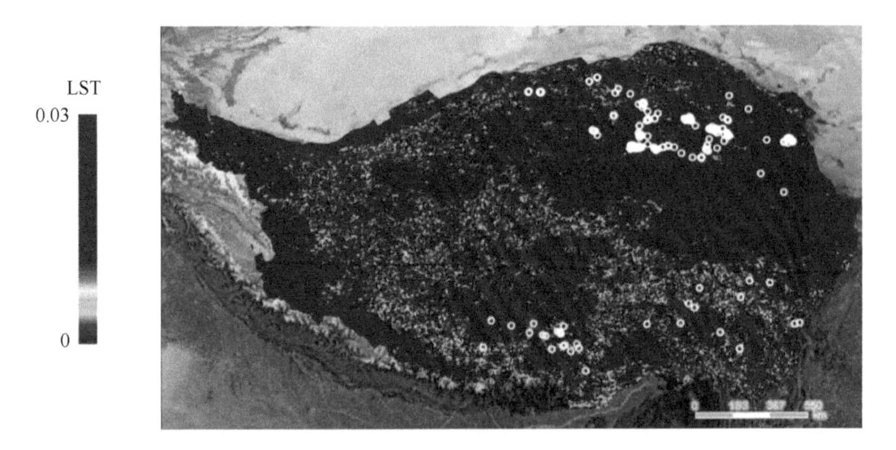

图 3-43　2000 ～ 2020 年青藏高原年均白天地表温度趋势图

图中白圈为青藏高原工矿区

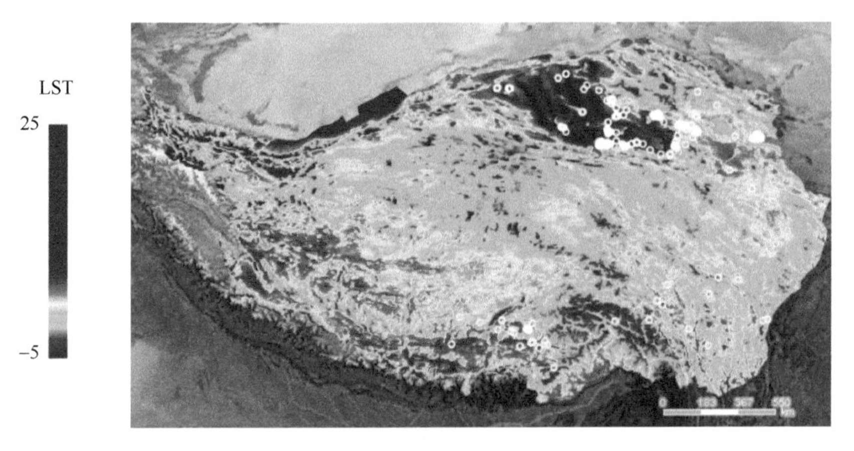

图 3-44　2000 ～ 2020 年青藏高原年均白天地表温度均值图

图中白圈为青藏高原工矿区

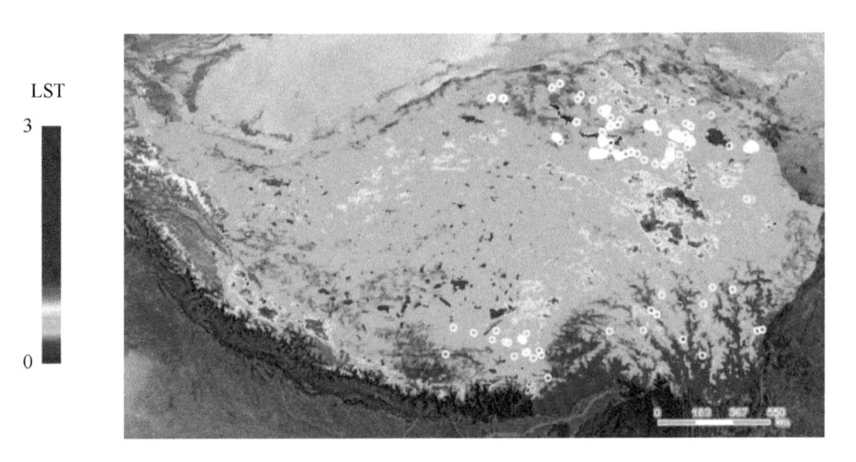

图 3-45　2000 ～ 2020 年青藏高原年均白天地表温度标准差图

图中白圈为青藏高原工矿区

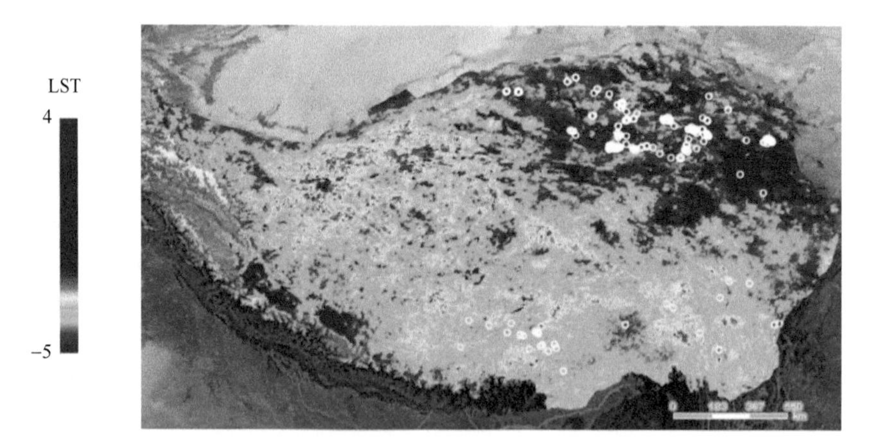

图 3-46　2020 年较 2000 年青藏高原年均白天地表温度差值图
图中白圈为青藏高原工矿区

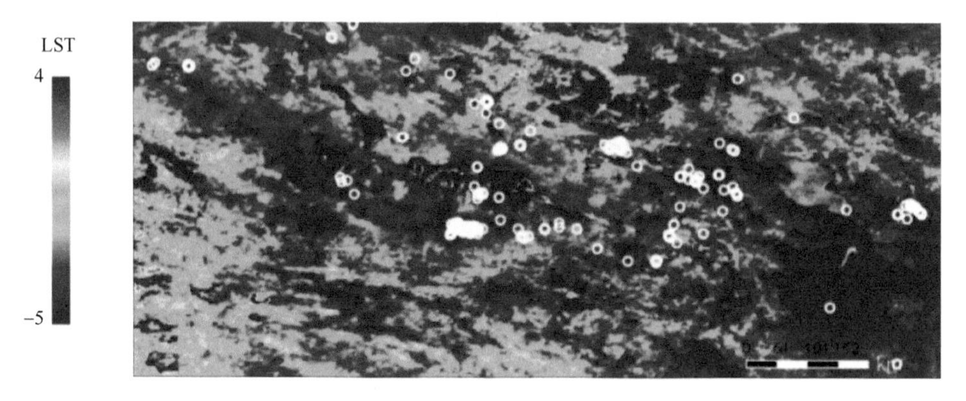

图 3-47　2020 年较 2000 年青藏高原北部年均白天地表温度差值图
图中白圈为青藏高原工矿区

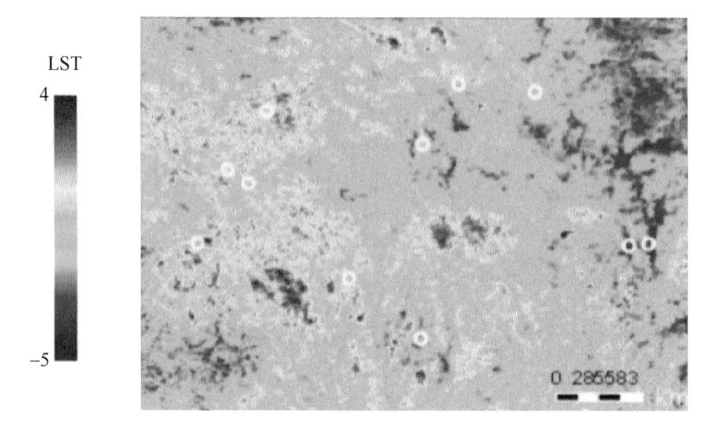

图 3-48　2020 年较 2000 年青藏高原东南部年均白天地表温度差值图
图中白圈为青藏高原工矿区

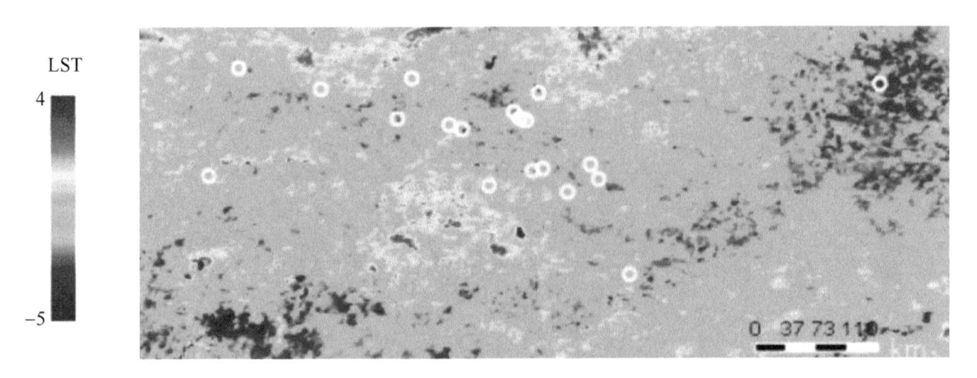

图 3-49　2020 年较 2000 年青藏高原西南部年均白天地表温度差值图

图中白圈为青藏高原工矿区

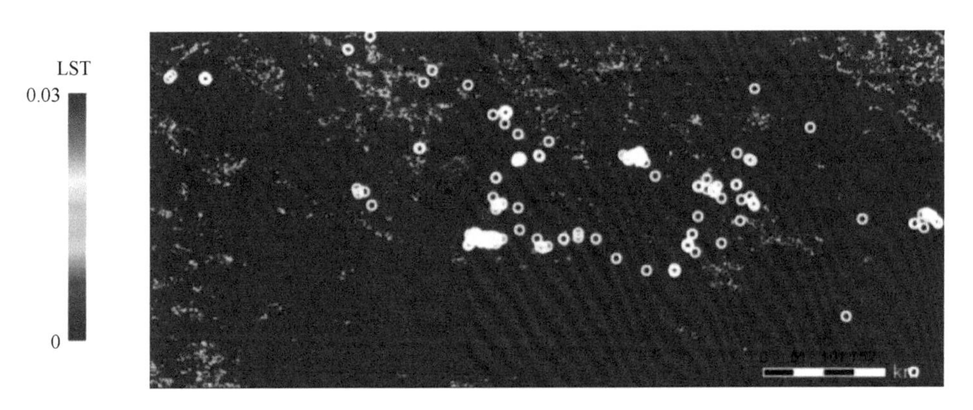

图 3-50　2000 ~ 2020 年青藏高原北部年均白天地表温度趋势图

图中白圈为青藏高原工矿区

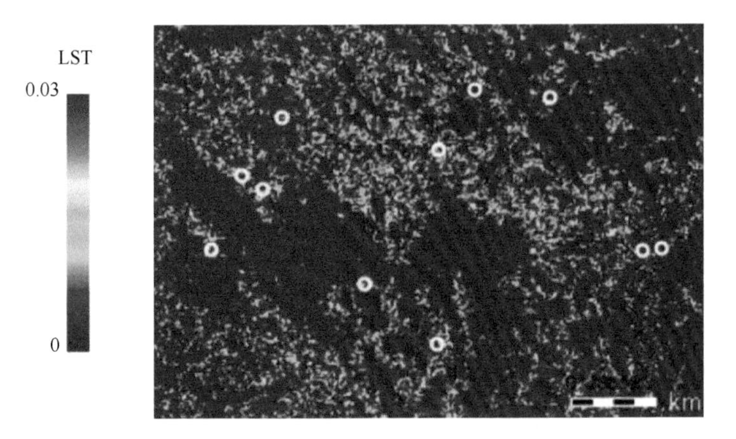

图 3-51　2000 ~ 2020 年青藏高原东南部年均白天地表温度趋势图

图中白圈为青藏高原工矿区

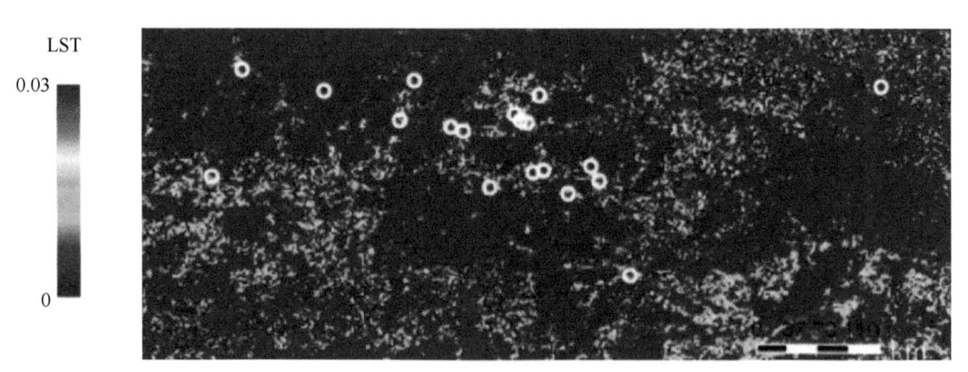

图 3-52　2000 ～ 2020 年青藏高原西南部年均白天地表温度趋势图

图中白圈为青藏高原工矿区

3.1.6　土壤水分

青藏高原是黄河、长江、印度河、恒河等众多河流的发源地，其水源涵养功能与全球生态系统变化息息相关。土壤水分为不同圈层之间联系媒介以及物质交换和能量转移的载体，了解青藏高原土壤水分的时间变动、空间分布和影响因素，有助于掌握青藏高原土壤含水量在水循环、生态保护和气候变化中的实际情况以及不同生态圈层之间水文的作用过程；有助于明确气候变化与土壤水平衡之间的联系，深入认识气候变化对青藏高原土壤水分的影响。青藏高原土壤水分监测不仅为水源涵养功能有效改善和持续供给提供参考，也为保护青藏高原的生态环境提供数据支持，尤其警示人类在生产生活过程中维系人、地、生、自然生态和谐共存。

与土壤水分关系密切的变量包括地表反照率、地表温度，通过 GLDAS2.1 模拟产品中第一层土壤等效水量与地表反照率、地表温度产品建立土壤水分与地表反照率、地表温度的统计模型，然后将这种关系应用到 MODIS 卫星数据的地表反照率产品 MCD43A3、地表温度产品 MCD11A1 上，得到更高空间分辨率的土壤湿度产品。这种监测策略不但考虑了土壤水分与地表过程变量之间复杂的非线性关系，而且利用了遥感资料大范围、高空间解析的优势，为青藏高原土壤水分的快速、大面积监测提供了简便、高效的技术手段。

图 3-53 和图 3-54 反映了青藏高原 2000 ～ 2020 年年均土壤等效水量的时空变化情况。近 20 年来青藏高原年均土壤等效水量空间异质性较为明显，年均土壤等效水量自东南部向西北逐渐略显降低，高原外围相对较高，中部相对较干，高值区主要出现在雅鲁藏布江东向南拐弯处以及青藏高原西北角，藏东南、川南、青藏高原西北部的喀喇昆仑山口一带常年地表土壤较湿。从年均土壤等效水量的区域分布特征看，除了青藏高原东北部和西南部有差异外，其他区域的年均土壤等效水量分布基本相似。在图 3-55 中，青藏高原年均土壤等效水量呈现出整体下降的趋势，青藏高原东南边缘和喜马拉雅山南翼增长幅度较为显著，青南高原宽谷高寒草甸区、祁连青东高山盆地区以及柴达木盆地东北部均有不同程度的减小；年均土壤等效水量变化率为正的区域很少，

只在雅鲁藏布江大拐弯处和青藏高原的西部边缘分布。

结合青藏高原主要矿区分布，从图 3-55 中可以看出，近 20 年来青藏高原矿区周围的年均土壤等效水量的变化率除个别矿区外，其他基本上是负值：格尔木工业园、曲麻莱金矿、城南工业区、城东工业区、甘河工业园、兴海铜矿、德尔尼铜矿、曲龙铜矿、罗布莎铬铁矿、铬铁矿加工厂、拉萨市甲玛曲龙金矿等矿区周围的年均土壤等效水量变化率降低明显，这些矿区地处祁连青东高山盆地、柴达木盆地荒漠区、青南高原宽谷高寒草甸区、果洛那曲高原山地高寒灌丛草甸区，年均土壤等效水量变化率整体上呈下降趋势；甲玛铜矿、雄村铜金矿、厅宫铜矿、知不拉铜多金属矿、木里煤矿、木里矿区、上庄磷矿等矿区周围自 2000 年以来年均土壤等效水量变化率呈不明显增加趋势，这些矿区所在的藏南高山谷底、羌塘高原湖盆、果洛那曲高原山地、川西藏东高山区四区的年均土壤等效水量变化率呈轻微减小趋势，这可能是因为工矿业开发活动导致地面蒸发增强。总体而言，青藏高原各个矿区周围的年均土壤等效水量普遍降低，矿产资源的粗放式开发使得土地疏干、地表下沉、侵蚀严重，城镇的快速扩张使得陆地表面硬化面积增加，对局部地区的环境质量影响较大，自然和人类的交互影响使得地表的外部覆盖和内部理化性质都发生了严重改变，体现了矿区活动过程是土壤等效水量降低的助推器（路茜，2017）。

图 3-56 ～图 3-58 分别展示了青藏高原 2000 ～ 2020 年年均土壤等效水量的均值图、标准差图及差值图。图 3-56 展示了青藏高原近 20 年年均土壤等效水量均值，更加准确地反映了青藏高原年均土壤等效水量的普遍值。从图 3-57 可以看出，青藏高原北部边缘的塔里木盆地及其西南部分区域、青藏高原南部的云南高原的北部地区的年均土壤等效水量明显高出整体均值。从图 3-58 可以看出，相比于 2000 年，青藏高原 2020 年的年均土壤等效水量大部分呈现减少趋势，这些表明青藏高原年均土壤等效水量对全球升温响应明显。结合青藏高原年均土壤等效水量的统计特征，可以发现青藏高原年均土壤等效水量高值区下降幅度更大，而年均土壤等效水量低值区下降缓慢。另请参阅图 3-59 ～图 3-64。

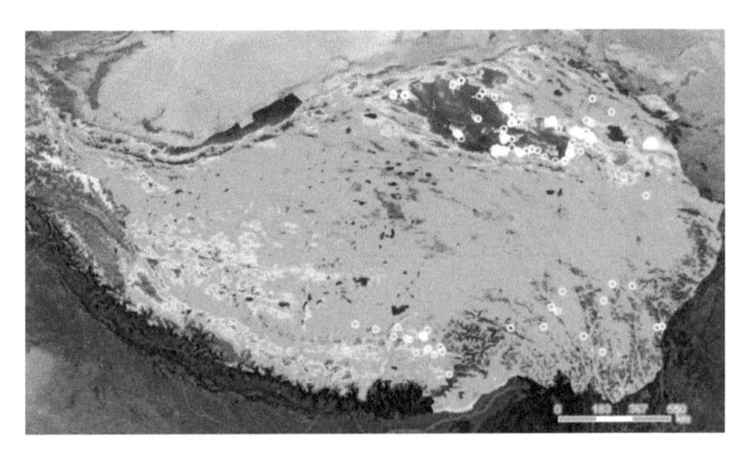

图 3-53　2000 年青藏高原年均土壤等效水量图

图中白圈为青藏高原工矿区

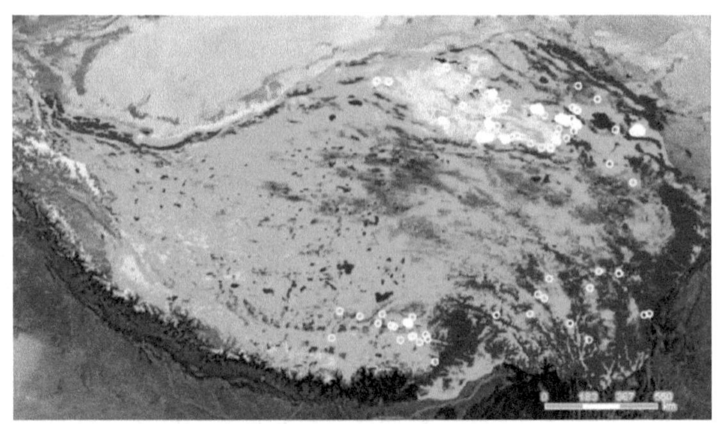

图 3-54　2020 年青藏高原年均土壤等效水量图
图中白圈为青藏高原工矿区

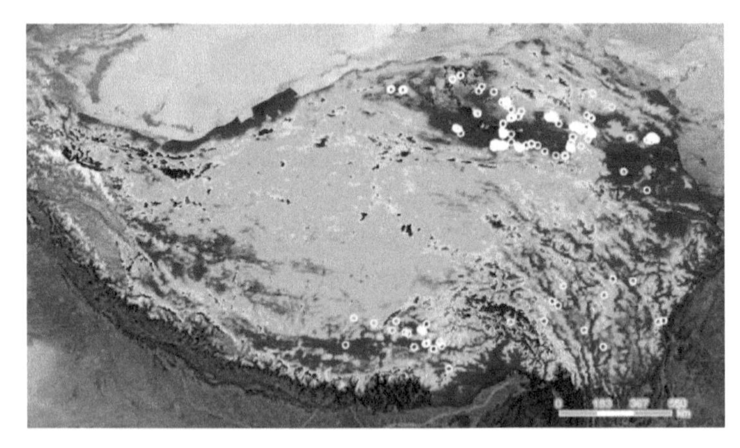

图 3-55　2000 ～ 2020 年青藏高原年均土壤等效水量趋势图
图中白圈为青藏高原工矿区

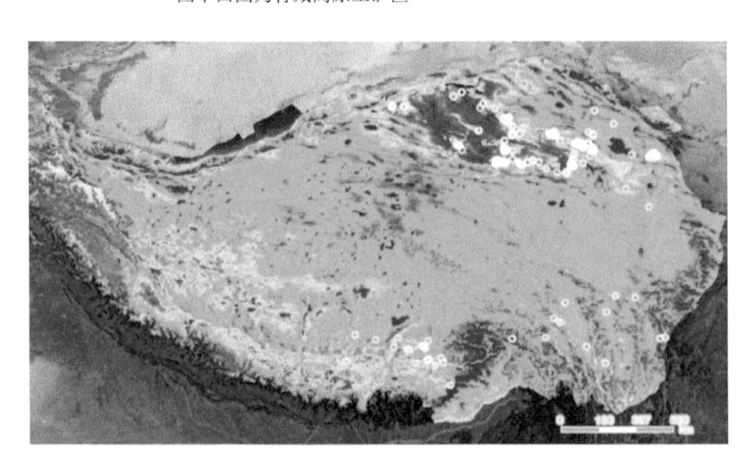

图 3-56　2000 ～ 2020 年青藏高原年均土壤等效水量均值图
图中白圈为青藏高原工矿区

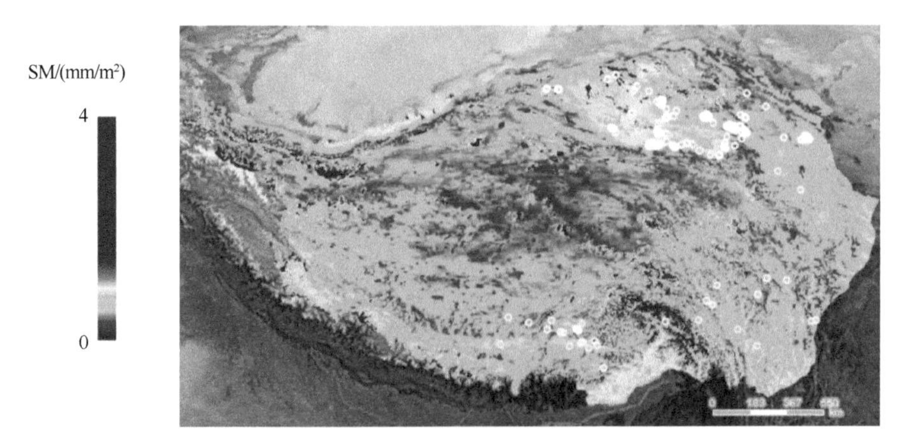

图 3-57　2000 ~ 2020 年青藏高原年均土壤等效水量标准差图
图中白圈为青藏高原工矿区

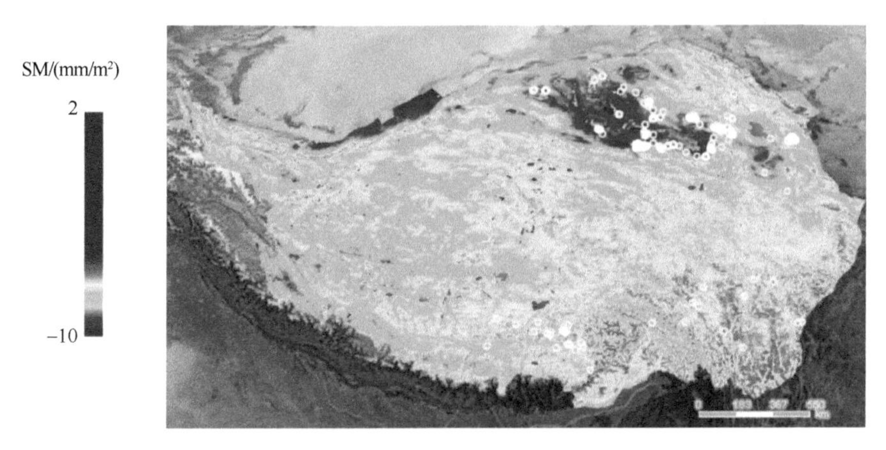

图 3-58　2020 年较 2000 年青藏高原年均土壤等效水量差值图
图中白圈为青藏高原工矿区

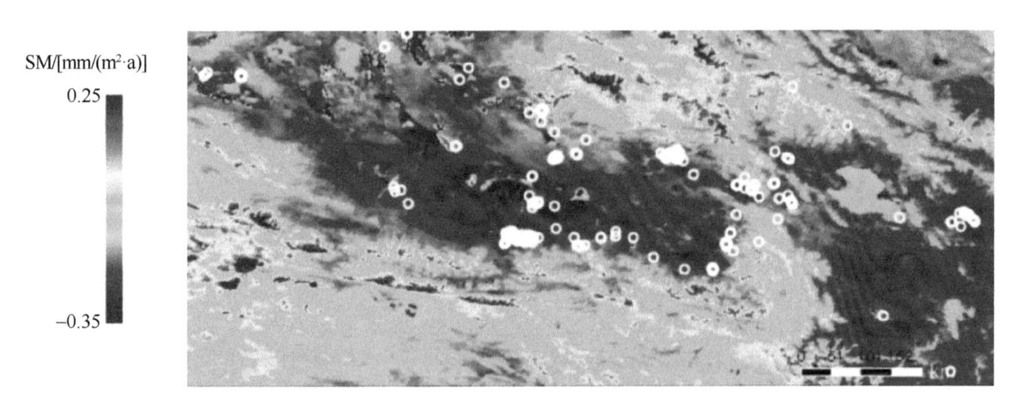

图 3-59　2000 ~ 2020 年青藏高原北部年均土壤等效水量趋势图
图中白圈为青藏高原工矿区

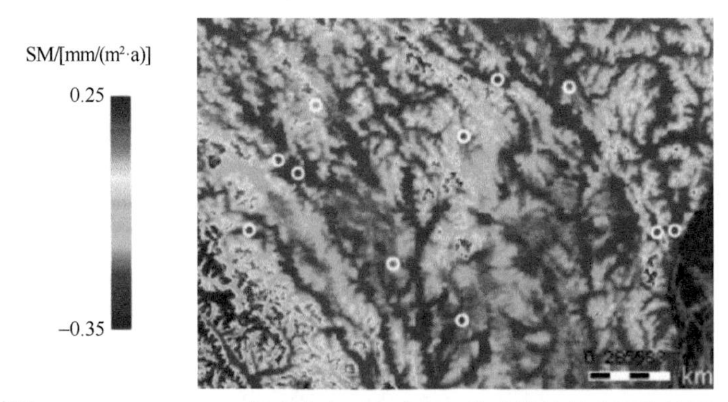

图 3-60　2000 ～ 2020 年青藏高原东南部年均土壤等效水量趋势图

图中白圈为青藏高原工矿区

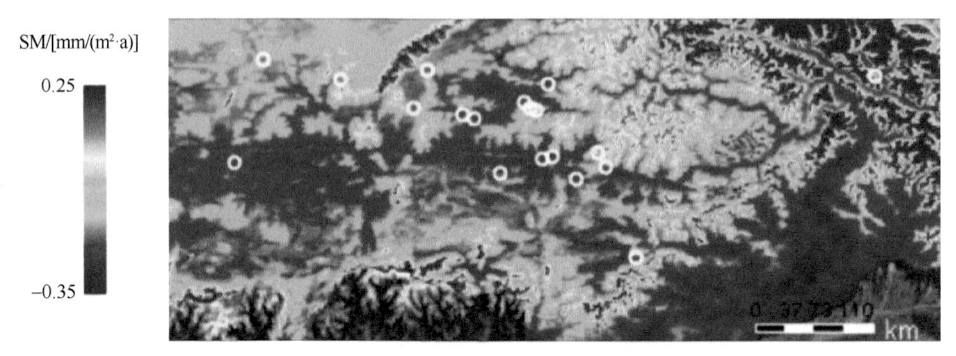

图 3-61　2000 ～ 2020 年青藏高原西南部年均土壤等效水量趋势图

图中白圈为青藏高原工矿区

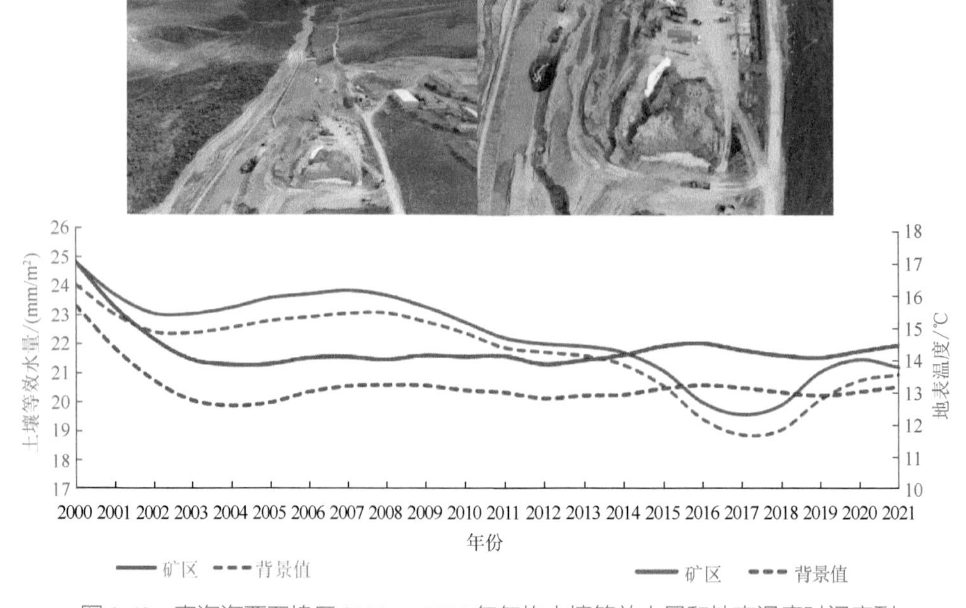

图 3-62　青海海西石棉厂 2000 ～ 2020 年年均土壤等效水量和地表温度时间序列

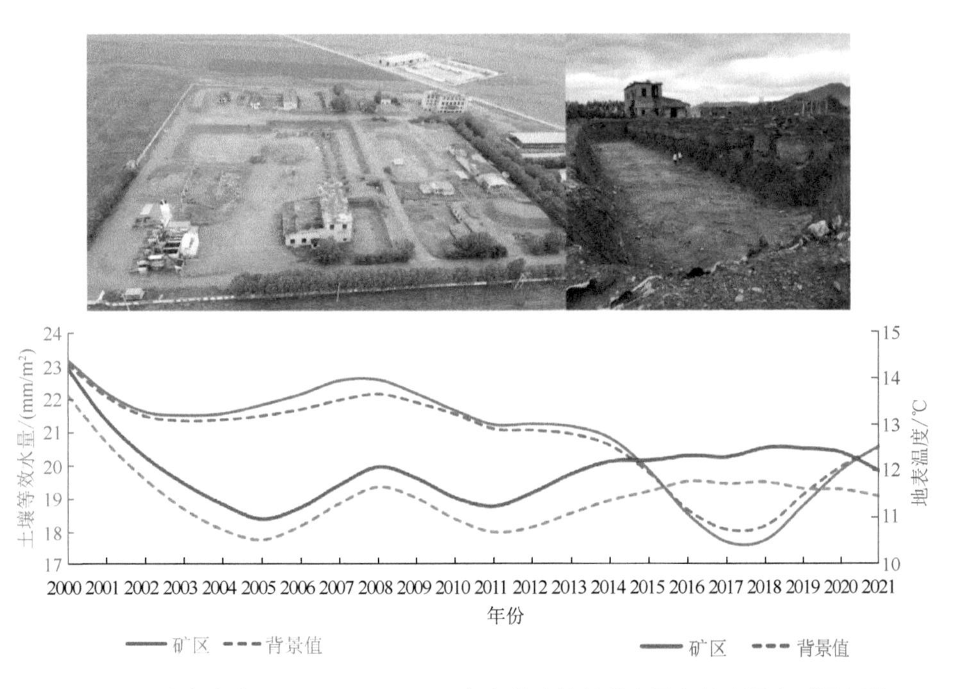

图 3-63　青海海北化工厂 2000 ～ 2020 年年均土壤等效水量和地表温度时间序列

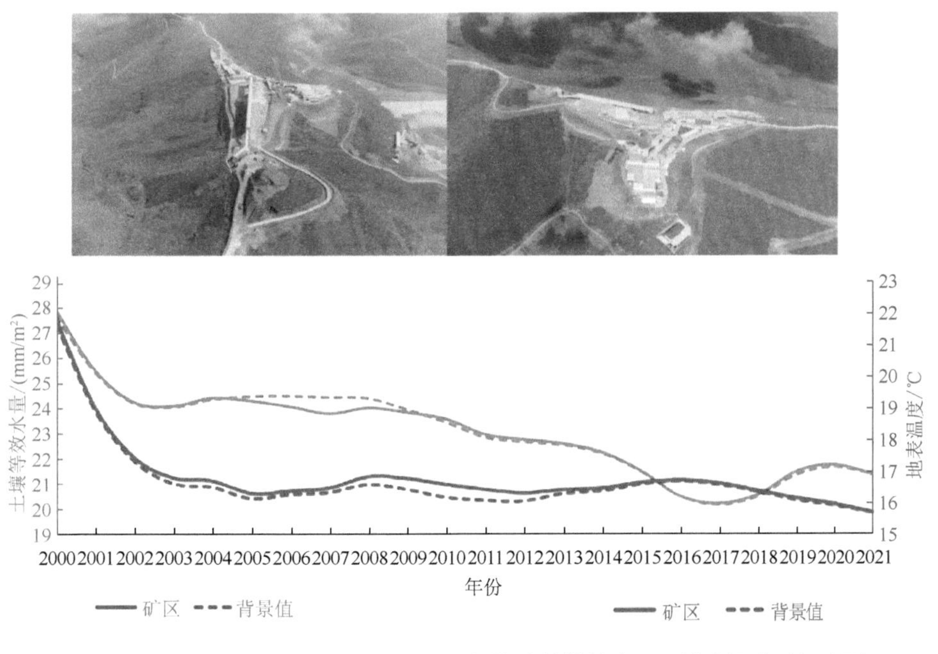

图 3-64　青海海鑫矿业 2000 ～ 2020 年年均土壤等效水量和地表温度时间序列

3.2 青藏高原典型工矿区水环境质量分析

由前述青藏高原的构造板块、矿产地质、成矿带分布和水系分布等特征可知，青藏高原的主要地质矿产成矿带和河流水系分布具有高度的空间一致性，即两者几乎都分布在高原的构造断层线和缝合带上［图 2-2(a) 和图 2-2(b)］。此外，这些断层线和缝合带不仅是青藏高原上发育的大型河流径流的主要通道，也是目前青藏高原人口富集城镇、现今和未来工矿业潜在发展的主要区域［图 2-2(c) 和图 2-3］。因此，在区域和流域尺度上，青藏高原的工矿区水环境质量与高原地质矿产分布背景、人类活动工矿业背景、河流通道必然有着潜在的关联，不仅因为青藏高原河流是地质过程来源（水岩相互作用、风化作用）的微量元素的天然排泄通道，还因为青藏高原河流也是未来工矿业来源的微量元素最终的流通通道。换句话说，无论是在自然因素还是人类活动因素方面，青藏高原的河流水体都具有天然的微量元素污染潜力。因此，识别自然背景下和人类活动背景下青藏高原不同河流水体的水化学特征、水质特征及其微量元素来源和影响因素，是正确认识青藏高原水体微量元素污染、青藏高原工矿区地表系统健康和绿色发展途径的基础和前提。这也是本章节的主要研究目的。

本次科考区域重点聚焦于亚洲水塔 15 个水系中的 5 个流域的源头地区，如图 3-65 所示。这些区域涉及不同的自然背景和人类活动背景，既有单纯地质作用（如构造和化学风化作用等）下演化的河流水体，亦有不同程度城镇和工矿区影响下的河湖分布，可以很好地实现上述研究目的。所选择的 5 个流域分别是黄河流域上游、长江流域上游、澜沧江—湄公河流域上游、怒江—萨尔温江流域上游、雅鲁藏布江流域。由于流域之间的地质差异，上述 5 个流域可大致分为三个水系区：一是青藏高原南部区（STPR 区），包括雅鲁藏布江、怒江和澜沧江流域（此外还包括境外的印度河、恒河等），它们在喜马拉雅地块和拉萨地块上发育；二是青藏高原中东部区（CEPR 区），包括长江流域上游的河流系统（金沙江、通天河、楚玛尔河、沱沱河、当曲等），它们流经羌塘地块；三是青藏高原北部区（NTPR 区），包括黄河上游的河流等，这些河流流经青藏高原北部的各个区块（松潘甘孜地块、昆仑—柴达木地块、祁连地块）。这 5 个流域的水系面积约占整个青藏高原水系面积的一半以上（Qu et al.，2019）。

基于青藏高原地质环境、工矿业环境、大型河流分布所共同决定的“水环境具有天然的微量元素污染潜力”特征，本章的具体研究目标和科学问题主要聚焦于以下几个方面：①青藏高原的水质和水化学组成特征，尤其是水体的微量元素含量和分布是否与区域“微量元素污染潜力”特征相贴合？②青藏高原河流的水质和水化学分区如何？是否与区域成矿带和工矿业分布区相一致？③青藏高原河流的水化学成因主要是什么？是否受控于区域工矿业活动？④青藏高原是否存在微量元素污染的区域？如果有主要分布在哪里？成因是什么？

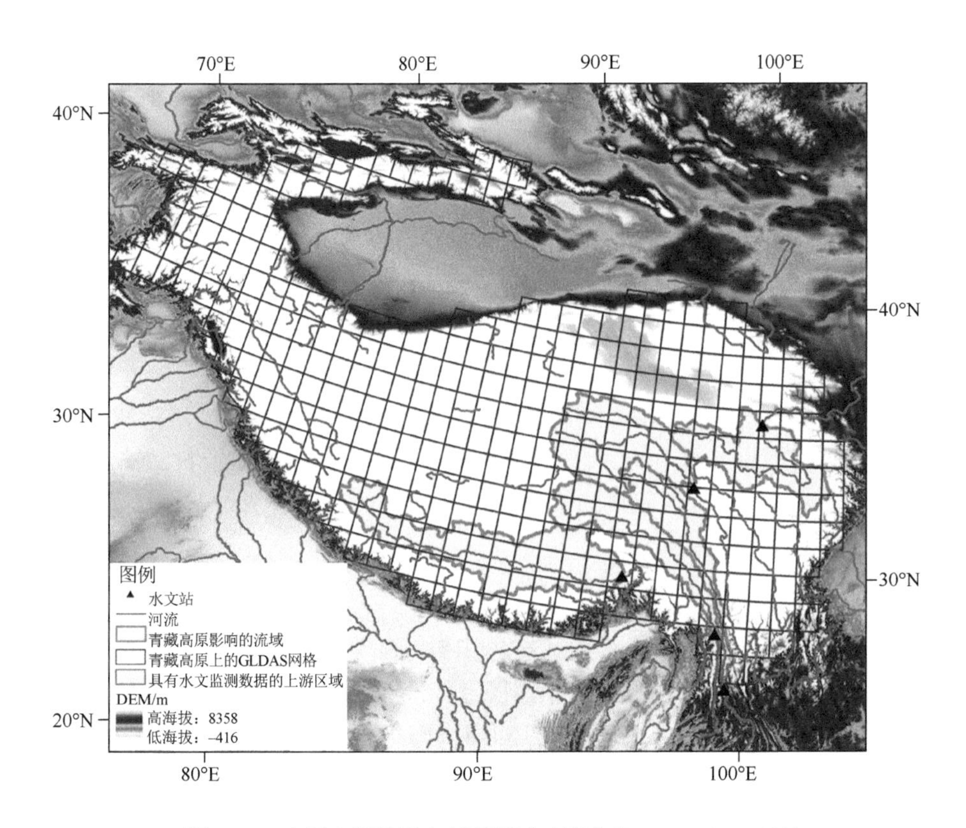

图 3-65　本子专题的重点考察区域（修改自 Liu et al.，2020）

图中以粉色界限所约束的蓝色部分所示，分别是黄河流域源头、长江流域源头、澜沧江—湄公河流域源头、怒江—萨尔温江流域源头、雅鲁藏布江流域

3.2.1　样品采集与分析

科考分队于 2018 年 7 月～ 2021 年 10 月在青藏高原西南部以及东部地区进行了采样考察，根据典型成矿带和工矿区分布、高原人口与地形条件等制定了具体的考察路线。野外考察主要包括西南部阿里地区、南部“一江两河”地区、东部长江源地区沿金沙江、通天河等流域以及黄河源流域，考察了区域的地质地貌水文状况，并采集了河流主干道和支流、次级支流、溪流、湖泊、泉水等水样品。科考过程一共布设了水体样点 230 个，覆盖青藏高原不同海拔范围除新疆维吾尔自治区南部以外的 5 个省份。

1. 水样品采集与分析

在水深约 0.5 ～ 10m 的河流河道中采集不同层深水样，然后用聚丙烯膜（0.45 μm）过滤并储存在聚丙烯瓶（650 mL）中。需要测定阳离子和微量元素的样品事先用硝酸（超纯 pH<2）酸化水样（防止其发生胶合、络合、沉淀等），然后储存在 4℃的冰箱中，

直至实验室分析。检测的一般理化性质参数包括水温（T）、pH、电导率（EC）、矿化度（TDS）、氧化还原电位（ORP）等，采用 Wagtech CP1000 便携式水质分析仪测量，水温探头 / 传感器精度为 ±0.1℃，pH 为 ±0.01，TDS 为 ±1%。此外，还检测了水样的主要阴离子（Cl^-，NO_3^-，SO_4^{2-}，HCO_3^-，CO_3^{2-} 等）、阳离子（Na^+，K^+，Ca^{2+}，Mg^{2+} 等）、微量元素、H-O 稳定同位素。其中，水样阴离子采用 ICS-1100 离子色谱法分析，阳离子采用原子发射光谱法（AES）分析，微量元素采用 ICP-OES Optima5300DV 电感耦合等离子原子发射光谱仪分析，H-O 稳定同位素采用 DLT-100 液态水稳定同位素分析仪分析，HCO_3^-、CO_3^{2-} 离子采用梅特勒托利多易滴系列自动电位滴定仪 ET18 分析。主要水质参数如总磷（TP）、总氮（TN）、氨氮（NH_3-N）、COD 分别采用抗坏血酸钼铵法、过硫酸盐氧化 - 紫外分光光度法、纳氏试剂比色光光度法、重铬酸钾法检测。

水样水质采用国际上通用的综合水质指数（WQI）来评判。该指数常被用于评估对水生生态系统有害的几种有毒元素的综合影响。WQI 的估算方法如下：

$$\text{WQI}=\frac{1}{n}\sum_{i=1}^{n}A_i=\frac{1}{n}\sum_{i=1}^{n}C_i/Q_i$$

式中，A_i 为某一有毒元素的水质指数或超标指数；C_i 为水样中检测的有毒元素浓度，Q_i 为元素水质标准的限值。本节使用中国国家标准《中国地表水环境质量标准》（GB-3838-2002）（MOH&SAC，2006）和世界卫生组织（WHO，2011）规定的值作为限值，如果两个标准不同，则选择二者的下限。综合水质指数可分为四类，即第 1 类（几乎未受污染），$\text{WQI}\leqslant 1$；第 2 类（轻度污染），$1<\text{WQI}\leqslant 2.3$；第 3 类（中度污染），$2<\text{WQI}\leqslant 3$；第 4 类（严重污染），$\text{WQI}>3$（Ma et al.，2014）。

2. 其他数据获取与准备

除了上述样品分析数据外，本研究还获得了大量文献数据和资料数据。根据来源可以划分为三种类型：一是野外科考采集的样品实测分析数据（第一手数据）；二是文献综合数据；三是气象、水文、植被等的观测资料数据。除了上述详细介绍的实验分析数据以外，文献数据是重点收集对象。

由于自然和人为因素均会导致高原水体水化学性质的快速变化，因此本研究所收集的文献数据多是在 2000 年及其后的西部大开发期间所获得。综合上述第一手数据和文献数据，合成了青藏高原长江源、黄河源等十余条大型河流干流及支流上百个采样点的水化学数据集。

3.2.2 青藏高原水体化学特征分析与质量评价

1. 青藏高原主要工矿区水环境质量分析

图 3-66 到图 3-68 分别为青藏高原工矿区周边水体总磷（TP）、总氮（TN）、化学需

氧量（COD）浓度的空间分布图，其中在东南部川滇藏能矿区样点分布数量最多。总体来看，除了个别样点存在一定程度的 COD 和 TN 浓度偏高，三个工矿业大部分水质属于地表水质标准Ⅱ类及以下，且不同水质参数的高值一般分布在不同的矿区。

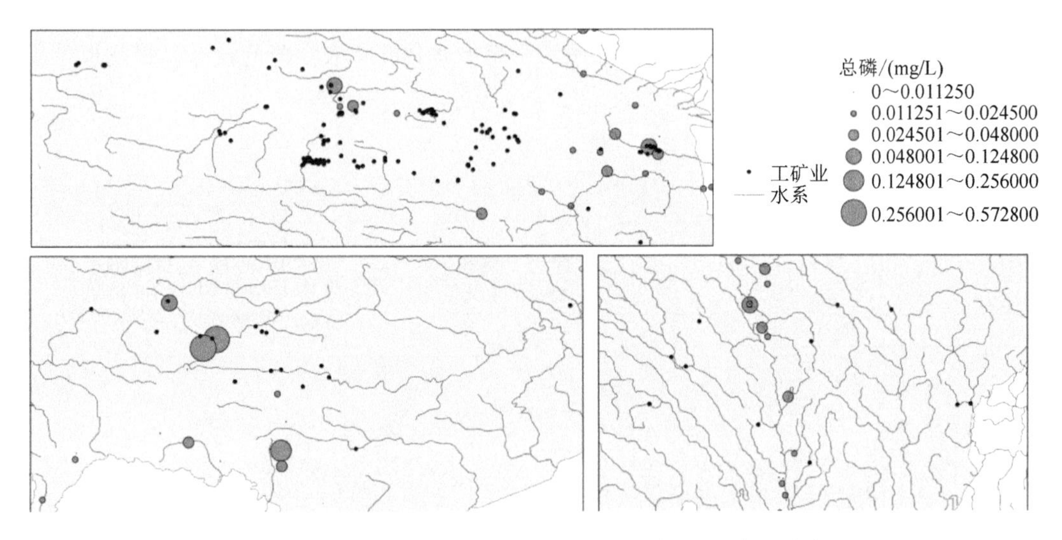

图 3-66　青藏高原典型工矿区周边水体总磷（TP）空间分布图

TP 方面，位于高原南部的西藏“一江两河”地区水体总磷平均值最高（0.07mg/L），且最高值（劣Ⅴ类）位于西藏地区拉萨市内拉萨河段，周边市政含磷生活污水的排放是主要原因。在其他城市附近河流也检测到了较高浓度的 TP，如藏东北西宁市内河段、藏西南玉树市周围水体等。藏东南地区的水体 TP 全部属于Ⅱ类以下，其中高值位于金沙江流域上游玉树市附近。

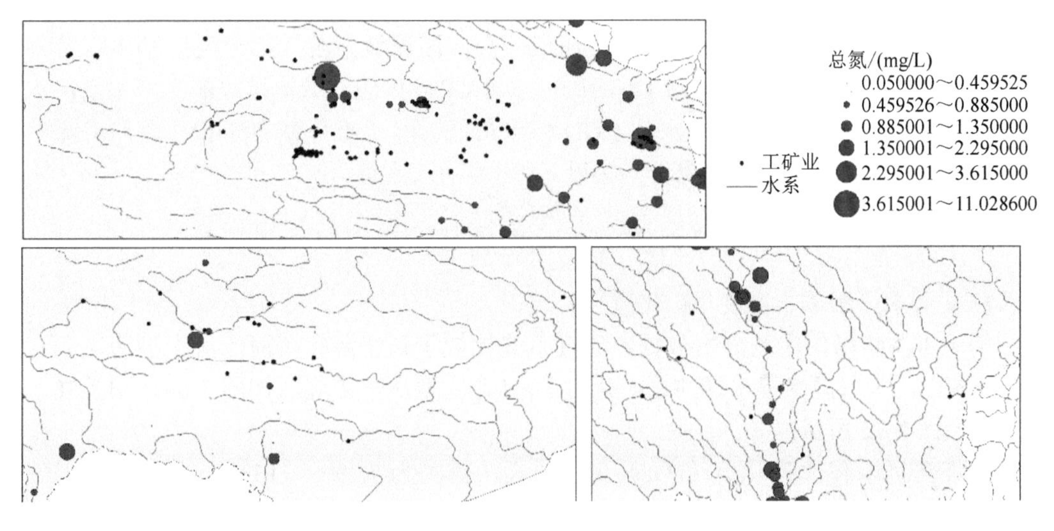

图 3-67　青藏高原典型工矿区周边水体总氮（TN）空间分布图

TN 的浓度范围分布较广（0.05 ～ 11.02 mg/L），但是浓度水平同样相对较低，三个典型工矿区 90.6% 的水样 TN 浓度属于Ⅰ到Ⅳ类之间。空间分布来看，少量 TN 劣Ⅴ类的采样点位于青海省柴达木循环经济试验区部分厂矿周围，该区密集分布着盐化工厂、新能源（光伏、风电等）公司以及各类矿企，工业含氮废水的排放使水中有机氮和无机氮化物含量增加。藏西南“一江两河”地区水体 TN 浓度普遍较低，最高值位于拉萨市周边的拉萨河下游河段。

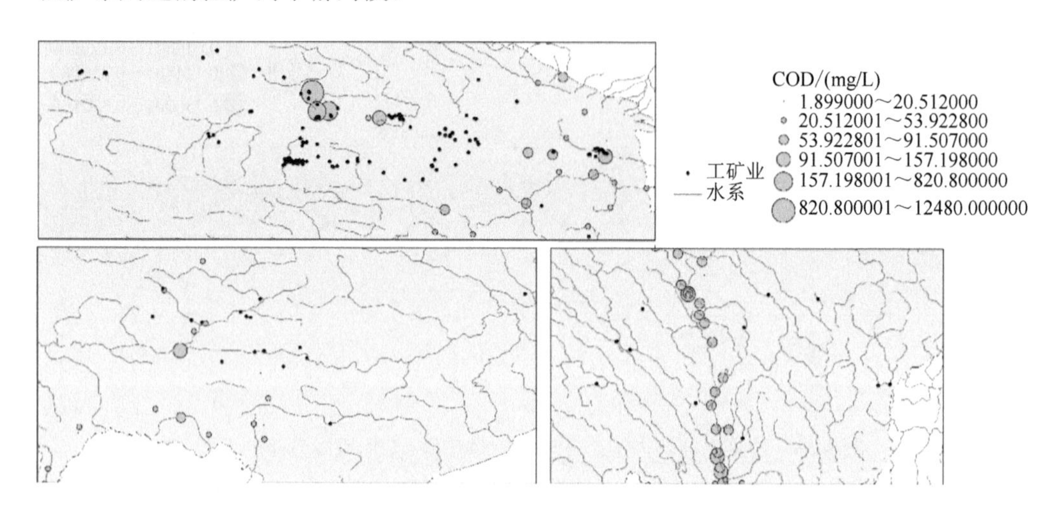

图 3-68 青藏高原典型工矿区周边水体 COD 空间分布图

不同于前两者，26.2% 的工矿区水样 COD 达到劣Ⅴ类标准，最大值来自于北部盐湖区域以及祁连山西北部的敦煌市附近河流。盐湖主要是大柴旦湖，这里气候较为干旱，湖水更替较少可能是 COD 值偏高的主要原因，而敦煌市附近河流的 COD 高值与生活污水有关。东南部的川滇藏矿业区水体 COD 水平也较低，但是仍有个别样点值高于 100mg/L，主要位于金沙江下游部分河段。金沙江流域上游大部分河道基本保持天然形态，人口高度集中于金沙江河谷两侧，水体 COD 可能与城镇排放的生产生活污水有关。藏西南“一江两河”区水体 COD 浓度最低，除了雅鲁藏布江和拉萨河汇流处有一个高值样点外，其余全部属于Ⅴ类以下。

2. 长江源与黄河源主要河流的水化学特征、成因与水质评价

1）主要离子组成、浓度与矿化度

基于本次科考的实测分析数据，研究首先比较了长江源和黄河源区大型河流干支流以及湖泊、大气降水等水样的总矿化度、pH 和主要离子浓度，如图 3-69、图 3-70、图 3-71、图 3-72 所示。

长江源区水体总矿化度（TDS）变化较大，范围为 7.29 ～ 1153.3mg/L（包含大气降水样品），平均约 361.9mg/L，大部分干流 TDS 高于支流，湖泊最小；pH 范围介于 6.89 ～ 9.03 之间，平均约为 7.60，且不同湖泊的 pH 差异较大。黄河源区水体总

矿化度（TDS）变化较小，范围为 32.97 ～ 764.6mg/L（包含大气降水样品），平均约 338.5mg/L，干流、支流、湖泊水体的 TDS 差距不明显；pH 范围介于 7.97 ～ 8.66 之间，平均值约为 8.46，最低值位于支流点位。相比较而言，两个河源区水体矿化度差异不大，但长江源区的空间异质性更为显著，且不同类型水体的矿化度水平明显不同。水样 pH 也体现出类似特征，长江源区不同河段 pH 变化更大，除一个湖泊点位 pH 超过 9 以外其他样点均在 8.3 以下（多集中在 7 ～ 8 之间），甚至个别河段呈中偏酸性；而黄河源区河流均以弱碱性为主，其他所有采样断面 pH 均在 8.2 ～ 8.7 之间，整体水平高于长江源区。

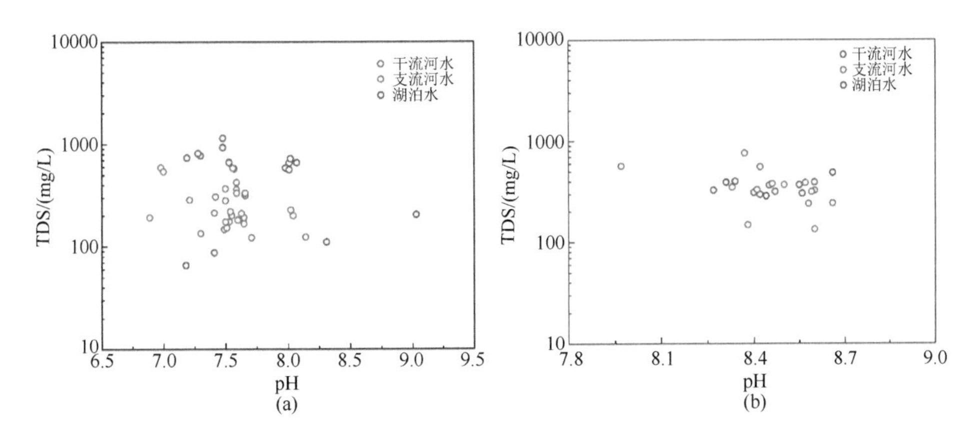

图 3-69　青藏高原长江源地区（a）和黄河源地区（b）河流的总矿化度和 pH

长江源、黄河源地区的河流各种离子浓度的极值、中值和均值如图 3-70 所示，主要离子组成的分布如图 3-71、图 3-72 所示。从主河道离子浓度值的大小顺序来看，长江源河水中阳离子浓度最高的是 Na^+，其次是 Ca^{2+}、Mg^{2+}、K^+；阴离子浓度最高的是 Cl^-，其次是 SO_4^{2-}、HCO_3^-、NO_3^-；而黄河源河水中阳离子浓度最高的是 Ca^{2+}，其次是 Mg^{2+}、Na^+、K^+；阴离子浓度最高的是 SO_4^{2-}，其次是 HCO_3^-、Cl^-、NO_3^-。可以看出，长江源和黄河源的河水在最优势离子组成上具有明显的差异，前者以碱金属离子为主，后者以碱土金属离子为主。大多数阳离子和阴离子的浓度变化范围都超过 1 个数量级，尤其是 Na^+、SO_4^{2-}、Cl^-。但钙离子浓度和分布在不同水体和不同区域间都相对均匀，指示出一种大范围存在的钙质盐演化背景。

2）主要离子分布特征

在主要离子分布上，长江源和黄河源地区的河流也存在一定差异，这可以从两个区域的河流主要离子指纹图看出，如图 3-70 所示。长江源和黄河源地区支流离子浓度普遍低于干流，即支流河水比干流河水略淡化；但支流河水的离子变化范围大于干流河水，表明支流河水的离子来源更能反映区域的环境多样性（岩石多样性）。长江源地区的湖泊水和大气降水的离子浓度均低于河水（干流 + 支流）；而黄河源地区的湖泊水与河水相当，大气降水仍然最低，反映了区域水化学的本底值。

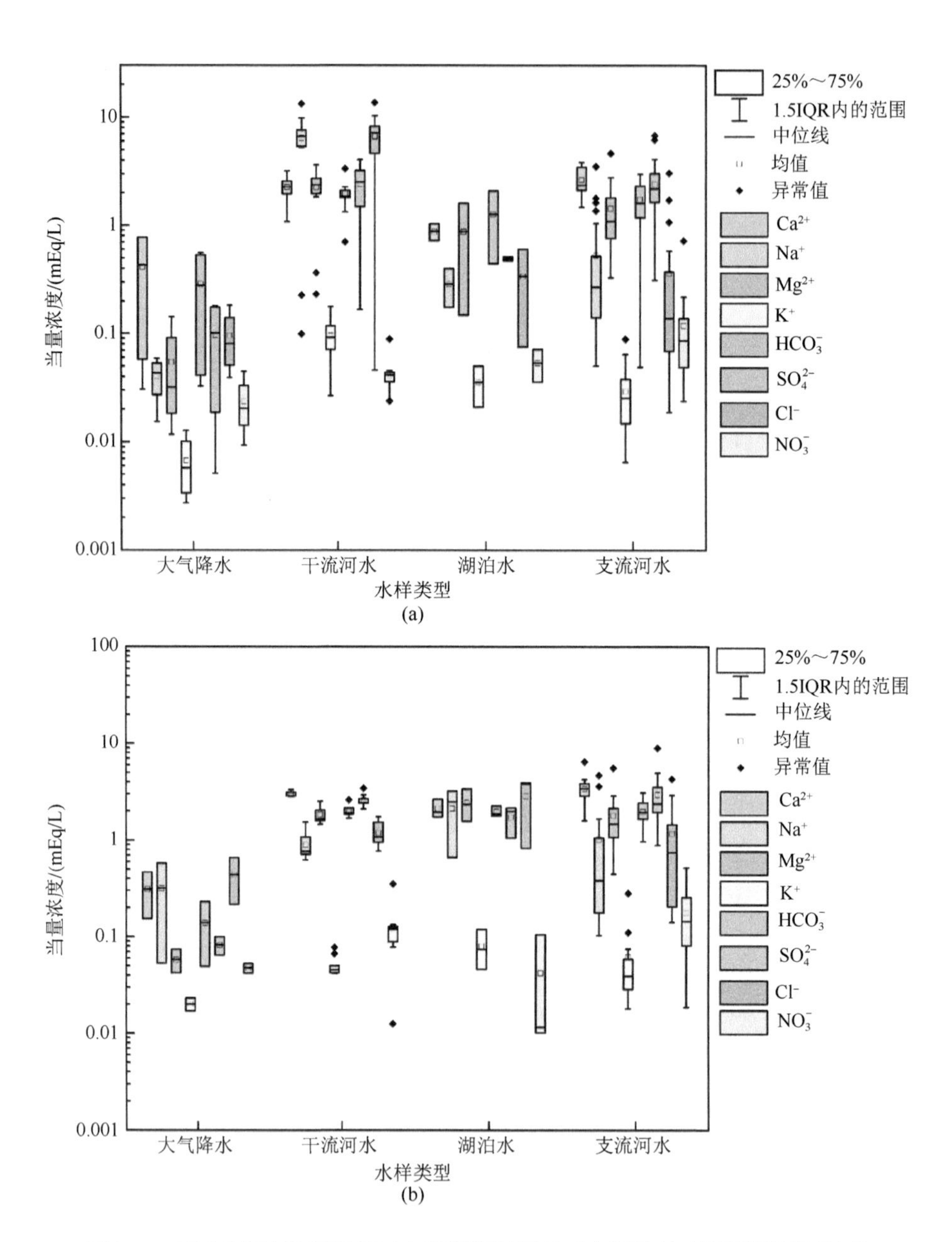

图 3-70　青藏高原长江源地区（a）和黄河源地区（b）河流的主要阴阳离子组成

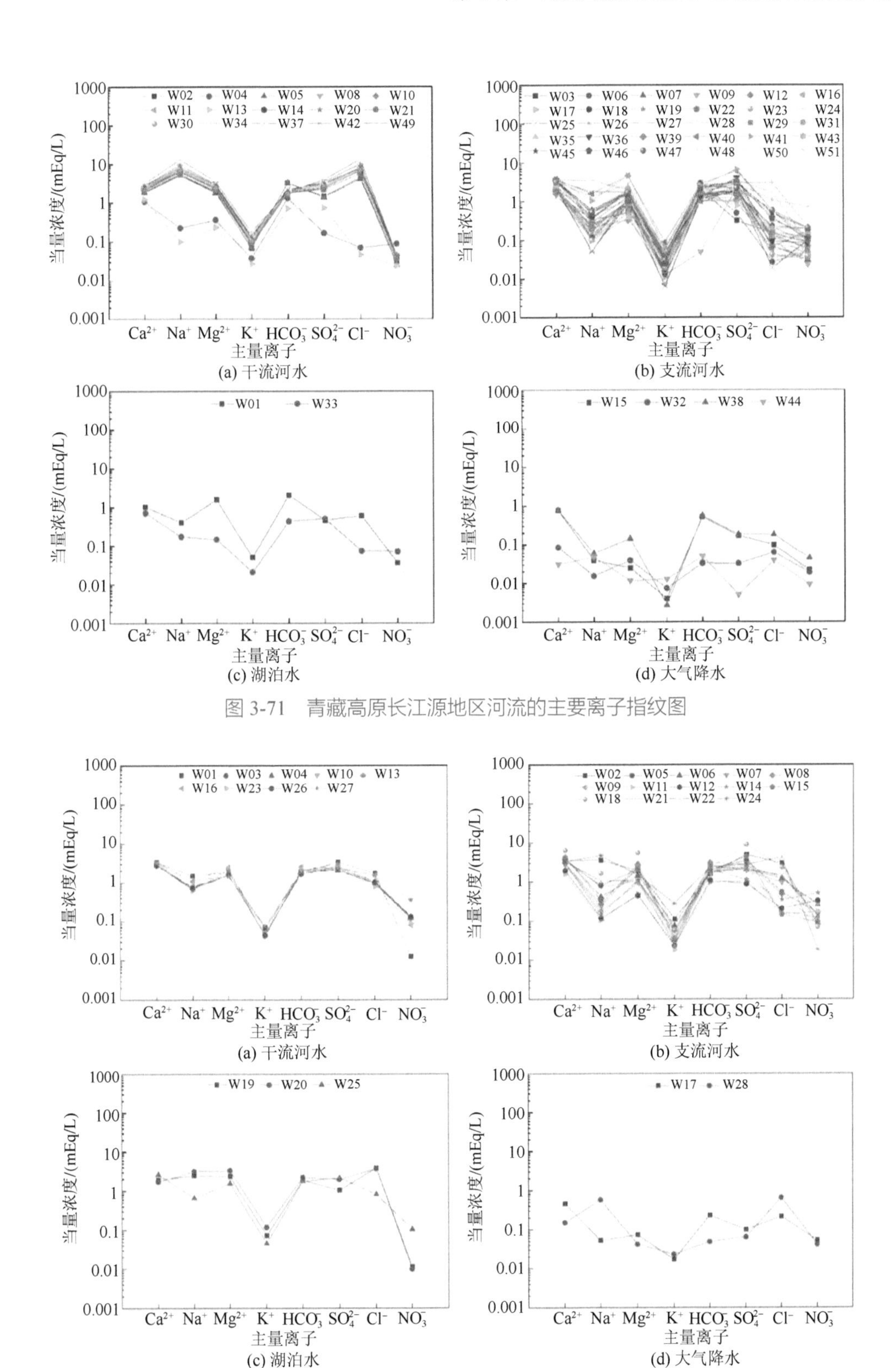

图 3-71　青藏高原长江源地区河流的主要离子指纹图

图 3-72　青藏高原黄河源地区河流的主要离子指纹图

长江源和黄河源地区干流河水在离子组成和分布上具有高度一致性，均表现出 K^+、Na^+ 离子（即碱金属离子）的相对亏损和其他离子的相对富集（如碱土金属离子的相对富集）。干流河水与支流河水之间在离子分布上具有一定的相似性，但支流河水的离子组成和分布特征更为多变，反映了支流河水水化学的多样性。检测结果发现长江源干流存在两个异常点，分别位于采样点 W04 和 W13[图 3-73(a)]。这两个采样点均位于支流与主河道汇合之处，如 W04 位于金沙江一条支流与主干道河流的入口处，W13 为汇入金沙江主河道前的山泉水 [图 3-73(b)]，二者均反映了支流河水离子来源的特殊性和多样性，以及它们与主河道河水之间的差异性。此外，长江源和黄河源地区的湖泊与大气降水（雪水）的离子组成也与河水有明显差异。

(a) W04

(b) W13

图 3-73　青藏高原长江源地区采样点

在区域差异上，长江源主河道河水明显更富集 Na^+、Cl^- 离子 [图 3-71(a) 和图 3-72(a)]，而黄河源则相对亏损。由于水中的 Na^+、Cl^- 离子在旱区能够反映水化学演化中的蒸发富集效应，上述差异表明长江源主干道河水比黄河源经历了更显著的蒸发过程影响。然而，理论上长江源地区的气候比黄河源地区更为温暖湿润，蒸发过程相对较弱，河水经历的蒸发过程总体上应该是弱于黄河源地区的，上述反常现象可能反映了长江源地区主河道河水由于采样河道的长度比黄河源主河道的长度更长，因而经历了更长时间的蒸发过程和水盐相互作用过程所导致。

黄河源地区主河道河水和支流河水离子分布特征较为相似，但长江源地区则存在明显差异：主河道河水相对富集 Na^+、Cl^- 而亏损 Ca^{2+}、SO_4^{2-} 离子，而支流河水却相对亏损 Na^+、Cl^- 而富集 Ca^{2+}、SO_4^{2-} 离子。这表明长江源主河道河水与支流河水的离子来源差异较大，两者之间可能受不同地表过程影响（如地质作用和气候作用的不同效应）。但长江源地区的支流河水与黄河源地区的主干道和支流河水之间在离子分布上都具有相似性，表现出一种大区域过程的一致性。

由主要阴阳离子浓度和彼此之间的比例所构建的阴阳离子钻石图（Piper 图）(Piper，1944) 也可以用来评估天然水中的离子分布状况和水化学类型。长江源和黄河源地区河流、湖泊、大气降水等的水化学 Piper 三元图如图 3-74 所示。在阳离子三角图上，长江源支流、黄河源主干道和支流均分布于 Ca^{2+} 顶点附近，而长江源主干道则倾向于

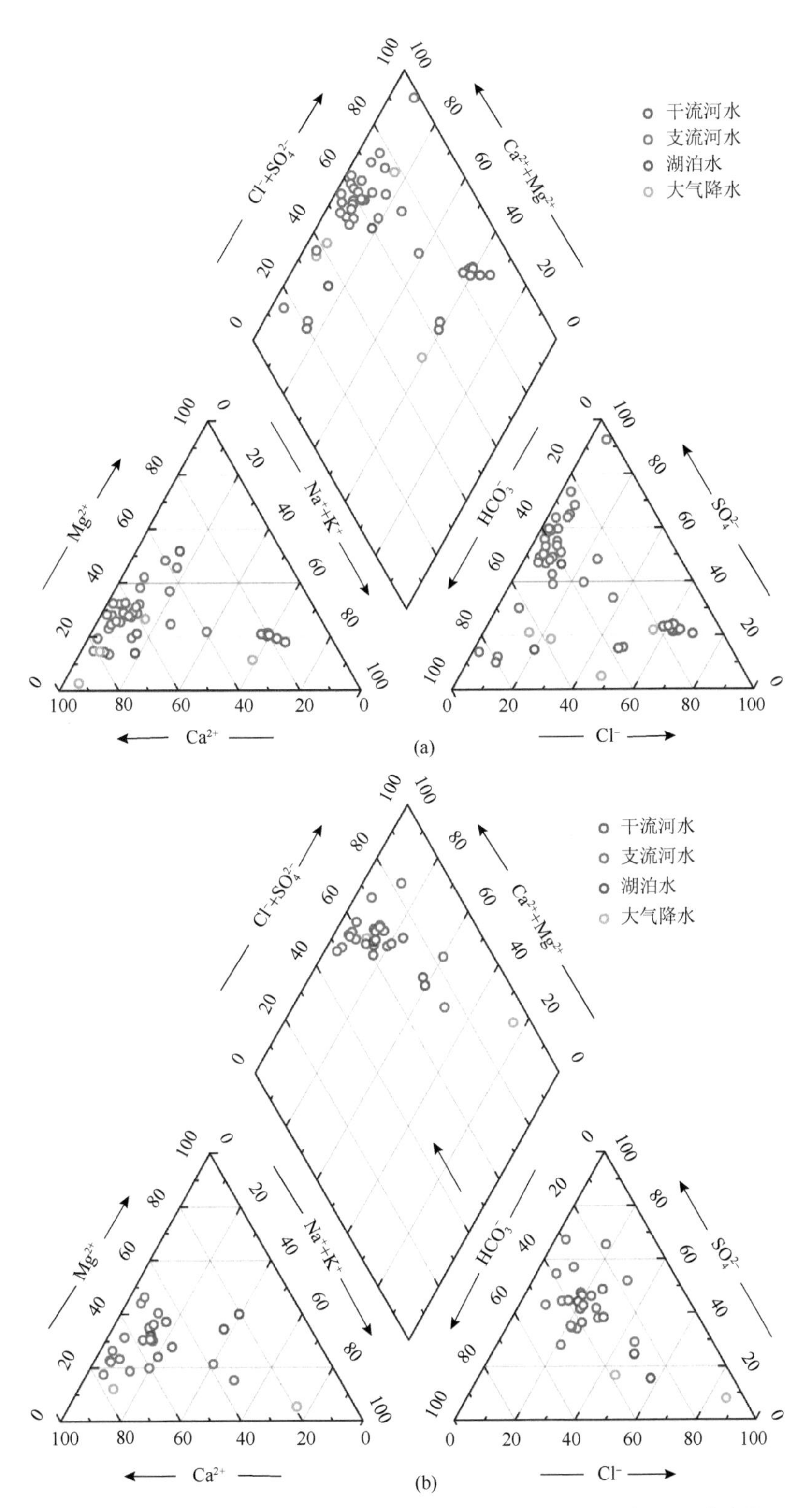

图 3-74　青藏高原长江源地区（a）和黄河源地区（b）河流的 Piper 分布图

Na^+ 顶点；Mg^{2+} 离子浓度并没有清楚地显示出这些水域之间的差异。阴离子的组成变化与阳离子不同，长江源和黄河源地区间的差异比较明显：长江源趋向于 $SO_4^{2-}+HCO_3^-$ 一侧聚集（但长江干流河水趋向于 Cl 顶点），黄河源则趋向于“无优势离子”区域。在顶部菱形图中，两个区域的大多数数据均趋向于“强酸弱碱盐区域”，但长江源主干道河水趋向于“强酸强碱盐区域”，水化学演化更趋于成熟阶段。

Piper 图中的数据分布也指示了长江源和黄河源地区岩石化学风化的两个显著特点：一是碳酸岩风化在青藏高原东部和北部这些以硅酸岩岩石为主的流域中占据主导地位，二是硫酸作为化学风化的催化剂对高原区域河流水化学特征具有重要贡献。对于长江源和黄河源河水来说，大多数数据点在阳离子图中落在 Mg^{2+} 轴和 Ca^{2+} 轴之间且更偏向 Ca^{2+} 区域，指示了石灰岩等碳酸盐岩的化学风化。在右下角阴离子图中，除降水和长江源主干道河水外，其他水样都表现出 HCO_3^- 和 SO_4^{2-} 共同主导的特征。样点在阴离子图和菱形图中主要落在 SCW（硫酸催化的碳酸盐风化）区间内，表明长江源和黄河源地区的河水溶质可能主要来源于硫酸催化碳酸岩的化学风化过程。大多数河水样品远离 Cl^- 轴的现象（除了长江源主干道河水）说明了石盐蒸发盐（NaCl 的溶解）对离子浓度的贡献在河水中所占比例较小（或者河水受到蒸发等干旱气候的影响程度相对较弱）。

3）干流河水溶质组成的沿程变化特征

河流中不同溶质组成的沿程变化最能反映该河流水化学组成的空间分布特征及其演化规律（Zhu et al.，2011；2012；2013a；2013b），因此长江源和黄河源地区主河道（干流）河水中的溶质浓度向下游方向的变化状况是本次科考和研究关注的要点之一。图 3-75、图 3-76、图 3-77、图 3-78 分别展示了长江源和黄河源干流河水的矿化度、氢氧稳定同位素、主要离子浓度等物质组成的沿程变化。从这些图中可以注意到一条明显的规律，即两个源区干流河水的矿化度、主要离子浓度、氢氧稳定同位素等均没有呈现一种自上而下逐级、渐进式递增或递减的变化规律，而是都出现了“波动式”的变化趋势。这表明干流河水在局部地区由于支流河水的汇入受到了明显的“新源 / 异源物质”影响。

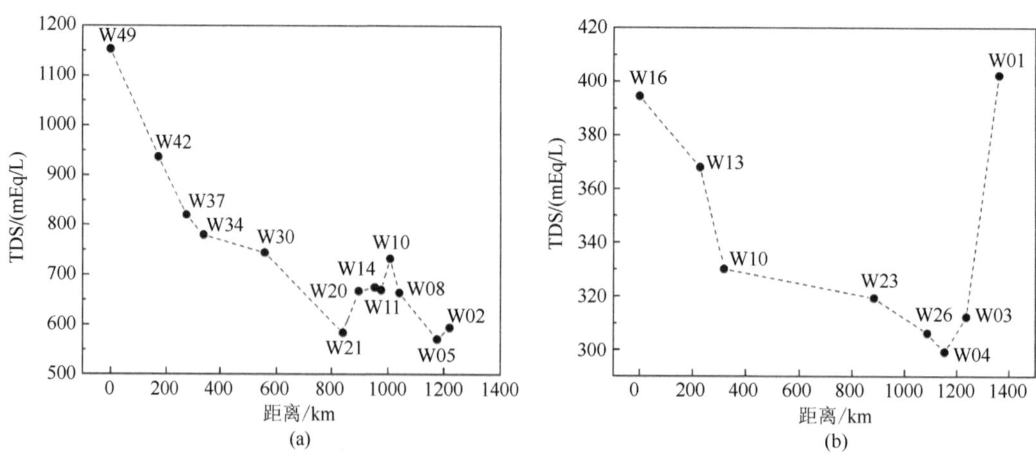

图 3-75　青藏高原长江源地区（a）和黄河源地区（b）河流主干道（长江与黄河上游干流）向下游的矿化度（TDS）变化

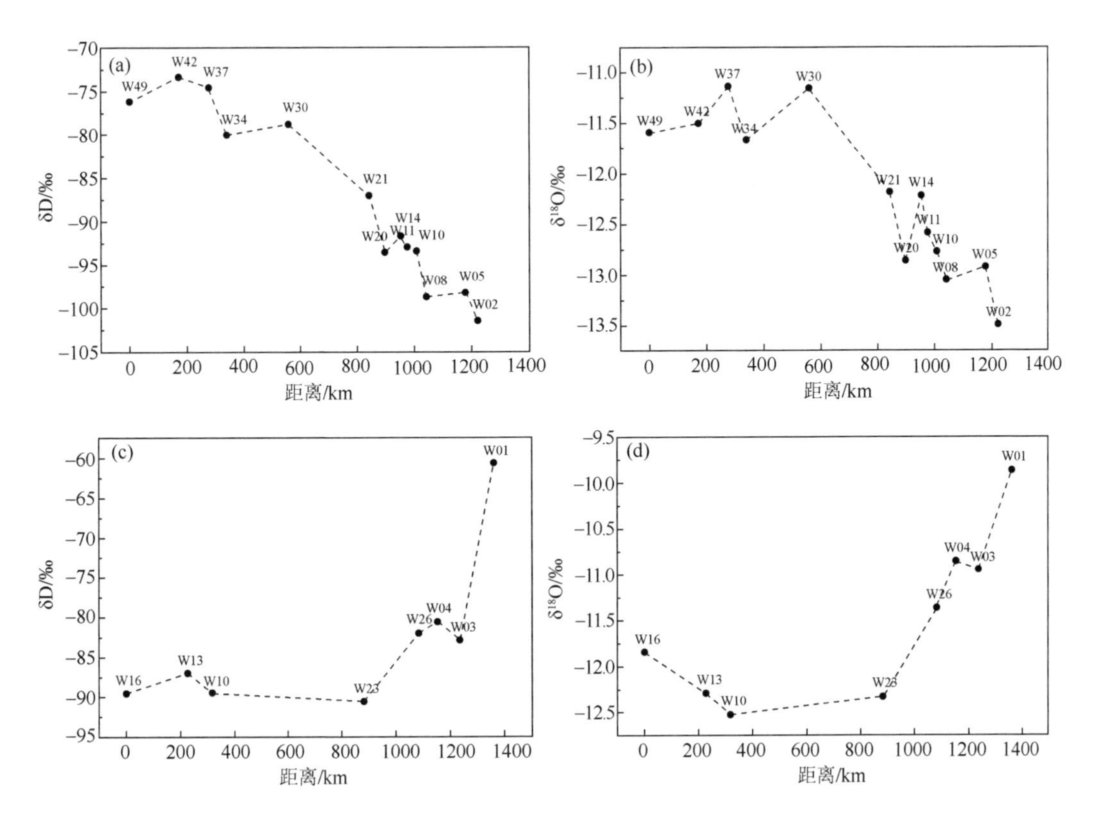

图 3-76　青藏高原长江源地区 (a)、(b) 和黄河源地区 (c)、(d) 河流主干道（长江与黄河上游干流）向下游的氢 (D)、氧 (O) 稳定同位素值变化

在长江源区干流中，河水的矿化度 TDS 值和主要阴、阳离子浓度值大致都呈现一种沿程递减的波动式变化趋势（图 3-75、图 3-77)，尤其是河水的矿化度递减趋势非常显著 [图 3-75(a)]。这表明长江源干流河水向下游的盐度在逐渐减弱、河水逐渐变淡，河水受到明显的“稀释作用”影响。这与亚洲内陆多数干旱区河流有明显差异 (Zhu et al.，2012；2013a)。由于源区仅局限在高海拔源头地区且沿程向下游受到蒸发和岩石化学风化作用（水岩相互作用）的影响，大多数干旱区河流的盐度、矿化度和离子浓度通常呈现一种向下游逐级增加的趋势，而不是淡化 (Zhu et al.，2012；2013a)。本研究发现的长江源干流河水水质自上而下显著淡化的现象表明其下游支流河水的“稀释作用”非常高效。对水资源而言，这种高效的稀释作用暗示了下游支流所在区域可能才是长江源区大型河流真正的“源区”，而非海拔最高处的“源头地区”。事实上，有新近研究显示，青藏高原三江源地区在 1984 ～ 2018 年期间径流量的 80% 来自于区域降水，而高海拔源头地区（冰川区和积雪区）融雪和冰川融水的贡献率不足 10%(Su et al.，2023)，这一研究结果支持了上述结论。

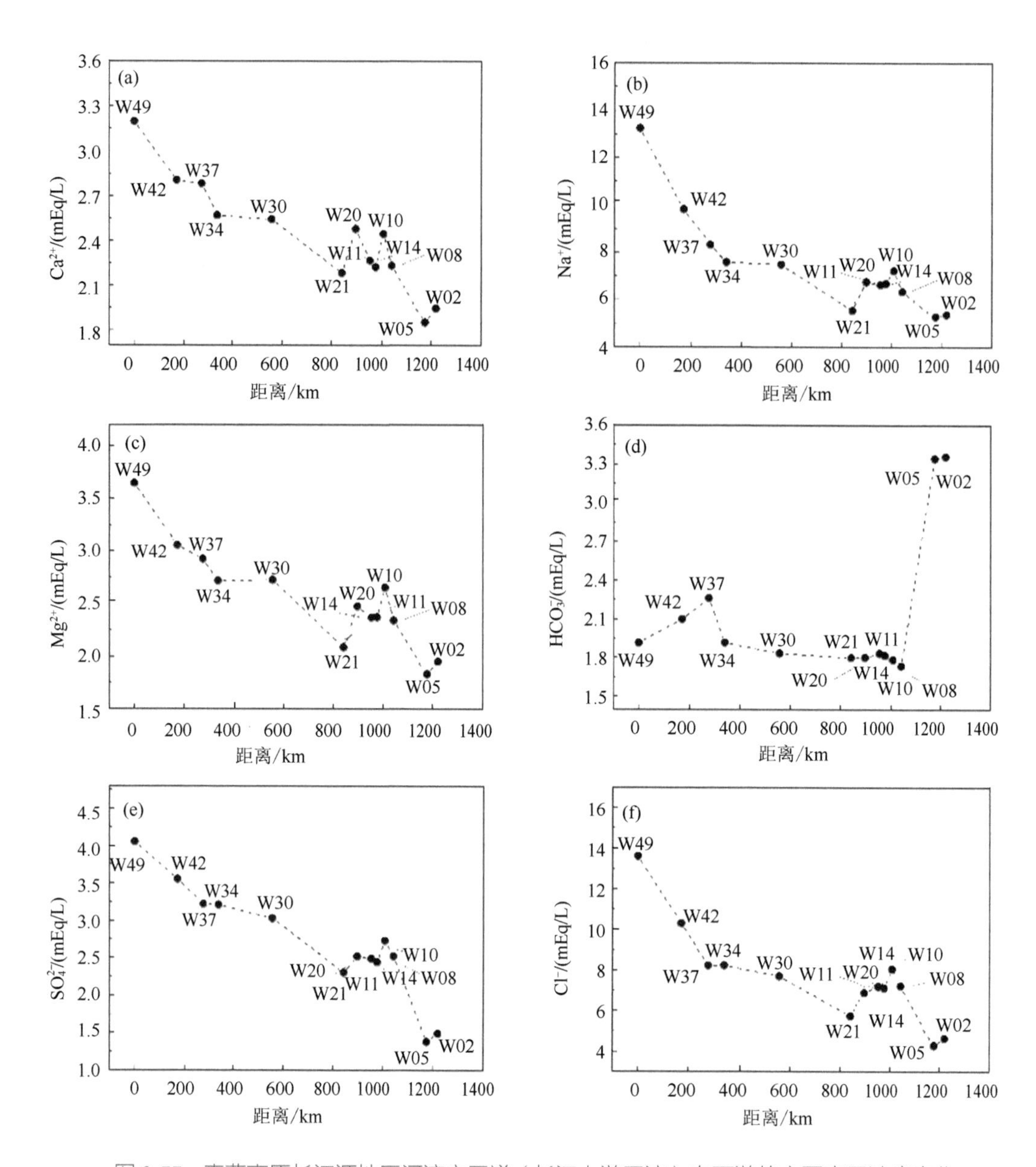

图 3-77　青藏高原长江源地区河流主干道（长江上游干流）向下游的主要离子浓度变化

值得注意的是，长江源区这种支流河水的“稀释作用”几乎是全程存在的，仅在部分区域被打断，如图 3-75(a) 中样品 W20、W14、W11、W10 等所在的区域。这些区域代表了长江源区河流的“旱点”或“非水源区”，识别出这些“旱点”区域对认识和了解长江源地区水资源的形成与演化具有重要意义。

相比长江源地区，黄河源干流水质的沿程变化在上游河段（W16 ～ W04 段的 1100km 范围内）具有相似的规律 [图 3-75(b)、图 3-78]，矿化度也呈现出明显的向下游淡化特征，表明这部分河段的干流河水也受到了支流河水的高效稀释作用，下游支流区域的降水是干流重要的水源区。但与长江源干流“水源地”仅在局部间断（存在局部旱点）不同，黄河源干流在更下游区域（W04 ～ W01 段约 300km 范围内）的“水源地”几乎消失了。从图 3-75(b) 可以看出，黄河源相对下游的区域 W04 ～ W01 段干流河水矿化度在近 300km 距离内呈现与前段相反的单调增加趋势，河水盐化明显，表明此段干流没有新淡水源的补给，“稀释效应”消失，干流河水的真正水源区至此结束。黄河源干流河水的主要离子浓度空间变化特征（图 3-78）也支持了这一判断。

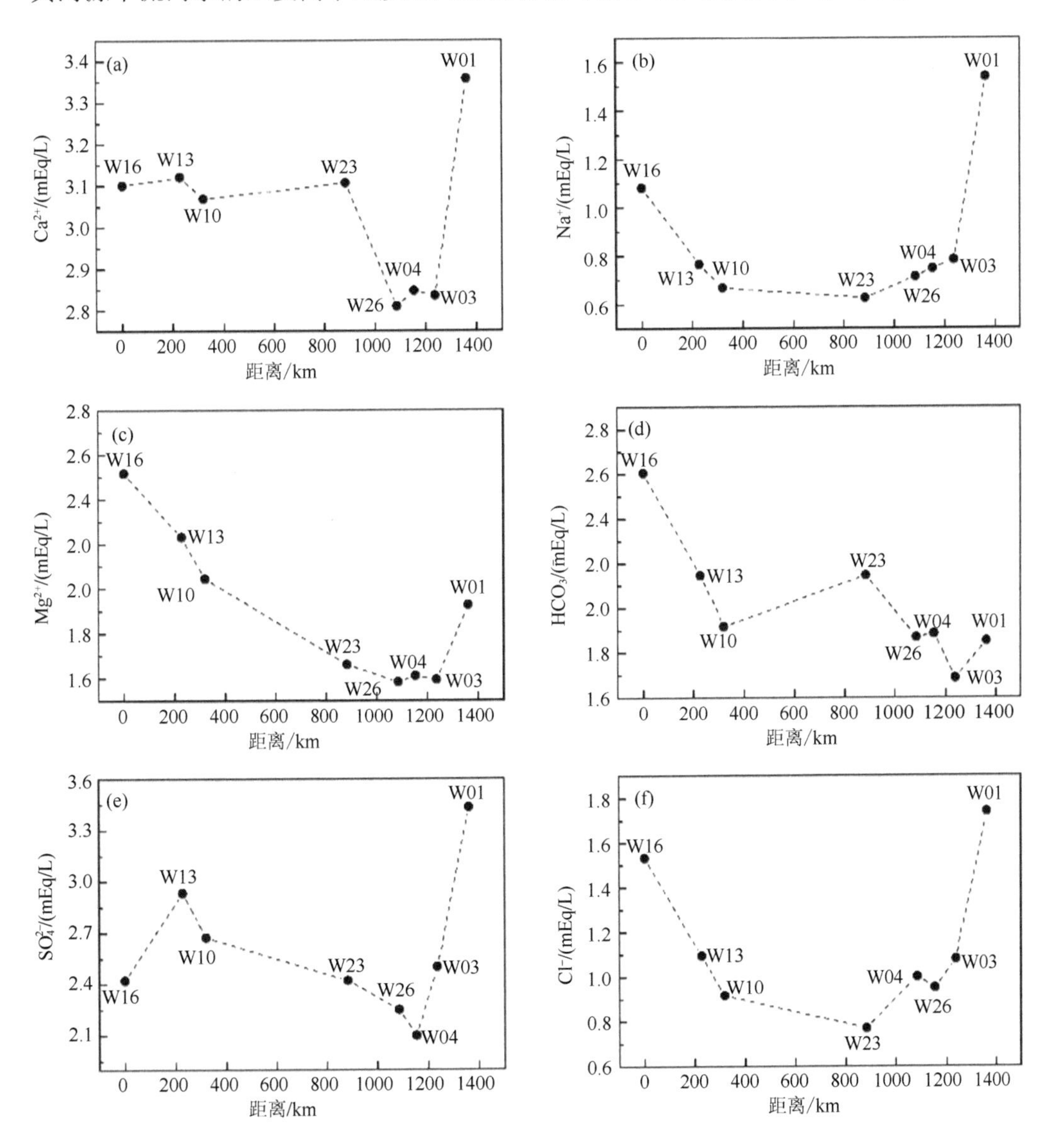

图 3-78　青藏高原黄河源地区河流主干道（黄河上游干流）向下游的主要离子浓度变化

此外，长江源与黄河源干流河水的氢氧稳定同位素值向下游的沿程变化体现了几乎相反的趋势（图3-76）。长江源河水的H、O稳定同位素值几乎逐渐负偏（河水变“轻”），而黄河源则在前段（W16 ～ W23 段）缓慢负偏（河水变“轻”）而后（W23 ～ W01 段）显著正偏（河水变“重”）。在水文地球化学上，水中氢氧稳定同位素值的分馏主要受母源水的“雨量效应”和“温度效应”影响，越是初级水和冷水越负偏，越是演化后期的水和热水（由于温度变化导致的蒸发作用影响）越正偏（Zhu et al.，2018）。因此，长江源与黄河源干流河水同位素信号的差异表明：长江源干流向下游几乎全程受到了大气降水的补给，而黄河源则仅在上游段（W16 ～ W23 段约 900km 范围）受到了大气降水补给而在下游段（W23 ～ W 01 段约 500km 范围）主要受蒸发作用（干旱气候）影响。这种同位素信号的指示意义与上述矿化度和离子浓度沿程变化所揭示的结论一致。事实上，青藏高原北部的黄河源地区比高原中东部的长江源地区明显干旱、大气降水减少，这种气候的差异可以解释两个区域干流水化学特征的差异。

4）离子的主要来源及控制因素

大量研究表明，自然环境下河流水化学的控制机制包括自然过程（如岩石风化、大气降水、蒸发结晶、地下水淋滤）和人为活动（如农业和工业活动、城市化）（Gibbs，1970；Meybeck，2003）。在青藏高原地区，地质构造、岩性地质、地形地貌、植被和气候都具有多样性，近几十年来社会经济活动的增强和人口的增加以及土地利用的变化也加剧了人类活动对自然环境的影响，这些因素都可能独立或叠加在一起导致高原河流及其下游水体化学成分的变化（Chen et al.，2002）。因此，本研究首先采样吉布斯（Gibbs）图解（也称“环形镖”模型）来区分和识别大气降水（气候效应——水量效应与稀释作用）、岩石风化（地质效应——水岩相互作用）和蒸发结晶作用（气候效应——干旱作用）三个表征自然过程的端元因素对水化学的影响（Gibbs，1970）。

图 3-79 和图 3-80 分别显示了青藏高原长江源和黄河源地区河流、湖泊、积雪等水体的水化学组成在吉布斯图解上的分布情况。三种端元组分中的大气组分（即端元组分 1，来自大气降水的贡献，受控于气候效应中的湿润气候效应或雨量效应）具有较低的 TDS 值（<10mg/L）和较高的 $Na^+/(Na^++Ca^{2+})$ 与 $Cl^-/(Cl^-+HCO_3^-)$ 比值（0.5 ～ 1），位于示意图的右下角；三种端元组分中的岩石组分（即端元组分 2，来自岩石风化作用的贡献，受控于地质效应——水岩相互作用和地质多样性）具有中等 TDS 值（70 ～ 300mg/L）和较低的 $Na^+/(Na^++Ca^{2+})$ 与 $Cl^-/(Cl^-+HCO_3^-)$ 比值（<0.5），位于示意图的中心左侧；三种端元组分中的结晶沉淀组分（即端元组分 3，来自蒸发结晶作用的影响或蒸发盐溶解的贡献，受控于气候效应中的干旱效应）具有较高的 TDS 值（>300 mg/L）和较高的 $Na^+/(Na^++Ca^{2+})$ 与 $Cl^-/(Cl^-+HCO_3^-)$ 比值（0.5 ～ 1），位于示意图的右上角（Gibbs，1970；Pant et al.，2018）。从以上分布情况可以看出，无论是主河道河水（干流河水）亦或是支流等水样，大多数都分布在“环形镖”的中部区域——岩石端元组分区。这表明区域地质效应中的岩石风化作用（水岩相互作用）对该区域水体的主要离子具有主导和控制作用。两个区域的大气降水样品几乎都处于环形镖的下部区域——大气降水端元区，进一步证明了吉布斯图解的有效性。

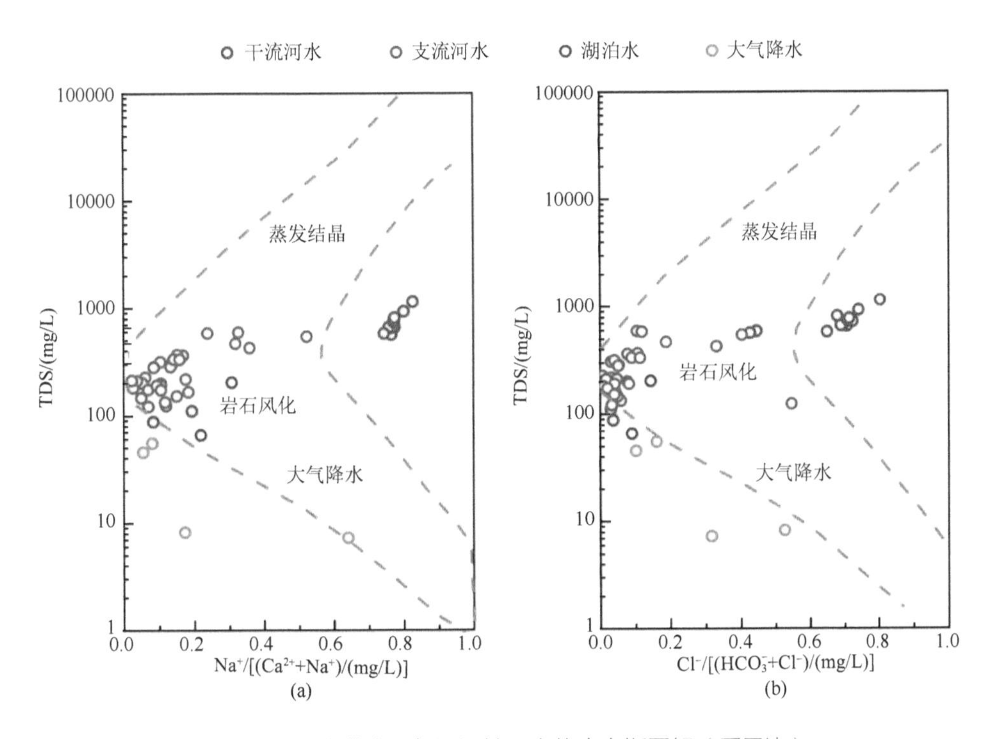

图 3-79　青藏高原长江源地区水体吉布斯图解（质量比）

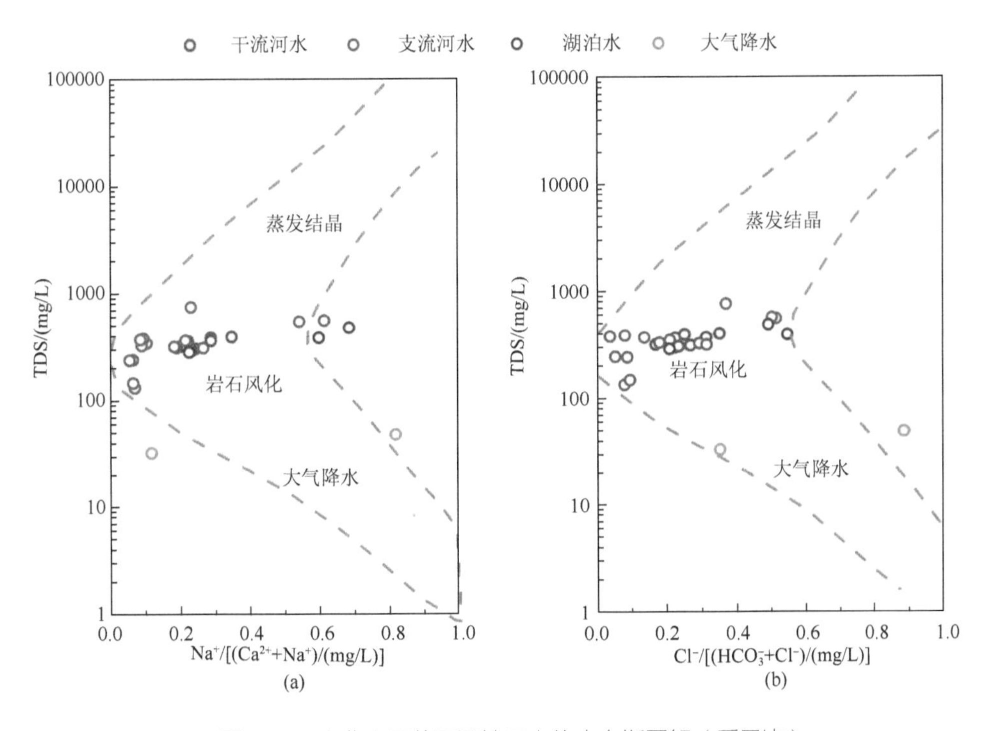

图 3-80　青藏高原黄河源地区水体吉布斯图解（质量比）

值得注意的是，本次科考所采集的水样几乎没有出现在环形镖上部区域——结晶蒸发组分区，表明这些区域的水体在采样季节（夏季）几乎都没有受到蒸发－结晶作用等干旱气候效应的影响，可以理解为高原干旱的背景环境和蒸散发等气候效应在夏季的长江源和黄河源地区没能留下“烙印”，而地质效应对河流水体水化学组成起着第一级控制作用。因此，“干而不干”是夏季青藏高原东部和东北部区域的水化学特征之一。此外，除了积雪等大气降水样品本身，很少有河流和湖泊样品分布在环形镖的右下角区域——大气降水端元区，表明大气降水的溶质输入对区域河流水化学的影响较小，远远弱于岩石化学风化作用。这一“溶质组成上的弱降水作用”结论有着特殊的意义。长江源区和黄河源区在字面上通常被理解为长江水系和黄河水系的源头，其水化学组成理论上应该反映了初始大气降水来源的溶质组成（如冰川和积雪融水等初级物质组成），但事实却并非如此。因此，青藏高原上面积广布的长江源区和黄河源区，其在水化学意义上并非整个长江水系和黄河水系的“独立源区”。河流沿途不断存在“稀释作用－水源效应”的影响，说明这些河流的源头并非仅限于高海拔的上游地区，而是存在“下游水源地”。这与昆仑山北坡和天山北坡等亚洲腹地非高原流域的河流存在明显区别（Zhu et al.，2011；2012；2013a），后者的水源地仅限于上游源头地区。从积雪样品在吉布斯图解中的分布特征（水源效应）来看，它们在水化学组成上代表了“真实”的初始大气降水信号，但其实际源区仅限于冰川分布区和积雪分布区，在长江源和黄河源地区的占比都较小。因此，“源区不源”是青藏高原流域水体的另一水化学特征。

天然水中特定离子组合及其比值已被证明能够很好地指示不同岩石风化作用的来源和影响（Gaillardet et al.，1999）。图 3-81 基于河水的某些主要阴阳离子比值（当量浓度或摩尔浓度比值，非质量浓度比值）构建了青藏高原长江源和黄河源地区水体潜在三大岩石风化来源的二元模型图。从图 3-81 中可以看出，长江源和黄河源地区大部分水样都位于碳酸盐岩和硅酸岩风化端元的附近区域或两者之间的过渡区，且都有向碳酸盐岩风化端元组分汇聚的趋势，表明碳酸盐岩风化在该区河流水化学中起着关键作用。在水文地球化学上，通常碳酸盐岩矿物的溶解度比硅酸岩矿物要高得多（12 ～ 40 倍），在自然条件下更容易风化（Meybeck，1987）。因此碳酸盐岩在某一流域的岩相地质分布中即使只有很小的比例，也能够对该流域的水化学组成起到主导性的控制作用，如天山以北地区的一些流域（Zhu et al.，2013b；Zhang and Zhu，2023）。这也可以解释为何长江源和黄河源地区的岩石地质组成主要为硅酸质岩石但碳酸盐岩风化却占据主导地位。

此外，河水溶质中的碱金属离子与碱土金属离子的摩尔浓度比值能够有效揭示硅酸岩矿物和碳酸盐岩矿物的风化程度差异（Gaillardet et al.，1999）。长江源区水体样品的 $(Ca^{2+}+Mg^{2+})/(Na^{+}+K^{+})$ 比值范围介于 0.510 ～ 53.7 之间（平均值约为 10.3，此值 >>1），$HCO_3^-/(Na^{+}+K^{+})$ 比值范围介于 0.143 ～ 24.3 之间（平均值 4.88，此值 >>1）；而黄河源区的 $(Ca^{2+}+Mg^{2+})/(Na^{+}+K^{+})$ 比值范围介于 0.324 ～ 23.7 之间（平均值 8.48，此值 >>1），$HCO_3^-/(Na^{+}+K^{+})$ 比值范围介于 0.082 ～ 12.2 之间（平均值 3.64，此值 >>1）。两个区域都具有较高的比值（均远大于 1），进一步证实了该区河流中的碳酸盐岩风化程度要远高于硅酸岩风化程度，且主要受方解石和白云石矿物风化作用的影响。

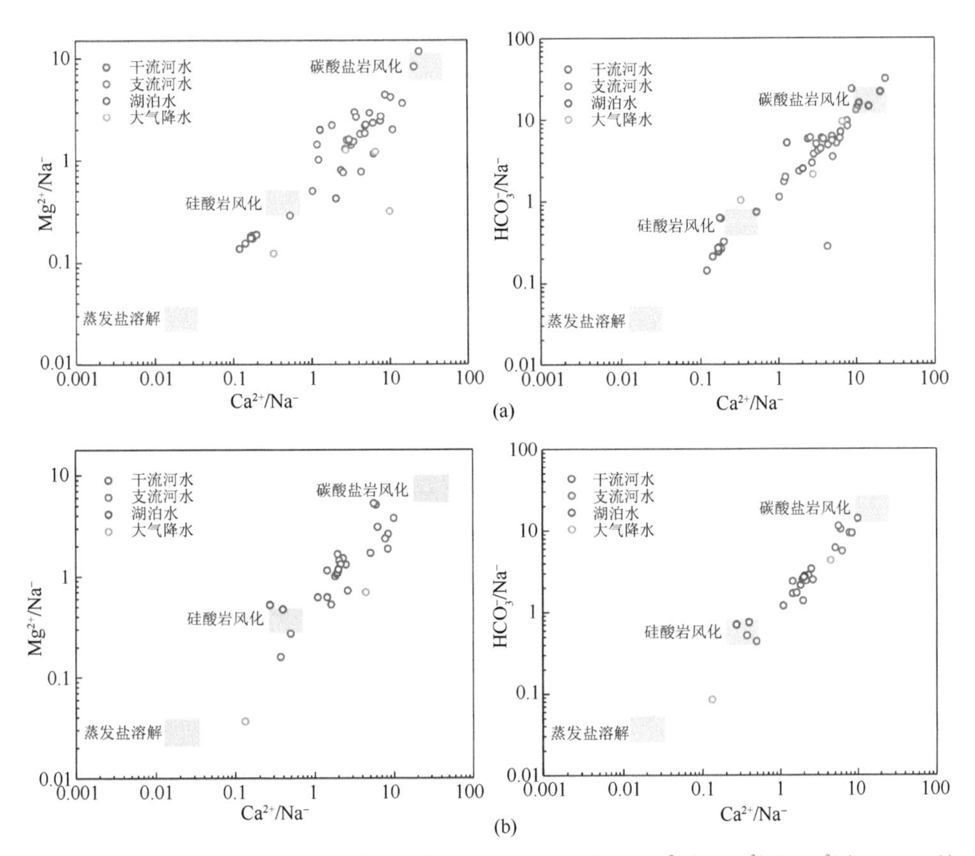

图 3-81　青藏高原长江源地区 (a) 和黄河源地区 (b) 河流水体中 Ca^{2+} 与 Mg^{2+} 和 Ca^{2+} 与 HCO_3^- 的 Na^+ 标准化当量浓度的二元混合图

此图可以指示三个岩石风化端元的贡献，三个岩石端元的数据（即碳酸盐、硅酸盐和蒸发岩），来自 Gaillard 等 (1999)

5) 碱水环境与微量元素组成

水的微量元素是指河流和湖泊等自然水体中浓度低于 1mg/L 的元素 (Gaillardet et al.，2003)。尽管微量元素在天然水中的浓度很低，但却对饮用和利用这些天然水的人类的健康起着至关重要的作用 (WHO，2011)。基于科考采集的水样数据可以进一步讨论不同河流中的微量元素特征和可能来源，以及它们对附近居民的潜在风险。

本次科考基于实测样品分析所获取的长江源和黄河源地区天然水体微量元素浓度分布如图 3-82 和图 3-83 所示。从图中的实测数据结果来看，大多数微量元素浓度都比较低，尤其是黄河源地区，除了锶 (Sr)、硼 (B)、锂 (Li)、钡 (Ba)、钛 (Ti)、铷 (Rb)、铀 (U)、梯 (Sb) 等元素。土壤和水环境的碱度对元素溶解度有重要影响（如抑制金属元素的溶解），因此普遍认为全球地表水中的微量元素水平受环境碱度的强烈控制 (Dupré et al.，1996；Gaillardet et al.，2003)。通常来说，碱性水环境中的金属元素更多会发生沉淀作用进而固定在沉积物中，而不是溶解于水中，因为 pH 的升高通常会导致微量元素在水中的溶解度降低，尤其是金属元素（如铁等）。长江源和黄河源地区水体 pH 介于 6.89 ～ 9.03 之间（图 3-67)，表明水环境与多数北方旱区一样偏碱性且碱度相对较高（尤其是黄河源地区），因此该区水体微量元素浓度较低主要是由高碱性背景环境的限制机制导致。此外，长江源和黄河源地区的基岩风化程度都相对较低（河水的矿化度 TDS 平均值仅介于 338.5 ～ 361.9mg/L 之间，且黄河源 TDS 低于长江源地区），表明微量元素的来源较少。这进一步解释了微量元素浓度较低且黄河源更低的原因，即存在岩石风化制约微量元素来源的限制机制。

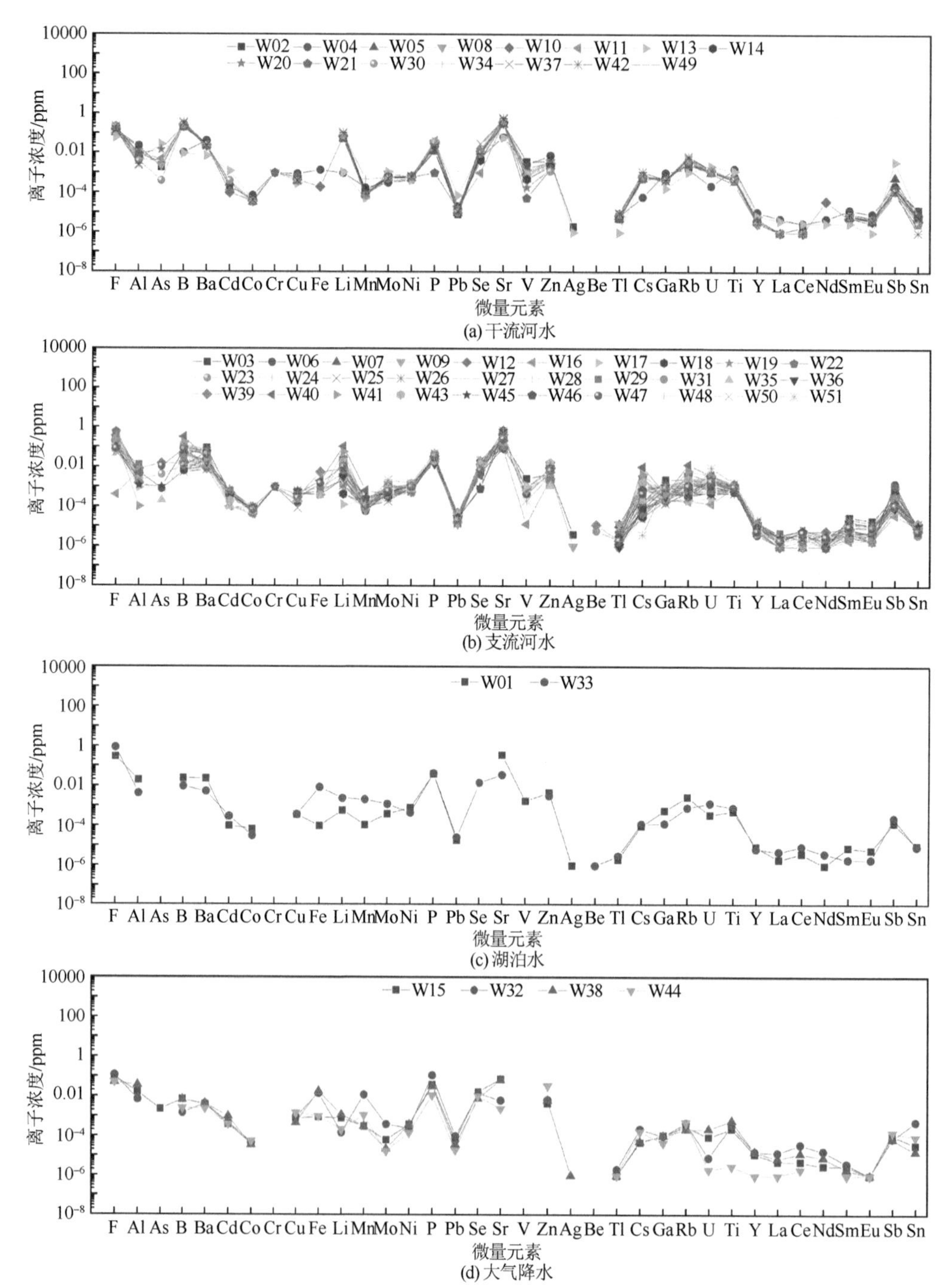

图 3-82　青藏高原长江源地区天然水体的微量元素浓度

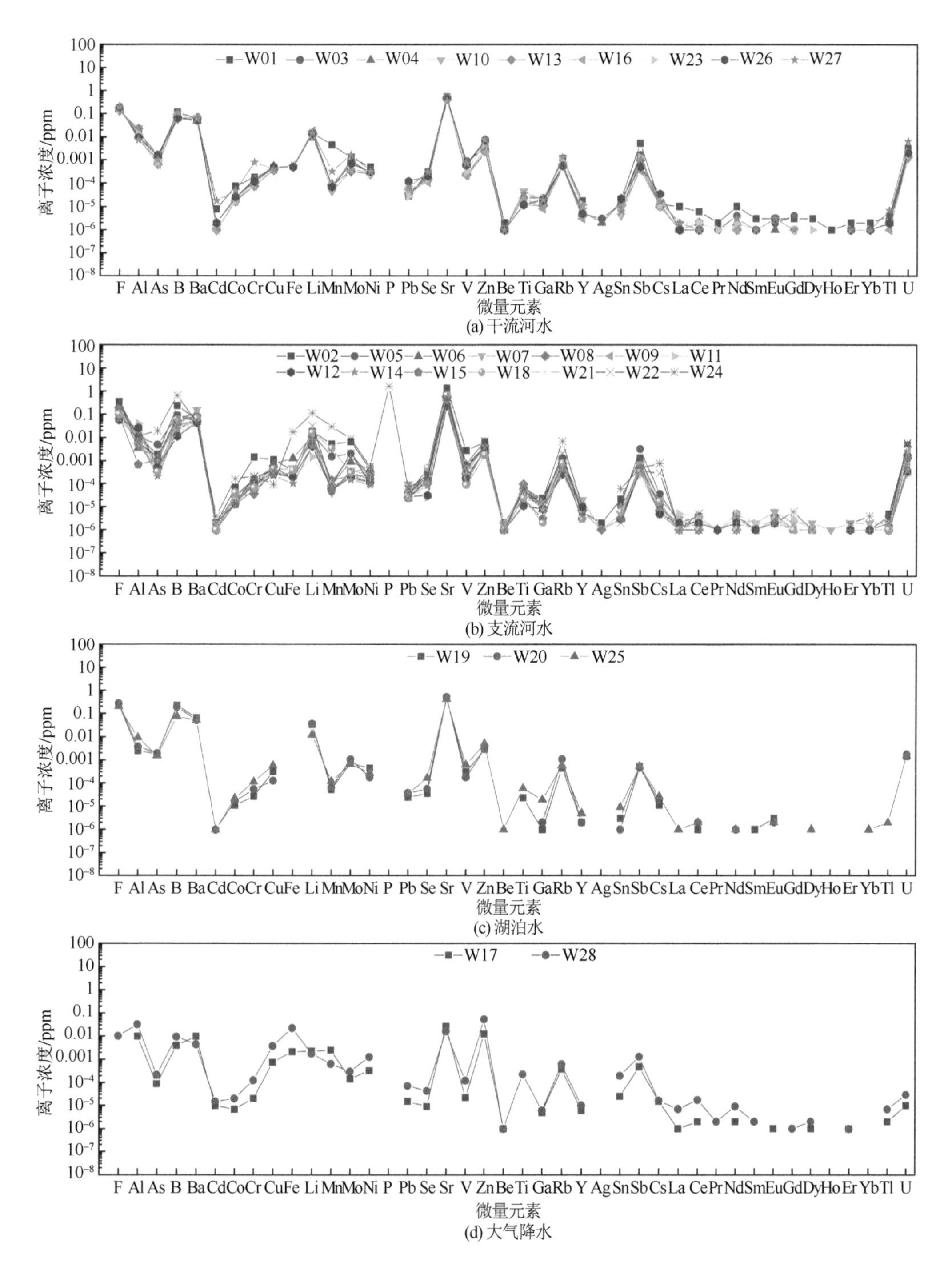

图 3-83　青藏高原黄河源地区天然水体的微量元素浓度

长江源和黄河源水体中有部分微量元素含量较高：①锶元素（图 3-82 和图 3-83），与这两个区域的岩石化学风化机制主要为碳酸盐岩风化有关，因为锶元素通常富集在碳酸盐岩中；②锂元素，主要源于高原中东部和北部地区的富锂盐湖 (Ping，2000)；

③铷元素，同样与中东部地区富含铷矿物的盐水和盐湖有关（Sun et al.，1994），河水实测铷元素浓度值（长江源最高值13.76μg/L，黄河源最高值7.13μg/L）均比世界河流的中值（1.6μg/L）（Gaillardet et al.，2003）要高的多；④砷元素，有研究报道雅鲁藏布江流域（10.5μg/L）以及印度河的源头区域（13.7μg/L）的河流中发现了高浓度的砷，并且大部分被发现的高浓度砷点位都出现在高原中部和南部的河流中，原因可能是那里分布着大量富含砷的泉水（Huang et al.，2011；Li et al.，2014；Ping，2000），表明地下水可能是这些区域河流中水化学微量元素的重要来源之一（仅次于化学风化作用），然而本研究实测样品没有出现高浓度砷（图3-82和图3-83），说明该区域地下水对河水的影响可能较弱。

值得注意的是，本次科考样品的实测分析数据并没有较高浓度的镉、铬、铅、锌等重金属元素（图3-82和图3-83）。而已有研究报道，雅鲁藏布江流域水体中的重金属元素镉、铬、铅、锌的浓度要远高于青藏高原和世界其他地区的水体浓度（高约3～10倍）。这种异常的重金属微量元素浓度富集现象与区域的高碱度环境是矛盾的，因此可能是由人为因素造成。雅鲁藏布江流域分布着丰富的矿藏（如铜矿和铅锌矿）（Qu et al.，2007；She et al.，2005），前期的工矿开发可能给水体带来了重金属输入（Huang et al.，2010）。此外，高原许多城市垃圾在过去一段时间内没有得到适当处置，存在直接倾倒入河的问题，一些固体废物则通常堆放在城镇或城市居民点附近的垃圾填埋场中（Jiang et al.，2009），对地表水和浅层地下水造成一定影响。有研究发现青藏高原某些河流受周边城市废水排放的影响溶解氮浓度在逐渐升高（Huang et al.，2011；Qu et al.，2017）特别是流经城市地带的河流中的氮浓度往往高于青藏高原上的大多数河流，如兰州附近的黄河段（5.5 mg/L）、日喀则附近的雅鲁藏布江段（2.8 mg/L）、张掖附近的黑河段（3.8 mg/L）等（Huang et al.，2009，2011；Qu et al.，2017），因此城市污废水和固废排放对部分河流水质构成了威胁（Huang et al.，2009，2011；Qu et al.，2017）。

除了上述人为活动的直接排放外，微量元素还可能通过大气环流以风蚀土壤颗粒、化石燃料（如煤和石油）、生物质燃烧的形式进行跨区域或远距离传输（Gaillardet et al.，2003）。因此，微量元素的大气输入在局部和全球范围内都可能具有重要意义（Guo et al.，2015；Pirrone et al.，2010；Tripathee et al.，2014；Zhang et al.，2012）。然而，目前的采样还很难确定青藏高原流域水体中大气源的元素含量的确切数值，未来需要进一步研究人为气溶胶对高原河流元素释放的影响。

6）河流水质评价

河流水质评价是本研究的重要任务之一，不仅因为这些河流是高原居民的主要水源，还是下游广大地区的上游水源地。本研究采用《地表水环境质量标准》（GB 3838—2002）（MOH & SAC，2006）和WHO的饮用水指南（WHO，2011），同时综合了最新发表在国内外权威刊物上的文献数据进行讨论。

图3-84显示了长江源和黄河源地区河流、湖泊等水体的矿化度（TDS）、硬度（TH）、电导率（EC）、钠吸附率（SAR）指数的二元分类图。其中，TDS-TH二元图可以用来评估水体的饮用水水质风险。TDS与TH的关系图（图3-84）显示，研究区大多数天然水体都属于“软淡水”和“中等软淡水”水质，这与中亚腹地干旱区河水水质通常

属于“硬淡水”水质（Zhu et al.，2011）明显不同，表明研究区水体具有较好的饮用水水质。

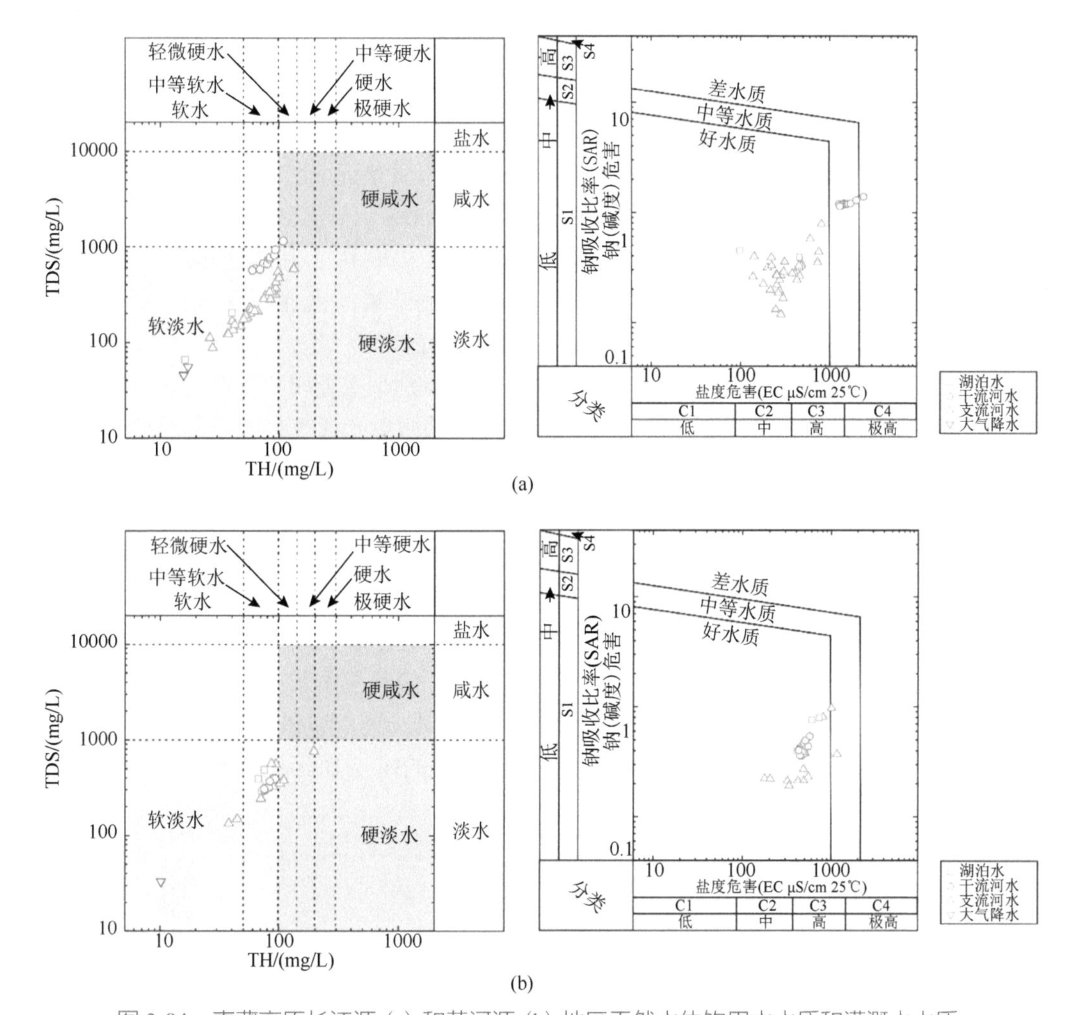

图 3-84　青藏高原长江源（a）和黄河源（b）地区天然水体饮用水水质和灌溉水水质

SAR 指数被广泛用于评估水中钠或碱对耕作植被的危害（Hem，1991）。通常来说，如果灌溉用水的 Na^+ 含量高、Ca^{2+} 含量低，则由于土壤中粘土颗粒的分散效应，水中的离子交换位点可能会由于 Na^+ 饱和而破坏土壤结构，进而抑制植物生长（Hem，1991）。本研究使用 SAR-EC 公式（Hem，1991；Zhu et al.，2011）计算长江源区和黄河源区河流、湖泊等水体的 SAR 指数：

$$SAR=Na^+/[(Ca^{2+}+Mg^{2+})/2]^{0.5}$$

其中，离子浓度以当量浓度（单位：meq/L）表示。长江源和黄河源地区水样的 SAR 值范围分别介于 0.12 ～ 1.39（平均值 0.55）和 0.19 ～ 1.72 之间（平均值 0.46），远低于中亚腹地天山地区河流（0.06 ～ 28.3，平均值 1.97）（Zhu et al.，2011），表明研究区属于较好的灌溉水水质。从图 3-84 中 SAR 与 EC 的二元关系图也可以看出，大多数地表水样的水质良好，在灌溉水水质方面属于“好水质”标准，但长江源区干流水质相对较差，几乎都属于“中等水质”，对耕作植被有一定的限制作用。

有文献报道，青藏高原上的大型河流尤其是主干道河流（干流）在高流量期间经常是高度浑浊的（浊度 >500 NTU）(Huang et al.，2009)。根据世界卫生组织和国家卫生健康委员会制定的饮用水指南，高原南部地区（STPR 区）河流（如雅鲁藏布江、布河、怒江、恒河、印度河等）中的大多数主要离子和微量元素浓度均在指南的最高理想值范围内，是可安全饮用的水资源 (Huang et al.，2009)。与上述文献资料结果相似，本次科考在青藏高原中东部（以长江源地区为主的 CRPR 区）和北部地区（以黄河源地区为主的 NTPR 区）所获取的夏季水体样品的实测结果，也显示这些区域的河流主要离子和微量元素浓度也都在指南的最高理想值范围内。

除了离子浓度可能引起水质变化之外，微量元素特别是重金属和有毒元素（如砷和汞等）也会直接影响水环境质量。与离子类似，水体中的微量元素也来源于自然过程（如岩石风化、降水等）和人类活动（如采矿等）。前已述及，长江源和黄河源地区大部分河流都具有高碱度的特点，因此实测水样中的微量元素浓度也较低（图 3-82 和图 3-83）（微量元素的溶解度受控于环境碱度且微量元素主要来源于区域岩石化学风化作用）。图 3-85 显示了青藏高原不同地区大型河流中的微量元素水质指数 (WQI)，可以看出大多数 WQI 值 <1，表明这些河水实际上未受到上述微量元素的污染，这些水在微量元素层面是相对安全的。然而，图 3-85 中的 WQI 值存在一定的空间异变（偏红色条带或区域），表明存在一些潜在的金属元素污染风险。例如，STPR 区河流存在砷、镉、锰和铅污染风险，NTPR 区河流存在铁和铝污染风险，而 CEPR 区则存在比较明显的铊 (Tl) 污染风险。

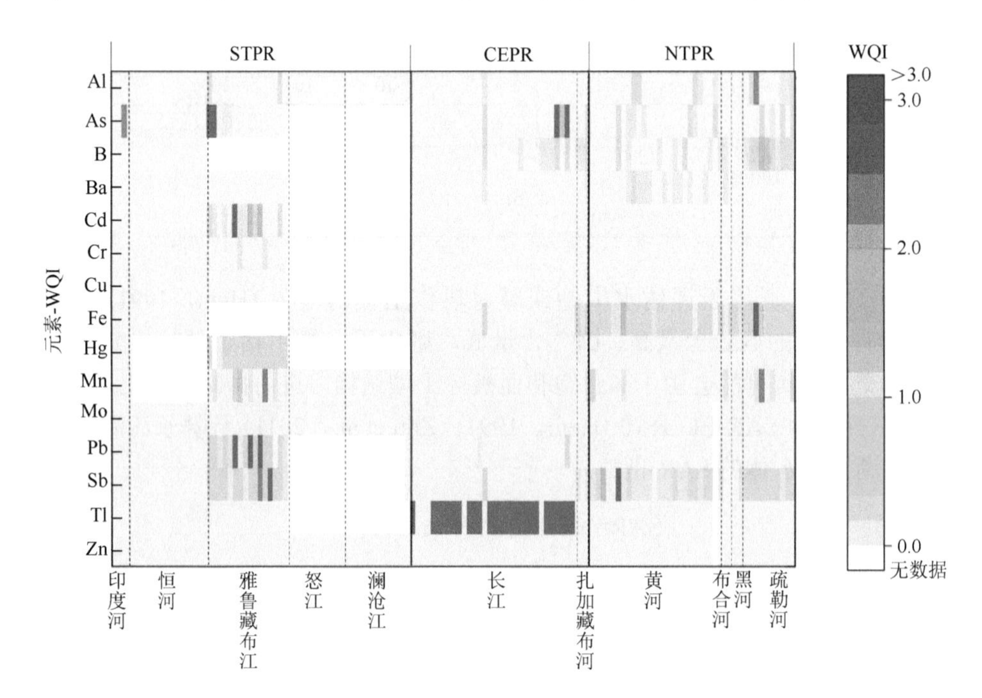

图 3-85　青藏高原大型河流中的微量元素水质指数（修改自 Qu et al.，2019）

微量元素砷 (As) 在自然环境中是无色、无味、无臭的，但在极低浓度 (10 μg/L) 下都是有毒有害的 (WHO，2011)。如图 3-85 所示，高原中东部区和南部区河流，特别是印度河、雅鲁藏布江和长江源区河流的砷浓度比《地表水环境质量标准》(GB 3838—2002) 中的饮用水允许限值高 3 倍，主要归因于该地区富砷土壤和地热泉的贡献 (Huang et al.，2011；Li et al.，2014；Sheng et al.，2012)。除砷以外，水中的汞 (Hg) 和铊 (Tl) 也都是对人类健康有害的有毒金属元素，尽管它们在地壳中的含量非常低 (Haxel et al.，2002)。雅鲁藏布江流域河水中汞浓度 (1.46 ～ 4.99 ng/L，Zheng et al.，2010) 和长江源区河水的汞浓度 (2.59 ng/L) 处于世界卫生组织的饮用水指南和《地表水环境质量标准》(GB 3838—2002) 的饮用水限值范围内，但比全球平均值 (0.07 ng/L，Huheey et al.，1983；Porterfield，1984) 高很多。此外，在青藏高原的河流尤其是长江源区的河流中还发现了铊元素，平均浓度高达 4.2 μg/L，远远高于《地表水环境质量标准》(GB 3838—2002) 的饮用水限值范围 (WQI>3)。青藏高原河流中 Hg 和 Tl 的来源目前还不清楚，但通常会与 Cu、Pb、Zn 和其他重金属硫化物矿石一起沉积 (Chen et al.，2009；Feng and Qiu，2008；Zhang et al.，2006)。青藏高原蕴藏着中国最大的铜矿床，这些矿床往往沿高原构造缝合带 / 线发育而成，而大型河流也正是沿着这些构造缝合线发育的。因此，有理由认为，青藏高原流域的铜矿床可能是导致河流中 Hg 和 Tl 含量偏高的原因。

值得注意的一点是，无论是本研究获取的第一手实验数据还是收集的文献数据，所有基于水样检测得到的元素浓度都经过样品前处理，也就是原始水样的过滤（本研究采用的是 0.45 μm 或 0.22 μm 微孔滤膜过滤），这势必会导致一些颗粒态的微量元素含量被忽略。尽管前人对喜马拉雅山脉沿岸河流的研究已表明过滤和未过滤水样之间的元素浓度是相似的，但过滤后的水样中的元素浓度值仍存在低估问题 (Zhang et al.，2015)。由于青藏高原的土壤和水环境具有较高的碱性 (pH 高)，因此岩石风化和酸性采矿浸出液所产生的重金属离子一旦与河水混合就会立即转化为胶体或颗粒物质 (Forstner and Wittmann，2012)，所有过滤水样所获得的重金属微量元素都可能忽略了这部分元素含量。它们虽不在水中但却随着颗粒物质在流域中扩散甚至跨流域传输下去，例如雅鲁藏布江河水中的总 Hg（包括溶解 Hg 和颗粒 Hg) 浓度几乎是溶解 Hg 的两倍 (Zheng et al.，2010)。考虑该区域存在大量的采矿活动，河流中的总重金属含量可能会高于目前的采样检测结果。此外，固体颗粒态的微量元素也应引起重视，因为携带微量元素的胶体和颗粒物质常常随水流进入中下游地区，一旦这些重金属元素随灌溉水进入农田系统，就会被作物和人类吸收进而威胁人类健康 (Forstner and Wittmann，2012；Zheng et al.，2010)。

3. 青藏高原西南地区水化学特征、成因与水质评价

1) 研究区概况

本研究中的青藏高原西南地区主要是以西藏阿里地区为主，还包括日喀则市、拉萨市、那曲市和山南市的部分区域。以阿里地区为例，该区域平均海拔 4500m 以上，气压低，空气稀薄、含氧量少；冬季极度寒冷且漫长，季节变化不明显；日照时间长，辐射强；降水稀少且分布不均。阿里地区湖泊星罗棋布，水流资源蕴藏量达 2 万 kW，

全地区有大小河流80多条，湖泊60多个。长期的地质演化、频繁的岩浆和火山活动等地质作用，形成了阿里地区复杂的地质构造和多样的沉积环境，也为成矿提供了有利的地质条件。阿里地区目前已发现有色金属、贵金属、稀有金属、化工原料、盐类矿产、建材、地热等17类38种矿产资源，矿床、矿（化）点301余处。例如，经详查的大型硼矿床1处位于革吉县扎仓茶卡，小型硼矿床5处位于革吉县聂尔错、噶尔县朗玛日湖、改则县基布茶卡、普兰县小玛伐木湖、措勤县小杰玛湖。

本次考察于2020年8月13日至8月29日进行，考察主要针对班公错—怒江成矿带及其背景区域，从拉萨出发先往南再往西最后形成闭环，途经西藏阿里地区多龙铜矿（改则县物玛乡）、江源矿业（噶尔县）等工矿区，具体考察路线如图2-9所示。

2）水体理化参数分析

目前我国湖泊水环境研究多集中在人口稠密的东部地区（徐好等，2019），针对青藏高原湖泊的少量研究也多集中在高原东南部，如纳木错、羊卓雍错和然乌湖等（张涛等，2020），高原西南部高海拔地区湖泊水环境研究较为缺乏。科考分队本次考察共采集河流、湖泊样品59个，主要水质参数的统计结果如表3-1所示，可以看出湖泊和河流的部分水化学参数存在明显差异。藏西南地区河流TDS值是全球河流平均值（65 mg/L）的4倍左右，由于海拔较高，河流水源主要来自于冰雪融水和降雨等，较高的TDS主要与区域地质结构和岩石风化有关。而藏西南地区湖泊的TDS均值达到了17114 mg/L，高于该区域河流2个数量级。与内陆低海拔区湖泊不同，高海拔地区湖泊有相当大部分为咸水湖和盐湖，如本研究区域的玛旁雍错、当若则错等，本底背景加之较强的蒸发作用导致高原湖泊整体TDS和盐度均非常高。这一结论和李志龙等（2023）在西藏扎日南木措流域的研究结果一致，即湖水中的溶解性矿物质和离子总量高于河流，而河流基本为淡水环境。河流和湖泊的溶解氧含量（dissolved oxygen，DO）平均值相差不大，90%以上的水样DO值范围在5～7.5mg/L之间变化，该结果略高于刘智琦等（2022）对青藏高原12个湖泊的研究结果（5.38mg/L），主要原因是刘智琦等的采样范围空间跨度更大，样点DO值波动范围大，其中部分盐湖（如茶卡盐湖、扎布耶茶卡和拉果错）的DO含量在4.0 mg/L以下。藏西南地区属于典型的高海拔地区，空气中的含氧量随海拔的升高而逐渐降低，类似地，水体DO值与海拔高度呈较为显著的负相关。

表3-1　青藏高原西南地区湖泊与河流水质参数比较

检测指标	河流			湖泊		
	最小值	最大值	平均值	最小值	最大值	平均值
TDS/(mg/L)	68	479	272.9	195	123300	17114
盐度/‰	0	10.7	0.5	0.1	27.5	4.67
DO/(mg/L)	3.72	7.51	6.38	4.46	11.5	6.13
Ca^{2+}/(mg/L)	26.6	200	41.42	13.3	1066.7	200.05
Na^{+}/(mg/L)	53.8	300	122.57	61.0	92395.0	16866.9
Mg^{2+}/(mg/L)	7.32	520.5	23.58	10.6	7970.7	802.99
K^{+}/(mg/L)	0.13	202	3.07	1.1	2750.0	510.67

续表

检测指标	河流			湖泊		
	最小值	最大值	平均值	最小值	最大值	平均值
Cl^-/(mg/L)	14.2	5561.7	29.49	16.6	49700.0	4259.2
SO_4^{2-}/(mg/L)	60.8	1696	146.17	70.4	54720.0	5794.53
HCO_3^-/(mg/L)	26.77	525.24	121.31	39.14	9845.68	1098.8
CO_3^{2-}/(mg/L)	0	1738	28.57	0	1136.8	523.98

海拔是影响青藏高原不同生境分布的重要因素，通过主成分分析（principal component analysis，PCA）方法可以考察水质参数与海拔之间可能的关系。现场水质参数和海拔的主成分分析表明，第一主成分和第二主成分的方差贡献率分别达到了 32.94% 和 21.56%，与海拔关系最密切的参数是水体 pH 和温度。高原多数湖泊水体的 pH 呈碱性，而本研究中大部分湖泊位于高海拔地区（海拔 4000 m 以上），因此表现出水体 pH 相对较高。盐度（Sal）是青藏高原典型湖泊水质的主要特征因子，有研究显示盐度与 TDS 之间存在显著正相关性（邵天杰等，2011），本研究中这二者同样具有相同的向量方向（图 3-86）。主成分分析发现 DO 与盐度、TDS 指向完全相反的方向，刘智琦等（2022）也发现了 DO 与盐度、TDS 之间存在显著负相关。本研究的采样时期正值夏季（阿里地区的夏季是 6 月到 8 月之间），此时地表水温相对较高，促进了水生生物的生产代谢和水体与沉积物间的离子交换频率，导致水体 DO 含量下降，同时盐度和 TDS 升高。盐度是影响青藏高原湖泊生物群落活性和丰富度的主要因素，也会使地表水表现出不同的水化学类型，因此水体（尤其是湖泊）盐度的差异在一定程度上可以反映水体其他理化参数的变化。

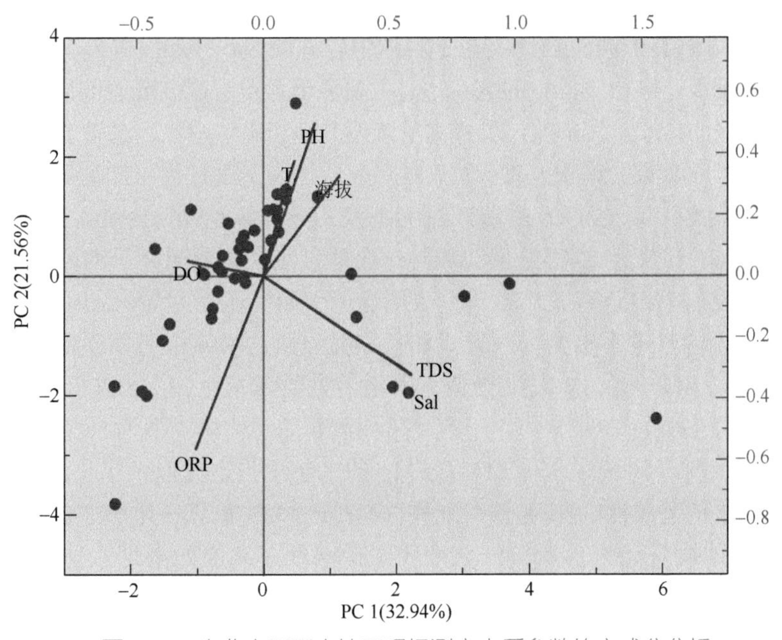

图 3-86　青藏高原西南地区现场测定水质参数的主成分分析

阴阳离子方面，从表 3-1 中的平均值来看，河流水体中 4 种阳离子浓度大小关系为 $Na^+ > Ca^{2+} > Mg^{2+} > K^+$，而湖泊中为 $Na^+ > Mg^{2+} > K^+ > Ca^{2+}$，$Ca^{2+}$ 的显著差异可能是由于湖泊环境中 Ca^{2+} 的沉淀行为（Pesce and Wunderlin，2000）。两种水体中占主要优势的阳离子均为 Na^+，但是湖泊中 Na^+ 的浓度平均值高出河流 3 个数量级。阴离子方面，湖泊和河流水体中浓度最高的离子均为 SO_4^{2-}，河流中的浓度范围是 60.8 ～ 1696mg/L，平均值为 146.17 mg/L，高于邵杰等（2023）在藏东南地区拉月曲流域的检测结果（14.88mg/L）。河流中其余阴离子浓度从高到低依次为 $HCO_3^- > Cl^- > CO_3^{2-}$，其中后两者的浓度均在 50 mg/L 以下。不同于河流，湖泊中大量存在 Cl^- 且其浓度平均值是 HCO_3^- 的 4 倍左右，反映了河湖水体中水化学组成的差异。青藏高原西南地区河流和湖泊主要离子组成的分布如图 3-87 所示，前 27 个水样点为河流样点，中间 28 ～ 54 为湖泊样点，其余为农业灌渠。可以看出，湖泊的离子浓度范围波动较大，大多数湖泊阳离子和阴离子的浓度范围都超过河流 1 ～ 3 个数量级，尤其是 Na^+、Cl^-、SO_3^{2-}。在河流样点中，样点 P6 具有最高的阳离子 300mg/L[图 3-87(a)]，位于山南市附近的一个村庄河流，主要来水是高山冰雪融水。湖泊样点中具有最高 Na^+ 浓度（92395.0mg/L）的样点位于海拔 4375m 措勤县附近的洞错，采样现场也可以看到湖岸边的白色盐渍 [图 3-87(b)]。有 11 个湖泊样点中的水体 Na^+ 浓度超过了 5000 mg/L，表明青藏高原西南地区盐湖含盐量较高。

3）水化学类型分析

湖泊水化学类型演变主要受自然因素（降雨量、入湖径流、蒸发量等）和人为因素的多重影响。青藏高原湖泊多为内流封闭型湖泊，水源的补给形式主要为冰雪融水、大气降水、地下水等。前期关于青藏高原湖泊水化学类型的研究发现，高原主要湖泊的水化学类型为：纳木错（$Mg\text{-}Na\text{-}HCO_3\text{-}SO_4$）、公珠错（$Na\text{-}HCO_3$）、班公错（$Na\text{-}Mg\text{-}HCO_3$）（李承鼎等，2016），高浓度的 Mg-Na 离子与本次采样结果类似。从表 1 中的离子组成来看，湖泊 TDS 和盐度显著高于河流的原因在于湖泊中较高的 Na^+、Mg^{2+} 和 K^+，其中 Na^+ 更是高出河流 3 个数量级。高原湖泊中的 Na^+、K^+ 主要源于蒸发岩或硅酸盐的风化，正是由于湖水受到高原地区的持续蒸发影响，导致离子浓度升高和水体咸化。湖泊中的 Ca^{2+} 高于河流 5 倍左右，Ca^{2+} 主要源于碳酸盐或蒸发岩的风化，但是蒸发过程可能会导致碳酸盐岩矿物的饱和沉淀，使 Ca^{2+} 以 $CaCO_3$ 的形式沉淀下来（Pesce and Wunderlin，2000）。阴离子方面，湖泊中的 Cl^- 和 SO_4^{2-} 同样高于河流约一个数量级，其他阴离子的差别不大。湖泊 Cl^- 和 SO_4^{2-} 与蒸发岩的溶解有关，本研究表明这两大阴离子是主导湖泊中盐类的主要成分。总体来看，湖泊只进不出的补水方式和长期强烈蒸发浓缩作用导致湖水中溶解度高的盐类离子（Na^+、SO_4^{2-} 和 Cl^-）发生集聚，水化学类型可能为 Cl-Na 和 SO_4-Na 型。河流方面，仁增拉姆等（2021）在年楚河主干流河段检测到的水化学类型为 $HCO_3 \cdot SO_4\text{-}Ca \cdot Mg$，这与藏西南地区大部分河流中水体 $SO_4\text{-}Ca \cdot Mg$ 的水化学类型类似。

图 3-89 为研究区水样的阳离子三元图 3-89(a) 和阴离子三元图 3-89(b)。除主要阴阳离子以外其他微量元素含量极低，表明工矿活动对高原西南部水体影响较小。由图 3-89(a) 也可以看出，水体中占据优势的阳离子主要是 Ca^{2+} 和 Na^+，其中 Na^+ 浓度最高，平均值达到 7160 mg/L，表明了河流湖泊中的阳离子主要受天然来源影响。在阴离

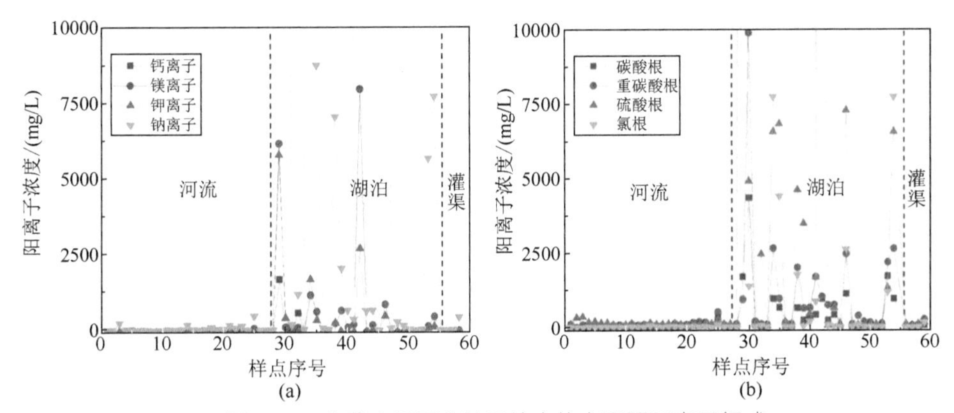

图 3-87　青藏高原西南地区的水体主要阴阳离子组成

图 3-88　部分采样点现场照片

(a) 山南市周边乡村河流；(b) 洞错；(c) 卡易错；(d) 拉萨市内拉萨河

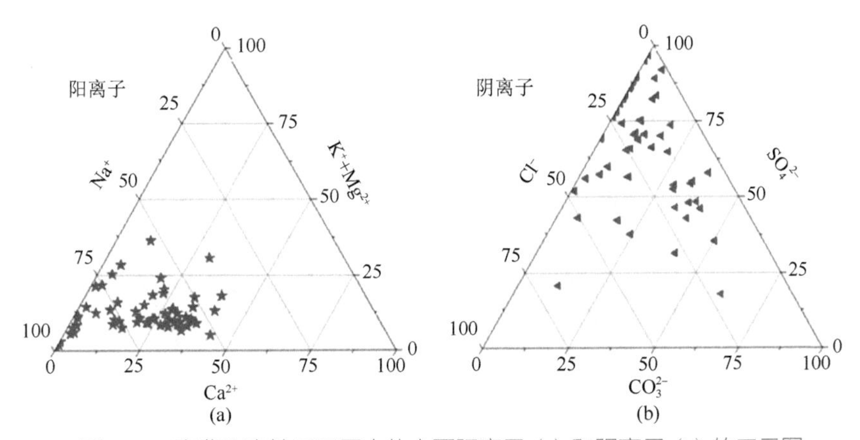

图 3-89　青藏西南地区不同水体主要阳离子 (a) 和阴离子 (b) 的三元图

子方面，大部分水样的主要离子都是 Cl^- 和 SO_4^{2-}，特别是 Cl^- 比例较高，占主要优势。天然水中特定离子的组合及其比值可以指示不同岩石风化作用的来源和影响，结合阴阳离子可以发现藏西南地区水体中最主要的离子存在形式是 Na-Cl。

对所有水体的离子浓度进行相关性分析（图 3-90），可以发现不同阴阳离子间均存在显著的正相关（$P<0.05$）。SO_4^{2-} 和每种阳离子都具有很强的相关性（$R^2>0.7$），尤其是与 Ca^{2+}、Mg^{2+}、K^+（$R^2>0.88$），说明这四者有着共同的物质来源，可能源于灰岩等碳酸盐岩矿物的风化溶解及硫酸溶解。相比于 SO_4^{2-} 和 Cl^- 与每种阳离子都具有较强的相关性，CO_3^{2-} 和 HCO_3^- 仅和 Na^+ 之间具有较强的相关性（$R^2>0.6$），这与之前在公珠错湖水的研究结果一致（李承鼎等，2016），表明 Na-HCO_3/Na-CO_3 是研究区主要的水化学类型之一。

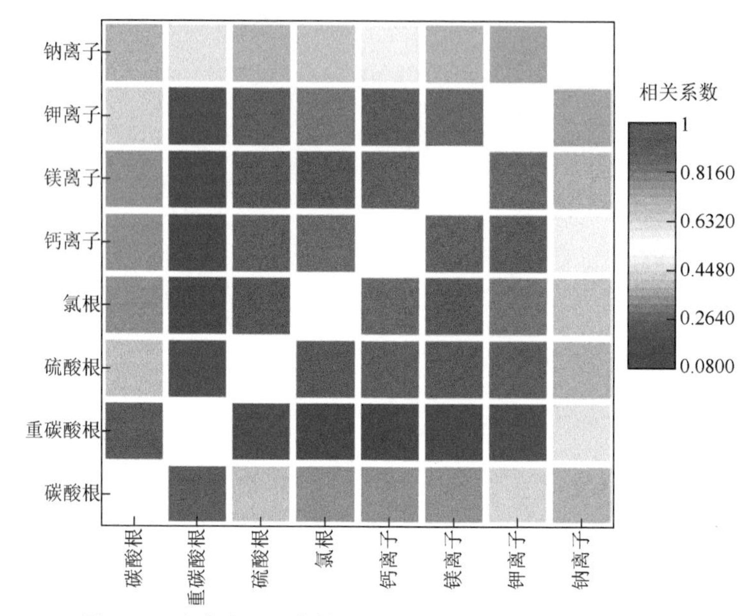

图 3-90　青藏高原西南地区水体不同离子浓度之间相关性热图

4）水质评价

从河流与湖泊比较来看，本研究发现高原湖泊的 TN 和 TP 值显著高于河流（表 3-2），应是由于湖泊换水周期长，自净作用相对较弱。实地考察也发现，个别湖泊确实出现了恶臭问题，如卡易错（海拔 4350m）[图 3-88（c）]。COD 在河流与湖泊中的分布特征和 TP、TN 相反，即河流 COD 平均值约是湖泊的 1.5 倍，这与河流附近较为密集的人类活动有关，如班戈县城下游的河流具有较高的 COD 值（88.69mg/L）。从分级统计来看，藏西南地区 75% 以上的样点 TP 浓度属于 II 类以下，同样位于藏西南地区扎日南木措流域附近的河流水体 TP 仅为 0.050 mg/L（李志龙等，2023）。TN 和 COD 的劣 V 类水样占比分别为 11.9% 和 20.3%，表明个别点位存在一定的污染问题。整体来看，青藏高原西南地区绝大部分未受到当地生活和工矿业活动的影响。TN 可能来源于当地农业活动引入的氮素，而受当地工矿开采活动影响较小。研究区 COD 最大值远低于青藏高原东部地区，个别点位 COD 略高的原因多是受居民生活污水或其他污水直排的影响。

表 3-2　青藏高原西南地区湖泊与河流水质参数比较　（单位：mg/L）

检测指标	河流			湖泊		
	最小值	最大值	平均值	最小值	最大值	平均值
TN	0.045	3.400	0.594	0.05	17.5	1.72
TP	0.006	0.224	0.031	0.003	1.60	0.139
NH_3-N	0.088	0.264	0.169	0.088	0.514	0.180
COD	1.89	139.78	36.98	0.32	82.86	24.19

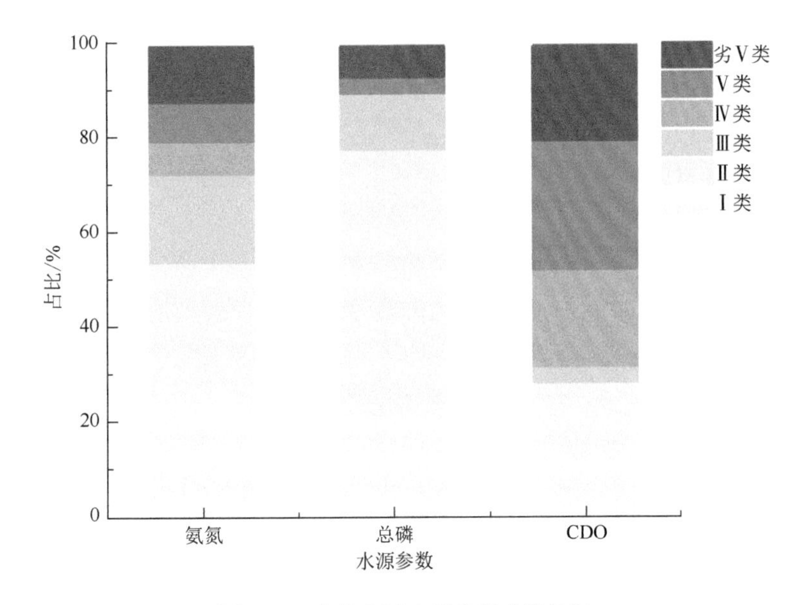

图 3-91　水体主要水质参数分类统计

从空间分布来看，TP 和 COD 的高值多位于研究区域东部的城市河流下游，这表明了最大城市拉萨及其下游污废排放对河流水质的影响 [图 3-88(d)]。水中的 TN 含量是衡量水质的重要指标之一，本次考察采集样品中 TN 含量最高为 17.5 mg/L，存在一定程度的 TN 污染现象。TP 浓度作为评价水体富营养化的重要指标，接近 90% 的水样 TP 浓度都属于Ⅲ类及以下。高原部分湖泊水体的盐度极高，如位于海拔 4000m 以上的当若则错、达则错等，这些地区氧气稀薄，水体中较低的 DO 值会抑制藻类等微生物的生长，进而避免高原湖泊富营养化的发生。从雅鲁藏布江采集的 5 个样点来看（均位于拉萨河汇入之前），水体 COD 值上下游的空间变化趋势明显（下游较高），上游区域没有明显的 COD 点源。氨氮浓度的空间分布和 TN 类似，高值主要位于西南地区一些盐湖水体中，但是在雅鲁藏布江上游和南部地区一些农业灌渠水样中也检测到相对较高的氨氮浓度，表明农业氮肥的使用可能是河流水体中氨氮的来源之一。

通过对水体主要水质参数之间的统计分析发现，河流样品的盐度和 TN、TP、COD 之间没有显著相关性，但是湖泊盐度与水体主要参数存在显著的正相关。进一步根据盐度不同将湖泊分为淡水湖 ($Sal<0.2$)、咸水湖 ($0.2 \leqslant Sal \leqslant 10$) 和盐湖

(Sal>10)，湖水中总氮和氨氮浓度的极值、中值和均值如图 3-93 所示。从不同盐度的湖泊来看，随着湖泊盐度的升高，水体的总氮和氨氮浓度都呈现逐渐增高的趋势。王腾等（2014）在青海察尔汗盐湖的研究发现，该区域的水体 TN 含量平均值约高于天然水中氮的平均浓度 3 个数量级，也高于青海湖 10 倍以上，这是由于氮在盐湖水体中比其他水体更富集，盐湖水体全氮含量极高与盐湖中结晶物介质的存在有关。本研究没有发现湖泊盐度和 COD 之间的相关性，但是个别盐度较高的湖泊中检测到较高的 COD 浓度（蹦错：盐度为 0.9‰，COD 为 52.6mg/L）。刘智琦等（2022）研究发现，2 个盐度超过 100‰ 的湖泊（扎布耶茶卡和茶卡盐湖）COD 值最高（>1800mg/L），Liu 等（2021）也发现青藏高原上高盐度的湖泊更有利于有机碳源的富集，从而导致湖泊水体各项理化指标随之变化。部分高盐度湖泊中较高的 COD 可能归因于某些细菌菌落适应了超高盐度的水体，同时水体中的高盐度也会刺激细菌对碳源的利用，加快其新陈代谢过程进而增加有机物排放量，COD 值随之升高（Alva and Peyton，2003；Xu et al.，2007）。此外，相关分析还发现湖泊面积与水体总氮和氨氮具有一定的正相关性（去掉 1 个离群值）[图 3-93(c)、(d)]。本研究中较大面积的湖泊主要位于海拔 4500m 以上区域，包括 TN 最高的点位卡易错（湖泊面积约 300 km^2），较大的湖泊面积使得换水周期更长且 TN 积累更高。

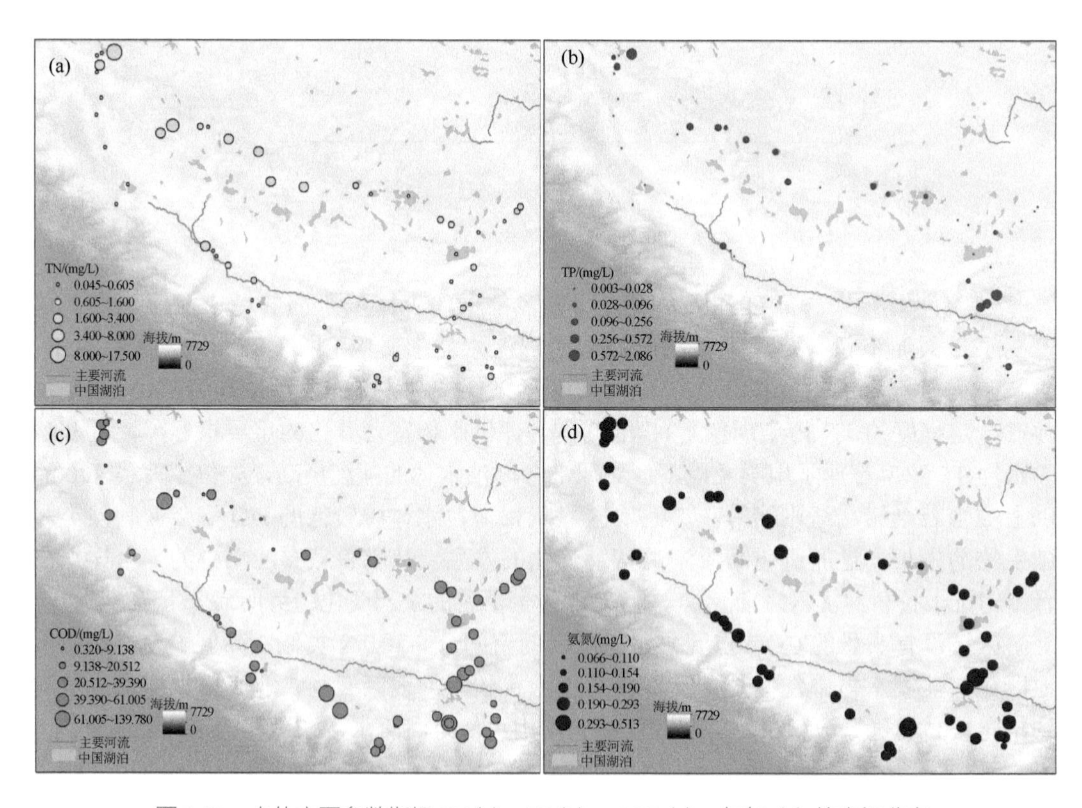

图 3-92　水体主要参数指标 TN(a)、TP(b)、COD(c)、氨氮（d）的空间分布

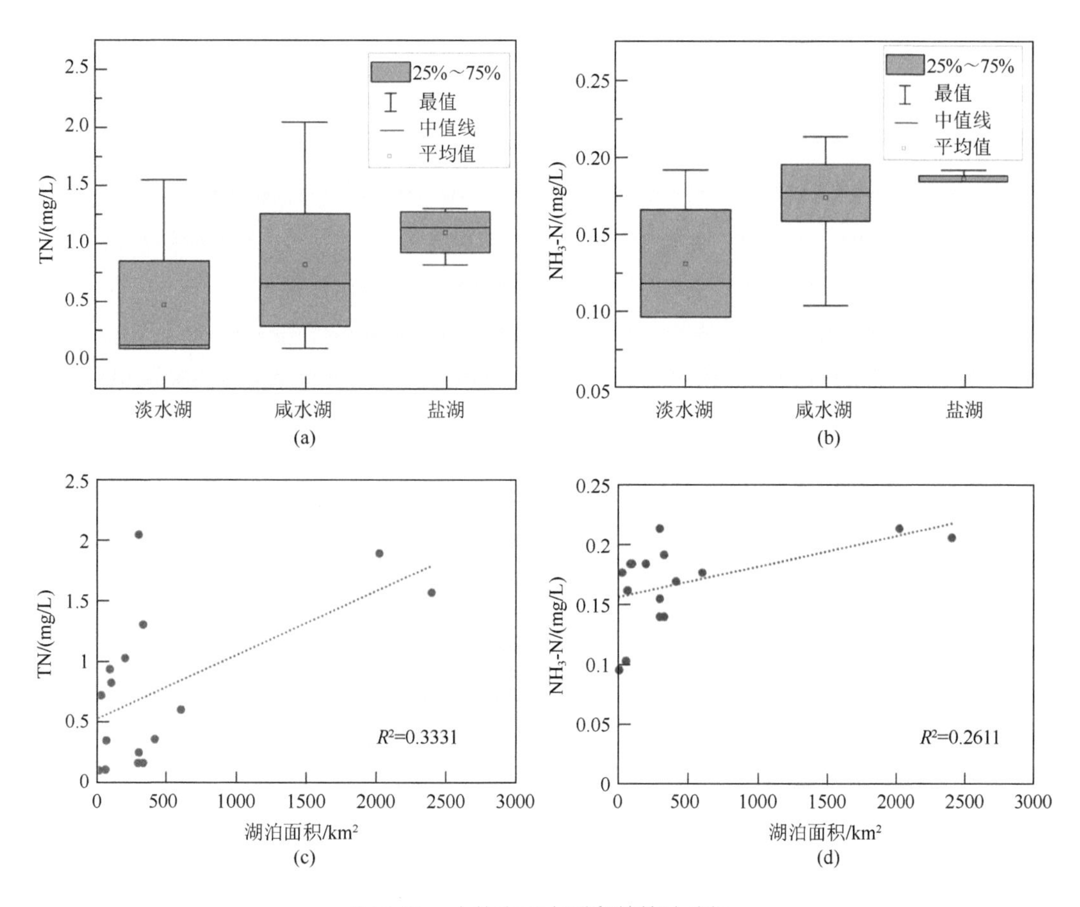

图 3-93　水体主要水质参数统计分析

采用综合水质指数（WQI）法评价了研究区 2020 年 8 月份的河湖水质状况。评价采用的水质参数包括氨氮、TN、TP、COD。结果表明，WQI 值在 0.10 ～ 4.28 之间，水质等级涵盖几乎未受污染（89.8%）、轻度污染（8.47%）和严重污染（1.7%），整体 WQI 均值为 0.58，等级为几乎未受污染。从空间分布来看，WQI 值最高的点正是位于海拔 4529 m 且湖边可以闻到恶臭味道的卡易错 [图 3-88(c)]，导致该点具有最高 WQI 的原因是其较高的 TN 浓度（17.5mg/L）；WQI 第二高的样点位于拉萨市内的拉萨河段，该点 TP 浓度过高（2.08mg/L）。除此之外，其余样点的 WQI 值全部低于 2，几乎不存在污染问题。属轻度污染的样点主要位于西南地区的一些盐湖，其污染原因和卡易错类似，均是由于水体较高的 TN 浓度。相关性分析也发现 TN 和 WQI 的相关性最高（R^2=0.72），表明 TN 是藏西南地区地表水质状况的主要影响因子。总体来看，研究区绝大部分样点水质属于几乎未受污染等级，个别受污染点位的主要污染物为 TN，因此基本可以判断研究区内的工矿业活动未对周边水质造成不利影响。

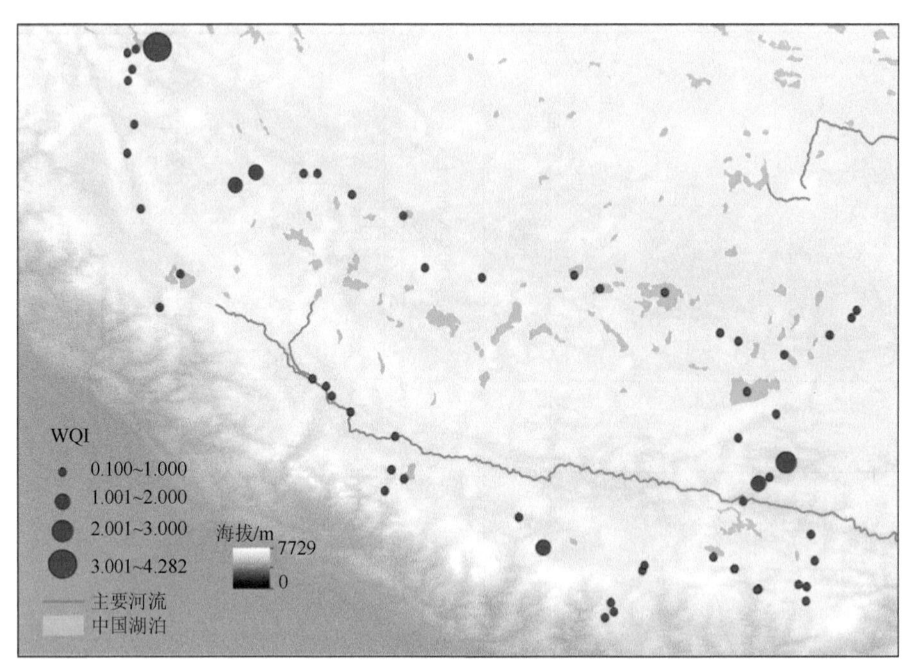

图 3-94　青藏高原西南地区水体 WQI 空间分布图

4. “一江两河”地区水化学特征与水质评价

1）研究区概况

西藏“一江两河”区地处青藏高原中部（28°20′N ～ 30°20′N，87°00′E ～ 92°35′E），包括雅鲁藏布江中游河谷地区及其 2 条支流（年楚河和拉萨河）流域，东起山南市桑日县，西至日喀则市拉孜县，横跨山南市、拉萨市和日喀则市的 18 个县（区），南北宽约 200 km，东西长达 540 km，区域面积约 6.67 万 km^2。该区域海拔介于 3240 ～ 7140 m，整体地势西高东低、南北高中间低，区域内河网密布，河谷地势平坦，年平均气温 4 ～ 8℃，年均降水量 250 ～ 580 mm，年日照时数 3000 h 以上，年蒸发量 2000 ～ 2400 mm，干燥度较大。该区矿产资源丰富，有色金属产业众多但缺乏煤、石油、天然气等常规能源，在矿产工业发展过程中逐步形成了鲜明的地域特色。山南市和拉萨市以开采铬铁矿、铅锌矿、铜矿和矿产品初加工为主，现有驱龙铜矿、冲江铜矿、尼木厅官铜矿等矿企；日喀则市以开采硼镁矿、硼砂、黄金为主，现有谢通门铜金矿等。

本次科考于 2018 年 7 月和 9 月分两次进行，均是从拉萨出发，分别向东和向西完成考察，途经甲玛 - 驱龙铜矿、祁连山水泥厂、堆龙工业园等工矿区。

2）水体理化参数统计特征

本次考察在青藏高原“一江两河”地区累计布设水样点 56 个，三条主要河流雅鲁藏布江、年楚河和拉萨的水质参数统计特征如表 3-3 所示。总体来看，河流 pH 范围相差不大，水体整体都呈现弱碱性，其中拉萨河 pH 平均值最低。刘昭等（2020）对雅鲁藏布江的拉萨至林芝段的考察结果发现，河水的 pH 变化范围在 6.90 ～ 8.23 之间，这与本研究在雅鲁藏布江的检测结果一致。年楚河的 pH（最小值、最大值和平均值）均高于雅鲁藏布江，仁增拉姆等（2021）在年楚河所测的 pH 也在 8.10 ～ 9.41 范围内，呈弱碱性。年楚河发源于喜马拉雅山北麓，河水的溶质来源主要为岩石风化，并受喜马拉雅山冰雪融水的影响，因此更偏向于天然弱碱性特征。DO 值从高到低依次为年楚河 > 雅鲁藏布江 > 拉萨河，其中年楚河的 DO 值变异范围更大，但空间上无明显变化规律。年楚河 TDS 浓度均值显著高于雅鲁藏布江主干流和拉萨河，这与年楚河流域较强烈的水岩作用有关，喜马拉雅山北麓较强的岩石化学风化导致水体呈现高矿化度的特征（江平等，2023）。拉萨河的 TDS 平均值只有雅鲁藏布江的一半左右，史轩等（2023）同样在丰水期（8 月）检测的拉萨河流域水体 TDS 值为 111.7mg/L，与本次科考的样品检测结果很接近。拉萨河流域河水主要来源也是岩石风化，但是受丰水期强降水的稀释作用影响，水体离子浓度较低。两大支流年楚河和拉萨河的 ORP 全部为负值，其中年楚河的值更低，表明整个流域水质还原性较强。雅鲁藏布江主干流整体上也处于还原环境，唯一一个 ORP 正值出现在山南市附近水体，可能是由于来自支流雅隆河水中氧化性物质的汇入在一定河段内增加了水体的氧化性。

表 3-3　“一江两河”地区水体理化参数分析结果

指标	雅鲁藏布江			年楚河			拉萨河		
	最小值	最大值	平均值	最小值	最大值	平均值	最小值	最大值	平均值
水温 /℃	10.5	21.8	15.7	7.8	23.3	14.3	11.9	16.4	14.1
pH	6.72	8.77	8.00	7.69	9.01	8.28	7.63	8.07	7.85
DO/(mg/L)	4.13	8.10	6.64	4.04	10.38	7.06	6.40	6.59	6.49
TDS/(mg/L)	57.0	489.0	206.7	54.0	428.0	329.6	61.0	155.0	108.0
ORP/mV	−104.2	11.7	−60.8	−117.6	−42.4	−74.6	−64.7	−39.0	−51.8

雅鲁藏布江的 TDS、氨氮和 ORP 变化趋势图 3-95(a) 所示。水体 TDS 值除山南市附近有一个样点突变增加以外，整体上自上游到下游显著降低。本团队在 2020 年 8 月另外一次藏西南考察采集检测的雅鲁藏布江支流雅隆河 TDS 值也同样高于其他样点[479mg/L；图 3-88(a)]，说明该点的 TDS 值突变与当地自然地理条件有关而非实验误差，应是由于具有较高 TDS 值的冰川融雪汇入雅隆河水导致。1960 ～ 2018 年期间，雅鲁藏布江流域下游年降水量是上游的 3.4 倍左右（刘佳驹等，2023），随着海拔的降低河水受冰川融雪补给比例减小，降雨补给比例增大，因此 TDS 值逐渐降低。氨氮自上游至下游也是逐渐增加的趋势，最高值出现在下游林芝市甲格村附近（0.239 mg/L），可能与沿河两侧村庄含氮废水的汇入有关。至最后一个采样点（林芝市米林县城上游）氨氮浓度又降至 0.1mg/L 以下，应是沿途没有明显点源，水体中的氨氮通过自净和汇水稀释作用导致浓度明显下降。OPR 在前三个样点没有明显变化趋势，但是从第四个样点（山南市附近）突然增加后开始显著降低，水体还原性逐渐增强。

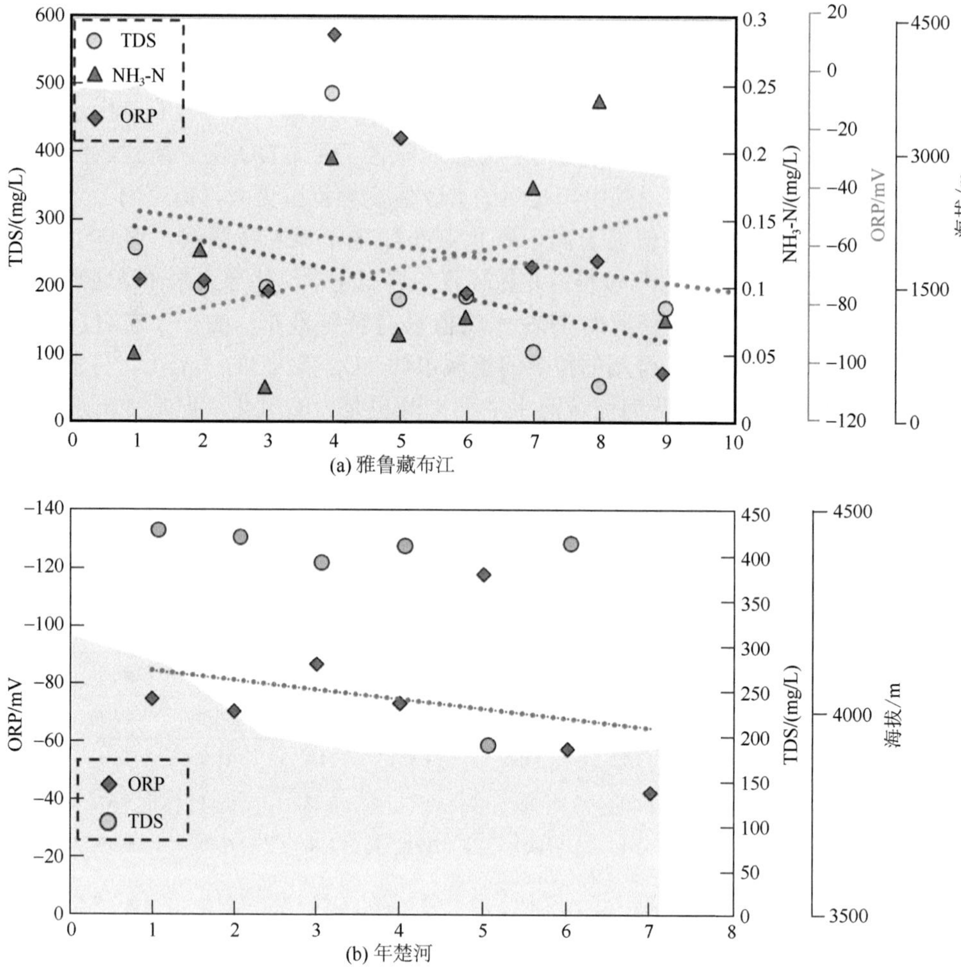

图 3-95　主要水质参数沿途变化趋势图

年楚河流域沿途的水质参数除 ORP 有逐渐增加的趋势之外，其他并无明显变化，可能是由于流经日喀则市之前水体氧化性物质排放量增加产生的直接影响。仁增拉姆（2021）研究发现，年楚河主干流河水中溶解盐的含量自上游到下游逐渐升高，但是本研究则未发现该变化趋势。对比发现，仁增拉姆等的研究采样点比较分散，上游采样点更靠近河源区域，因此受水源补给和气候条件影响较大。本研究中的样点主要位于年楚河中下游，从江孜县到汇入雅鲁藏布江的过程中，年楚河 TDS 不再有显著变化。但是两项研究均发现，年楚河在流经日喀则市后水体溶解盐的含量和 TDS 均显著下降（仁增拉姆等，2021）。

通过相关分析和主成分分析（PCA）可以考察水质参数之间以及水质参数与海拔可能的关系。相关分析发现海拔和 TDS 之间存在显著正相关，这与雅鲁藏布江下游海拔降低以后 TDS 降低的结论一致。高海拔地区地表水更靠近河源地区，主要源于冰川和融雪，海拔降低以后经过降雨和其他支流汇入，导致 TDS 值降低。虽然每个水样的采样时间不尽相同，但是取样水温和海拔之间仍然呈显著负相关系 (p<0.01)，这与高原高海拔地区环境温度降低的规律是一致的。对于清洁水体，水中溶解氧含量通常随温度上升而下降，本研究区采样检测的 DO 和水温之间同样也存在负相关关系（相关系数为 –0.23），与前人在典型高原河流罗时江湿地不同类型水体中的研究结果一致（刘云根，2019）。

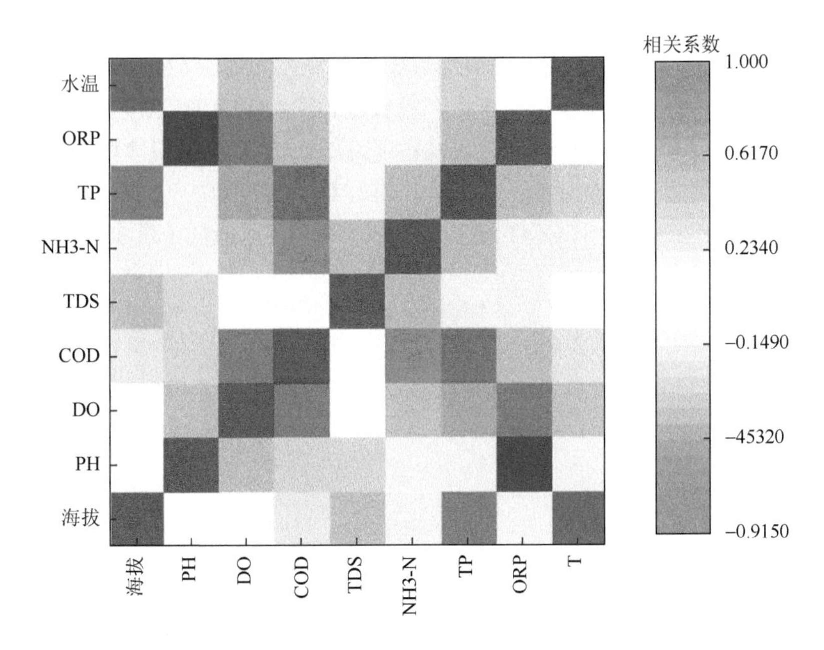

图 3-96　青藏高原“一江两河”地区水体不同参数之间相关性热图

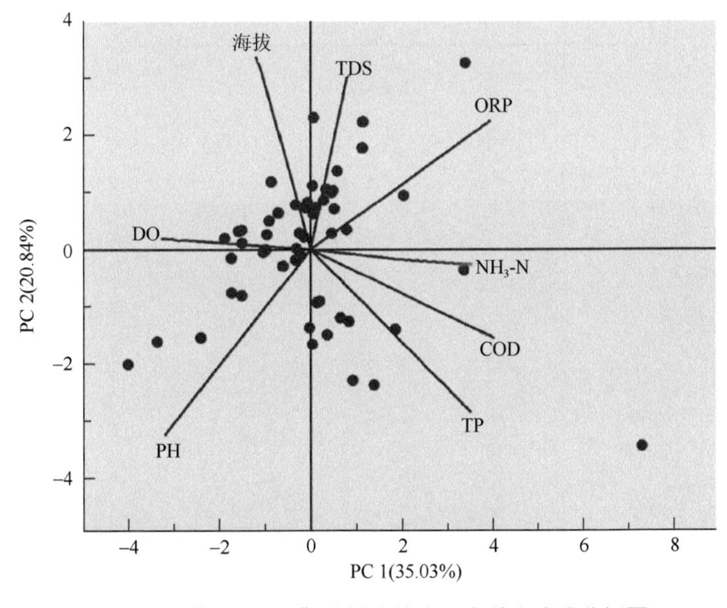

图 3-97　“一江两河”流域水体主要参数主成分分析图

3）水质评价

研究区水体氨氮浓度介于 0.001 ～ 0.472 mg/L 之间，所有样点均属于地表水质标准Ⅱ类及以下（≤ 0.5 mg/L）（图 3-98），在三条河流中年楚河的氨氮浓度最高。年楚河流域范围内以农牧业为主，采样点周围大部分均为耕地（图 3-99），因此农业氮肥流失可能是水体氮素含量相对较高的重要原因之一。水体 TP 浓度介于 0 ～ 1.46 mg/L 之间，均值 0.088 mg/L，56 个采样点中有 48 个低于地表水质标准Ⅲ类及以下（≤ 0.2 mg/L）（图 3-99），唯一一个 TP 劣Ⅴ类水样位于雅鲁藏布江下游。比较来看，雅鲁藏布江干流的 TP 浓度显著高于年楚河和拉萨河，这与其下游部分样点 TP 浓度明显偏高有关。水体 COD 值整体较低，介于 1.15 ～ 12.95 mg/L 之间，全部低于《地表水环境质量标准》（GB3838-2002）Ⅰ类标准（≤ 15 mg/L）（图 3-98），雅鲁藏布江和年楚河 COD 浓度比较接近，拉萨河最低（表 3-4）。

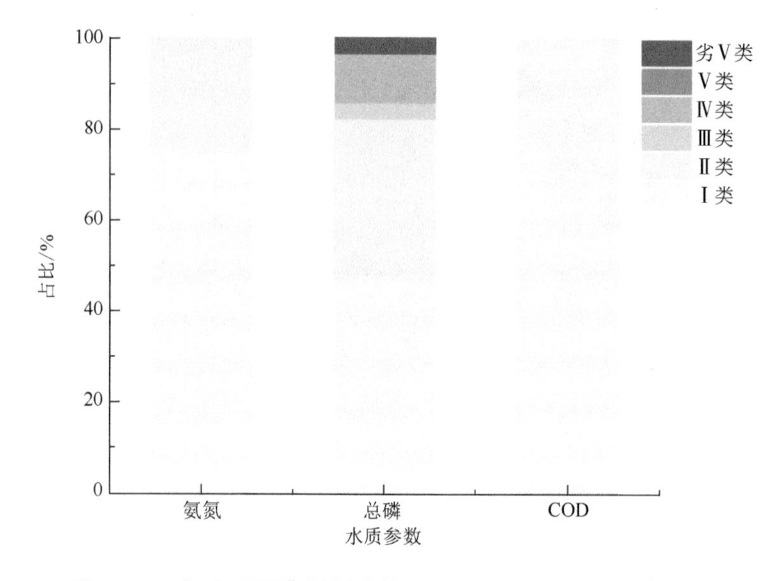

图 3-98 “一江两河”流域水体 NH_3-N、TP 和 COD 分类统计

图 3-99 年楚河流域部分水体采样点遥感影像图

表 3-4　“一江两河”水体理化参数统计分析结果　　单位：mg/L

指标	雅鲁藏布江			年楚河			拉萨河		
	最小值	最大值	平均值	最小值	最大值	平均值	最小值	最大值	平均值
COD	2.85	9.18	6.28	3.59	11.16	6.32	2.37	5.22	3.08
NH_3-N	0.052	0.175	0.116	0.122	0.472	0.240	0.046	0.13	0.088
TP	0.011	0.677	0.158	0.037	0.146	0.063	0.001	0.023	0.012

从空间上来看，氨氮浓度无明显变化规律，但年楚河流域氨氮水平显著高于其他区域[表 3-4；图 3-100(a)]。西藏日喀则地区使用的化肥主要以氮肥为主，氮肥以硝态氮、亚硝态氮和氨态氮 3 种形式存在并可以从土壤被淋洗下渗进入河流。作为“西藏粮仓”的年楚河流域沿河岸两侧均为大面积耕地，农业氮肥流失和畜禽养殖排泄排放是流域氨氮浓度较高的重要原因。因此，年楚河流域现代农业及城镇化进程为主的人为活动对周边河流水质的影响应该引起重视。TP 在年楚河和雅鲁藏布江都表现为下游地区高值较多[图 3-100(b)]，体现了沿河的磷累积过程。河流下游地区地势更加平缓，海拔降低后人类更为密集，下游沿线的含磷生活污水排放应该是水体总磷的主要来源。TP 浓度的高值（Ⅳ类和劣Ⅴ类）主要分布于拉萨河汇入之后的雅鲁藏布江下游，最高值位于山南市加查县热当村附近，该点位上游连续分布的县城和村庄密集排放含磷生活污水，是该点 TP 浓度较高的原因。此外，磷元素一般以可溶态和颗粒态随地表径流迁移，研究区牛羊粪便可能也是磷元素的来源之一（吴浩玮等，2020）。高原地区的低温使得水体藻类和浮游植物等数量较少，对磷元素的吸收消耗缓慢，水体自净能力弱，多种因素共同作用造成了 TP 的偏高。一江两河流域 COD 值的波动范围较小，高值也是集中于年楚河下游和拉萨河下游。

相关分析表明，氨氮和 TP 与 COD 之间均存在不同程度的正相关，表明了它们可能有共同的来源。DO 值与 COD 和 TP 均是负相关关系，表明好氧环境会抑制水体 COD 和 TP 的积累。主成分分析也表明三个参数的方向向量较为一致，同时 TP 与海拔以及 DO 与 COD 都是完全相反的向量方向（图 3-97），这和相关分析结果一致，即低海拔地区较多人类活动促进了水体 TP 的积累。

采用综合水质指数（WQI）对“一江两河”流域水体质量进行了评价，所采用的水质参数包括氨氮、TP、COD。结果表明，所有样点的 WQI 值均低于 1，属于几乎未受污染（图 3-101）等级。空间分布来看，WQI 的高值点位于雅鲁藏布江干流中下游区域，最高点位于山南市热当村附近，导致该点具有最高 WQI 的原因在于其较高的 TP 浓度（0.68 mg/L）；WQI 第二高的样点位于雅鲁藏布江干流山南市附近河段，也是 TP 浓度较高（0.32 mg/L）。从评价结果来看，水质较差的区域多是由 TP 浓度偏高导致，表明 TP 是一江两河地区地表水质状况的主要影响因子（图 3-102）。研究区所有水样点都为几乎未受污染等级，表明该区地表水几乎未受到工矿业活动的影响。

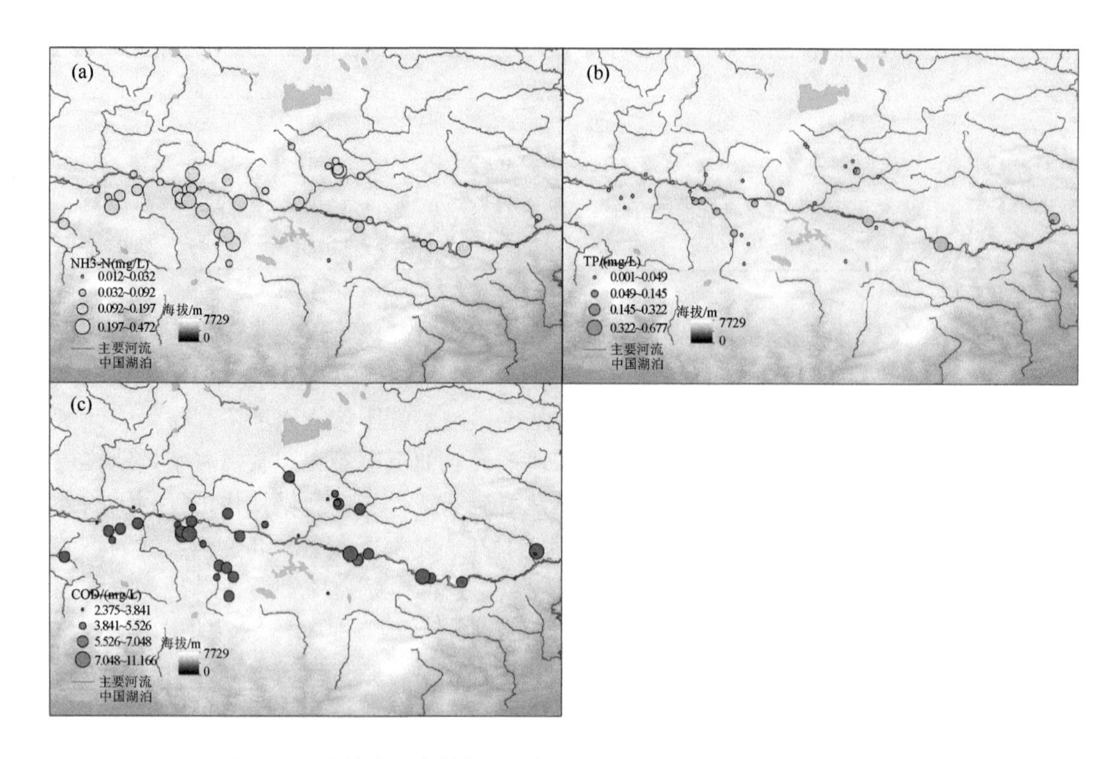

图 3-100 水体主要参数指标氨氮 (a)、TP(b)、COD(c) 的空间分布

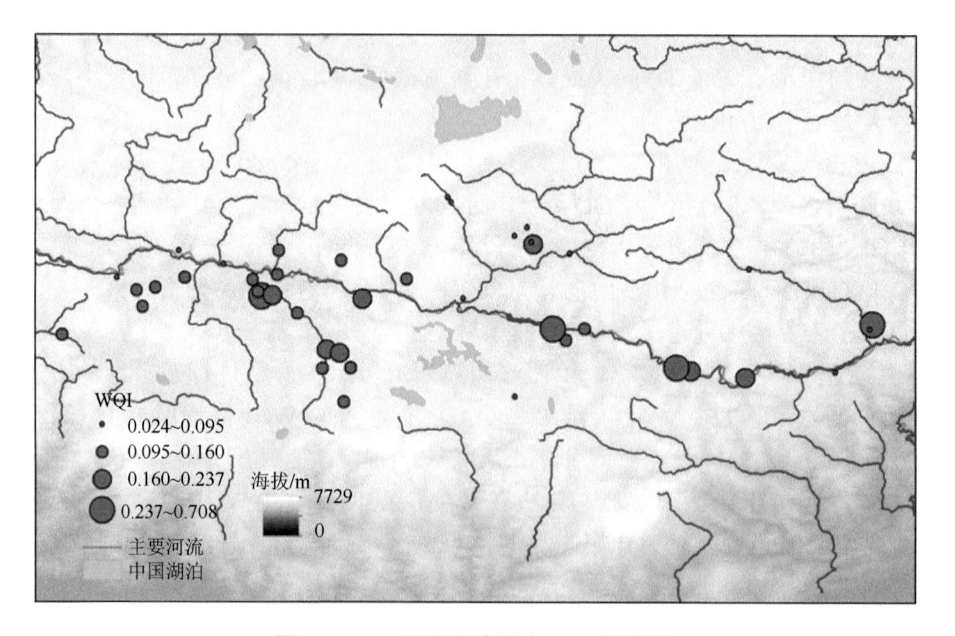

图 3-101 一江两河流域水 WQI 指数图

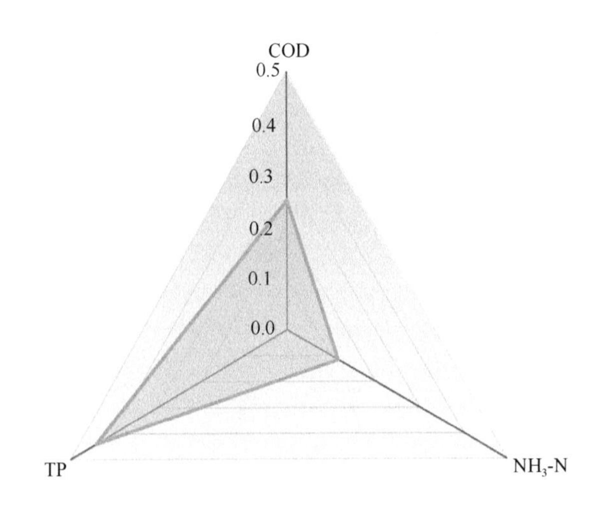

图 3-102　“一江两河”流域水体营养参数 WQI 指数图

4）重金属浓度统计特征

“一江两河”26 个水样的重金属元素 Cd、Cr、Pb、Zn 和 Cu 的统计结果如表 3-5 所示。统计分析表明，研究区 5 种重金属浓度均较低，属于地表水质标准Ⅱ类及以下，尤其是 Cd、Zn、Pb 均属于Ⅰ类，表明工矿业活动等对区域水体质量未产生明显影响（图 3-103）。由表 4 可知，Zn 的变异系数最低（属于中等变异，48.9%），其余重金属均属于强变异，各种重金属空间分布较为不均。Pb 在研究区内的变异系数达 194.2%，部分样点 Pb 浓度较高，最高值位于雅鲁藏布江干流，但仍属地表水Ⅰ类标准。Cu 浓度最高点同样位于雅鲁藏布江干流拉萨河汇入之后，西藏铜矿资源丰富，雅鲁藏布江上游的谢通门县雄村铜矿及其下游的厅宫铜矿都存在丰富的铜矿资源，因此雅鲁藏布江水体的 Cu 主要源于自然本底。Cr 的最高值位于年楚河流域，同时其上下游位置的浓度也高于其他大部分支流区域，这与日喀则附近的铬铁矿床本底有关。该河段主要为喜马拉雅山冰川融水汇入，淋溶过程可能是流域内土壤重金属进入水体的主要途径（郝守宁等，2020）。总体来看，“一江两河”地区水体重金属浓度随海拔的升高（河流上游）呈现下降趋势。剔除本底背景，人类活动带来的重金属目前暂未对河流水质产生负面影响。

表 3-5　“一江两河”西段水体重金属浓度分析结果　　单位：mg/L

重金属	平均值	最小值	最大值	标准差	CV/%
Cd	0.00025	0	0.001	0.00030	118.93
Cr	0.00174	0.0001	0.0108	0.00205	117.88
Pb	0.00043	0	0.00395	0.00084	194.24
Zn	0.02135	0.004	0.04455	0.01044	48.88
Cu	0.00245	0.0005	0.01925	0.00347	141.33

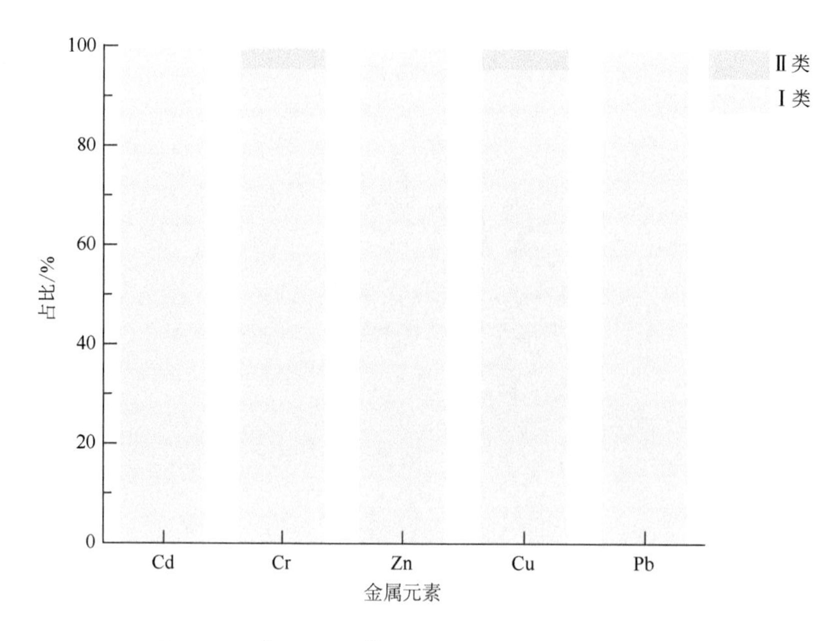

图 3-103 “一江两河”流域西段水体重金属浓度统计

3.2.3 小结

(1) 本研究识别到青藏高原的河流与地质矿产分布有着高度的空间一致性，自然背景下青藏高原的地质矿产和主要成矿带几乎都分布在高原的构造断层线和缝合带上，而这些断层线和缝合带不仅是高原上发育的大型河流径流的主要通道，也是城镇、工矿业等人类活动主体分布的重要区域。因此，高原河流水体具有天然的微量元素污染潜在风险。

(2) 本节研究探明了青藏高原流域具有高碱度的水环境背景，水体中的微量元素含量普遍较低。青藏高原北部、东北部、中部、东部、南部区域与工矿区分布有密切关系的大型流域水体平均 pH 介于 7.60 ～ 8.46 之间（pH 范围为 6.89 ～ 9.03），具有较为一致的高碱度。一般来说，高碱度水体普遍有着较高的离子活度缓冲能力（酸性环境则相反），导致微量元素溶解度降低（尤其是金属元素如铁等），金属元素更多会发生沉淀而非溶解在水中，进而缓冲了水体微量元素的潜在污染风险。岩石风化作用和酸性采矿浸出液所产生的一些有害重金属元素在与河水混合时不易溶解，而是立即转化为固态物质（胶体或颗粒态）在流域内扩散或跨流域传输，因此目前青藏高原的溶解态微量元素总体水平较低，但固态重金属元素的赋存状况可能被低估。

(3) 本节明确了青藏高原主要河流的离子化学组成可大致分为三个区（南部 Ca 区、北部 Mg 区、东部 Na 区），其成因既有共同点也有不同点。共同点是：都以水岩相互作用机制为主（受控于地质成因）而几乎无气候成因、工矿业活动成因；不同点是：南部河流 Ca 区以碳酸钙化学风化成因为主，北部河流 Mg 区以石灰岩－硅酸岩风化成因为主，而东部长江源河流 Na 区则以蒸发盐风化（或蒸发结晶）成因为主。

(4) 本节证实了青藏高原南部局部区域水体存在高浓度重金属元素，不适宜作为饮用水源地。在岩石风化和地下水淋滤等自然过程背景下，青藏高原南部一些河段（如雅鲁藏布江流域中部的拉萨、日喀则段）水体中存在较高浓度的重金属元素，如 Cu、As、Pb、U、Tl 等，高于《地表水环境质量标准》(GB 3838—2002) 和 WHO 饮用水标准，不适合直接饮用，也存在通过其他暴露途径（如皮肤接触、食物链传递等）引发健康风险的可能性。这种异常的重金属微量元素富集现象与区域的高碱度水环境相矛盾（非地质成因），因此可能是由人为因素影响造成，如采矿作业、生活废水排放、垃圾填埋等。

(5) “一江两河”地区主要水质参数 COD、NH_3-N、TP 含量较低，水质良好。东部水质比西部稍差，可能是由于前者海拔相对较低，人口分布较为密集，人类活动强度大，特别是工矿业较发达所导致。西部地区重金属浓度总体上随海拔的升高呈下降趋势。藏西南地区水体 TP 含量较低，TN 和 COD 在部分湖泊和拉萨市下游偏高，这可能与湖泊水更替较慢和城市生活污水排放有关。水体主要化学组成形式为 Na-Cl、SO_4-Na、SO_4-Ca·Mg 等，与很多高原水体研究结果一致。

3.3　青藏高原东部和西南部典型工矿区土壤环境质量分析

3.3.1　样品采集与分析

科考分队于 2019 年 5 ～ 7 月在青藏高原东部典型成矿带附近共采集耕地、草地表层土壤样品 74 个 (0 ～ 20 cm)。采用分区布点方法进行采样点位的布设，为了保证足够的采样点能代表采样单元的土壤特性，在每个样点布设 5 个点（图 3-104）。采样网格大小采用 20m×20m，在取样的 5 个网格中心位置采集 0 ～ 20 cm 土层的土样，然后将同一采样区域的 5 个离散点土壤样品合并，使其均质成一个单一的样本。使用不锈钢铲进行土壤样品的采集，然后混合封装到自封口的铝箔袋 (30 cm×20 cm×5 cm) 中储存。每个样点收集大约 3kg 土壤，分装到两个铝箔袋中。

在实验室将采集的土壤样本自然风干，剔除植物根系以及其他杂质，利用木棍碾碎研磨，进一步筛分后，测定土壤理化指标以及重金属元素含量。风干后的土壤样品根据研磨过筛孔径大小分装为三组：2mm、0.15 mm、0.075 mm，测试指标如表 3-6 所示，具体测试方法见表 3-7。

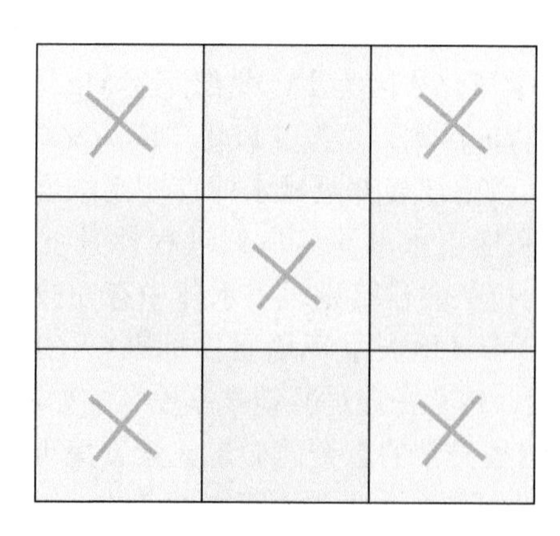

图 3-104　土壤样品分区布点采集示意图

表 3-6　土样过筛孔径和测试指标

过筛要求	测试指标
2 mm	pH、阳离子交换量
0.15 mm	土壤有机质；全量（总氮、总磷、总钾）；速效磷、钾；碱解氮
0.075 mm	重金属（Cu、Pb、Zn、Cd、Cr、Hg 等）

表 3-7　土样各指标测试方法

指标	测试方法
pH	酸度计法
土壤有机质	重铬酸钾氧化 - 外加热法
土壤全氮	凯氏氮
土壤全磷	碱熔 - 钼锑抗比色法
土壤全钾	碱熔 - 火焰光度法
土壤速效磷	碳酸氢钠浸提 - 钼锑抗比色法
土壤速效钾	乙酸铵浸提 - 火焰光度法
土壤碱解氮	扩散吸收法
阳离子交换量	乙酸铵交换法
土壤重金属	电感耦合等离子质谱仪（ICP-MS，美国 Agilent7500cx 型）

3.3.2　青藏高原东部典型工矿区土壤环境质量分析

科考分队于 2019 年 5 ～ 7 月在青藏高原东部典型成矿带附近共采集耕地、草地表层土壤样品 74 个（0 ～ 20 cm）。在实验室将采集的土壤样本自然风干，剔除植物根系以及其他杂质，利用木棍碾碎研磨，进一步筛分后，测定土壤理化指标以及重金属元素含量。考察区（以下称藏东地区）位于青海省东北部与甘肃省西部交界的祁连山地区和青藏高原东南部三江源地区的金沙江流域。

1. 土壤理化指标分析

研究区土壤理化指标的统计特征如表 3-8 所示。土壤 pH 平均值为 7.45，呈弱碱性。有机质含量变化范围较大，为 3.70 ~ 125.09 g/kg，平均值为 41.91±29.22 g/kg。根据全国第二次土壤普查土壤养分分级标准（表 3-9），该地土壤有机质含量达到土壤养分一级标准。研究区域大部分地区海拔较高，气温较低，农作物种植面积较小，加之青藏高原地区农家肥的普遍施用，土壤有机质得以保存下来。在化学元素方面，全氮含量的平均值为 2.73 g/kg，属于土壤肥力分级标准一级水平；41.79% 的样品超过 1.5g/kg，达到土壤肥力分级标准二级水平；土壤全磷和全钾的含量为 0.43 ~ 8.03 g/kg 和 11.65 ~ 31.45 g/kg，属于中等水平；速效磷的平均值为 69.18mg/kg，达到土壤养分的一级标准；速效钾的平均值为 190.14mg/kg，属于二级水平；碱解氮的平均值为 182.38mg/kg，属于一级水平。

变异系数（CV）的大小揭示了随机变量的离散程度，在这里可以有效表征土壤养分指标的空间变异性程度。通常认为 CV < 10% 为弱变异性，10% ⩽ CV ⩽ 100% 为中等变异性，CV > 100% 为强变异性。就变异系数来看，研究区域的有机质、全氮、全磷、全钾、碱解氮、速效钾、电导率（EC）、pH 属于中等程度变异，而速效磷、含盐量、阳离子交换能力（CEC）属于强变异。这说明青藏高原东部土壤肥力存在一定差异。

表 3-8　土壤肥力指标的统计特征

土壤肥力指标	最大值	最小值	平均值	标准差	偏度	峰度	变异系数 /%
有机质 /(g/kg)	125.09	3.70	41.91	29.22	0.88	0.12	69.71
全氮 /(g/kg)	10.31	0.28	2.73	1.85	1.35	2.85	67.95
全磷 /(g/kg)	8.03	0.43	1.43	1.05	4.24	23.50	73.50
全钾 /(g/kg)	31.45	11.65	20.32	4.37	0.38	−0.28	21.50
碱解氮 /(mg/kg)	458.07	8.55	182.38	103.21	0.57	0.01	56.59
速效磷 /(mg/kg)	480.60	3.90	69.18	73.66	2.89	12.86	106.48
速效钾 /(mg/kg)	665.10	26.00	190.14	142.57	1.54	2.02	74.98
EC/(ms/cm)	38.70	3.00	14.31	8.24	1.12	0.75	57.57
含盐量 /(g/kg)	10.07	0.02	0.57	1.40	5.35	32.29	247.95
CEC/(cmol/kg)	32.22	0.08	1.81	4.49	5.35	32.26	248.68
pH	9.24	1.69	7.45	1.14	−2.09	7.97	15.30

表 3-9　土壤养分分级标准

分级	有机质 /(g/kg)	全氮 /(g/kg)	速效磷 /(mg/kg)	速效钾 /(mg/kg)	缓效钾 /(mg/kg)	碱解氮 /(mg/kg)
一级	>40	>2	>40	>200	>500	>150
二级	30 ～ 40	1.5 ～ 2	20 ～ 40	150 ～ 200	400 ～ 500	120 ～ 150
三级	20 ～ 30	1 ～ 1.5	10 ～ 20	100 ～ 150	300 ～ 400	90 ～ 120
四级	10 ～ 20	0.75 ～ 1	5 ～ 10	50 ～ 100	200 ～ 300	60 ～ 90
五级	6 ～ 10	0.5 ～ 0.75	3 ～ 5	30 ～ 50	100 ～ 200	30 ～ 60
六级	<6	<0.5	<3	<30	<100	<30

从空间分布来看（图 3-105），有机质含量在研究区西北部及东北部极低，平均值介于 16.17 ～ 23.1 g/kg，整体由东南向西北递减；西北地区绝大部分有机质值在 40g/kg 以下。有机质含量分布与土壤肥力分布一致，原因是东南部地区海拔相对较低，气候温暖，湿润多雨，植物生长量大，所以有机质积累丰富，土壤有机质含量相对较高。全氮的空间分布与有机质类似，但研究区北部大片区域为低值区，原因是土壤氮素含量分布受有机质积累分解的影响，与土壤肥力图保持一致。速效钾含量以西北角为中心，逐渐向东南方向递减，极值变化大，最高值为 439.1 mg/kg，最低值为 100.1 mg/kg。CEC 在研究区东南部为最高值，由东南向西北递减，可能是因为东南地区温度相对较高，土壤微生物活性较高，促进了土壤中各种物质的转移。

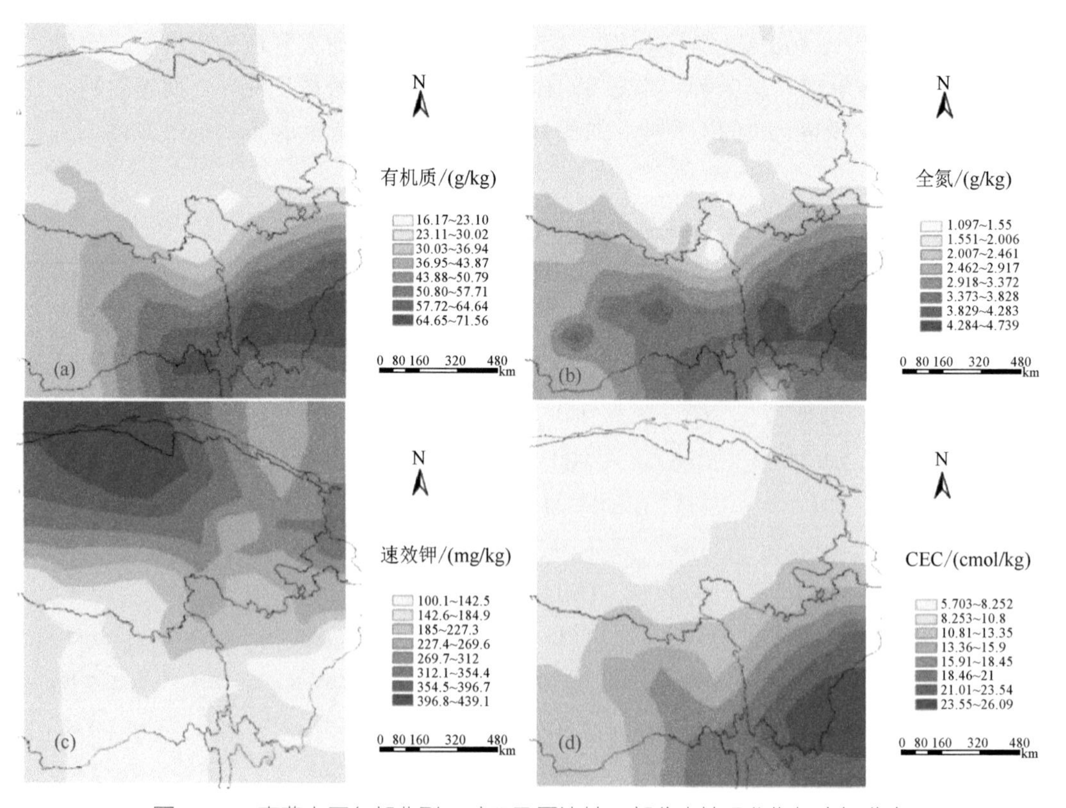

图 3-105　青藏高原东部典型工矿区及周边地区部分土壤理化指标空间分布

2. 基于主成分分析的土壤肥力评价

土壤肥力是土壤养分针对特定植物的供应能力，以及供应植物时环境条件的综合体现，土壤肥力水平的高低直接关系到作物产量、农产品品质以及农业可持续发展等。据估计，我国由土壤侵蚀、肥力贫瘠、盐渍化、沼泽化、污染及酸化等原因造成的土壤退化总面积约 4.6 亿 hm^2，占全国土地总面积的 40%，是全球土壤退化总面积的 1/4。因此，科学准确地掌握和评价土壤肥力能够为作物有效施肥以及合理利用土壤资源提供依据，保障青藏高原地区土壤的可持续利用。

采用模糊综合评价方法评价土壤肥力。选取 pH、有机质、全氮、碱解氮、全磷、速效磷、全钾、速效钾、CEC 为土壤肥力评价指标，利用主成分分析法确定各项指标的权重并构建模糊隶属函数。首先对数据进行样品充分性和相关性的 Kaiser-Meyer-Olkin 检测和 Bartlett 球形检验，检测值分别是 0.65 和 376.255，表明这些指标之间相关性较强，适合做因子分析。首先对不同类型的物理化学指标进行主成分分析（表 3-10）。

表 3-10　土壤肥力指标主成分分析结果

项目	PC1	PC2	PC3
特征值	3.911	1.330	1.264
方差比例 /%	43.454	14.782	14.041
累计方差 /%	43.454	58.236	72.278
有机质	0.929	0.792	0.128
全氮	0.917	−0.605	0.110
全磷	0.480	0.698	−0.019
全钾	0.319	0.610	−0.356
碱解氮	0.801	−0.349	0.086
速效磷	0.401	0.511	0.504
速效钾	−0.182	−0.012	0.787
pH	0.608	0.120	0.472
ECE	0.835	−0.152	0.062

通过主成分分析得到三个主成分所对应的特征值，结合特征值对应的比例得到综合评价函数，各个理化指标在综合评价函数中占的权重如图 3-106 所示。将经过标准化处理的各项理化指标带入综合平均函数模型中得到每个点的土壤肥力值。由图 3-106 可知，研究区土壤肥力整体值介于 1.761 ～ 2.928。从空间分布来看，东南区域土壤肥力值最高，并且有两个高值区，以这两个高值区为中心按层状规则向外递减，递减速率由快变慢，这一方面是因为东南地区海拔较低，气候条件适合农作物生长，另一方面该区域更靠近中国内陆，土地管理方式更先进。土壤肥力低值区面积占研究区总面积的 50% 以上，其中西北地区土壤肥力值最小，这与实际调研中甘肃省西部地区干旱，不适宜农作物生长的环境一致。

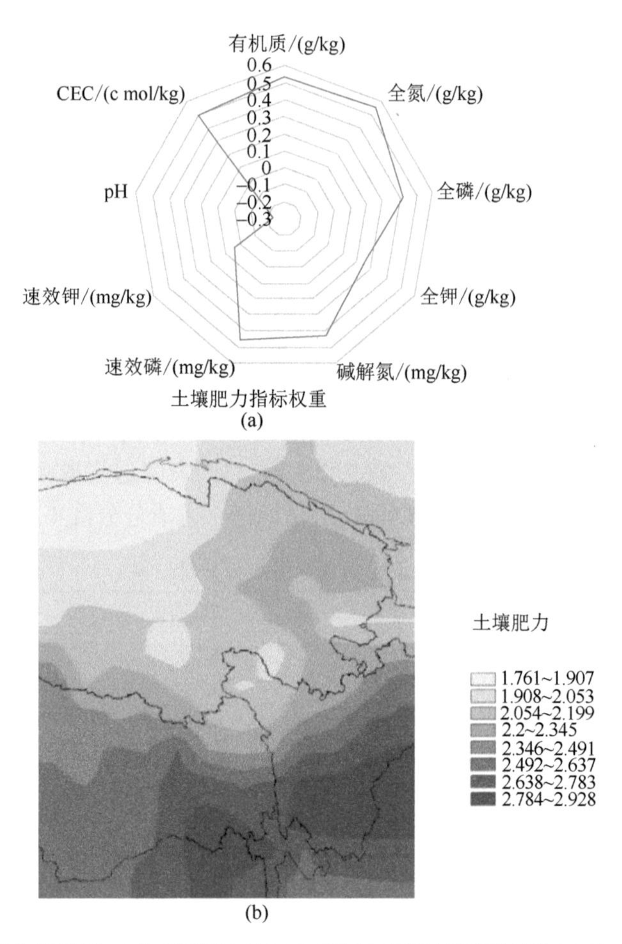

图 3-106 青藏高原东部典型工矿区及周边地区土壤肥力指标权重雷达图（a）和土壤肥力空间分布（b）

3. 土壤重金属组成及来源分析

随着藏东地区工矿业的迅速发展，工业的“三废”排放，土壤污染问题越来越突出。利用原子吸收光谱法测定土样中 Cd、Cr、Cu、Ni、Pb、Zn 的含量，用冷原子吸收法测定 Hg 的含量。测试过程中所用的试剂均为优级纯，以国家标准物质样品 GSS-1 和 GSS-2 为标样进行质量控制。各种元素测定值均在国家标准参比物质的允许误差范围内。

1）土壤重金属含量的描述性统计

研究区 7 种重金属的描述性统计结果如表 3-11 所示。从表 3-11 中可以看出，Cd、Cr、Cu、Ni、Pb、Zn 和 Hg 的含量平均值分别为 0.228 mg/kg、91.308 mg/kg、37.406mg/kg、41.127 mg/kg、121.011 mg/kg、113.242 mg/kg 和 0.0001209 mg/kg， 除 Hg 外，这 6 种重金属平均值分别超过了土壤背景值的 1.14 倍、1.01 倍、1.07 倍、1.17 倍、1.21 倍、2.8 倍。其中部分采样点超过国家二级标准中的土壤环境质量限定值，大多数样点的重金属并没有超过限定值。从变异系数看，各重金属的变异系数大小顺序为 Cu>Pb>Hg>Cr>Zn>Ni>Cd，重金属 Cu、Zn、Pb、Hg 和 Cr 的变异系数相对较大，表明其地区分布极为不均，这可能与当地地质背景有关。相比之下重金属Cd的变异系数较小，在不同研究区域含量分布较为均匀。

表3-11　青藏高原东部典型工矿区及周边地区土壤重金属的描述性统计

项目	Cd	Cr	Cu	Ni	Pb	Zn	Hg
最小值/(mg/kg)	0.067	49.150	12.160	13.031	17.919	61.000	0.0000127
最大值/(mg/kg)	0.640	279.700	144.200	143.514	394.091	228.594	0.0021123
平均值/(mg/kg)	0.228	91.308	37.406	41.127	121.011	113.242	0.0001209
标准偏差/(mg/kg)	0.104	36.677	25.142	22.772	181.408	35.533	115.843
变异系数/%	11.1	134.5	332.8	51.69	329.0	126.6	152.3

从图3-107中可以看出，土壤重金属含量大部分都属于Ⅰ～Ⅱ级水平，其中11个(18.96%)土壤样品的Cd含量超过Ⅱ类标准，对耕地土壤的危害性极小；Hg全部符合农田土壤重金属污染Ⅰ级标准。但是也有极少部分元素存在超标现象，共有3个(5.17%)土壤样品Pb含量超过了Ⅲ级标准，它们分别位于青藏高原东南部的党巴乡一处小麦地和与祁连山地区位置邻近的两个地膜覆盖土豆地。结合实地调研的环境，可以推断农田土壤中存在的Pb超标现象可能与附近矿区产生的污染有关。

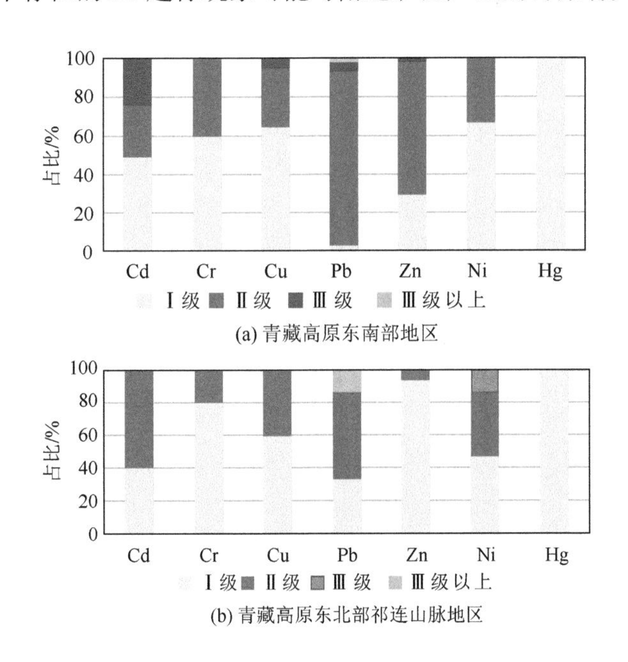

图3-107　不同区域农田土壤重金属污染程度统计

2) 利用多元分析解析土壤重金属来源

表3-12计算了土壤6种重金属间(Cd、Cr、Cu、Pb、Zn、Ni)及它们与有机质的相关性。从表3-12可以看出，重金属Cd、Zn、Cu、Ni以及Cr与土壤有机质含量有着较好的相关性，相关系数都在0.26以上，因此这些元素可能来源于成土母质。从金属

间的相关性来看，重金属 Cd 与 Cr、Zn、Ni、Cu 显著相关，Cd 与 Cr 的相关性系数为 0.353，达到显著相关；Cd 与 Ni 的相关系数也达到 0.393，呈显著相关；Cu 与 Zn 也显著相关，这说明这几种金属可能是同一种来源，再结合与有机质的相关性可以看出 Cr、Zn、Cu、Ni 以及 Cd 极有可能来自土壤母质。Pb 与其他重金属的相关性较低，且与土壤有机质的含量相关性也较低，说明 Pb 与其他几种重金属的来源不同。因此，需要对重金属的来源做进一步的分析。

表 3-12　研究区土壤重金属及其与有机质间的间相关性分析结果

项目	Cd	Cr	Cu	Pb	Zn	Ni	土壤有机质
Cd	1						
Cr	0.353**	1					
Cu	0.324**	0.271	1				
Pb	0.092	–0.023	0.156	1			
Zn	0.526**	0.353**	0.452**	0.204	1		
Ni	0.393**	0.918**	0.313*	0.211	0.287*	1	
土壤有机质	0.321**	0.265*	0.427**	0.228	0.436**	0.472**	1

** 表示在 0.01 水平上显著相关，* 表示在 0.05 水平上显著相关。

对 6 种重金属（Cd、Cr、Cu、Pb、Zn、Ni）进行主成分分析，结果如表 3-13。从表 3-13 中可以看出，6 种重金属的主成分分析辨别出了两个主成分。两个主成分共解释总变量的 78.424%。重金属 Cd、Cr、Zn、Cu、Ni 在第一主成分中出现了较高的载荷。相关性分析表明，这几种金属间的相关性较强，且与土壤有机质含量相关性较好。综上可以判别第一主成分可能是地质背景来源，即这几种重金属主要来源于土壤母质。在第二主成分上，重金属 Pb 具有极高的载荷，说明 Pb 主要来源于非地质背景因素，即人为影响，因此第二主成分为人为活动来源。

表 3-13　研究区土壤重金属主成分分析结果

项目	PC1	PC2
Cd	0.698168	0.434895
Cr	0.845891	–0.45274
Cu	0.91873	0.039286
Pb	0.304039	0.785711
Zn	0.657943	0.409168
Ni	0.857119	–0.43508
方差贡献率 /%	55.753	22.671
累计方差贡献率 /%	55.753	78.424

3）重金属含量空间分布

利用 ArcGIS 地统计模块普通克里金插值工具对 6 种重金属（Cd、Cr、Cu、Pb、Zn、Ni）浓度值进行插值分析，结果如图 3-108 所示。从图 3-108 中可以看出，高浓度的重金属 Cd 主要分布在研究区东南部，呈现出东南向西北的带状分布。结合来源分析，可以推断研究区东南部地质背景中重金属 Cd 含量较高。Cr 主要分布在研究区南部，在南部出现集聚现象，其他地方浓度较低；重金属 Zn 主要分布在研究区南部，北部以及东北部浓度较低；重金属 Ni 主要分布在研究区东南部；Cu 主要分布在研究区东南部，中部以及西部浓度较低，浓度与地质背景密切相关。重金属 Pb 主要分布在研究区东部及北部，西部、南部的浓度较低。在来源分析中也发现重金属 Pb 主要受人为因素的影响，即东部地区的人为活动影响了重金属 Pb 的浓度分布。根据实地调查，藏东地区的人为活动污染主要表现为矿山开采。

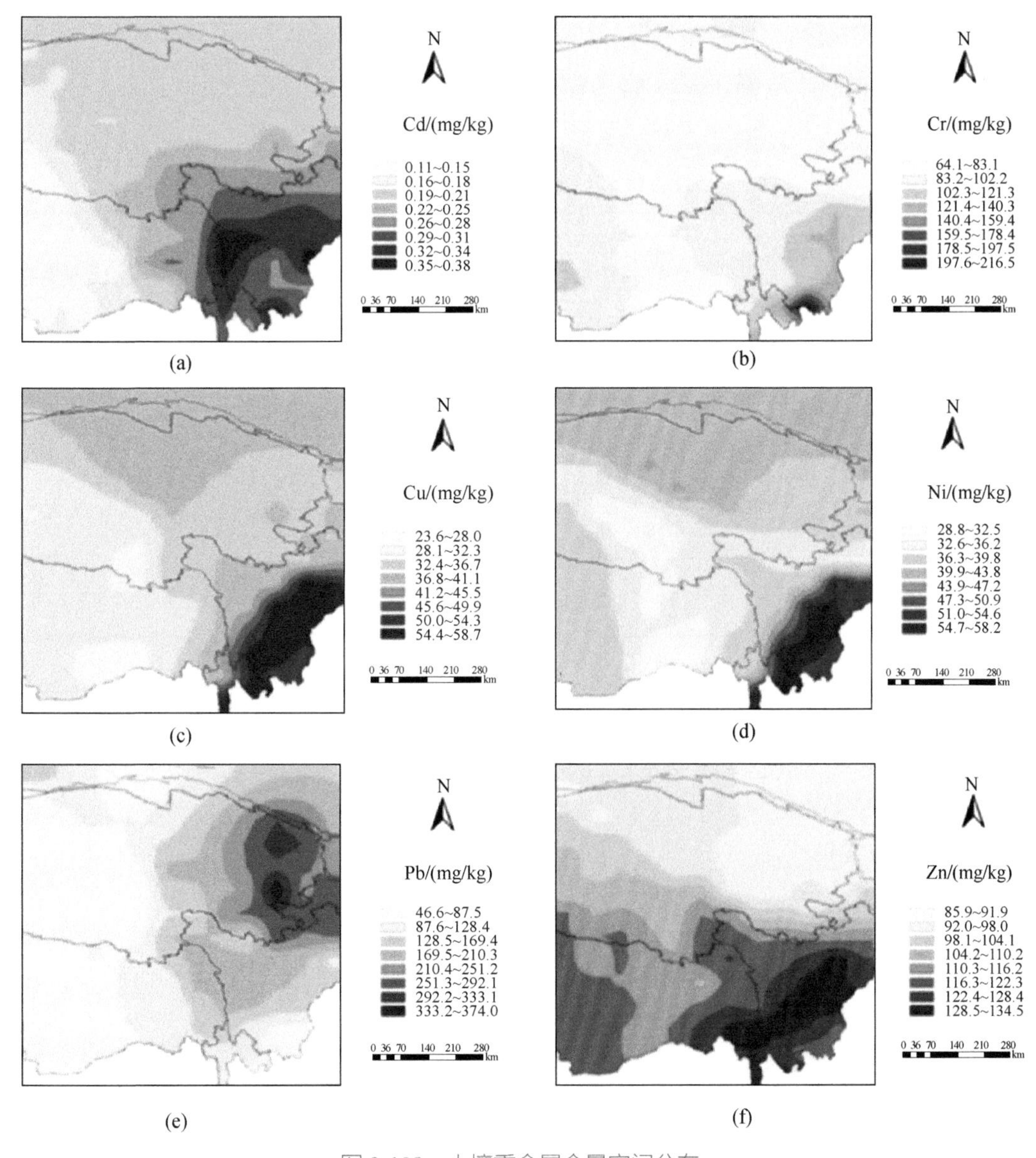

图 3-108　土壤重金属含量空间分布

3.3.3 青藏高原西南部典型工矿区土壤环境质量分析

1. 土壤理化指标分析

藏南地区受到印度洋暖湿气流和地形的影响，有着丰富的土壤资源。藏南地区土壤 pH 为 5.730 ~ 9.130，平均值为 8.181，变异系数为 7.762%。土壤有机质含量处于 1.365 ~ 98.847 g/kg，平均值为 20.925 g/kg，变异系数为 88.296%。土壤全氮平均含量为 1.252 g/kg，变化在 0.246 ~ 4.905 g/kg，变异系数为 76.917%（表 3-14）。根据全国第二次土壤普查土壤养分分级标准，藏南地区有机质含量属于四级标准，全氮含量属于三级标准，全磷的平均含量为 0.957 g/kg，属于六级标准；全钾的平均含量为 21.672 g/kg，属于六级标准；碱解氮、速效磷以及速效钾的平均含量分别为 90.277 mg/kg、24.386 mg/kg 以及 177.824 mg/kg，分别属于四级标准、二级标准、五级标准。

表 3-14 土壤肥力指标的统计特征

土壤肥力指标	最小值	最大值	平均值	标准差	偏度	峰度	变异系数 /%
有机质 /(g/kg)	1.365	98.847	20.925	18.476	1.717	4.648	88.296
全氮 /(g/kg)	0.246	4.905	1.252	0.963	1.444	0.644	76.917
全磷 /(g/kg)	0.219	0.481	0.957	0.992	5.704	37.333	1.036
全钾 /(g/kg)	15.765	31.486	21.672	2.859	0.612	1.382	13.192
碱解氮 /(mg/kg)	1.842	589.568	90.277	118.861	2.465	6.829	131.663
速效磷 /(mg/kg)	10.000	273.099	24.386	38.951	5.409	33.087	159.723
速效钾 /(mg/kg)	30.810	1282.580	177.824	188.177	4.178	22.843	105.822
CEC/(mmol/kg)	11.110	245.531	87.379	55.118	1.075	0.881	63.079
pH	5.730	9.130	8.181	0.635	2.497	7.652	7.762

2. 土壤肥力评价与相关理化指标的空间分布

选择能反映土壤肥力质量特性的定量因子，利用主成分分析法综合评价区域土壤肥力。由表 3-15 可以看出，第一主成分对于总方差的贡献率是 38.178%，第二主成分对于总方差的贡献率是 18.889%，第三主成分对于总方差的贡献率为 15.380%，这三个主成分之和达到 72.447%，即这三个主成分能解释土壤全部指标信息的 72.447%。因此，利用主成分分析藏南地区土壤肥力质量是可靠的。在此基础上，应用 ArcGIS 软件对样地土壤理化指标进行克里金插值，得到相关指标的空间分布（图 3-109）。根据图 3-109，高有机质含量地区主要集中在东南部，中部和北部的有机质含量较低，基本处于 10 g/kg 以下；全氮含量与有机质含量的空间分布是一致的；速效钾的高含量地区主要集中在西部，中部和东部的含量较低；CEC 与有机质和全氮的含量有着相同的空间分布。

表 3-15　土壤指标主成分分析结果

项目	PC1	PC2	PC3
特征值	3.818	1.889	1.538
方差比例 /%	38.178	18.889	15.380
累计方差 /%	38.178	57.067	72.447
有机质	0.900	−0.234	0.288
碱解氮	0.791	−0.166	−0.461
速效磷	0.274	0.089	−0.704
速效钾	0.467	0.301	−0.394
全氮	0.894	−0.258	0.301
全磷	0.333	0.722	0.383
全钾	0.113	0.742	−0.058
pH	−0.643	0.113	0.407
EC	0.327	0.738	0.021
CEC	0.803	−0.106	0.432

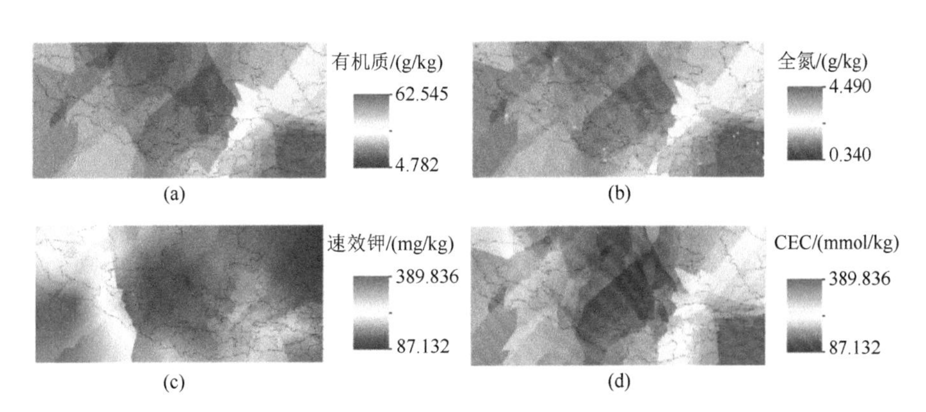

图 3-109　土壤中有机质、全氮、速效钾以及阳离子交换能力的空间分布

3. 土壤重金属组成及来源分析

1) 土壤重金属含量的描述性统计

西藏自治区南部矿产资源丰富，主要发育有雅江成矿带，铬、铜储量大、品质高。因此藏南地区工矿业较为发达。根据表 3-16，藏南地区土壤中 Cd、Cr、Cu、Ni、Pb 以及 Zn 的平均含量分别为 0.127mg/kg、69.351mg/kg、23.693mg/kg、39.212mg/kg、42.042mg/kg、99.798mg/kg，6 种重金属含量虽然超标但富集情况并不是特别严重。6 种重金属元素的变异系数由大到小为 Ni>Pb>Zn>Cu>Cd>Cr。按照高度变异（CV>0.36）、中等变异（0.16 ≤ CV ≤ 0.36）和低度变异（CV<0.16）的划分标准，藏南地区土壤中 Ni 和 Pb 的空间分布为高度变异，Zn、Cu、Cd、Cr 的空间分布为中度变异。

表 3-16 土壤重金属含量的描述性统计

重金属	最小值	最大值	平均值	标准差	变异系数/%
Cd/(mg/kg)	0.056	0.253	0.127	0.034	26.772
Cr/(mg/kg)	38.8432	120.912	69.351	17.424	25.124
Cu/(mg/kg)	8.738	38.360	23.693	6.757	28.519
Ni/(mg/kg)	13.310	133.200	39.212	20.017	51.048
Pb/(mg/kg)	2.082	99.340	42.042	16.114	38.328
Zn/(mg/kg)	56.3400	219.299	99.798	30.064	30.124

2）利用多元分析解析土壤重金属来源

运用相关性分析以及主成分分析的方法对重金属的来源进行解析。从土壤重金属之间的相关性分析表（表 3-17）中可以看出 Cr 与 Cd、Cr 与 Cu、Cr 与 Ni、Cu 与 Ni 以及 Zn 与 Pb 两两之间的相关系数都在 0.38 以上，呈显著相关，表明两重金属可能是同一来源。Cd 与 Cu、Cu 与 Zn 以及 Ni 与 Zn 也呈现了相关性，相关系数在 0.28 以上。对 6 种重金属的主成分分析辨别出了两个主成分，累计解释了总方差的 78.958%（表 3-18），这说明两个主成分因子基本可以反映 6 种重金属的污染情况。具体来看，第一主成分的方差贡献率为 46.763%，其中 Ni 和 Cr 的载荷最大，分别达到 0.851 和 0.822。结合相关性分析结果（Ni 和 Cr 的相关系数为 0.843），可以判定 Ni 和 Cr 具有同源性。很多研究认为 Ni 和 Cr 受人类活动影响不明显，受自然土壤母质的影响大，因此判定第一主成分载荷高的元素是自然来源的元素，第一主成分可作为自然源因子。第二主成分的贡献率为 20.382%，其中 Pb 和 Zn 的载荷最大。这两种重金属通常受人为因素的影响。藏南地区的煤矿和冶炼工厂较多，工矿业的排放可能是 Pb 和 Zn 的重要来源。因此，第二主成分主要代表工矿业的“三废”排放。

表 3-17 土壤中各种重金属间的相关性分析

	Cd	Cr	Cu	Ni	Pb	Zn
Cd	1					
Cr	0.403**	1				
Cu	0.356*	0.386**	1			
Ni	0.283*	0.843**	0.489**	1		
Pb	0.129	0.163	0.196	0.194	1	
Zn	0.185	0.198	0.289*	0.284*	0.536**	1

**表示在 0.01 水平上显著相关，*表示在 0.05 水平上显著相关。

表 3-18 土壤重金属的主成分分析

	PC1	PC2
Cd	0.602	−0.097
Cr	0.822	−0.155

续表

	PC1	PC2
Cu	0.737	−0.024
Ni	0.851	−0.091
Pb	0.308	0.843
Zn	0.450	0.730
方差贡献率 /%	46.763	20.382
累计方差贡献率 /%	46.763	78.958

3）土壤重金属含量空间分布

利用地统计学中经典的插值方法——普通克里金法对藏南地区的 6 种重金属进行空间插值（图 3-110）。从图 3-110 中可以明显看出，Cr 和 Ni 呈现相似的空间分布格局，西北部较高，中部和东部较低。重金属 Cd 和 Cu 的高含量地区也主要集中在西北地区，而重金属 Pb 在东南部的含量较高。重金属 Zn 的高含量地区主要分布在西部和东部地区，研究区西部和南部的工矿业发达，采矿作业以及交通运输等都会引起研究区重金属含量的集聚。其他区域由于第二、三产业不发达，主要进行农业活动，重金属含量低。

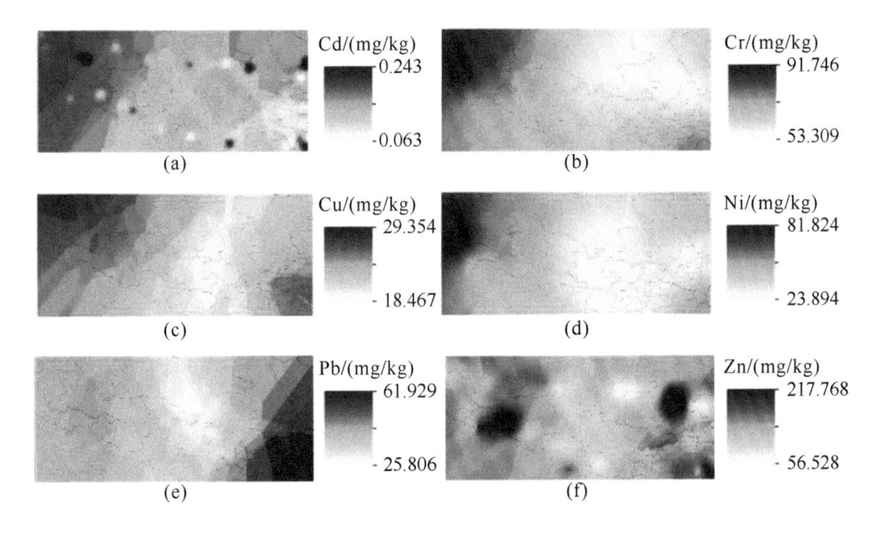

图 3-110　土壤中不同重金属的空间分布

第4章

青藏高原典型工矿业生产活动特征及污染物排放分析

钢铁行业是以从事黑色金属矿物采选和黑色金属冶炼加工等工业生产活动为主的工业行业，包括金属铁、铬、锰等的矿物采选业、炼铁业、炼钢业、钢加工业、铁合金冶炼业、钢丝及其制品业等细分行业，是国家重要的原材料工业之一。为了调查钢铁行业发展及其生态环境影响，科考分队以青海省最大的生产长流程钢铁企业西宁特钢为典型案例，调查、分析了西宁特钢生产工艺、生产过程物质流以及污染物源汇特征。

4.1 西宁特钢生产工艺

4.1.1 生产设备

通过西宁特钢官网和企业调研，了解到西宁特钢主要工序的生产设备型号和数量、轧钢生产线、石灰石生产设备、原料厂和供热设备情况见表 4-1。

表 4-1 西宁特钢主要生产设备

项目	设备名称	型号	数量/(套/台)	总量/(套/台)
烧结工序	带式烧结机	132 m^2	1	2
		180 m^2	1	
球团工序	竖炉球团	10 m^2	1	1
炼铁工序	炼铁高炉	450 m^3	1	2
		1080 m^3	1	
炼钢工序	炼钢转炉	65 t	1	1
	电炉	40 t	1	3
		60 t	1	
		110 t	1	
精炼	LF 精炼炉	30 t	1	7
		60 t	1	
		65 t	1	
		70 t	4	
	VD 精炼炉	30 t	1	2
		65 t	1	
轧钢生产线	电渣炉	2 t	7	28
		5 t	16	
		10 t	5	
	热轧生产线	大棒线	1	3
		小棒线	1	
		小型连轧线	1	
	冷拔生产线		1	1
	锻造生产线		1	1

续表

项目	设备名称	型号	数量 /（套 / 台）	总量 /（套 / 台）
石灰石生产	石灰窑	90 t/d	4	4
	TPD 套筒窑	300 t/d	1	2
		500 t/d	1	
原料厂	非机械化原料厂	中心料场	1	3
		焦炭堆场	1	
		一次料场	1	
	机械化料场	机械化混匀料场	1	1
供热	供热燃气锅炉	35 m^3/h	3	3

数据来源：西宁特钢官网。

4.1.2　污控及治理设施

西宁特钢主要废气治理设施包括：袋式除尘器 42 套（覆膜的 17 套）、静电除尘器 3 台，均为三电场；烧结机头烟气脱硫设施 2 套，球团竖炉脱硫设施 1 套；主要废水治理设施 11 套，包括 1 套脱硫废水处理设施、2 套高炉冲渣水处理设施、1 套转炉“OG”废水处理设施、3 套连铸废水处理设施、3 套轧钢废水处理设施、1 套全厂综合污水处理设施。

西宁特钢共配备自动在线监测设施 13 台（套），其中废气自动在线监测 10 台（套），分别位于烧结机头烟气脱硫出口、球团竖炉脱硫出口、烧结机尾出口排气筒、高炉出铁场、矿槽、转炉二次、锅炉烟气等；废水自动在线监测 3 台（套），全部位于全厂综合污水处理厂总排水口。其全部通过验收，并与环保部门联网，自动在线监测设施由青海蓝清环境科技有限公司负责每季度进行一次比对监测，日常运行维护工作由青海怡青环保科技有限公司负责。

4.1.3　主要产品产量

根据西宁特钢 2010 ～ 2019 年的年度报告，总结出西宁特钢 2010 ～ 2019 年主要产品产量情况，见表 4-2。

表 4-2　西宁特钢 2010 ～ 2019 年主要产品产量　　（单位：万 t）

产品名称	2010 年	2011 年	2012 年	2013 年	2014 年	2015 年	2016 年	2017 年	2018 年	2019 年
生铁	111.69	114.60	129.20	135.10	141.80	112.60	96.61	102.43	124.45	—
粗钢	137.00	139.00	141.00	148.00	144.29	120.00	115.00	120.00	138.08	179.00
钢材	126.60	130.10	131.20	131.00	129.24	114.00	125.00	127.00	146.63	181.00
铁矿石	417.80	500.40	574.00	530.52	623.76	460.67	—	—	—	—
铁精粉	120.60	136.20	156.00	155.90	171.63	143.67	100.60	111.57	—	—

续表

产品名称	2010 年	2011 年	2012 年	2013 年	2014 年	2015 年	2016 年	2017 年	2018 年	2019 年
煤	60.20	51.20	31.30	29.59	10.54	—	—	—	—	—
焦炭	66.80	71.90	74.10	78.50	77.02	61.61	56.54	51.81	46.38	55.64
不锈钢	—	—	—	—	2.97	2.08	1.68	1.97	2.26	0.37
弹簧钢	—	—	—	—	0.02	0.24	0.04	0.08	0.07	0.06
滚珠钢	—	—	—	—	7.30	4.49	6.53	5.49	7.11	3.74
合工钢	—	—	—	—	1.01	0.81	0.91	0.96	0.83	0.80
合结钢	—	—	—	—	96.69	112.41	101.03	101.18	117.28	152.71
碳工钢	—	—	—	—	0.29	0.17	0.17	0.59	0.21	0.13
碳结钢	—	—	—	—	19.95	14.57	14.45	16.44	18.62	22.73

数据来源：西宁特钢年度报告。

以生铁、粗钢和焦炭为例分析西宁特钢产品产量情况。从图 4-1 中可以看出，2010 ～ 2019 年生铁、粗钢和焦炭的产量变化趋势相同，呈先上升后下降最后再上升的趋势。2010 ～ 2019 年生铁产量维持在 100 万～ 140 万 t；2010 ～ 2019 年焦炭产量维持在 50 万～ 80 万 t；2010 ～ 2014 年粗钢产量维持在 140 万 t 左右，2015 ～ 2017 年粗钢产量下降，维持在 120 万 t 左右，2017 ～ 2019 年粗钢产量呈逐年上升趋势，至 2019 年粗钢产量达 179.00 万 t。

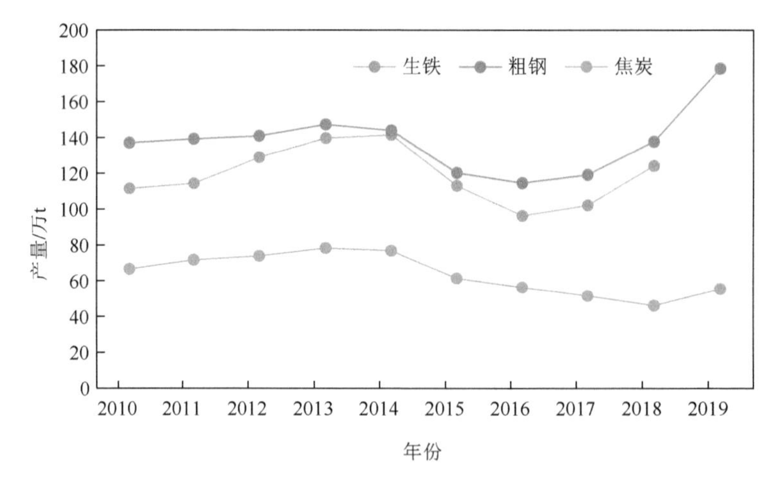

图 4-1　西宁特钢 2010 ～ 2019 年生铁、粗钢和焦炭产量

图 4-2 为西宁特钢 2014 ～ 2019 年的钢铁产品产量情况。可以看出，在西宁特钢所生产的钢铁产品中，合结钢、碳结钢和滚珠钢产量居前三位，不锈钢、弹簧钢、合工钢和碳工钢的产量相对较低。

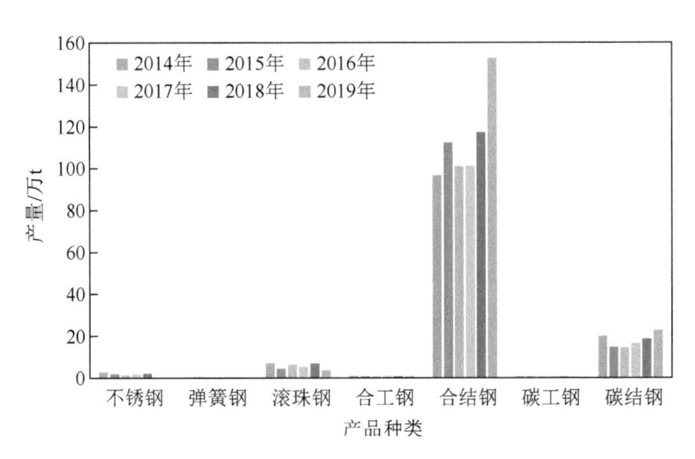

图 4-2　钢铁产品产量情况

4.1.4　生产特点及发展现状

科考分队于 2020 年 9 月 19 ～ 20 日到西宁特钢进行实地调研，了解了西宁特钢的发展现状、产品产量情况、大气污染物控制措施等。由于西宁特钢生产涉及军工及保密，调研主要以访谈形式进行，得到西宁特钢相关情况见表 4-3。

表 4-3　西宁特钢生产特点及发展现状

分类	产能	用量 / 产量	备注
铁精矿		200 万～ 300 万 t	国产矿（多）+ 进口矿（少）
烧结矿		210 万～ 220 万 t	全部自产自用
球团矿			全部外购
焦炭	70 万 t		大部分自用，小部分卖出
铁水	4800 t/d		
转炉	70 万 t		
电炉	110 万 t		
钢	200 万 t	180 万 t 左右	
除尘			两台烧结机均采用静电除尘 + 四电场 + 湿法脱硫（石灰石 – 石膏法） 其他生产环节均采用布袋除尘
除尘灰			作为烧结配料
高炉渣			磨碎卖水泥厂
转炉渣			铁成分高的作为烧结配料，低的卖
污水处理污泥		1 t/d	作为烧结配料
连铸			钢水到轧钢仅有连铸环节
轧废及氧化铁皮			铁成分高的作为烧结配料，低的卖
高炉储气柜	5 万 m^3		
转炉储气柜	6 万 m^3		

续表

分类	产能	用量 / 产量	备注
其他说明			青海省仅一家钢铁企业——西宁特钢
			西宁特钢没有铁矿，铁矿石全部外购，矿石来源于内蒙古自治区、甘肃省及青海省等地
			中国钢铁协会和《中国统计年鉴》中有西宁特钢的统计数据
			电炉所用原料中几乎全是铁水，废钢使用很少
			废水中设备冷却水（大部分），进冷却塔后回用；其他部分分箱处理
			综合污水处理中心日处理污水 2 万 t/d

4.2 西宁特钢物质流分析

通过查找钢铁企业物质流分析相关文献，依据企业调研所得西宁特钢生产特点并加以调整，计算出西宁特钢钢铁生产流程中生产 1t 粗钢的钢比系数，最后以 2019 年西宁特钢粗钢产量 178.83 万 t 为例，计算 2019 年西宁特钢物质流情况，结果见表 4-4。

表 4-4 2019 年西宁特钢物质流估算结果

工序	项目		钢比系数 / (t(m³)/t 粗钢)	产量
焦化工序	原料	洗精煤	0.57503	102.8322t
	燃料	焦炉煤气	2.07725	371.4744m³
		高炉煤气	16.45864	2943.2983m³
	产品	焦炭	0.43702	78.1525t
		焦炉煤气	45.27040	8095.7056m³
		焦油	0.01725	3.0847t
		粗苯	0.00656	1.1723t
		氨	0.00144	0.2571t
		焦化烟粉尘	0.00638	1.1410t
		焦化废气	519.29505	92865.5330m³
烧结工序	原料	铁精矿	0.96866	173.2257t
	尘泥杂料	烧结返矿	0.21378	38.2294t
		氧化铁皮	0.00300	0.5365t
		高炉尘泥	0.05719	10.2264t
		转炉尘泥	0.02506	4.4806t
	熔剂	石灰石	0.27006	48.2939t
	燃料	焦炭	0.07452	13.3266t
		无烟煤	0.00140	0.2504t
		焦炉煤气	0.14500	25.9304m³
		高炉煤气	46.43880	8304.6506m³
	产品	烧结矿	1.11225	198.9042t
		烧结烟粉尘	0.02763	4.9408t
		烧结废气	3225.53360	576822.1739m³

续表

工序	项目		钢比系数 /(t(m³)/t 粗钢)	产量
球团工序	原料	铁精矿	0.47926	85.7061t
		膨润土	0.00454	0.8123t
		球团返矿	0.05376	9.6134t
	燃料	焦炉煤气	5.36886	960.1124m³
		高炉煤气	60.51896	10822.6050m³
	产品	球团矿	0.49210	88.0030t
		球团烟粉尘	0.004650383	0.8316t
		球团废气	1390.193947	248608.3835m³
炼铁工序（高炉）	原料	烧结矿	1.11225	198.9042t
		球团矿	0.49210	88.0030t
		天然块矿	0.04829	8.6353t
	燃料	焦炭（冶金焦）	0.31390	56.1347t
		焦粉	0.04860	8.6911t
		无烟煤	0.08500	15.2006t
		喷吹用煤	0.16438	29.3968t
		焦炉煤气	1.45397	260.0128m³
		高炉煤气	1432.43313	256162.0175m³
	产品	铁水	1.02740	183.7299t
		高炉渣	0.33641	60.1605t
		瓦斯灰 / 泥	0.05719	10.2264t
		高炉煤气	3234.42863	578412.8710m³
		高炉烟粉尘	0.03470	6.2046m³
		高炉废气	1715.75800	306829.0031t
炼钢工序（转炉）	原料	铁水	0.39954	71.4505t
		废钢	0.04976	8.8989t
		氧化铁皮	0.00300	0.5365t
		轻烧白云石 / 生白云石	0.00932	1.6665t
		萤石	0.00186	0.3333t
		活性石灰 / 石灰石	0.02493	4.4575t
		铁合金（锰铁、硅铁等）	0.00439	0.7851t
	燃料	焦炉煤气	3.52000	629.4816m³
		高炉煤气	2.15000	384.4845m³
		转炉煤气	1.10000	196.7130m³
	产品	钢水	0.39000	69.7437t
		钢渣	0.05057	9.0431t
		转炉煤气	59.83775	10700.7844m³
		转炉除尘灰 / 泥	0.00559	0.9999t

续表

工序		项目	钢比系数 /(t(m^3)/t 粗钢)	产量
炼钢工序（电炉）+ 精炼	原料	铁水	0.62786	112.2794t
		废钢	0.13198	23.6027t
		氧化铁皮	0.00300	0.5365t
		轻烧白云石	0.00932	1.6667t
		活性石灰	0.03385	6.0532t
		电极	0.00110	0.1962t
		炭粉	0.00646	1.1560t
		氧气	51.85570	9273.3542kg
		氩气	2.03873	364.5861kg
		合金	0.01775	3.1740t
		脱氧剂	0.00144	0.2574t
	燃料	焦炉煤气	3.52000	629.4816m^3
		高炉煤气	2.15000	384.4845m^3
		转炉煤气	1.10000	196.7130m^3
	产品	钢水	0.61000	109.0863t
		电炉渣	0.07351	13.1455t
		电炉煤气	134.66411	24081.9829m^3
		电炉除尘灰 / 泥	0.01946	3.4807t
连铸工序	原料	钢水	1.00000	178.8300t
	燃料	焦炉煤气	3.71000	663.4593m^3
		高炉煤气	0.59500	106.4039m^3
	产品	连铸坯	1.00000	178.8300t
轧钢工序	原料	连铸坯	1.00000	178.8300t
	燃料	焦炉煤气	54.27200	9705.4618m^3
		高炉煤气	76.59800	13698.0203m^3
	产品	钢材	1.00000	178.8300t
		氧化铁皮	0.01000	1.7883t

注：根据实际情况核订主产品产量；根据物料平衡表按照比率计算结果；电炉钢水产量比例为 70 ∶ 110，电炉钢假设加入 80% 的铁水；烟粉尘、工业废气量、工业废水量产污系数取自全国第一次工业污染源产排污系数手册；根据某钢厂能源平衡表中数据修订；《钢铁生产过程的硫素流分析及软锰矿、菱锰矿烟气脱硫技术研究》。

从表 4-4 中可以看出，生产 1t 粗钢，消耗原料洗精煤 0.57503 t、铁精矿 1.44792 t、焦炭 0.43702 t、烧结矿 1.11225 t 和球团矿 0.49210 t。经估算，2019 年西宁特钢共消耗 258.9318 万 t 铁精矿，共生产 198.9042 万 t 烧结矿、69.7437 t 转炉钢水和 109.0863 t 电炉钢，与调研了解到的消耗 200 万～300 万 t 铁精矿和生产 210 万～220 万 t 钢铁情况大致相符。

根据表 4-4 中西宁特钢物质流情况可绘制 2019 年物质流桑基图（图 4-3）。

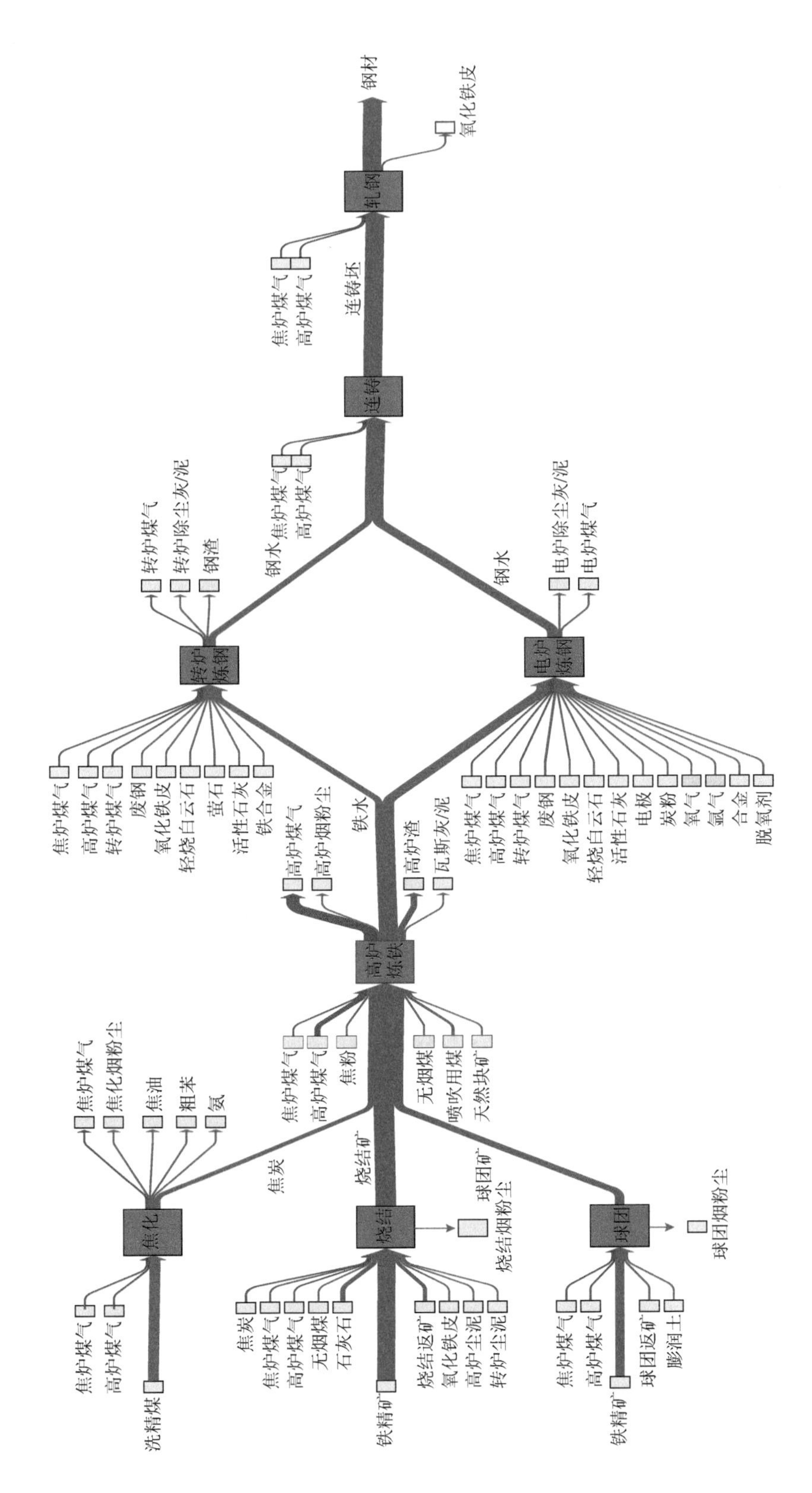

图 4-3　西宁特钢钢铁生产流程物质流桑基图

可以看出，总体上西宁特钢的物质输入部分主要来自铁精矿和洗精煤，物质输出主要流向主产品（如烧结矿、球团矿和焦炭等）；物质流的主要方向为铁精矿、洗精煤→烧结矿、球团矿、焦炭→铁水→钢水→连铸坯→钢材；各工序的产品输入主要分为原料、燃料、溶剂及其他返回料，产品输出主要分为主产品（烧结矿、铁水、钢水等）、副产品（焦化副产品、焦炉煤气、高炉煤气等）及其他废物（各工序烟粉尘、高炉渣、转炉渣等）。西宁特钢焦炉、高炉和转炉生产过程产生的各种具有热值的煤气通过各煤气储气柜存储，再经分配，返回到各个工序需要煤气作为辅助燃料的部位，使煤气得到充分利用，以减少其他燃料的输入。

4.3 西宁特钢污染物排放分析

将西宁特钢的污染物分为三类，即大气污染物、重金属污染物和废渣。采用排放因子法对其进行估算。经企业调研，获知西宁特钢各生产工序的污染物控制措施为：焦化工序采用布袋除尘，烧结工序采用静电除尘＋四电场＋石灰石－石膏法脱硫，球团工序采用石灰石－石膏法脱硫，炼铁和炼钢工序采用布袋除尘。查阅钢铁行业生产污染物排放因子相关文献，总结出生产流程采用不同的污染控制措施后的污染物排放因子，再根据西宁特钢生产特点加以调整，最后以2019年西宁特钢的钢产量178.83万t为例，计算各污染物排放情况。

4.3.1 大气污染物

1. 大气污染物排放量计算

钢铁企业大气污染物主要包括SO_2、NO_x、PM、$PM_{2.5}$、PM_{10}和PCDD/Fs。查文献得到的大气污染物排放因子见表4-5～表4-7，污染控制措施的去除效率见表4-8和表4-9。

表4-5　钢铁行业生产SO_2、NO_x、PM、$PM_{2.5}$、PM_{10}排污系数表　（单位：kg/t）

第一等级	第二等级		第三等级							
工序名称	工艺名称	规模等级	产污系数							
			SO_2	NO_x	有组织排放			无组织排放		
					PM	$PM_{2.5}$	PM_{10}	PM	$PM_{2.5}$	PM_{10}
烧结	带式烧结法	≥180 m²	2.4	0.522	8.19	1.46	3.79	1.6	0.1	0.24
		50～180 m²	2.6	0.584	12.55	2.24	5.81	1.6	0.1	0.24
		＜50 m²	2.8	0.612	18.62	3.32	8.62	1.6	0.1	0.24
	竖炉法	≥8 m²	2	0.143	9.45	1.8	4.11	1.12	0.07	0.17
		＜8 m²	2.4	0.256	9.882	1.72	4.3	1.12	0.07	0.17
球团	带式焙烧法	所有规模	1.75	0.5	6.27	2.71	2.73	1.12	0.07	0.17
	链蓖机—回转窑法	所有规模	2	0.261	9.44	1.8	4.11	1.12	0.07	0.17

续表

第一等级	第二等级		第三等级							
			产污系数							
工序名称	工艺名称	规模等级	SO_2	NO_x	有组织排放			无组织排放		
					PM	$PM_{2.5}$	PM_{10}	PM	$PM_{2.5}$	PM_{10}
炼铁	高炉法	≥ 2000 m^2	0.109	0.15	25.13	5.25	8.43	2.56	0.73	1.22
		350 ～ 2000 m^2	0.131	0.17	33.7	3.91	6.29	2.56	0.73	1.22
		＜ 350 m^2	0.168	0.192	35.2	3.75	6.02	2.56	0.73	1.22
炼钢	转炉法	≥ 150 t	—	—	18.5	10.5	14.68	0.96	0.06	0.15
		50-150 t	—	—	22.7	8.56	11.96	0.96	0.06	0.15
		<50 t	—	—	27.2	7.14	9.98	0.96	0.06	0.15
	电炉法	≥ 50 t	0.004	—	17.2	7.396	9.976	1.12	0.07	0.18
		<50 t	0.006	—	19.5	8.385	11.31	1.12	0.07	0.18
轧钢	冷轧法	所有规模	0.267	—	0.034	0.031	0.027	3.52	0.22	0.53
	热轧法	所有规模	0.135	0.125	0.034	0.031	0.027	—	—	—

数据来源：那洪明，2017；《中国钢铁行业大气污染物排放清单及减排成本研究》。

表 4-6　钢铁生产 PCDD/Fs 排放因子　（单位：μg I-TEQ /t）

工序名称	设备	除尘技术	规模	排放因子
烧结	带式烧结机	电除尘	≥ 180 m^2	700
			50 ～ 180 m^2	850
			＜ 50 m^2	1000
炼钢	电弧炉	布袋除尘	≥ 50 t	187
			<50 t	198

表 4-7　炼焦生产排放因子　（单位：kg/t）

工艺	规模	PM	SO_2	NO_x
顶装	炭化室 ≥ 6 m	4.71	0.056	0.392
	炭化室 4.3 ～ 6 m	5.4	0.061	0.429
	炭化室 <4.3 m	6.562	0.118	0.46
捣固	全部	2.224	1.744	0.438
热回收焦炉	全部	0.067	5.039	0.393

数据来源：第一次全国污染源普查工业源产排污系数手册。

表 4-8　主要脱硫措施及其理论脱除效率　（单位：%）

脱硫方法		脱硫效率	文献取值范围
湿法	石灰石 - 石膏法	95	90 ～ 99
	海水脱硫	90	>90
	双碱法	90	90 ～ 98
	氨法	90	90
	氧化镁法	95	>95

续表

脱硫方法		脱硫效率	文献取值范围
（半）干法	烟气循环流化床法	80	80
	密相干塔法	90	>90
	旋转喷雾干燥法（SDA）	90	>90
	MEROS 法	90	>90
	NID 法	90	>85
	活性炭法	90	85 ～ 95

表 4-9　颗粒物控制措施的分级去除效率　（单位：%）

排放方式	控制措施	PM	$PM_{2.5}$	PM_{10}
有组织排放	袋式除尘	99.5	99	99.5
	普通电除尘	99	93	95
	高效电除尘	99.5	96	98
	电袋复合除尘	99.7	99	99.5
	湿式除尘	99	50	90
	机械除尘	70	10	40
无组织排放	一般控制	20	10	15
	高效控制	70	30	50

根据上述表中钢铁生产流程中各工序大气污染物产生系数，再结合西宁特钢生产每吨粗钢所消耗主产品的钢比系数，计算得到西宁特钢生产 1t 粗钢的大气污染物产生量（表 4-10）。

表 4-10　钢铁生产流程生产 1t 粗钢的大气污染物产生量

污染物		焦化工序	烧结工序	球团工序	高炉工序	转炉工序	电炉工序	合计
有组织排放	PM/(kg/t)	2.058	13.959	4.650	34.623	8.853	10.492	74.635
	$PM_{2.5}$/(kg/t)	—	2.491	0.886	4.017	3.338	4.512	15.244
	PM_{10}/(kg/t)	—	6.462	2.023	6.462	4.664	6.085	25.696
无组织排放	PM/(kg/t)	0.007	1.780	0.551	2.630	0.374	0.683	6.025
	$PM_{2.5}$/(kg/t)	—	0.111	0.034	0.750	0.023	0.043	0.961
	PM_{10}/(kg/t)	—	0.267	0.087	1.253	0.059	0.110	1.776
SO_2/(kg/t)		0.024	2.892	0.984	0.135	—	0.002	4.037
NO_x/(kg/t)		0.171	0.650	0.070	0.175	—	—	1.066
PCDD/Fs/(μg I-TEQ)			945.415				114.070	1059.485

注：高炉工序全称为高炉炼铁工序；转炉工序全称为转炉炼钢工序；电炉工序全称为电炉炼钢工序。

根据不同大气污染控制措施的去除效率，计算得到西宁特钢生产 1t 粗钢的大气污染物排放量（表 4-11）。

表 4-11　钢铁生产流程生产 1t 粗钢的大气污染物排放量

污染物		焦化工序	烧结工序	球团工序	高炉工序	转炉工序	电炉工序	合计
有组织排放	PM/(kg/t)	0.010	0.042	0.014	0.173	0.044	0.052	0.335
	$PM_{2.5}$/(kg/t)	—	0.025	0.009	0.040	0.033	0.045	0.152
	PM_{10}/(kg/t)	—	0.032	0.010	0.032	0.023	0.030	0.127

续表

污染物		焦化工序	烧结工序	球团工序	高炉工序	转炉工序	电炉工序	合计
无组织排放	PM/(kg/t)	0.002	0.534	0.165	0.789	0.112	0.205	1.807
	$PM_{2.5}$/(kg/t)	—	0.078	0.024	0.525	0.016	0.030	0.673
	PM_{10}/(kg/t)	—	0.133	0.042	0.627	0.029	0.055	0.886
SO_2/(kg/t)		0.024	0.145	0.049	0.135	—	0.002	0.355
NO_x/(kg/t)		0.171	0.032	0.004	0.175	—	—	0.382
PCDD/Fs/(μg I-TEQ)		—	945.415	—	—	—	114.070	1059.485

根据生产 1t 粗钢大气污染物排放量，再结合西宁特钢 2019 年钢产量 178.83 万 t，计算西宁特钢 2019 年大气污染物排放量见表 4-12。

表 4-12　西宁特钢 2019 年大气污染物排放量

污染物		焦化工序	烧结工序	球团工序	高炉工序	转炉工序	电炉工序	合计
有组织排放	PM/t	18.405	74.887	24.949	309.585	79.159	93.814	600.799
	$PM_{2.5}$/t	—	44.555	15.841	71.838	59.701	80.680	272.615
	PM_{10}/t	—	57.782	18.085	57.783	41.707	54.412	229.769
无组织排放	PM/t	3.634	954.739	295.690	1411.046	200.862	366.530	3232.501
	$PM_{2.5}$/t	—	139.233	43.121	938.859	29.292	53.452	1203.957
	PM_{10}/t	—	238.684	74.803	1120.753	52.308	98.178	1584.726
SO_2/t		43.765	258.576	88.002	240.686	—	4.363	635.392
NO_x/t		306.357	58.080	6.293	312.341	—	—	683.071
PCDD/Fs/(kg I-TEQ)		—	1.691	—	—	—	0.204	1.895

2. 大气污染物分析

2019 年西宁特钢排放的大气污染物中，SO_2 和 NO_x 的排放量为 634.847 t 和 683.131 t，有组织排放 PM、$PM_{2.5}$、PM_{10} 的排放量为 599.081 t、271.822 t、227.114 t，无组织排放 PM、$PM_{2.5}$、PM_{10} 的排放量为 3231.458 t、1203.526 t、1584.434 t，PCDD/Fs 的排放量为 1.895 kg。根据图 4-4，

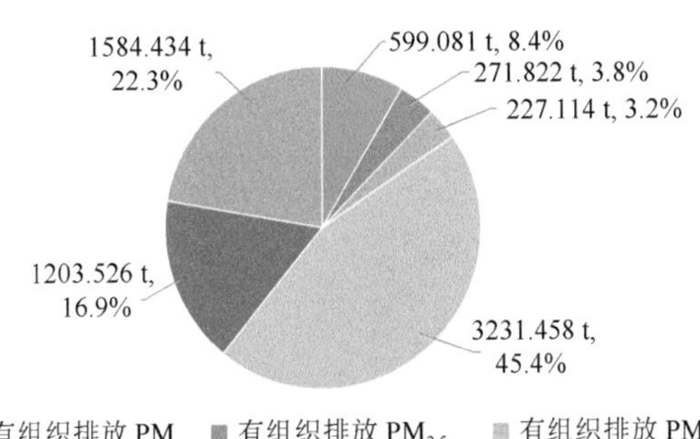

图 4-4　西宁特钢颗粒物污染排放总量情况

饼状图中的比例因为四舍五入，可能有加和不等于 100% 的情况，全书同

有组织与无组织排放的 PM、$PM_{2.5}$、PM_{10} 中，无组织排放的 PM 量最大，达到颗粒物排放总量的 45.4%，其次是无组织排放 PM_{10} 和无组织排放 $PM_{2.5}$，分别约占颗粒物排放总量的 22.3% 和 16.9%，而有组织排放的 PM、$PM_{2.5}$ 和 PM_{10} 与无组织排放相比较而言，占比小，分别为 8.4%、3.8% 和 3.2%。

根据图 4-5，高炉工序与烧结工序两部分排放的颗粒物量约占颗粒物排放总量的 76%，而其他工序占不到颗粒物排放总量的 30%，其中焦化工序占比最少，原因是焦化工序的颗粒物排放因子较小和焦化工序的主产品较其他工序主产品产量较低。

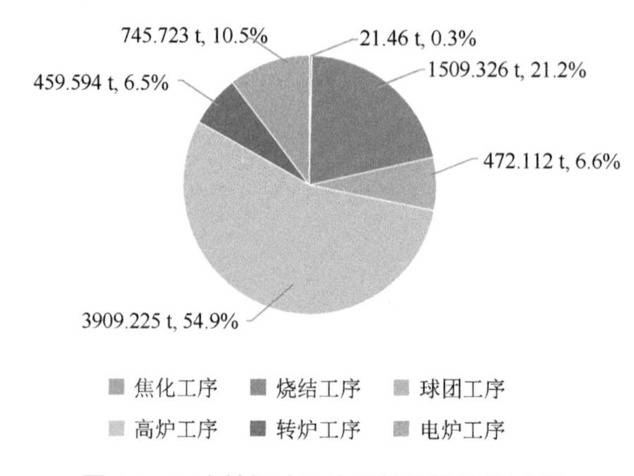

图 4-5　西宁特钢分工序颗粒物排放总量情况

图 4-6 表明西宁特钢各工序排放的颗粒物中 PM、$PM_{2.5}$、PM_{10} 颗粒物排放情况。可以看出，各工序中无组织颗粒物排放量远高于有组织颗粒物排放，原因在于无组织排放未经过与有组织排放一样严格的污染物控制措施，如静电除尘、湿法脱硫等；对于工序中不同颗粒物排放量占比，高炉工序无组织排放的 PM、$PM_{2.5}$、PM_{10} 远高于有组织排放的 PM、$PM_{2.5}$、PM_{10}，烧结工序与高炉工序情况类似，而其他工序总体上颗粒物有组织排放量均低于无组织排放量，但二者之差没有高炉工序和烧结工序大。

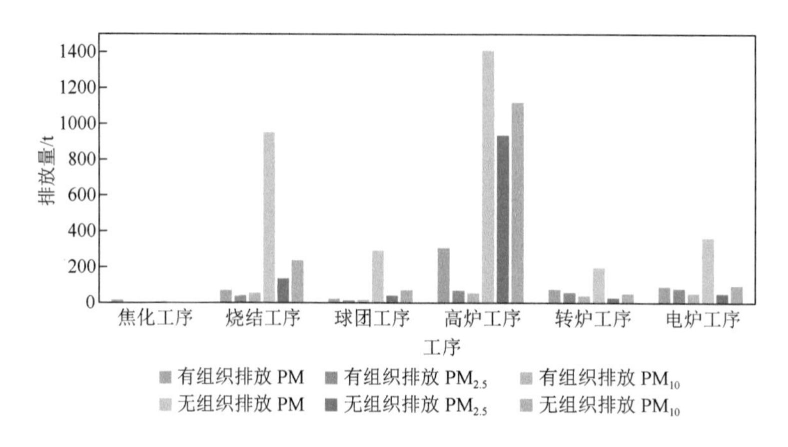

图 4-6　西宁特钢各工序 PM、$PM_{2.5}$、PM_{10} 颗粒物排放情况

由图 4-7 可以看出，各工序中烧结工序和高炉工序排放 SO_2 最多，两者排放量之和占 SO_2 排放总量的 78.58%，转炉与电炉工序 SO_2 的排放量极少，原因在于计算时采用的电炉和转炉生产的 SO_2 的排放因子数值极小。

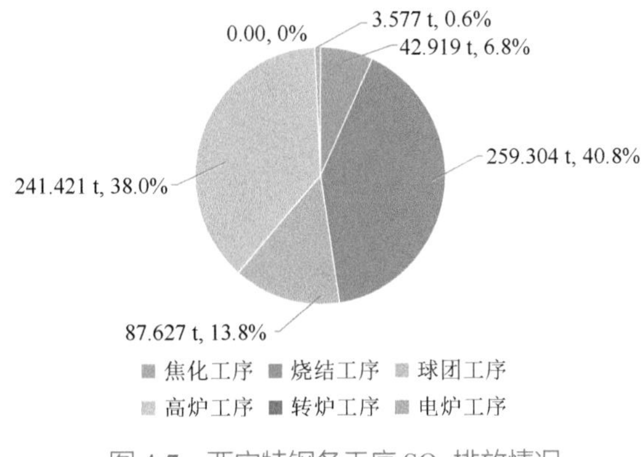

图 4-7　西宁特钢各工序 SO_2 排放情况

由图 4-8 可以看出，各工序中焦化工序和高炉工序排放 NO_x 最多，两者排放量之和占 NO_x 排放总量的 90.6%；烧结工序排放的 NO_x 占排放总量的 8.4%，而转炉工序与电炉工序的 NO_x 排放量为 0，原因在于计算时采用的电炉和转炉生产的 NO_x 数值为 0。

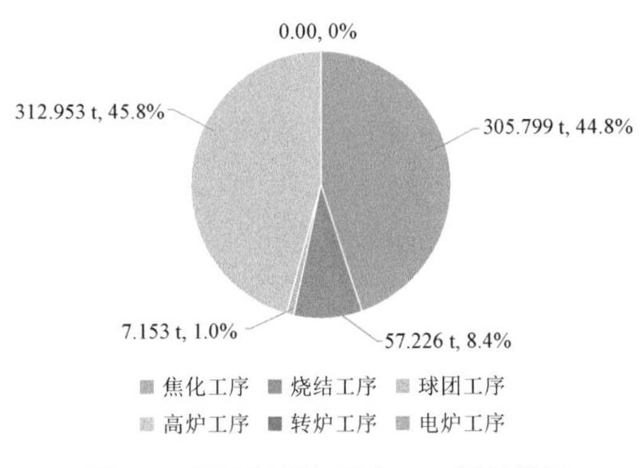

图 4-8　西宁特钢各工序 NO_x 排放情况

4.3.2　重金属污染物

1. 重金属污染物排放量计算

钢铁生产的重金属污染物排放因子主要参考欧洲环境署（European Environment Agency）于 2019 年公布的大气污染物排放清单指南（EMEP/EEA air pollutant emission inventory guidebook 2019）中推荐的排放因子。根据西宁特钢生产特点摘取书中相应的排放因子，见表 4-13，再结合西宁特钢不同工序主产品产量计算西宁特钢重金属污染排放情况。

表 4-13 钢铁生产重金属排放因子 （单位：g/t 工序主产品）

重金属	焦化（有副产品回收）	球团（未知）	烧结（湿法烟气脱硫）	高炉（布袋除尘法）	转炉（布袋除尘法）	电炉（布袋除尘法）
Pb	2.2	20	0.99	0.00049	0.00072	1.5
Cd	0.1	0.1	0.0011	8.1×10^{-7}	0.0000012	0.12
Hg	0	0.2	0.018	0.00019	0.00018	0.076
As	1.6	0.018	0.005	0.000024	0.000036	0.0081
Cr	3.6	2.1	0.13	0.00024	0.00036	0.105
Cu	1.7	3.6	0.03	0.015	0.015	0.02
Ni	0.9	11	0.025	—	—	0.41
Se	1.8	0.02	0.02	—	—	—
Zn	7.6	16	0.06	0.073	0.073	2.3

根据各工序生产每吨工序主产品（如焦炭、烧结矿、球团矿等）的排放因子，再结合西宁特钢生产每吨粗钢所消耗主产品的钢比系数，计算得到西宁特钢生产 1t 粗钢的重金属污染物排放量如表 4-14。

表 4-14 西宁特钢生产 1t 粗钢时重金属污染物排放量 （单位：g/t 粗钢）

重金属污染物	焦化	烧结	球团	高炉	转炉	电炉	合计
Pb	0.961	1.101	9.842	0.0005	0.0003	0.9150	12.8198
Cd	0.044	0.001	0.049	0	0	0.0732	0.1672
Hg	0	0.020	0.098	0.0002	0.0001	0.0464	0.1647
As	0.699	0.006	0.009	0	0	0.0049	0.7189
Cr	1.573	0.145	1.033	0.0002	0.0001	0.0641	2.8154
Cu	0.743	0.033	1.772	0.0154	0.0059	0.0122	2.5815
Ni	0.393	0.028	5.413	0	0	0.2501	6.0841
Se	0.787	0.022	0.010	0	0	0	0.8190
Zn	3.321	0.067	7.874	0.0750	0.0285	1.4030	12.7685

根据生产 1t 粗钢重金属污染物排放量，再结合西宁特钢 2019 年钢产量 178.83 万 t，计算西宁特钢 2019 年重金属污染物排放量，见表 4-15。

表 4-15 西宁特钢 2019 年重金属污染物排放量 （单位：kg）

重金属污染物	焦化	烧结	球团	高炉	转炉	电炉	合计
Pb	1719.354	1969.152	17600.594	0.900	0.502	1636.295	22926.797
Cd	78.152	2.188	88.003	0.001	0.001	130.904	299.249

续表

重金属污染物	焦化	烧结	球团	高炉	转炉	电炉	合计
Hg	0	35.803	176.006	0.349	0.126	82.906	295.190
As	1250.439	9.945	15.841	0.044	0.025	8.836	1285.130
Cr	2813.488	258.575	1848.062	0.441	0.251	114.541	5035.358
Cu	1328.592	59.671	3168.107	27.559	10.462	21.817	4616.208
Ni	703.372	49.726	9680.326	0.000	0.000	447.254	10880.678
Se	1406.744	39.781	17.601	0.000	0.000	0.000	1464.126
Zn	5939.587	119.343	14080.475	134.123	50.913	2508.985	22833.426
合计	15239.728	2544.184	46675.015	163.417	62.280	4951.538	69636.162

2. 重金属污染物分析

西宁特钢 2019 年重金属污染物 Pb、Cd、Hg、As、Cr、Cu、Ni、Se 和 Zn 的排放量分别为 22926.006 kg、298.646 kg、295.070 kg、1285.788 kg、5035.853 kg、4615.602 kg、10880.017 kg、1464.618 kg 和 22833.014 kg。首先说明西宁特钢重金属污染物排放总量情况（图 4-9）。在各重金属污染物中，Pb、Zn 和 Ni 排放量居前三位，分别占排放总量的 32.92%、32.79% 和 15.63%，Cd 和 Hg 的排放量约为 300 kg，排放占比不足 1%，其他重金属排放量占比在 1% ～ 10%。

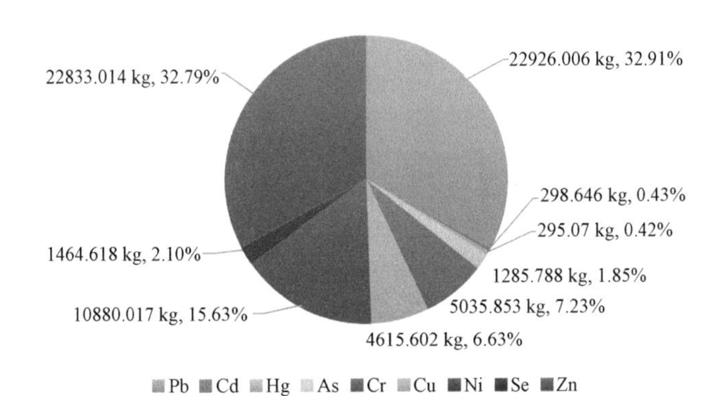

图 4-9　西宁特钢重金属污染总量情况

西宁特钢各工序重金属排放情况如图 4-10 所示。各工序中球团工序、焦化工序、电炉工序排放的重金属量居前三位，分别占重金属排放总量的 67.0%、21.9% 和 7.1%，原因是三个工序的重金属排放因子较其他几个工序大，如重金属 Pb 的排放因子，球团和焦化生产的排放因子为 20 g/t 产品和 2.2 g/t 产品，而电炉、烧结、高炉和转炉生产的排放因子仅为 1.5 g/t 产品、0.99 g/t 产品、0.00049 g/t 产品和 0.00072 g/t 产品；而转炉和高炉的重金属污染排放量占比不足 1%。

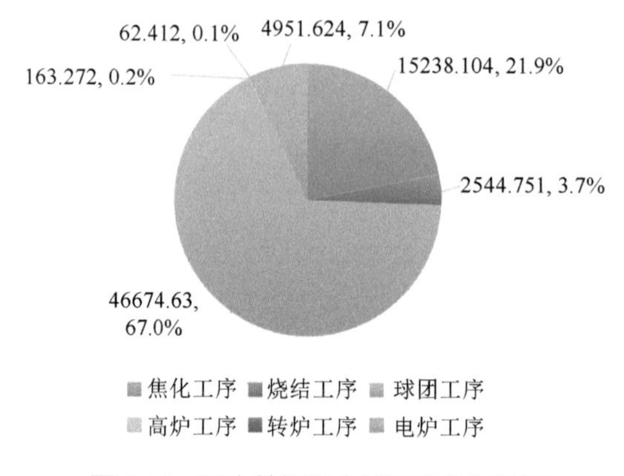

图 4-10　西宁特钢重金属污染总量情况

图 4-11 表明西宁特钢各重金属污染物来源情况，可以看出，西宁特钢排放的重金属 Pb、Zn、Ni、Cd 主要来源于球团工序、焦化工序和电炉工序，重金属 As 和 Se 绝大部分源于焦化工序，Hg 主要来源于球团工序、烧结工序和电炉工序，Cr 主要来源于焦化工序、烧结工序和球团工序，Cu 主要来源于球团工序和转炉焦化工序；而转炉工序和高炉工序对各重金属的污染排放贡献不大。

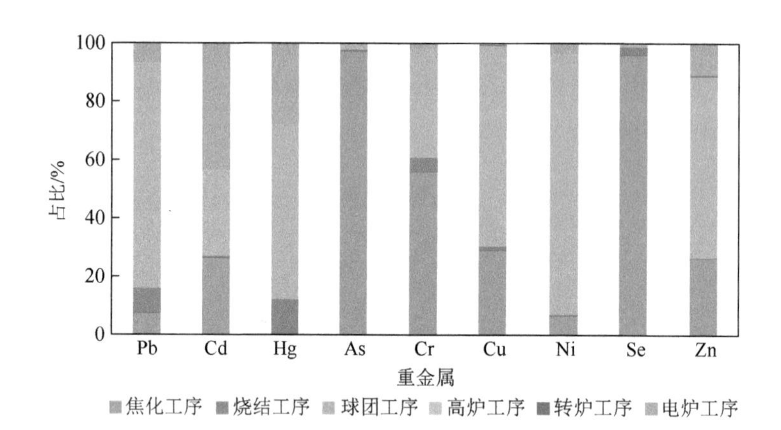

图 4-11　西宁特钢各重金属污染物来源分布情况

图 4-12 表明西宁特钢各工序排放的重金属污染物情况。可以看出，焦化工序排放的重金属中，Zn、Cr 和 Pb 占比较大；烧结工序排放的重金属中，Pb 和 Cr 占比较大；球团工序排放的重金属中，Pb、Zn 和 Ni 占比较大；高炉工序和转炉工序排放的重金属中，Zn 和 Cu 占比较大；电炉工序排放的重金属中，Zn、Pb 和 Ni 占比较大。

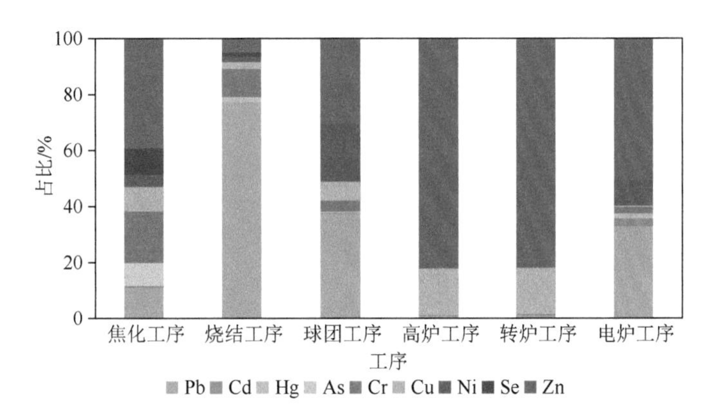

图 4-12　西宁特钢各工序排放的重金属污染物情况

3. 废渣类

由表 4-4 得到西宁特钢废渣产量（表 4-16），可以看出，西宁特钢的废渣由高炉渣、转炉渣和电炉渣三部分组成。

表 4-16　西宁特钢废渣产量

分类	钢比系数	产量 / 万 t
高炉渣	0.33641	60.1605
转炉渣	0.05057	9.0431
电炉渣	0.07351	13.1455

经计算，2019 年西宁特钢共产生 82.3491 万 t 冶炼废渣，分别为高炉渣 60.1605 万 t、电炉渣 13.1455 万 t 和转炉渣 9.0431 万 t。通过企业调研获知西宁特钢在生产过程中，转炉渣和电炉渣中如果铁成分高，则被作为烧结配料返回烧结工序，否则将其磨碎卖给水泥厂，高炉渣则直接磨碎卖给水泥厂。

第5章

青藏高原典型工矿区景观格局的环境响应

以青海省典型工矿区为典型案例，分析工矿业活动污染物排放特征及其对矿区景观格局的影响，以期揭示工矿业活动对生态环境的影响过程和机制。

5.1 典型工矿区土地利用与景观格局时空演变

5.1.1 景观指数

景观是气候、地貌、土壤等自然环境与人为活动的综合反映，相似的景观结构也具有相似的自然环境和人为活动。景观生态学是资源环境与生态学科的研究热点，随着3S技术的发展，该技术已成为景观研究的重要“空间手段”，为景观空间分析提供了重要技术支撑。遥感技术具有覆盖范围大、周期成像等优势，可以实时地、准确地获取资源与环境信息，在时间与空间上扩展了人类的视野。采用遥感技术监测景观及其动态变化是有效利用与管理景观资源的基础。利用遥感影像进行景观分类制图，可研究景观空间格局的特征及变化，不同空间尺度的影像分类图可提供多层次的生态环境指标值，是景观生态学中重要的研究方法。

研究从斑块水平、斑块类型水平、景观水平三个空间尺度来计算一系列景观空间格局指数。①斑块指数，是描述某单个斑块的景观指数；②斑块类型指数，是描述同一类型斑块（土地利用类型）的景观指数；③景观指数，是描述不同景观要素组成的区域景观镶嵌体的空间结构指数。景观空间格局指数种类繁多且具有不同的生态意义，各指标间相关性显著，信息冗余较多。研究选取斑块数量 (NP)、斑块密度 (PD)、优势度指数 (D)、香农多样性指数 (SHDI)、聚集度指数 (AI) 及最大斑块面积指数 (LPI) 共6个指标，具体计算公式与表征的生态意义见表5-1。

表5-1　景观空间格局指标计算公式及生态意义

指标	指标计算公式	生态意义
斑块数量	$\mathrm{NP}=n$	反映景观的空间格局，与景观的破碎度成正相关
斑块密度	$\mathrm{PD}=n/A$	反映斑块类型破碎化和空间异质性程度
优势度指数	$D=1/\{-\sum[p_i\ln(p_i)]\}$	反映一种或几种景观对景观的控制作用
香农多样性指数	$\mathrm{SHDI}=-\sum(p_i\ln p_i)$	多样性指数越高，破碎化程度越高
聚集度指数	$\mathrm{AI}=2\ln m+\sum_{i=1}^{m}\sum_{j=1}^{n}P_{ij}\ln P_{ij}$	反映景观连通性和破碎化程度
最大斑块面积指数	$\mathrm{LPI}=\dfrac{\mathrm{Max}(a_{ij})}{A(100)}$	反映景观的优势度

5.1.2　矿区景观配置现状特征

1. 土地利用情况

根据自然资源部发布的 2020 版 30 m 全球地表覆盖数据，得到典型工矿区及外扩 9.5 km 范围内土地利用类型，进一步得到研究区景观配置现状。由图 5-1 和图 5-2 可知，典型工矿区土地覆盖类型主要为草地，面积为 1485.4 km^2，占典型工矿区总面积的 89.2 %，其次为裸地，面积为 77.6 km^2，占比为 4.7%，生产建设用地面积为 41.89 km^2，占比为 2.5%。

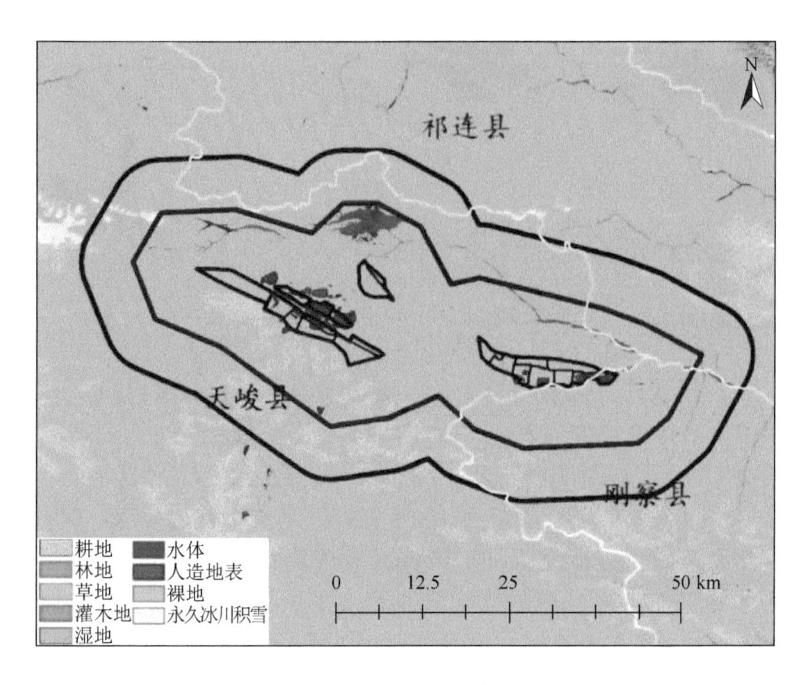

图 5-1　典型工矿区景观类型分布图

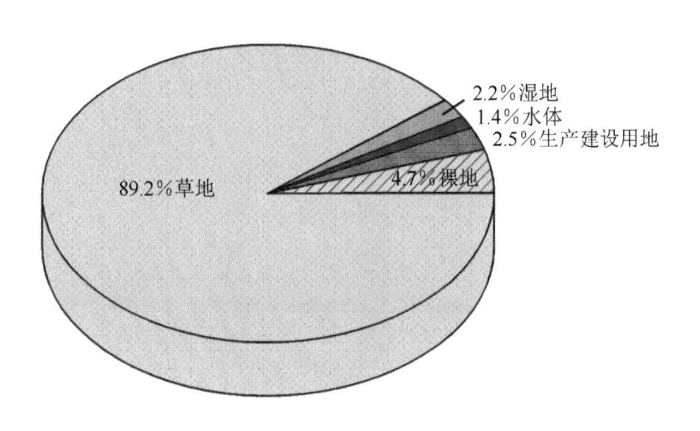

图 5-2　典型工矿区景观类型占比

研究区外扩区域面积为 1640.7 km^2，与典型工矿区面积近似，研究区外扩区域土地利用类型主要为草地，面积为 1494.9 km^2，占区域总面积的 91.1%，其次为裸地，面积为 118.9 km^2，占比为 7.2%，灌木地及永久冰川积雪面积分别为 9.3 km^2 及 9.8 km^2，占比均为 0.6%，其他土地利用类型占比较少（图 5-3）。

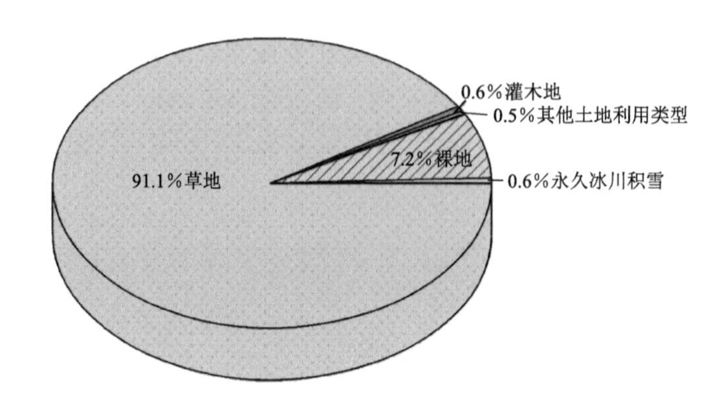

图 5-3　典型工矿区外扩区域景观类型占比

2. 景观配置现状

典型工矿区内景观斑块数量为 908 个，斑块平均大小为 183.4 hm^2，湿地及水体斑块数较多，其中，水体斑块数为 584 个，平均斑块面积为 3.5 hm^2，破碎化程度较高；湿地斑块数为 84 个，平均斑块面积为 41.3 hm^2；草地斑块数为 82 个，平均斑块面积为 429.1 hm^2；裸地斑块数为 21 个，平均斑块面积为 371.8 hm^2，与其他土地利用类型相比，破碎化程度较低。研究区外扩区域景观斑块数量为 586 个，斑块平均大小为 280.0 hm^2，灌木地及草地斑块数较多，分别为 211 个、136 个，平均斑块面积分别为 4.4 hm^2、1093.5 hm^2，灌木地破碎化程度较高。研究区域斑块数量、斑块密度、最大斑块面积指数、香农多样性指数均显著高于外扩区域，优势度指数则明显低于外扩区域，结果表明与外扩区域相比，研究区域景观破碎化程度更高（图 5-4）。

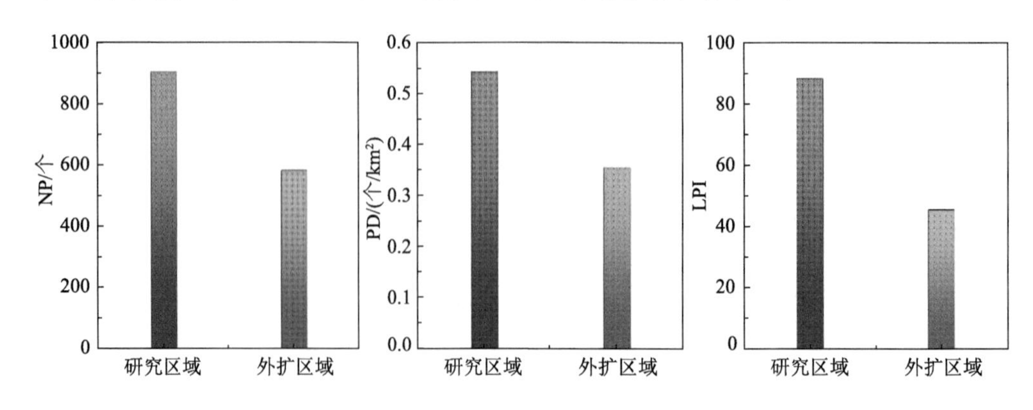

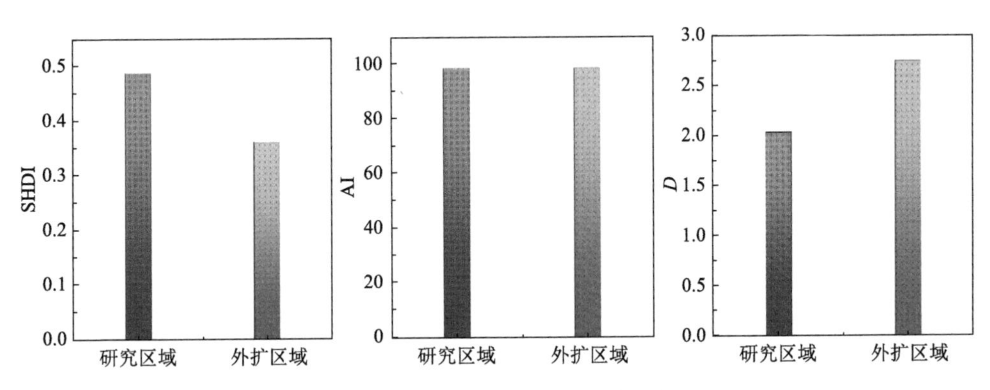

图 5-4　景观空间格局指数计算结果

5.1.3　土地利用与景观格局时空演变特征

1. 土地利用变化特征

根据 2000 年、2010 年及 2020 年的土地利用情况，统计各土地利用类型的面积并计算其所占的比例（表 5-2 和表 5-3）。依据表 5-2 及表 5-3 的数据分析：2000 ～ 2020 年，草地始终为整个研究区域的优势景观类型，并且随时间推移，典型工矿区生产建设用地及裸地面积不断增加，湿地及永久冰川积雪的面积不断减少。对外扩区域而言，草地同样为优势景观类型，并且在 2000 ～ 2020 年草地面积一直在减少，而裸地在 2000 ～ 2020 年一直处于增长的趋势（图 5-5）。

表 5-2　不同年份典型工矿区土地利用类型面积及比例

土地利用类型	2000 年		2010 年		2020 年	
	面积 /km^2	比例 /%	面积 /km^2	比例 /%	面积 /km^2	比例 /%
林地	0.03	0.00	0.13	0.01	0.12	0.01
草地	1598.52	95.99	1607.58	96.54	1485.44	89.20
灌木地	0.00	0.00	1.24	0.07	1.12	0.07
湿地	49.11	2.95	41.00	2.46	34.84	2.09
水体	15.25	0.92	12.69	0.76	22.72	1.36
生产建设用地	0.00	0.00	0.48	0.03	41.89	2.52
裸地	0.00	0.00	0.43	0.03	77.62	4.66
永久冰川积雪	2.33	0.14	1.68	0.10	1.47	0.09

表 5-3　不同年份典型工矿区外扩区域土地利用类型面积及比例

土地利用类型	2000 年		2010 年		2020 年	
	面积 /km^2	比例 /%	面积 /km^2	比例 /%	面积 /km^2	比例 /%
林地	0.00	0.00	0.12	0.01	0.43	0.03
草地	1610.64	98.17	1585.04	96.61	1494.91	91.10
灌木地	0.00	0.00	10.03	0.61	9.28	0.57

续表

土地利用类型	2000 年		2010 年		2020 年	
	面积 /km²	比例 /%	面积 /km²	比例 /%	面积 /km²	比例 /%
湿地	16.24	0.99	14.77	0.90	5.95	0.36
水体	1.35	0.08	0.72	0.04	1.38	0.08
生产建设用地	0.13	0.01	0.20	0.01	0.19	0.01
裸地	0.00	0.00	20.03	1.22	118.89	7.25
永久冰川积雪	12.37	0.75	9.84	0.60	9.84	0.60

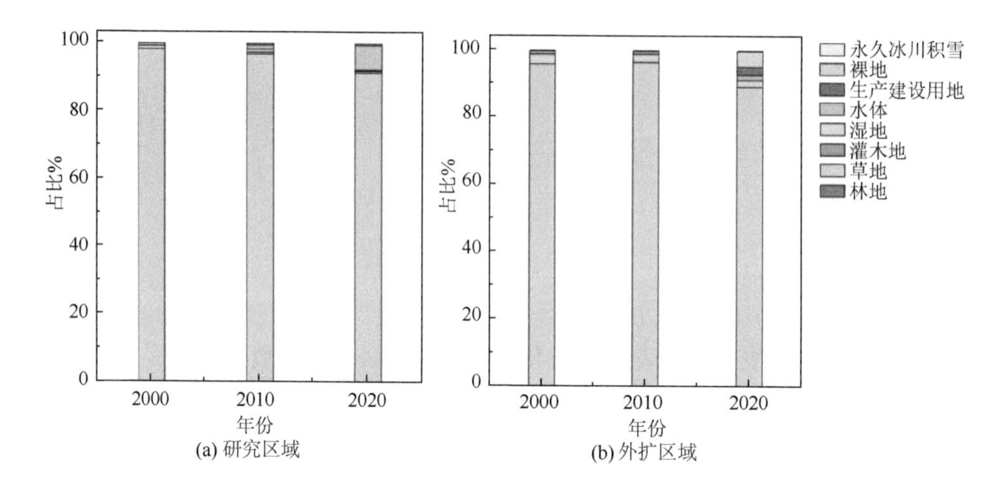

图 5-5　研究区域（a）及外扩区域（b）土地利用变化（2000 ～ 2020 年）

根据卫星影像解译和矢量数据归类得到典型工矿区整治过程中 2014 年、2015 年和 2017 年 3 个年度的土地利用情况，由表 5-4、图 5-6、图 5-7 可知，2014 ～ 2017 年工矿区的土地利用类型变化不大，这 3 个时期典型工矿区的主要土地利用类型是草地，占整个工矿区面积的 70% 以上，除草地以外，裸岩石砾地也是工矿区主要土地利用类型，占整个工矿区面积的 15% 左右。

根据典型工矿区及外扩区域 1980 ～ 2018 年土地利用情况，由图 5-8 可知，研究区 1980 ～ 2000 年土地利用类型变化不大，2000 年以后，草地面积减少，工矿区建设用地增大；外扩区域低覆盖草地有所增加。

表 5-4　整治期间典型工矿区土地利用类型面积及比例

土地利用类型	2014 年		2015 年		2017 年	
	面积 /km²	比例 /%	面积 /km²	比例 /%	面积 /km²	比例 /%
矿坑	18.44	1.11	18.85	1.13	18.81	1.13
渣山	22.17	1.33	23.39	1.40	23.36	1.40
料堆	1.38	0.08	1.17	0.07	0.88	0.05
生产建设用地	5.11	0.31	4.22	0.25	3.94	0.24
生活建设用地	0.63	0.04	0.58	0.04	0.54	0.03
交通设施	5.18	0.31	5.28	0.32	5.39	0.32

续表

土地利用类型	2014 年		2015 年		2017 年	
	面积 /km²	比例 /%	面积 /km²	比例 /%	面积 /km²	比例 /%
其他用地	11.12	0.67	12.33	0.74	13.07	0.79
高盖度草地	353.68	21.22	353.37	21.22	351.88	21.13
中盖度草地	402.50	24.15	401.30	24.10	401.76	24.13
低盖度草地	425.51	25.53	424.35	25.48	425.44	25.55
河道	67.96	4.08	68.70	4.13	68.85	4.13
湖泊	11.29	0.68	11.47	0.69	11.17	0.67
沼泽	51.25	3.07	51.21	3.08	51.21	3.08
永久冰川积雪	1.19	0.07	1.18	0.07	1.18	0.07
沙地	24.23	1.45	23.18	1.39	23.18	1.39
裸岩石砾地	264.96	15.90	264.65	15.89	264.57	15.89

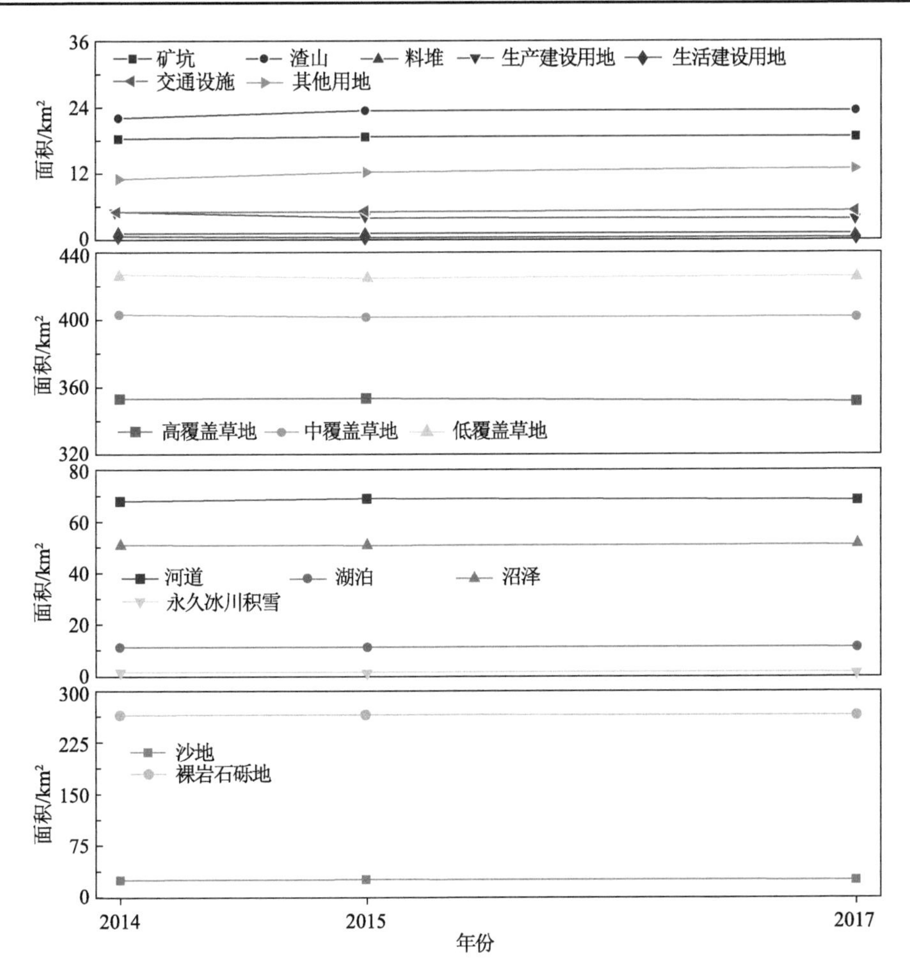

图 5-6　整治期间典型工矿区土地利用类型面积

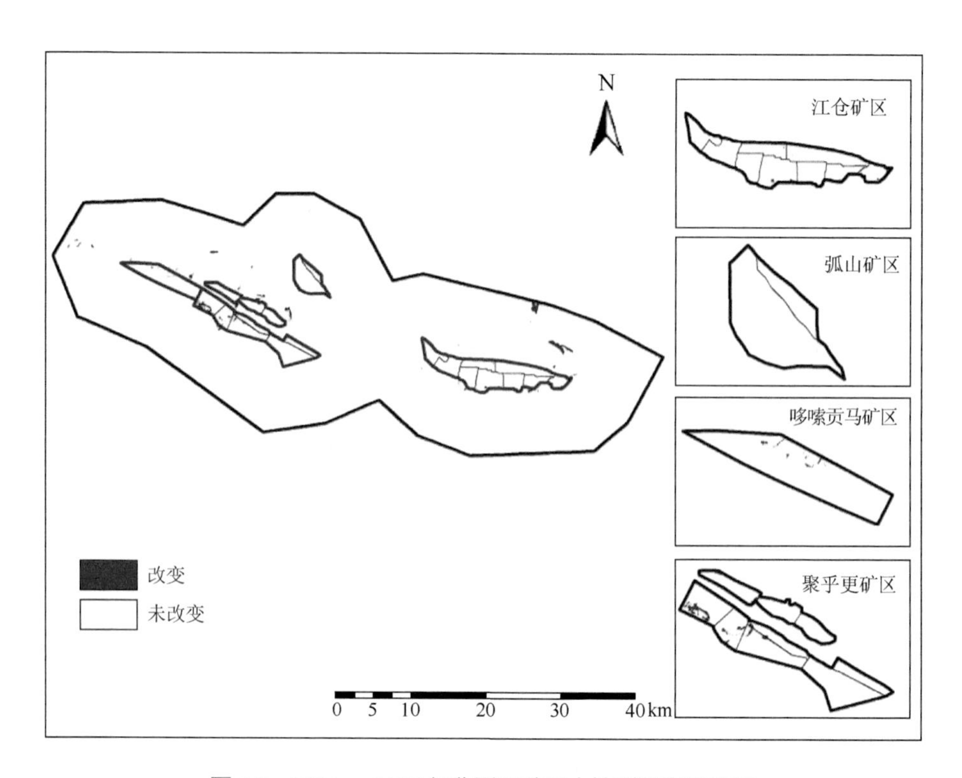

图 5-7　2014 ～ 2017 年典型工矿区土地利用变化面积

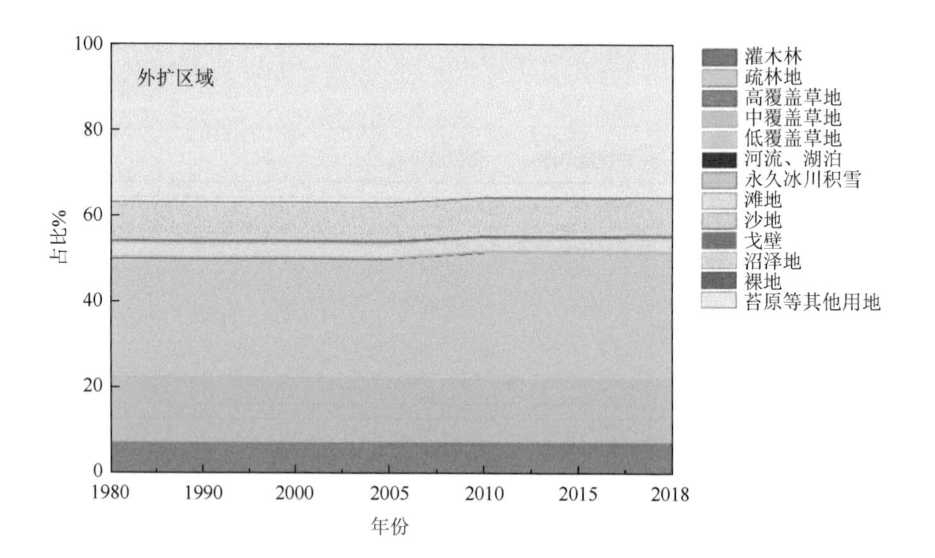

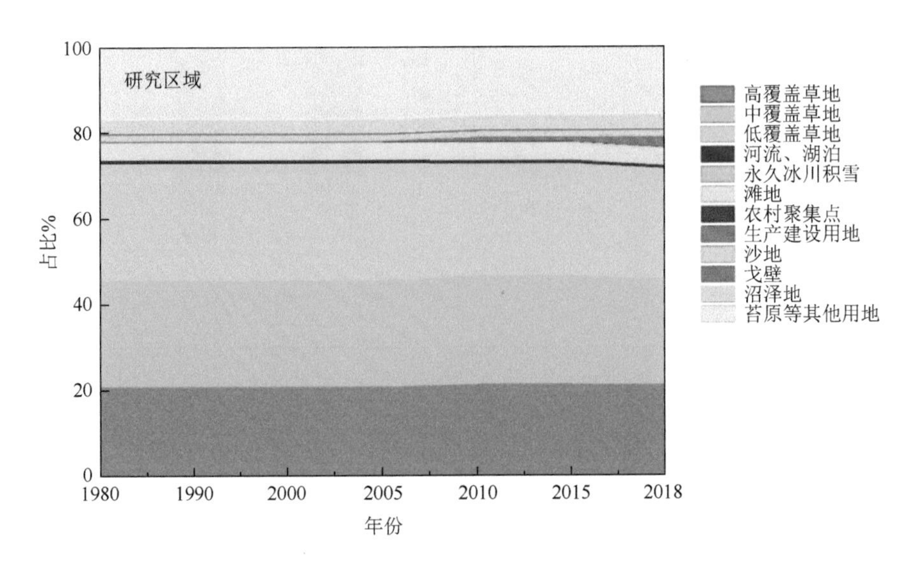

图 5-8　1980 ～ 2018 年研究区域及外扩区域土地利用变化面积

2. 景观格局演变特征

研究区域斑块数量、斑块密度、最大斑块面积指数表现出先上升后下降的趋势，但 2020 年指标数值均高于 2000 年，聚集度指数变化整体不大，香农多样性指数呈上升趋势，景观格局在研究期间呈现出破碎化与均质化的特征，景观优势度不断减弱（图 5-9 和图 5-10）。相比于研究区域，外扩区域景观破碎化程度、干扰度与均质化程度较低，景观优势度更高。

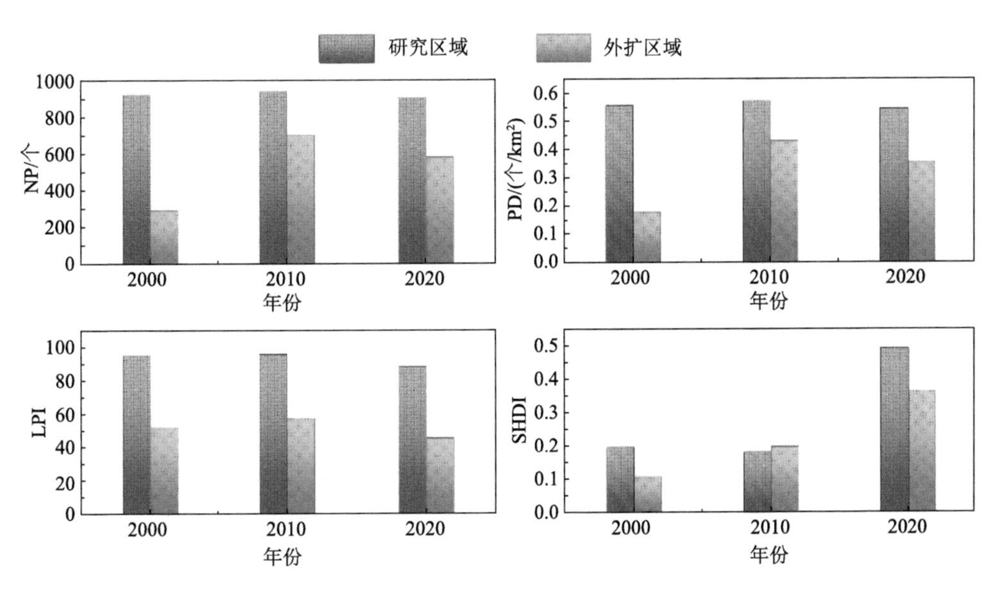

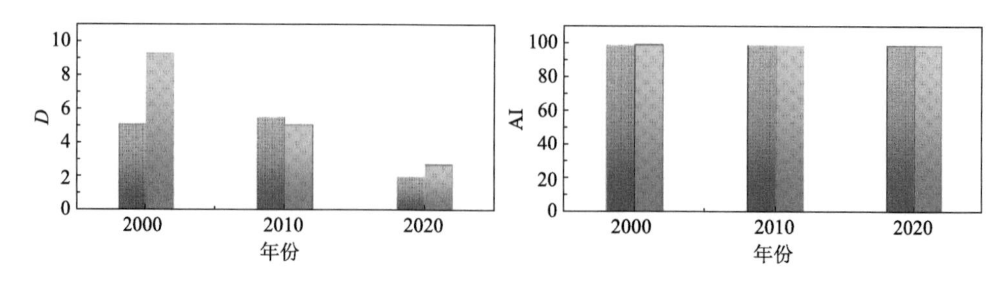

图 5-9　研究区域及外扩区域景观格局指数计算结果

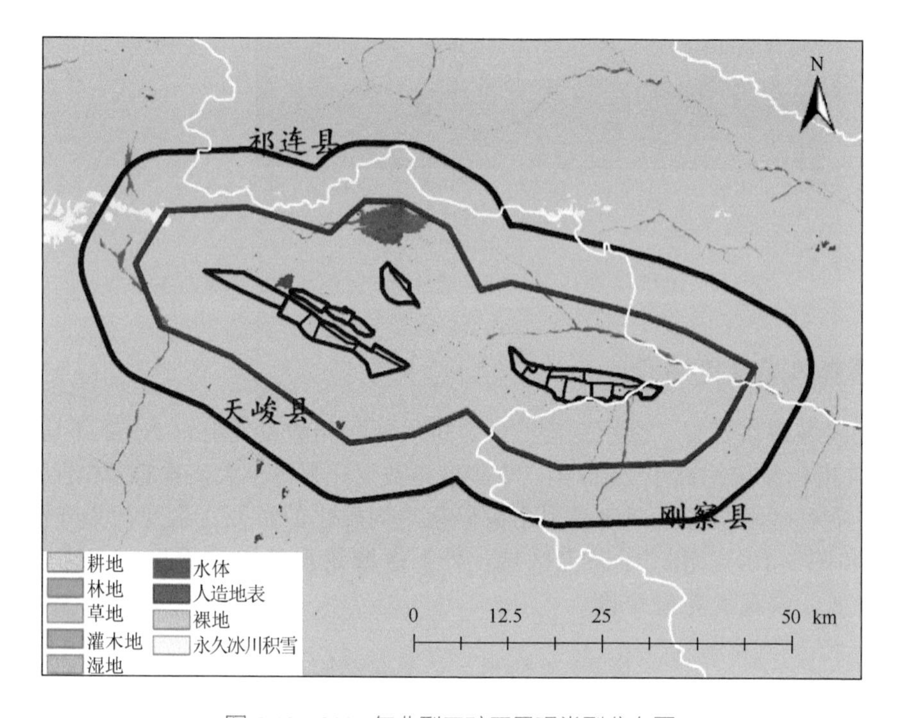

图 5-10　2000 年典型工矿区景观类型分布图

由表 5-5 和图 5-11 可知，未进行矿区开采活动前，1980 年研究区域高覆盖草地、中覆盖草地、低覆盖草地及高寒苔原是研究区域主要土地覆盖类型，草地是研究区域面积最大、连通性和完整性最好的景观组分，原始景观斑块数量、斑块密度、香农多样性指数数值分别为 337 个、0.202 个 /km^2、1.506，破碎化程度较外扩区域较低，两者的差异与区域的气候条件密切相关。

由图 5-12、图 5-13 和表 5-5 可知，1980 ～ 2000 年，研究区域与外扩区域景观格局指数基本保持不变，表明 1980 ～ 2000 年研究区域在自然演化过程中景观格局保持不变。2000 年之后，研究区域草地连通性、完整性降低，NP、PD、SHDI 呈上升趋势，研究区域景观破碎化程度增加，而外扩区域景观格局指数基本保持不变，由此也可推断，若研究区域未进行开采活动，其景观格局应随时间推移基本保持稳定状态。若研究区域未进行开采活动，则其景观格局与 1980 年景观格局相似，即研究区域斑块数量、斑块密度、香农多样性指数数值与 1980 年数值接近，低于目前研究区域斑块数量、斑块密度及香农多样性指数，破碎化程度较低。

表 5-5　1980 ～ 2018 年研究区域及外扩区域景观格局指数

年份	研究分区	NP/ 个	PD/（个 /km²）	LPI	SHDI	AI	*D*
1980	研究区域	337	0.202	8.120	1.506	96.889	0.664
	外扩区域	484	0.295	3.544	1.687	96.743	0.593
1990	研究区域	337	0.202	8.120	1.506	96.889	0.664
	外扩区域	484	0.295	3.545	1.687	96.743	0.593
1995	研究区域	337	0.202	8.120	1.506	96.889	0.664
	外扩区域	484	0.295	3.545	1.687	96.743	0.593
2000	研究区域	337	0.202	8.120	1.506	96.889	0.664
	外扩区域	482	0.294	3.545	1.688	96.744	0.593
2005	研究区域	356	0.214	8.701	1.743	97.037	0.574
	外扩区域	447	0.272	5.929	1.614	96.858	0.620
2010	研究区域	356	0.214	8.701	1.743	97.037	0.574
	外扩区域	447	0.272	5.929	1.614	96.858	0.620
2015	研究区域	373	0.224	8.532	1.781	97.006	0.562
	外扩区域	447	0.272	5.929	1.614	96.858	0.620
2018	研究区域	355	0.213	8.696	1.743	97.032	0.574
	外扩区域	452	0.275	5.929	1.614	96.853	0.620

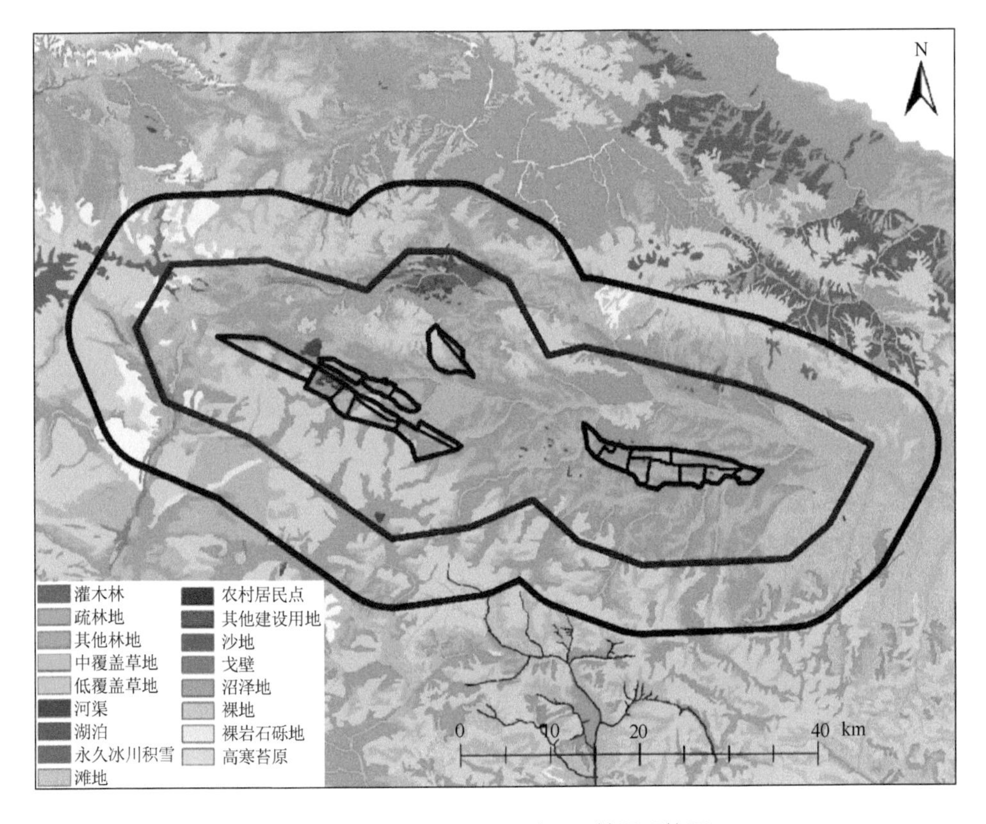

图 5-11　1980 年典型工矿区原始景观格局

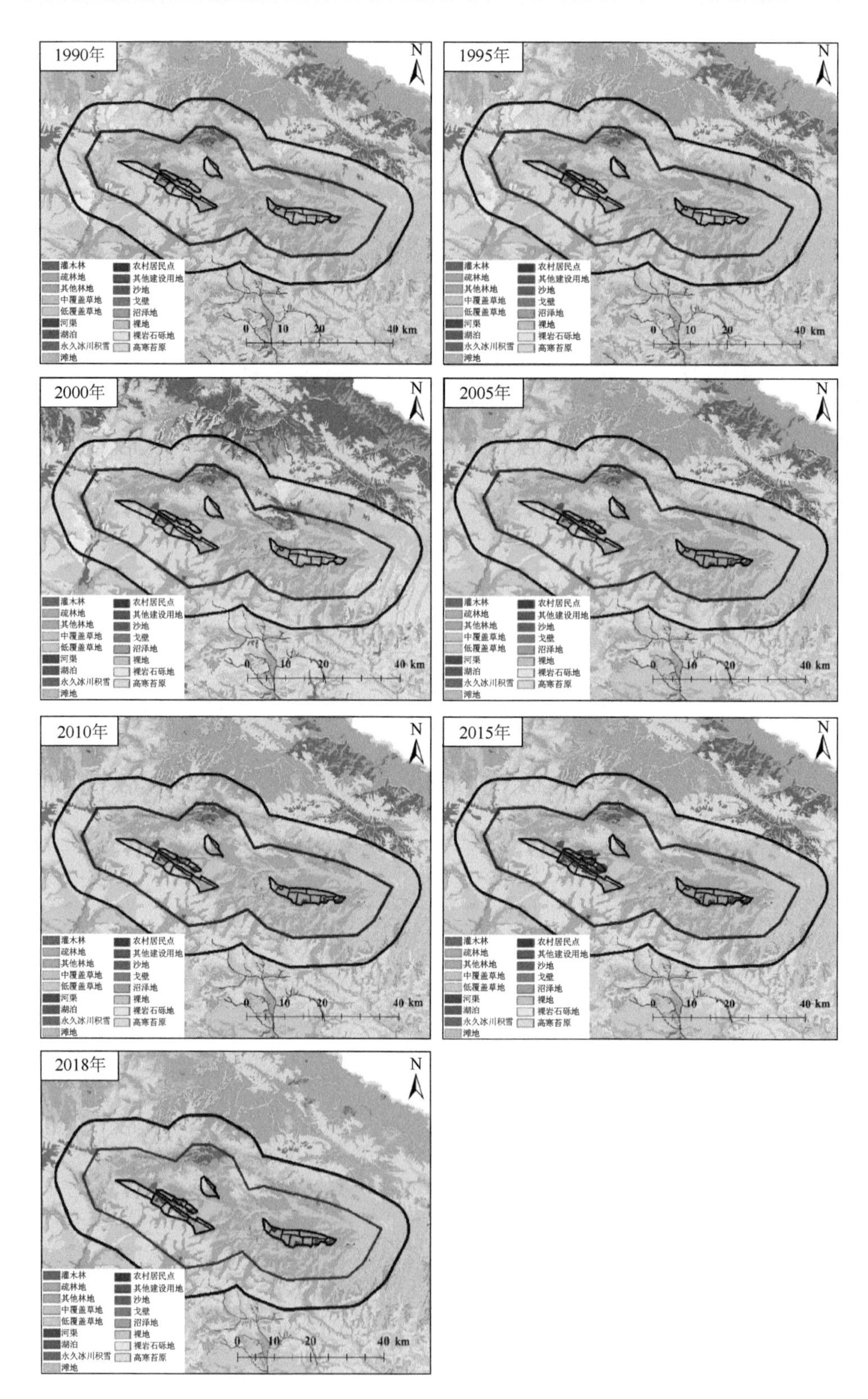

图 5-12　1990 ～ 2018 年研究区域及外扩区域景观类型变化

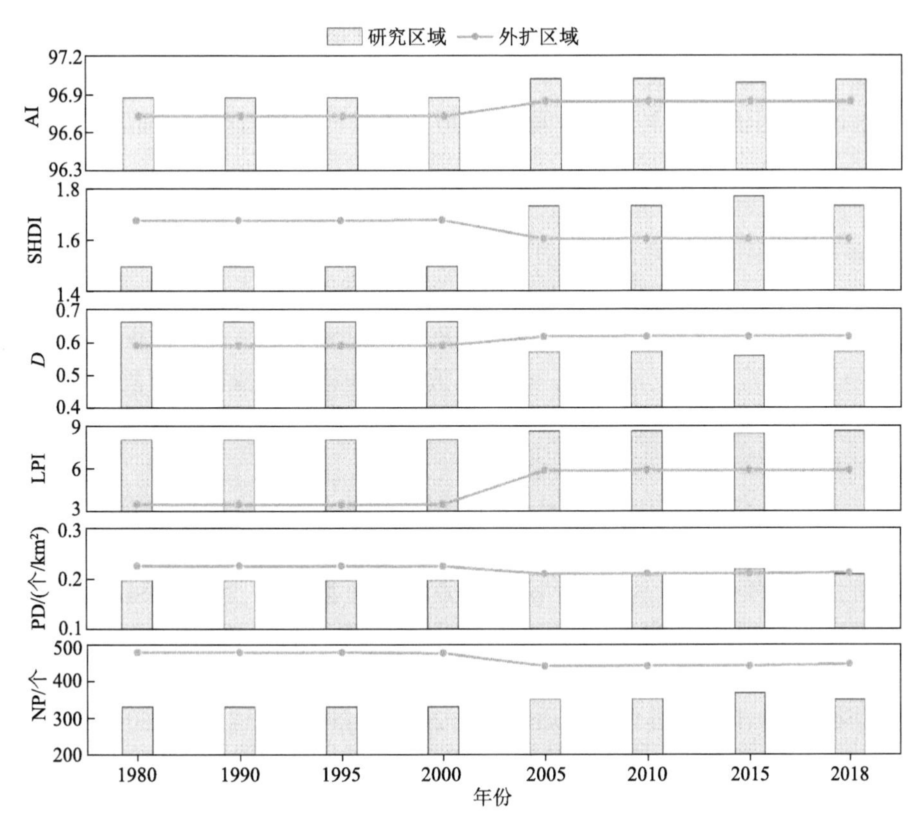

图 5-13　1980 ～ 2018 年研究区域及外扩区域景观格局指数

5.2　典型工矿区景观格局预测

5.2.1　典型工矿区景观格局预测方法

1. 土地利用变化预测

马尔可夫模型本质是一种概率估计，其过程是一种特殊的随化运动过程。它将研究对象看作是一个独立的系统，一个运动系统在 T+1 时刻的状态和 T 时刻的状态有关，而和以前的状态无关。这对研究动态演变而言较为合适，未来的情况只受当前的影响，而过去的情况是不影响未来的，且有着相对较高的预测精度，因此是众多预测问题的首选方法。已有众多学者将其用于土地利用 / 覆盖变化的预测，研究表明在经济发展较为平稳、政策没有发生重大变化时，通过马尔可夫模型进行土地利用 / 覆盖变化预测是可行的。根据马尔可夫过程的性质，马尔可夫过程的基本方程为

$$\boldsymbol{A}^{T}=P\boldsymbol{A}^{T-1}$$

式中，A^T 为 T 时期状态矩阵；P 为由 T-1 时期向 T 时期转化的概率；A^{T-1} 为 T-1 时期状态矩阵。根据研究数据年份差选取 10 年为一个时间间隔进行预测，根据工矿区 1990 ～ 2000 年的土地利用转移矩阵预测 2030 年各类土地利用类型的面积。

2. 多准则 CA- 马尔可夫模型

选用多准则 CA- 马尔可夫模型对研究区的景观空间格局演变进行模拟预测。基于 IDRISI 软件 GIS Analysis 下的 CA- 马尔可夫模型将 CA 元胞自动机模型与马尔可夫模型的优点有机结合，一方面较好地模拟景观格局的时空变化，另一方面提高景观类型动态演变的预测精度，是一种简单、行之有效的景观格局演变模拟预测方法。将通过马尔可夫模型得到两期景观类型转移概率矩阵、转移面积矩阵，进行下一时期景观格局的预测。具体步骤如下。

首先，转移概率矩阵构建。利用 IDRISI 软件中的马尔可夫模块来预测各景观类型相互转化的变化量，获得研究区 1980 ～ 1990 年（自然演化过程中）景观类型变化的转移概率矩阵，参与模拟运算。然后，模拟 2000 年的景观格局。在 IDRISI 软件 CA- 马尔可夫模块下导入 1980 ～ 1990 年马尔可夫转移概率矩阵、2000 年景观类型 RST 栅格图，循环次数设置为 10（一般设置为间隔年限的整数倍），采用默认的摩尔型邻域 5×5 滤波器，模拟获得 2000 年模拟影像。最后，预测 2030 年景观格局。以 2020 年实际景观格局数据、1990 ～ 2000 年马尔可夫转移概率矩阵为基础，获得 2030 年景观格局预测数据。

3. 模拟精度检验

通过对比 2000 年模拟和实际景观类型图来定量分析最终的模拟精度，区别于以往单一的卡帕系数检验，本节在 IDRISI Selva17.00 的 Change/Time series 模块下的 VALIDATE 模块中将卡帕系数验证拓展为标准卡帕系数 (Kstandard)、随机卡帕系数 (Kno)、位置卡帕系数 (Klocation) 和分层区位卡帕系数 (Klocation Strata) 的检验系列组，以求更加全面地检验模拟与实际影像之间数量、位置等方面的一致性程度。

通常情况下，当卡帕系数 >0.75 时，两景观类型图的一致性较高，差异较小，即模拟效果较好，具有较高的可信度；当 0.4 ≤卡帕系数≤ 0.75 时，一致性一般，变化明显，即模拟效果一般；当卡帕系数 <0.4 时，一致性较低，差异较大，即模拟效果很差，模拟错误的栅格占总栅格数量的大部分位置，模型需要修改。

5.2.2　工矿区景观格局预测结果

土地利用预测过程中，将各类草地（高覆盖、中覆盖、低覆盖）均归为草地一类，水域湿地等归为一类，将各类土地利用总共分为 5 类，并以 2020 年景观分类图为基础，以 1990 ～ 2000 年转移概率矩阵为转换规则，进行 2030 年研究区域景观格局的模拟，结果如图 5-14 所示，并将 2000 年模拟数据与实际数据进行 VALIDATE 精度检验，扩展的 4 种卡帕系数检验值均大于 0.75，说明 2000 年模拟和实际景观类型图的一致性较高，该多准则 CA- 马尔可夫模型模拟精度准确，模拟预测的效果较好，可信度较高。

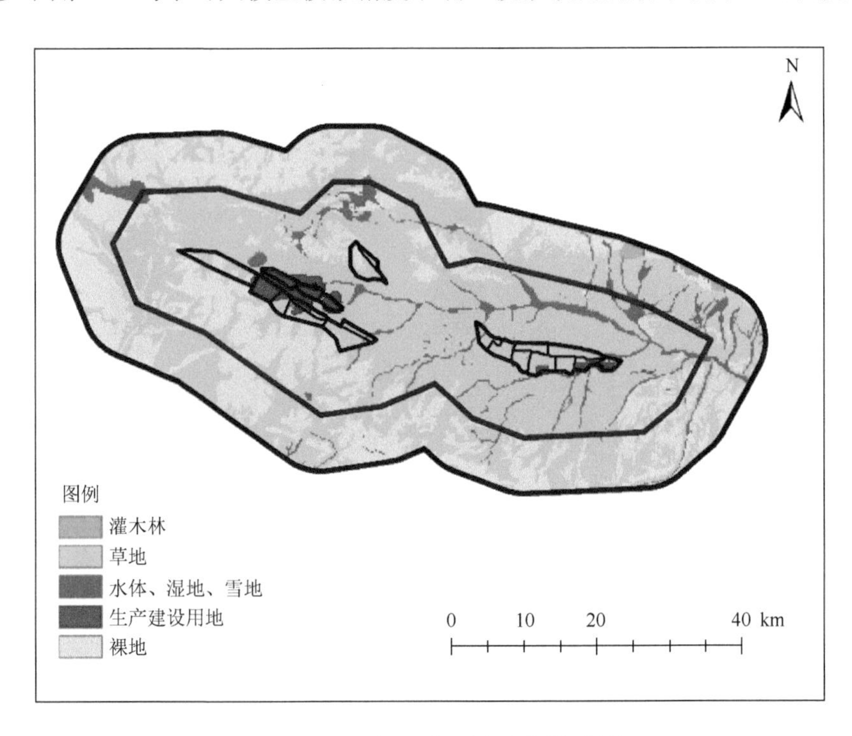

图 5-14　2030 年研究区域景观预测结果

由图 5-15 可知，与 2020 年相比，2030 年研究区域及外扩区域斑块数量、斑块密度、优势度指数、最大斑块面积指数有所降低，2020 年指标数值均高于 2030 年数值，聚集度指数变化整体不大，香农多样性指数呈上升趋势。

由图 5-16 可知，与 1980 年相比，2030 年研究区域斑块数量、斑块密度、香农多样性指数有所升高，聚集度指数变化整体不大；优势度指数和最大斑块面积指数均有所降低。

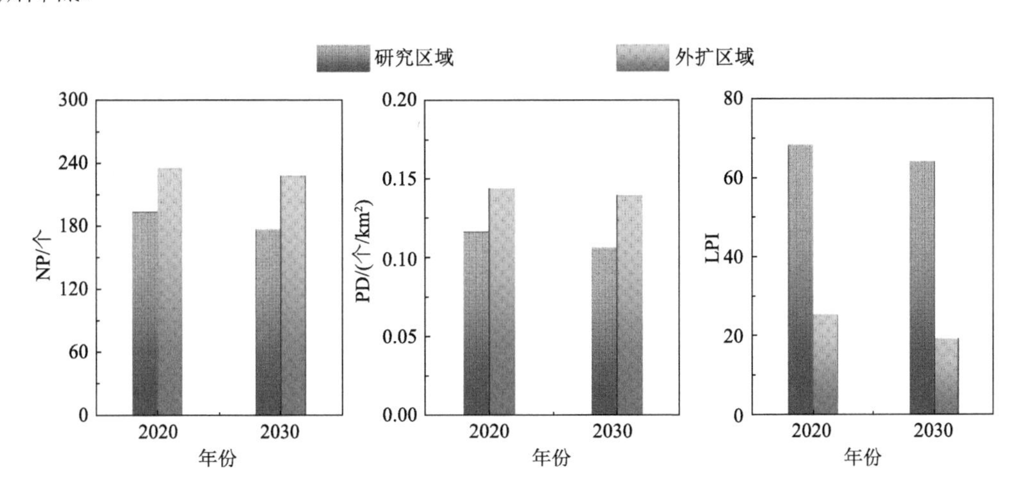

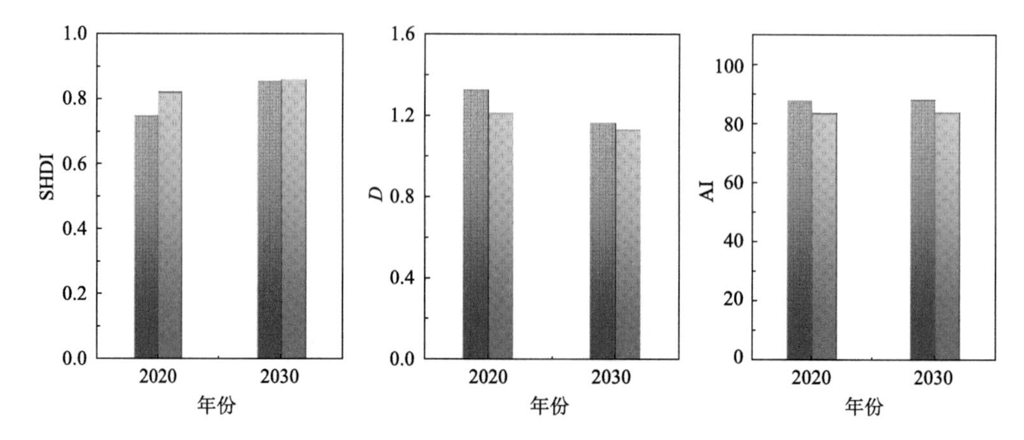

图 5-15　2020 年、2030 年研究区域及外扩区域景观格局指数计算结果

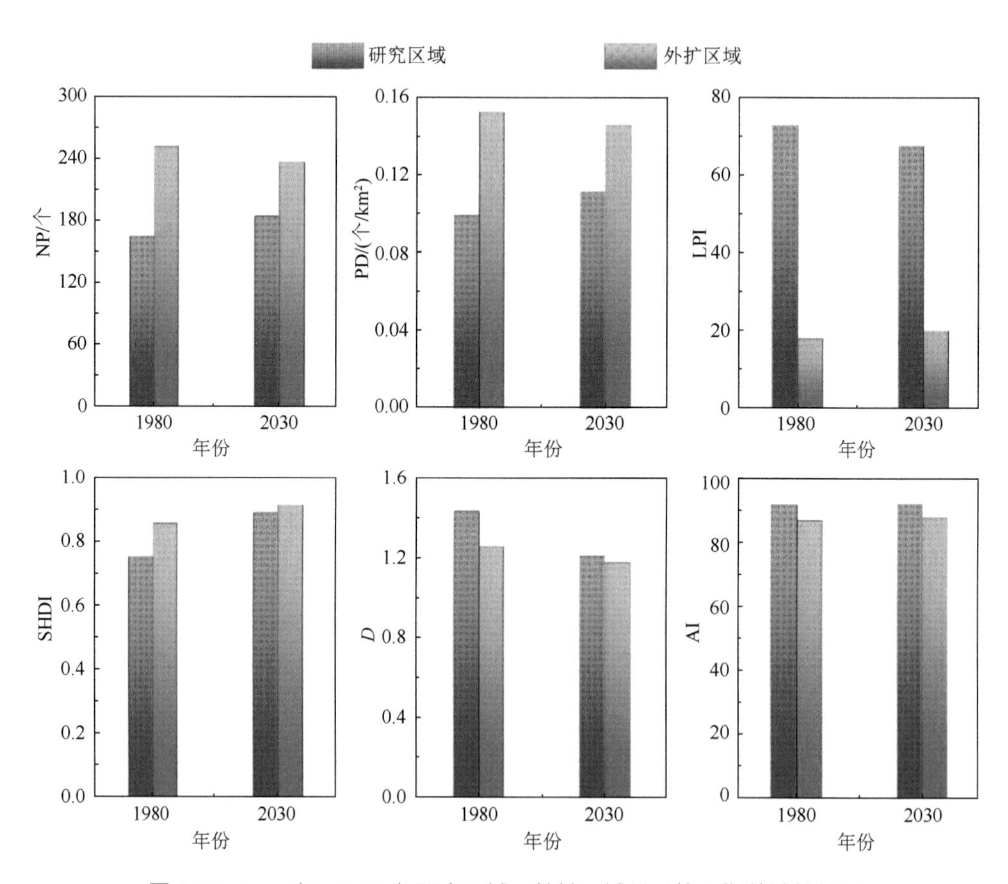

图 5-16　1980 年、2030 年研究区域及外扩区域景观格局指数计算结果

5.3 典型工矿区环境质量现状

典型工矿区横跨海西、海北两州，天峻县、刚察县和祁连县三县，地理坐标为 37°10′ ～ 38°02′02″N，98°59′ ～ 99°35′24″E，总体上呈东南低、西北高的趋势。区内地势起伏不大，平均海拔为 3740 ～ 3850 m。

典型工矿区境内分布有大面积草原、沼泽、河流等湿地资源，具有调蓄降水、涵养水源、保持水土、改善气候等多种生态功能。典型工矿区生态系统相对脆弱，对全球变化和人类干预响应十分敏感，且抗干扰能力较差。该区域分布有大面积的多年冻土，属于青藏高原冻土大区中的阿尔金山—祁连山高寒带山地多年冻土区，生态环境极其敏感。此外，工矿区植被为高寒沼泽草甸和高寒草甸，种类比较单一，生态质量较低，自我更新能力差，一旦破坏后难以恢复。本节利用 RS 和 GIS 技术有效提取典型工矿区植被、土地利用等信息，结合大气环境、水环境和土壤环境等生态环境数据，识别工矿区存在的主要生态环境问题。

生态环境是个复杂的整体系统，局部整治修复等措施难以在较短时间内对生态环境质量产生明显的影响。同时由于典型工矿区地处青藏高原，受其他人为干扰较小，特别是 2014 年停止开采以来，生态环境状况在整体上并未发生根本性变化，生态环境评价中采用 2017 和 2018 年数据可反映当前典型工矿区的生态环境质量状况。

5.3.1 区域水环境问题识别

1. 对区域水资源的影响

典型工矿区对下垫面的扰动面积为 11.6 km^2，主要矿区为 7.95 km^2，扰动面积占天峻县大通河流域面积的 1.92%；而大通河流域水资源开发利用多在尕日得断面以下，以尕日得断面做对比分析，工矿区下垫面扰动面积与断面控制面积相比较小，工矿区因下垫面变化所影响的水量约为 300 万 m^3，约占大通河多年平均河川径流量 28.95 亿 m^3 的 0.1%。根据尕日得、尕大滩站 1956 ～ 2017 年的年径流量过程分析，大通河上游径流未见明显下降趋势，2004 ～ 2017 年两站年径流量较多年平均分别偏多 3.9% 和 4.8%，对应降水量较多年平均偏多 4.5% ～ 5.8%。

随着典型工矿区的发展，矿区用水和排水量将增加，对区域水资源的扰动影响随之加剧。应重点协调工矿区开发与水资源承载力的关系，提高水资源利用效率，最大限度减小对水资源和水环境的影响，保护河源区水源涵养功能。

2. 对水环境的影响

1）地表水环境

典型工矿区处大通河上游，其中矿区 1 涉及大通河支流江仓河，矿区 2 涉及大通河支流哆嗦曲。考虑生态类型和地域代表性，结合对典型工矿区实地野外勘察结果，共检测地表水点位 13 处，具体点位分布如图 5-17 所示。

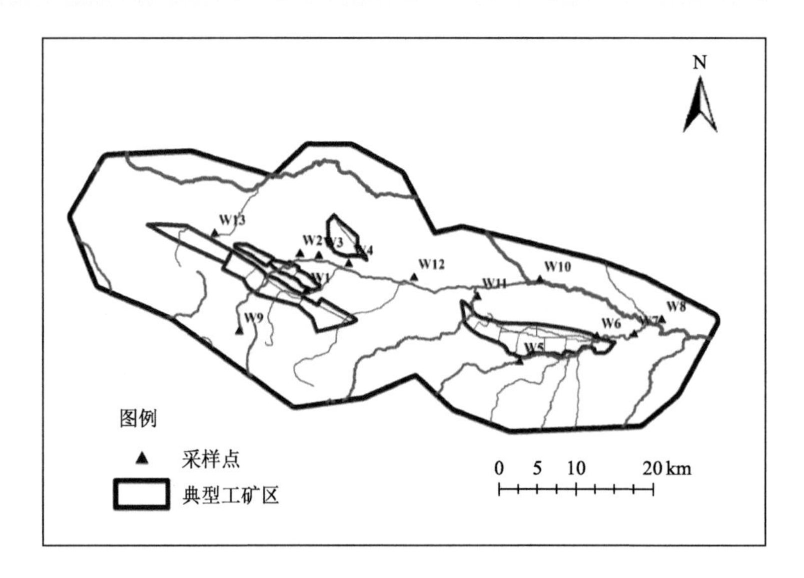

图 5-17 典型工矿区地表水监测点位分布图

本节采用单因子指数法和综合指数法对典型工矿区不同时空范围内的水质状况进行比较评价。单因子指数法是一种最基础的方法，它在我国水质评价工作中应用非常广泛，是目前使用最多的水质评价法。这种方法分别对比单项指标浓度与其所对应的评价标准，以评价最差的项目所在类别作为水质类别。其计算公式为

$$X_i = \frac{C_i}{I_i}$$

式中，X_i 为水质指数；C_i 为第 i 个指标的浓度；I_i 为标准要求浓度；i 为第 i 个指标。

综合指数法是在单因子指数法的基础上进行的，将所有监测指标均作为研究对象，采用数理统计的方法将实际指标监测值标准化，然后采用层次分析计算各指标的权重并建立数学模型，依据评价标准综合衡量水质状态优劣。综合指数法就是其中最常用的一种，其计算公式为

$$X = \frac{1}{m}\sum_{i=1}^{m} X_i$$

式中，X 为综合水质指数；m 为水质参数的个数。根据该河段水环境质量控制标准，以上各参数标准值取《地表水环境质量标准》(GB 3838—2002) Ⅱ类水质标准值。

根据青海省环境监测站 2006 年 10 ～ 11 月的监测资料分析，典型煤矿开发后，工矿区主要河流评价因子均满足《地表水环境质量标准》(GB 3838—2002) 的Ⅱ类水质标准值的限值。根据 2015 年工矿区主要河流的水质监测结果分析，各项评价因子能满足《地表水环境质量标准》(GB 3838—2002) Ⅱ类水质标准值的限值，可以满足水功能区划水质目标要求。2018 年工矿区主要河流的水质监测结果表明，除个别监测点位 (W6、W7、W12、W13) 的综合污染指数超过 1 外（图 5-18)，其余监测点位均能满足《地表水环境质量标准》(GB 3838—2002) Ⅱ类水质标准值的限值，而且在超标点位中污染物均以挥发酚为主。

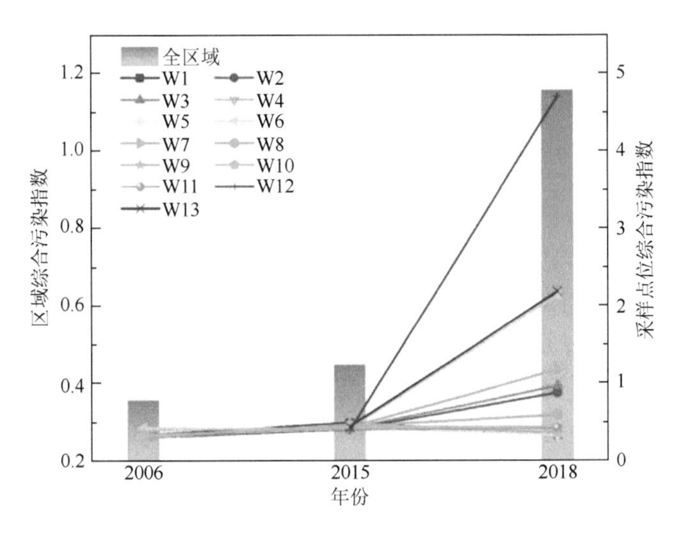

图 5-18　典型工矿区地表水综合污染指数

2）地下水环境

典型煤矿区域的地下水主要包括冻结层水、松散岩类孔隙水和山区基岩裂隙水，其中冻结层水是区域主要的地下水类型，矿区开发过程中，多年冻土层将被击穿，具有弱承压性的冻结层下水的含水层结构遭到破坏，形成涌水而汇集于矿井内，地下水的水质受到污染而变差。

根据2006年、2015年及2018年地下水水质监测结果，对地下水各监测点水质采用《地下水质量标准》（GB/T 14848—2017）Ⅲ类标准进行评价。从已有监测数据来看，2006 年矿区除 1# 泉总大肠菌群指标超标外，其他主要监测点地下水评价因子均满足《地下水质量标准》（GB/T 14848—2017）Ⅲ类标准值的限值，2015 年 4# 矿区监测点地下水综合污染指数大于 1，该点地下水污染较重，主要超标因子为总大肠菌群及 COD。2018 年 3# 及 1# 泉监测点综合污染指数均大于 1（图 5-19），污染情况较重，

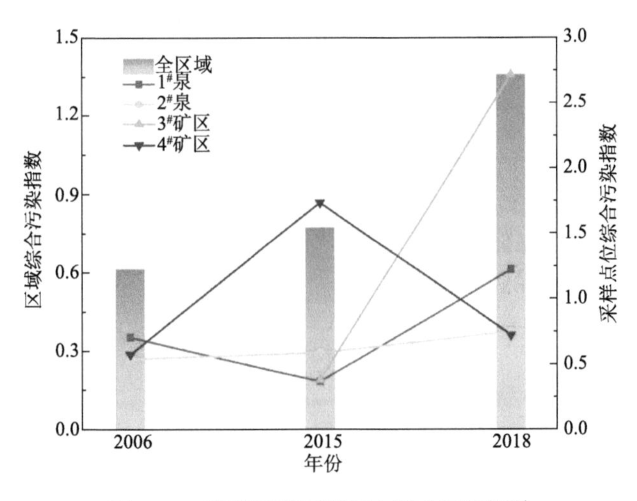

图 5-19　典型工矿区地下水综合污染指数

主要超标因子为总大肠菌群、细菌总数及COD，细菌污染主要为人为污染所致，而总大肠菌群超标可能与畜粪面源污染有关。因此，典型工矿区地下水污染主要贡献因子为总大肠菌群。

3. 水源涵养

基于2015年发布的《全国生态功能区划（修编版）》，工矿区位于祁连山冰川与水源涵养生态功能区，约占祁连山冰川与水源涵养生态功能区总面积的0.018%，该区域是我国重要的水源涵养功能区，区域生态系统主导服务功能为水源涵养功能。本节参考欧阳志云《中国生态系统水源涵养空间特征及其影响因素》的评价标准和研究方法，并结合工矿区实际情况，综合考虑降水量、蒸发量、工矿区土地利用情况等因子，利用下列方程计算生态系统所提供的水源涵养服务。

$$TQ=\sum_{i}^{j}(P_i-R_i-ET_i)\times A_j$$

$$R_i=P_i\times a$$

式中，TQ为生态系统总水源涵养量；P_i为降水量；R_i为径流量；ET_i为蒸散量；A_j为特定生态系统类型的面积；a为径流系数；i为生态系统类型；j为生态系统类型总数。

工矿区水源涵养重要性划分情况如图5-20所示，2010年以来典型工矿区整体的水源涵养量有所下降。2010年典型工矿区水源涵养总量为4224.44万m^3，2014年降至4096.60万m^3，之后有所回升，2017年典型工矿区水源涵养总量为4130.65万m^3（图5-21）。

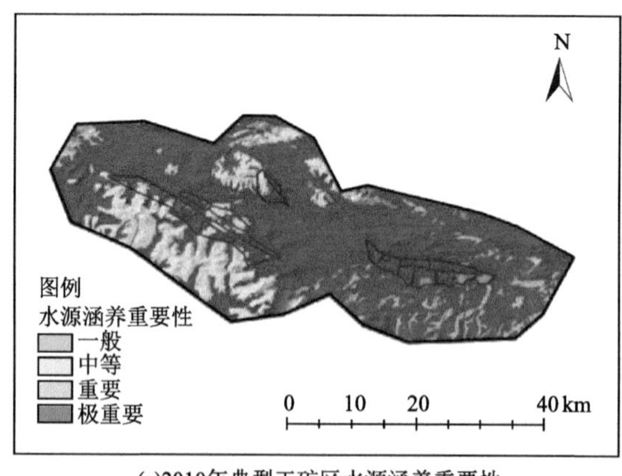

(a)2010年典型工矿区水源涵养重要性

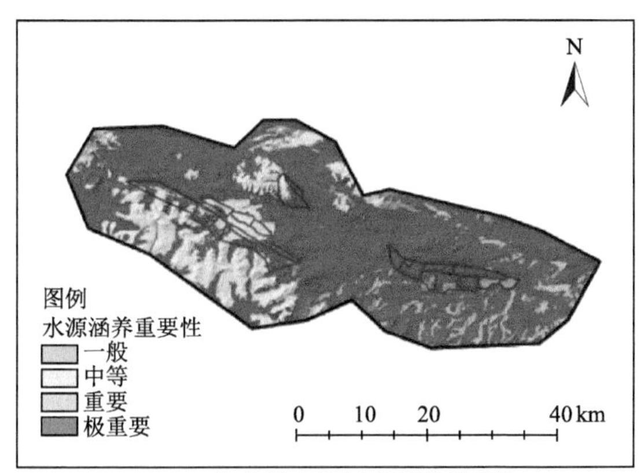

(b)2014年典型工矿区水源涵养重要性

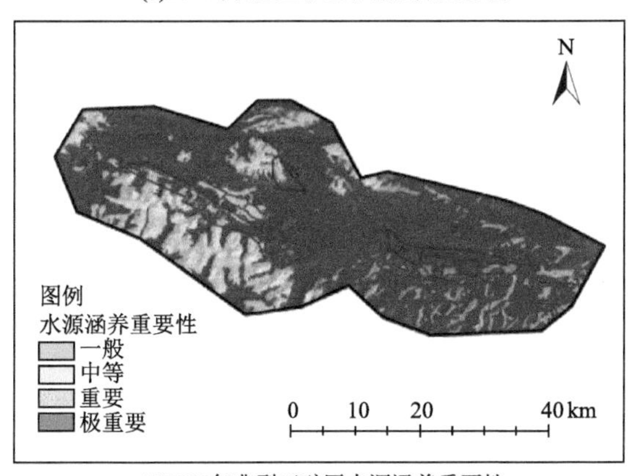

(c)2017年典型工矿区水源涵养重要性

图 5-20　典型工矿区水源涵养重要性划分情况

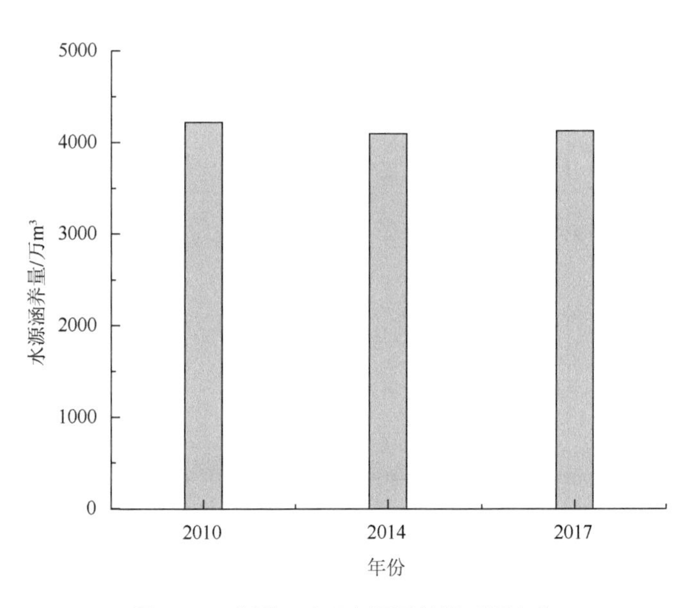

图 5-21　典型工矿区水源涵养量时间变化

5.3.2 区域大气环境问题识别

2018 年空气质量监测结果显示，典型工矿区空气质量监测数据均小于《环境空气质量标准》(GB 3095—2012) Ⅰ类标准限值，与 2006 年监测数据相比，2018 年典型工矿区 TSP 浓度明显减小（表 5-6）。

表 5-6 矿区不同年份空气质量监测结果

	监测年份	TSP/(μg/m³)	PM_{10}/(μg/m³)	SO_2/(μg/m³)	NO_2/(μg/m³)
1#典型乡	2006	303	—	0.003L	—
	2018	22.86	15.14	8.29L	5.57L
2#江仓矿区一号井	2006	1409.4	—	12	—
	2018	20.71	14.14	9.00L	3.57L
空气Ⅰ类标准限值		120	50	50	80

注：L 指低于该值，如 0.003 L 指测试值低于 0.003。

5.3.3 区域土地环境问题识别

1. 对土壤环境质量的影响

由工矿区土壤环境质量监测结果分析可知（图 5-22），2006 年、2015 年和 2018 年监测点位土壤环境质量较好，各项指标均能满足《土壤环境质量 农用地土壤污染风险管控标准（试行）》(GB 15618—2018) Ⅱ级标准。

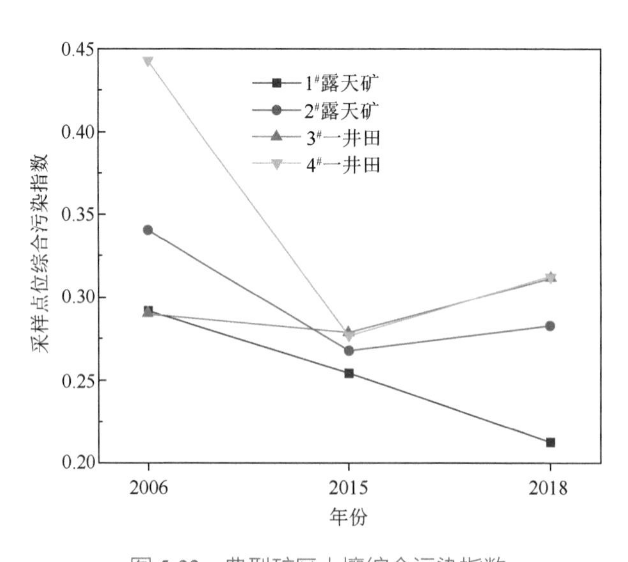

图 5-22 典型矿区土壤综合污染指数

2. 对水土流失的影响

长期以来，在典型工矿区的水土流失量的估算中，USLE(universal soil loss equation)模型是应用比较广泛的方法模型，是美国农业部土壤保持局建立的以大量试验数据为基础的经验性方程，由于该方程的建立考虑了影响土壤侵蚀的一些基础因素，因此对世界各地均具有广泛的适用性，通用方程可以表示为

$$A=R\cdot K\cdot L\cdot S\cdot C\cdot P$$

式中，A 为土壤年侵蚀量；R 为降水侵蚀力因子；K 为土壤可蚀性因子；L 为坡长因子；S 为坡度因子；C 为植被覆盖与管理因子；P 为水土保持措施因子。本节通过查询《生产建设项目土壤流失量测算导则》(SL 773—2018) 得到典型工矿区所在县级行政区划的 R 因子与 K 因子数值（表 5-7）。在典型工矿区，资源开采的高强度扰动是造成土壤侵蚀加剧的主要因素，地表塌陷改变了地表地貌形态，地表裂缝等则使土壤抗蚀能力下降；表土层理化性质变化使得植被覆盖发生变化，这都使得塌陷区土壤保水能力变差，表层的沙石、养分等在雨水和坡面径流的作用下流失严重。因此，煤炭资源开采通过影响侵蚀的主要因子如土壤抗蚀性、地形因子、植被覆盖因子等而使得工矿区土壤侵蚀加速。

表 5-7　工矿区所在行政区划多年平均逐月和年降水侵蚀力因子及土壤可蚀性因子参考值

行政区划	R													K
	1 月	2 月	3 月	4 月	5 月	6 月	7 月	8 月	9 月	10 月	11 月	12 月	全年	
刚察县	0.0	0.0	0.5	4.3	26.4	86.0	129.7	131.3	58.6	2.8	0.0	0.0	439.6	0.0151
天峻县	0.0	0.0	0.4	2.3	18.9	65.1	89.7	76.7	31.3	0.9	0.0	0.0	285.3	0.0137

根据水土流失方程，以及上述所计算的各因子图层，在 ArcGIS 中使用栅格计算器，将各因子图层相乘，即可得到典型工矿区水土流失分布图（图 5-23）。又根据水利部土壤侵蚀面蚀分级标准，把研究区水土流失状况按水土流失强度分为 6 级，即微度［小于 200 (t·km^2) /a］、轻度［200 ～ 2500 (t·km^2) /a］、中度［2500 ～ 5000 (t·km^2) /a］、强度［5000 ～ 8000 (t·km^2) /a］、极强度［8000 ～ 15000 (t·km^2) /a］、剧烈［大于 15000 (t·km^2) /a］。因此得到典型工矿区不同区域水土流失程度各等级面积。

经计算得到典型工矿区平均土壤侵蚀量为 3145.48 (t·km^2) /a，属于中度流失程度，4 个小矿区的平均土壤侵蚀量分别为 4651.74 t (t·km^2) /a、4166.92 (t·km^2) /a、2284.11 (t·km^2) /a 和 2649.29 (t·km^2) /a，除东部矿区属于轻度流失，其他三个矿区均属于中度水土流失程度。典型工矿区在开发过程中以露天开采为主，在建设和开采过程中的开挖、排矸、堆弃、运输、储存等各环节都存在扰动原地貌、占压破坏地表植被，降低了原生地貌的水土保持功能，尤其是排矸场的排弃量多，占压草地面积大，使微地貌发生变化，形成以沙质土、砾石为主的渣山，边坡陡而松散易侵蚀、滑塌，经降水冲刷，形成水土流失。同时因开挖采掘长期机械扰动、人为活动频繁等，都将形成和加剧水土流失。

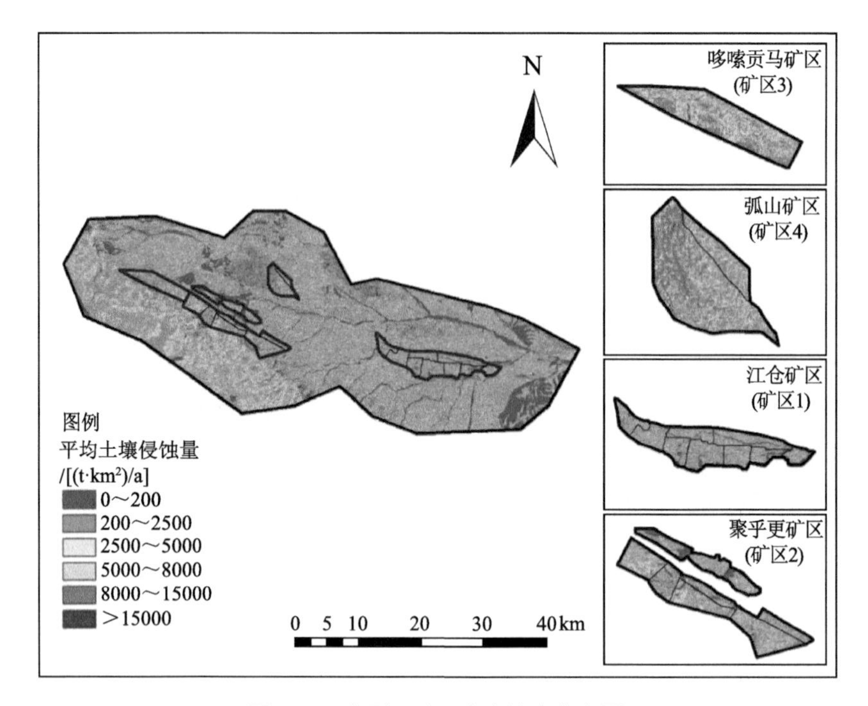

图 5-23 典型工矿区水土流失分布图

3. 冻融侵蚀

典型工矿区冻土广布，其所在的青藏高原及其周边高山区是我国冻融侵蚀最为严重的地区，此研究分析冻融侵蚀以分析生态系统的敏感性。根据已有研究，冻融侵蚀与气候、地形、水文和植被等因素密切相关。因此，此研究选取温度、降水、坡度、坡向、植被共 5 个因子作为冻融侵蚀的影响因子，参考目前相应的现状评价标准，构建冻融侵蚀敏感性评价体系（表 5-8），并利用遥感数据、GIS 技术、空间分析法等方法对典型工矿区冻融侵蚀敏感性进行评价。

温度是影响冻融侵蚀的首要因子，直接决定冻结和融化的深度和程度，温差越大，冻融深度也越大，反之，则越小。此研究采用气温年较差表现气温变化，用于评价典型工矿区冻融侵蚀的敏感性。此研究利用相关学者在青藏高原地区冻土区气温年较差与纬度、经度和海拔的关系的研究结果分析气温年较差，计算方程如下。

$$A=3.1052+1.2418Y-0.2275X-0.0004133H$$

式中，A 为气温年较差；X 为经度；Y 为纬度；H 为海拔。

降水是影响冻融侵蚀的另一主要因素。降水直接增加土体含水量，冻结时对土壤的破坏作用增加。同时，降水和冰雪融水是冻融侵蚀产物移动的重要动力，增加了冻融侵蚀发生的可能性。此节利用青海省国家气象站点多年降水量数据，在 ArcGIS 软件的辅助下，绘制降水量分布。

坡度影响着冻融侵蚀的数量和侵蚀位移的大小，坡度越大，冻融侵蚀产物被输送得越多越远。坡向影响太阳辐射的总量和强度，阳坡和阴坡接受的太阳辐射不同，造成坡向小气候和土壤理化性质存在差异。基于 DEM 数据利用 ArcGIS 软件提取坡度与坡向。

植被对冻融侵蚀的影响作用主要体现在以下三个方面：植被的地上部分减轻冻融侵蚀对地表的破坏作用；植被的地下部分（如根系）增强对土体的固结作用，提高土壤的稳定性，降低冻融侵蚀对土壤的破坏作用；植被可以减小地面温差，从而减小冻融侵蚀的程度。植被覆盖度较大的地区在一定程度上可以减弱冻融侵蚀作用，反之植被覆盖度较小的区域冻融侵蚀强度较大。此节利用植被覆盖度表征植被因子。

表 5-8　冻融侵蚀敏感性评价指标体系

评价因子	指标分级				权重
	不敏感	轻度敏感	中度敏感	高度敏感	
气温年较差 /℃	<18	18 ～ 20	20 ～ 22	>22	0.1
年均降水量 /mm	<150	130 ～ 300	300 ～ 500	>500	0.2
坡度 /(°)	0 ～ 3	3 ～ 8	8 ～ 15	15 ～ 90	0.4
坡向 /(°)	0 ～ 45 225 ～ 270	45 ～ 90 270 ～ 315	90 ～ 135 315 ～ 360	135 ～ 225	0.1
植被覆盖度 /%	60 ～ 100	40 ～ 60	20 ～ 40	0 ～ 20	0.2
分级赋值	1	2	3	4	—

基于冻融侵蚀单因子评估结果，此节采用加权加和的方法对影响冻融侵蚀的多项因子进行综合，通过对综合指数评估实现对典型工矿区冻融侵蚀敏感性评价，综合评价指数越大，表示冻融侵蚀越强烈，反之，则表示冻融侵蚀越弱（图 5-24）。其计算公式如下。

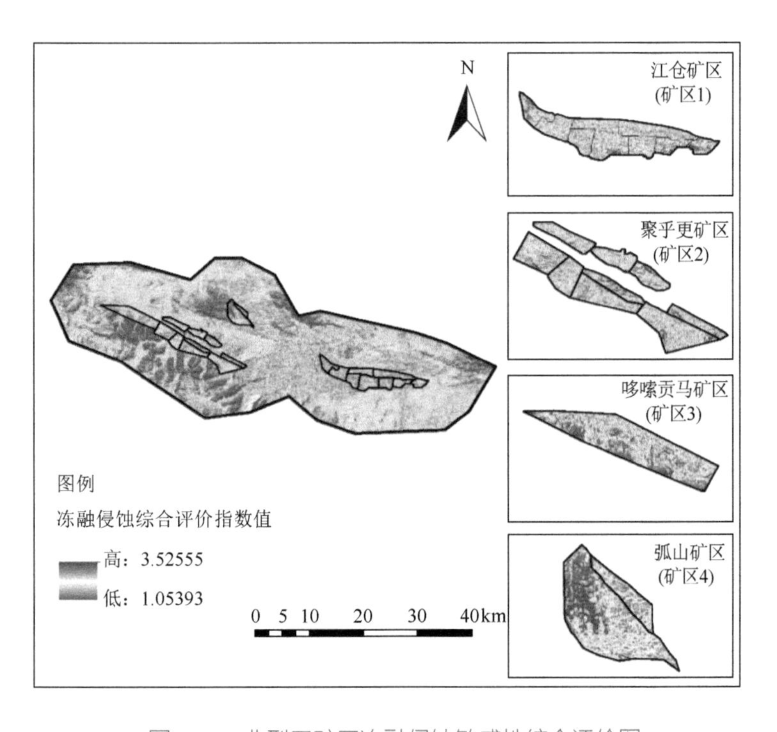

图 5-24　典型工矿区冻融侵蚀敏感性综合评价图

$$I=\sum_{i=1}^{j}W_i \times I_i$$

式中，I为冻融侵蚀综合评价指数；I_i为第i个因子的赋值；W_i为第i个因子的权重；j为评价因子数。

典型工矿区冻融侵蚀综合评价指数I均值为2.49，表明总体上工矿区土地冻融的敏感程度为中度敏感。对比四个矿区，冻融的敏感性较相似，均体现为中度敏感。

5.3.4 生物生态的影响

1. 对植被覆盖变化的影响

当地多年的矿产开发活动造成了一系列的生态环境问题。自2014年《典型矿区综合整治工作实施方案》实施以来，相关部门大力推进典型工矿区生态环境综合治理，工矿区的生态修复治理取得了积极进展。根据中国科学院资源环境科学数据中心提供的归一化植被指数（NDVI）数据显示（图5-25），2010年典型工矿区的归一化植被指数为0.629，与之相比，2014年归一化植被指数下降至0.602。但是伴随着工矿区一系列

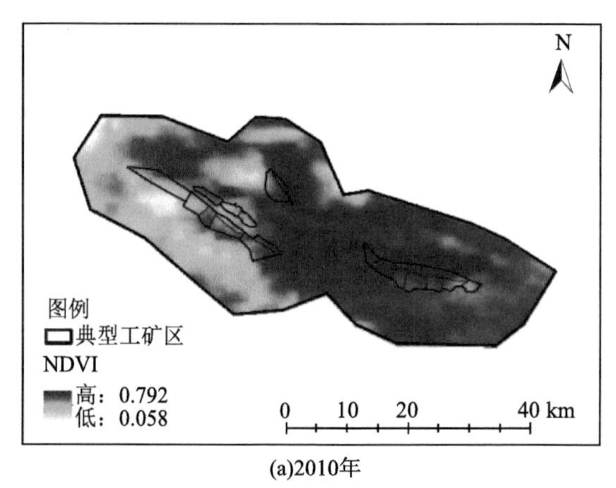

(a)2010年

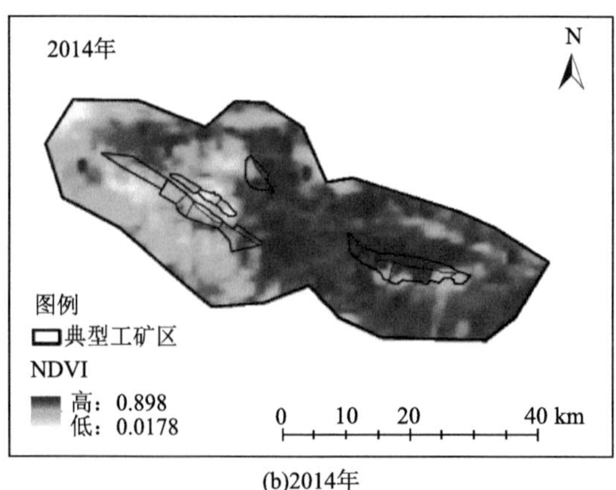

(b)2014年

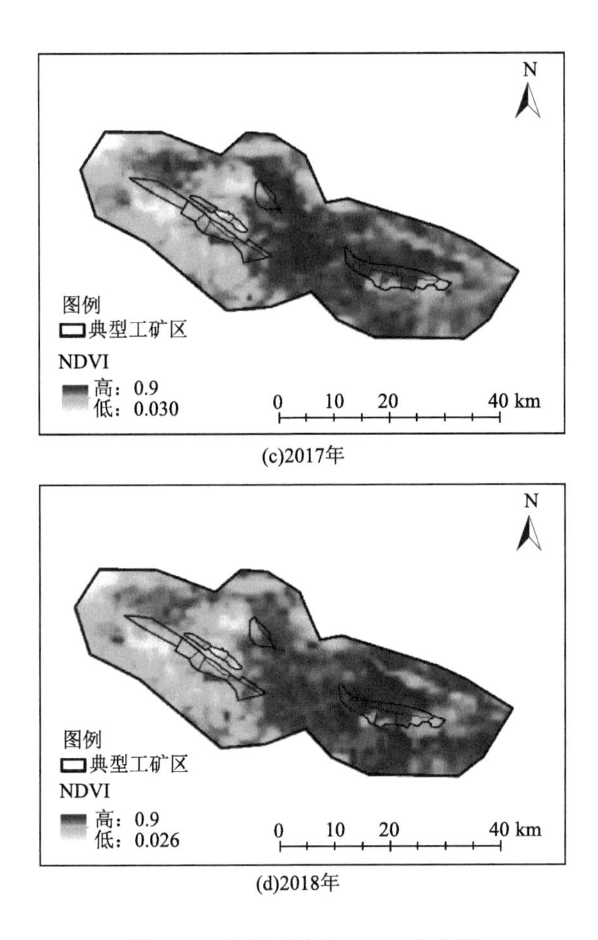

(c)2017年

(d)2018年

图 5-25　典型工矿区 NDVI 变化图

治理措施的实施，当前归一化植被指数升高至 0.643，超过 2010 年植被覆盖水平，表明工矿区整治措施的实施后工矿区生态环境恢复取得了一定的成效。

2. 对生物多样性的影响

研究区分布有较多的高寒草甸，为当地动物提供良好的栖息场所和食源，具有重要的生物多样性保护功能。本节依据工矿区降水量、气温、地形、植被等情况，利用 ArcGIS 计算得到生物多样性保护服务情况。

综合 2010 年和 2017 年生物多样性保护服务结果，可以发现，整个研究区生物多样性保护服务显著下降。2010 年平均生物多样性保护服务指数为 120.64，2017 年降至 103.11。在此期间，虽然采取了一系列生态恢复措施，但是短期的修复并未提高工矿区生物多样性保护服务能力。从空间分布来看，矿区西部的生物多样性保护服务变化最大，低值区的面积增加较多，其他区域变化程度较小（图 5-26 和图 5-27）。

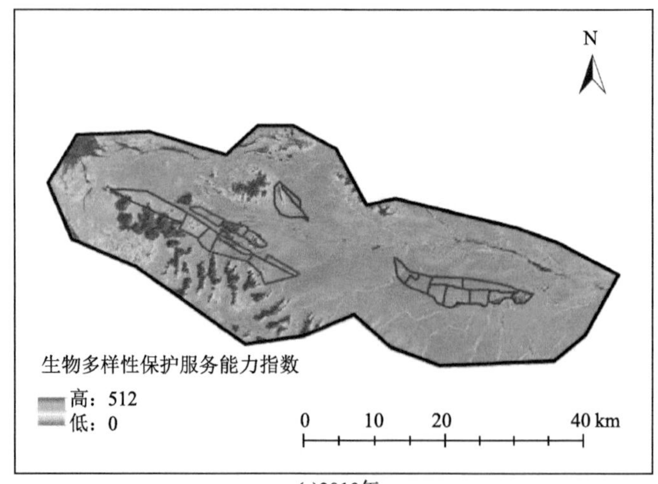

(a)2010年

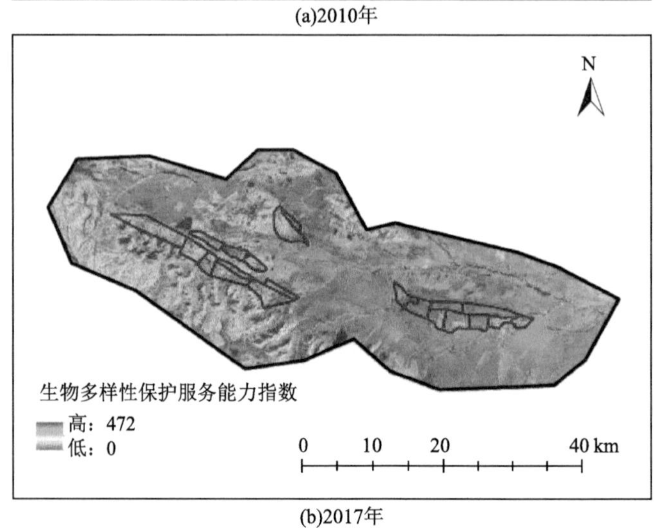

(b)2017年

图 5-26　生物多样性保护服务空间分布

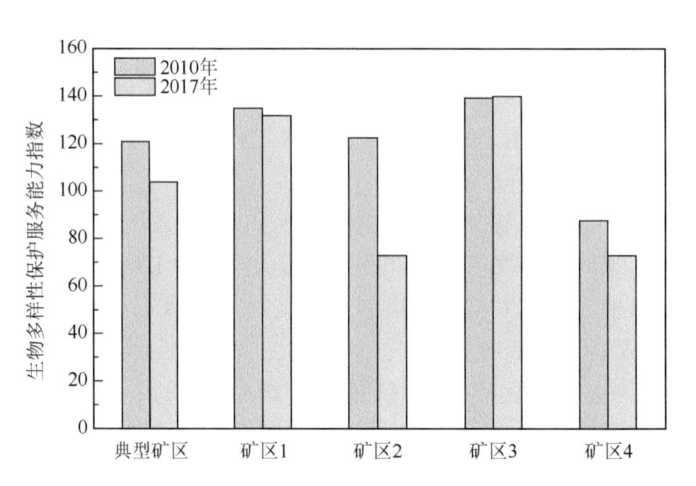

图 5-27　典型工矿区生物多样性保护服务能力指数变化

3. 对生境质量的影响

本节根据《生态环境状况评价技术规范》（HJ 192—2015）对工矿区的生境质量进行评价：

$$生境质量指数 =A_{bio}\times(0.35\times 林地 +0.21\times 草地 +0.28\times 水域湿地 +0.11\times 耕地 +0.04\times 建设用地 +0.01\times 未利用地)/ 区域面积$$

式中，A_{bio} 为生境质量指数的归一化系数，参考值为 511.2642131067。

2010 年生境质量指数为 27.59，2017 年工矿区的生境质量指数为 27.08。从空间分布来看，2017 年矿区 1 的生境质量指数最大，生境质量最高，而矿区 4 的生境质量最差。与 2010 年生境质量指数相比，工矿区开发活动区域的生境质量变差。根据 2010 年及 2017 年生境质量指数计算结果，2010 年以来整个研究区的生境质量指数随时间推移总体呈下降趋势。2010 年和 2017 年典型工矿区生境质量空间分布分别如图 5-28 和图 5-29 所示。从空间分布看，东部矿区的生境质量指数数值最大，生境质量最高，而西南矿区的生境质量最差。由图 5-30 可知，与 2010 年生境质量指数相比，2017 年工矿区 95% 左右的区域生境质量变差。

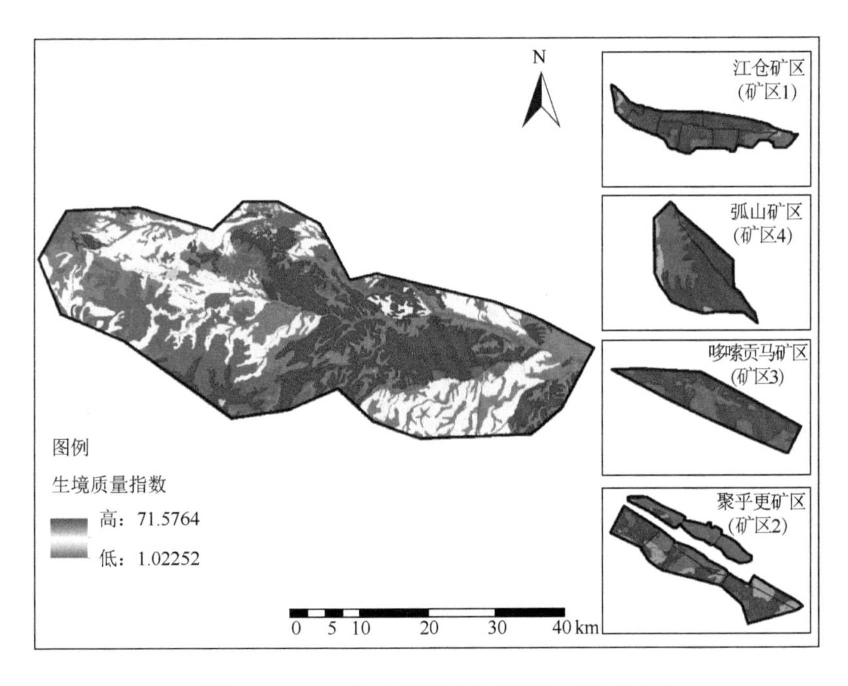

图 5-28　2010 年典型工矿区生境质量空间分布

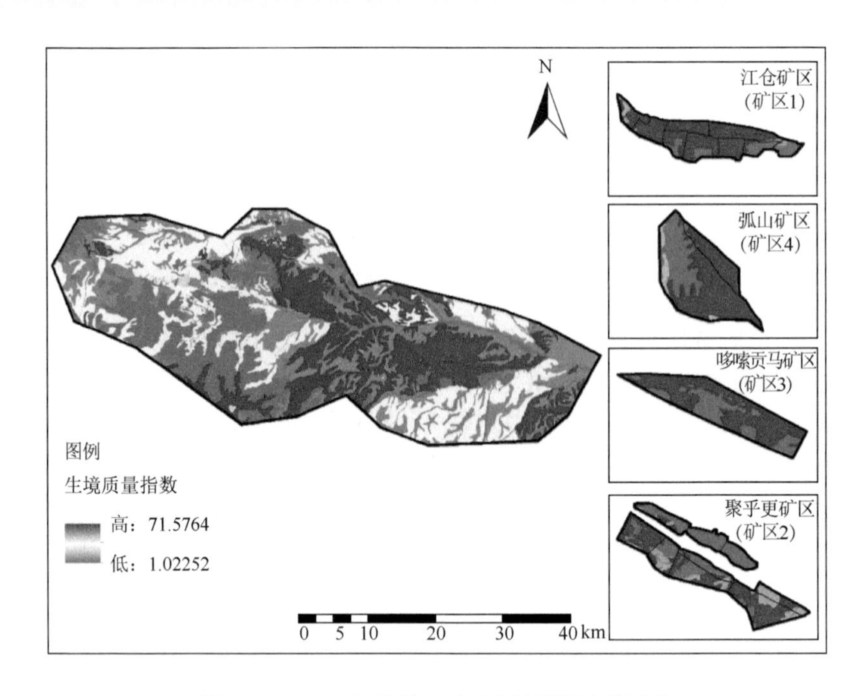

图 5-29　2017 年典型工矿区生境质量空间分布

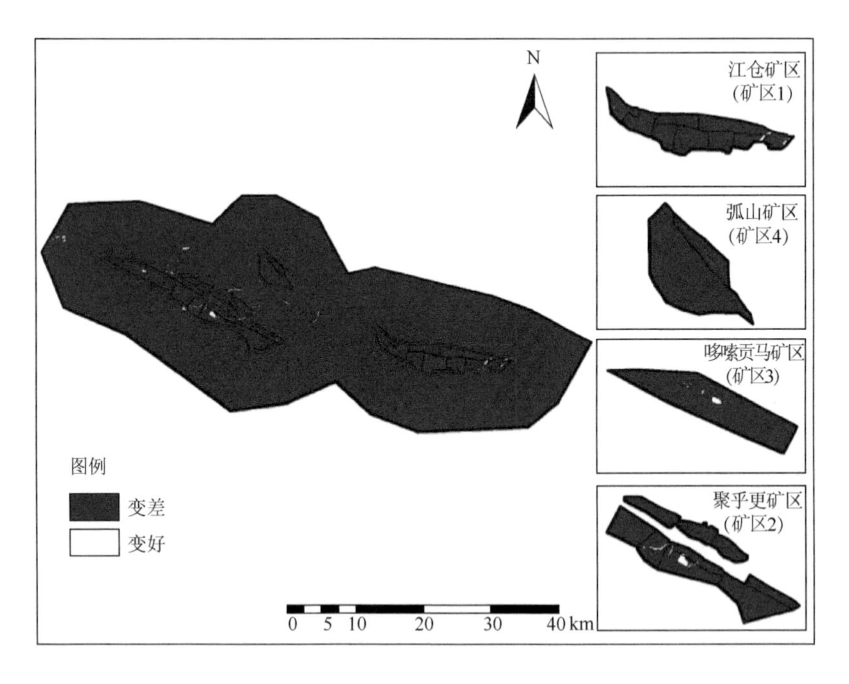

图 5-30　2010 ～ 2017 年典型工矿区生境质量变化

5.3.5　多年冻土区的影响

冻土一般是指温度在 0 ℃或 0 ℃以下，并含有冰的各种岩土和土壤。冻土是寒区地质环境的特殊地质体，它与寒区自然地理环境、地质环境，以及受人类工程经济活动影响的工程技术环境、社会经济环境等共同组成冻土环境。

本节将典型工矿区的季节冻土和多年冻土进行划分。研究表明，年均地温与海拔、纬度、经度具有较好的线性关系。因此，利用相关学者在青藏高原地区冻土区气温年较差与纬度、经度和海拔的关系的研究结果分析气温年较差。在典型工矿区数字高程模型（DEM）数据中提取数据点的海拔、纬度、经度数据，建立数据精度为 5 m 的栅格文件，运用回归统计模型进行栅格计算，得到现阶段典型工矿区年均地温的空间分布图（图 5-31）。由图 5-31 可知，典型工矿区年均地温的空间分布为东南高，西北低，且永久性冻土主要存在于典型工矿区西北部，整个典型工矿区稳定型多年冻土分布面积较小，不稳定型多年冻土在东部矿区分布最广（图 5-32）。

典型工矿区以大片连续分布的多年冻土为主体，主要分为四种类型区：基岩山区低含冰量冻土、河流阶地低含冰量冻土、冰水台地高含冰量冻土、山前缓坡高含冰量冻土。典型工矿区评价区域的多年冻土分布连续性好，上覆松散层厚度相对较薄，富含冰量冻土层主要集中于上部松散层中，土质越细，含冰量越高。评价区域山坡、河流阶地多年冻土厚度小，地温高；山前缓坡、冰碛台地多年冻土厚度大、地温低，且地表以沼泽化湿地为主导生态环境。西部矿区海拔比东部矿区高约 200 m，受海拔控制，西部矿区各种多年冻土比东部矿区相对应的多年冻土厚度大、地温低。由于绝大多数井田处于沼泽化湿地地表条件的山前缓坡高含冰量冻土区，因此，对冻土环境的影响也将侧重于这种冻土区。

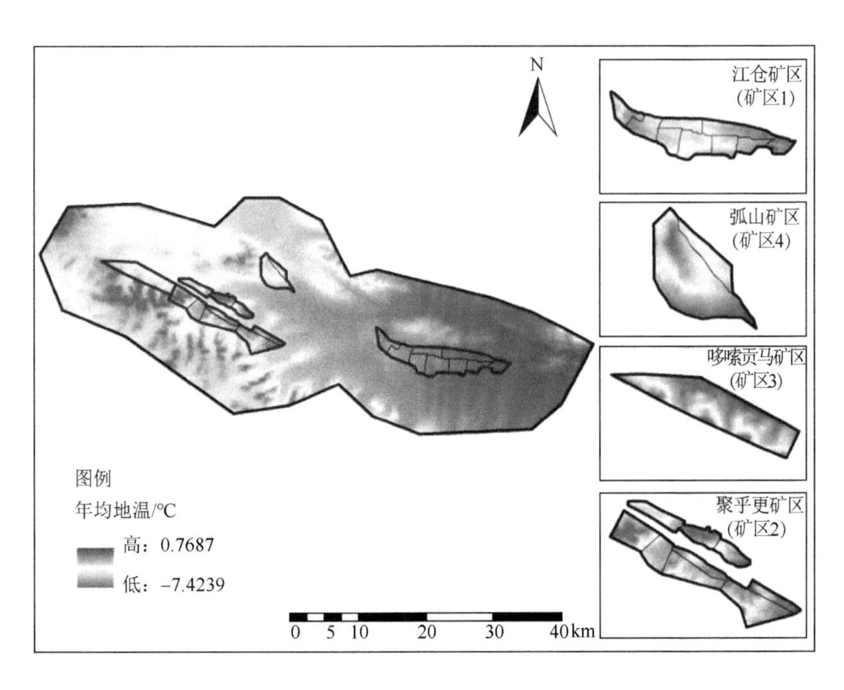

图 5-31　典型工矿区年均地温分布情况

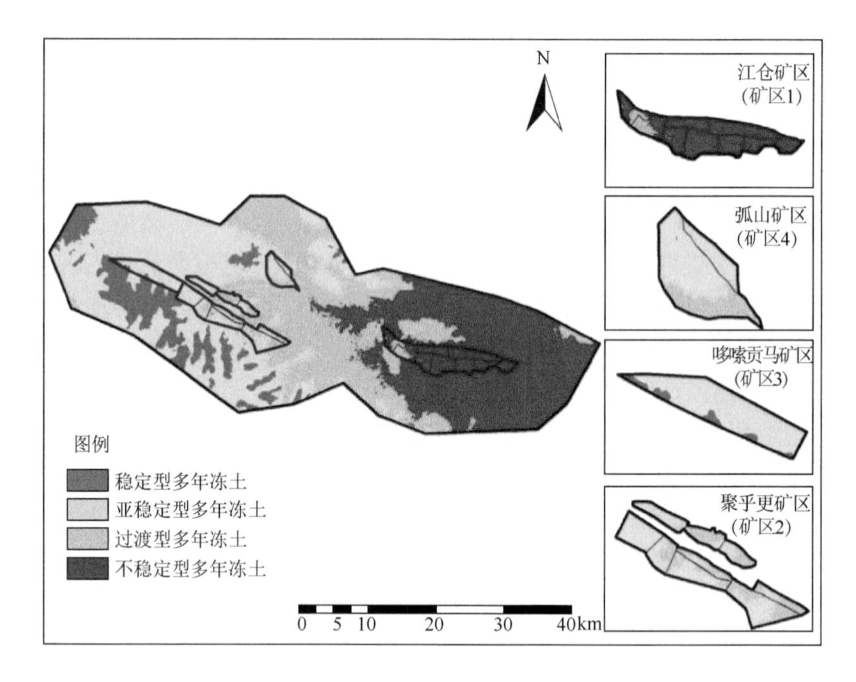

图 5-32　典型工矿区冻土分布图

冻土环境的变化包括多年冻土变化和多年冻土区自然环境变化，目前冻土环境变化主要是由气候转暖、经济开发生产活动和工程活动引起的，这些人类活动一方面直接导致多年冻土退化：活动层厚度增大、地下冰融化、地温升高等，从而改变活动层中水热交换过程；另一方面经济开发活动直接影响寒区草甸生态系统，加速沙化过程，改变多年冻土区的自然环境，而草原生态和植被变化又直接影响多年冻土的变化，这种变化又会反过来对草原生态和地表植被产生影响，这种过程是相互转化和相互作用的。典型工矿区周边冻土地温监测资料显示（图 5-33），多年冻土地温曲线主要表现为正温型地温曲线，工矿区温度呈上升态势，而工矿区温度升高会对工矿区冻土产生严重影响，其主要表现在冻土面积退缩、融区范围不断扩大和冻土上限下降、地温逐年升高。

典型工矿区开采过程采用超前剥离的方法将第四系季节融化层提前剥离掉，铲除天然地表植被后破坏了原有的地貌，2010 ～ 2014 年进行工矿区开采活动主要破坏的是亚稳定型多年冻土及过渡型多年冻土；采区形成后增大了太阳辐射的面积，打破了热辐射平衡。当辐射增强时，采坑内温度升高，蒸发量增加，局部小气候被改变，引起了多年冻土的变化。在多年冻土区开采矿井后，由于气候变化和工程作用的热扰动作用，大气、井壁与地层的热交换条件发生改变，打破了原有的热平衡状态，发生了地 – 气系统间能量的重新响应过程。这一响应的结果，不仅改变了局部多年冻土的自然环境，还改变了井壁周围多年冻土的温度状况，使井壁周围冻土吸热而温度升高。温度升高的直接结果可能使冻土中的冰转变为水，从而可能会导致井壁周围多年冻土融化而失去稳定性。另外，已有研究发现沿井壁深度，最大融深逐年增加，在多年冻土与季节冻土的交界附近，最大融深从预测第 1 年的十几米发展到预测第 100 年的 40 m 以上，冻土融化后的稳定性问题需要考虑，经过实际考察，井采后塌陷问题及后续环境影响也不容忽视。

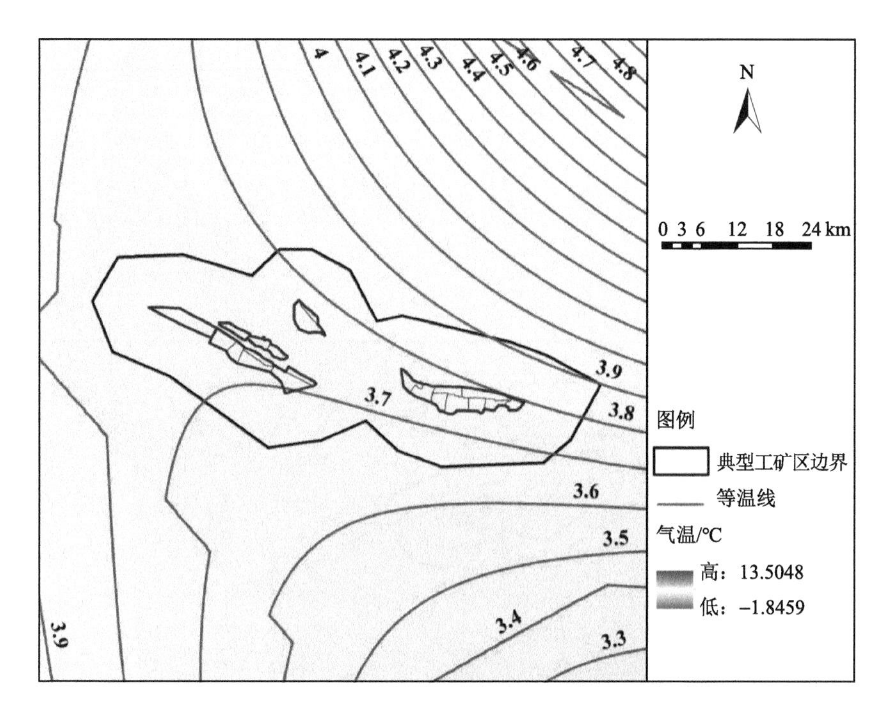

图 5-33　2017 年典型工矿区等温分布图

虽然永久性冻土占地面积较少，但是它却在调节气候方面发挥重要作用。已有研究表明，永久性冻土区虽只占全球土壤面积的 15%，却存储了全球 60% 的土壤碳（约 1500 PgC）。高纬度地区的快速增温正在加剧冻土碳的分解，将大量温室气体释放到大气，可能足以影响到气候系统。冻土碳非常容易受到冻土融化的影响，由此产生的排放量也可能非常巨大，并且冻土的突然解冻会造成热融滑塌、冲沟和活动层剥落等现象；而在排水不良地区，冻土的突然解冻会导致湖泊和热喀斯特湖的形成。在这些地貌中，冻土区域的水文状况都被极大地改变了。当解冻后的土壤处于淹水状态时，其碳矿化速率受到抑制，但 CH_4 产量增加，因此随着土壤解冻，冻土的碳平衡也随之改变，并随着时间而发生生态演替。基于上述已有研究，典型工矿区永久性冻土面积的退化应该格外引起重视。

5.4　典型工矿区景观格局的环境响应

5.4.1　大气环境质量

1. 大气环境质量现状

2020 年 8 月环境空气质量监测结果显示（表 5-9 和图 5-34），除臭氧（O_3）指标外，研究区环境空气质量监测数据均小于《环境空气质量标准》（GB 3095—2012）Ⅰ类标准限值。

表 5-9　研究区环境空气质量监测结果

项目	SO_2/(μg/m³)	NO_2/(μg/m³)	CO/(mg/m³)	O_3-8h/(μg/m³)	PM_{10}/(μg/m³)	$PM_{2.5}$/(μg/m³)
1#典型乡镇	4.71	3.00	0.39	112.43	9.57	4.43
2#祁连县环境空气自动监测站	6.14	4.43	0.33	86.14	15.86	13.57
3#天峻县环境空气自动监测站	5.00	6.86	0.23	122.71	23.14	10.29
4#刚察县环境空气自动监测站	10.29	3.71	0.30	121.14	19.71	14.43
空气 I 类标准限值	50	80	4	100	50	35

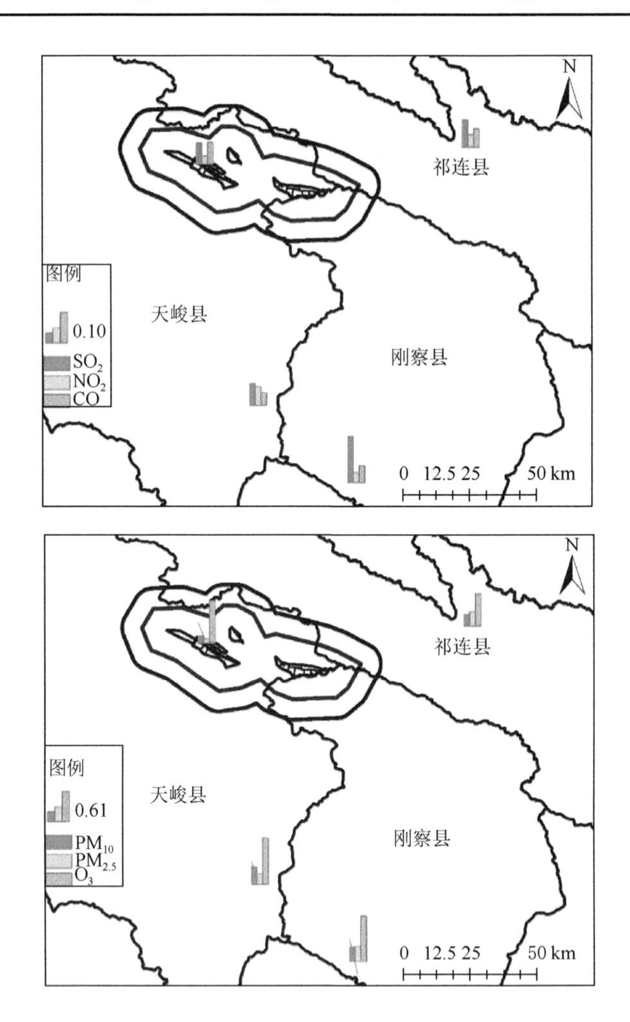

图 5-34　研究区环境空气质量状况

2. 大气环境质量响应

景观格局与大气污染的关系是复杂和典型的格局－过程关系。近年来，随着遥感和 GIS 技术的进步，开始出现大气污染与土地利用类型、城市结构以及某些特定土地类型关系的研究。已有研究证实城市形态对交通噪声和空气污染都有影响，历史街区的道路狭窄、路网复杂，则噪声污染较少，街道峡谷效应越明显，CO_2 浓度越高；也有研究指出，在无实际监测数据的情况下，PM_{10} 是反映区域结构景观指数的良好指标。

土地利用程度综合指数（LUI）是反映研究时期区域土地利用程度的指数；也可通过研究期内该指数的变化反映区域土地利用程度的变化状况。计算公式为

$$L = 100\sum_{i=1}^{n} A_i C_i$$

式中，L 为某区域土地利用程度综合指数；A_i 为区域内第 i 级土地利用程度分级指数；C_i 为区域内第 i 级土地利用程度分级面积百分比；n 为土地利用程度分级数。依据研究区域的分类方案，同时参考刘纪远提出的土地利用程度分级标准，确定各类土地利用类型的分级指数 n（表 5-10）。

表 5-10　土地利用程度的分级与分级指数

类型	裸地用地级	林、草、水用地级	农业用地级	城镇聚落用地级
土地利用 / 覆盖类型	裸地、沙地	草地、林地、水域	耕地	城镇用地、农村居民点
分级指数	1	2	3	4

本节运用相关性对土地利用程度综合指数、斑块数量与监测数据直接关系进行分析，结果表明（图 5-35），斑块数量与臭氧浓度显著负相关（r=−0.97，p<0.01），土地

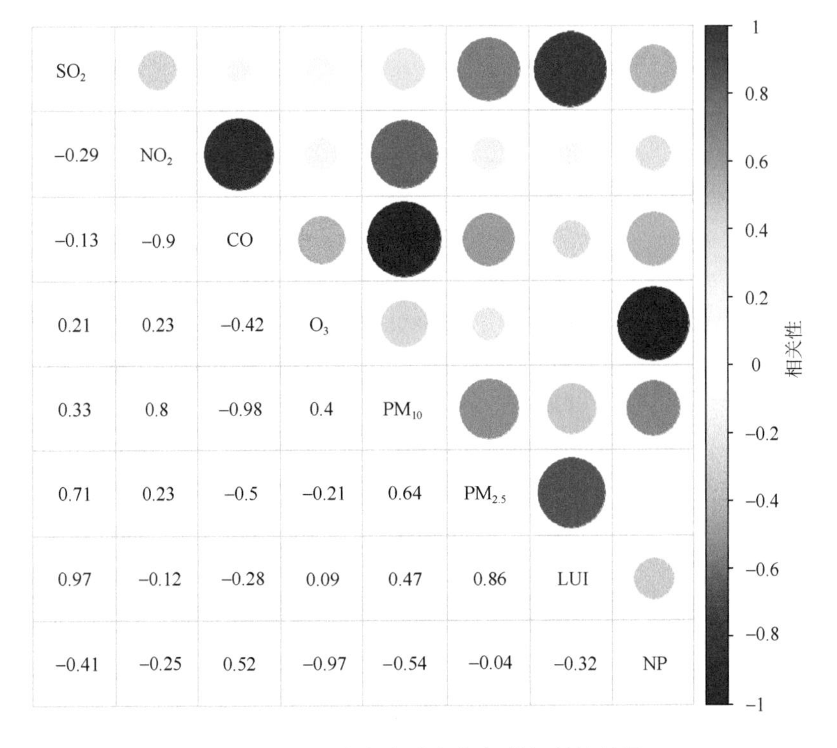

图 5-35　景观指标与空气指标的相关性结果

利用程度综合指数与研究区空气 SO_2 及 $PM_{2.5}$ 含量显著正相关（$r>0.85$，$p<0.01$）。

5.4.2 水环境质量

1. 水环境质量现状

1）地表水

根据青海省 2020 年 8 月工矿区主要河流的水质监测结果进行分析（表 5-11、图 5-36 ～图 5-39），除极个别点位 DO 指标超过标准，各项评价因子均能满足《地表水环境质量标准》(GB 3838—2002) Ⅱ类水质标准，可以满足水功能区划水质目标要求。2020 年工矿区主要河流的水质监测结果表明，工矿区监测点位的综合污染指数均小于 0.5，能满足《地表水环境质量标准》(GB 3838—2002) Ⅱ类水质标准。

表 5-11　研究区地表水质量监测结果

参数	W1	W2	W3	W4	W5	W6
水温 /℃	10.83	14.43	14.50	15.47	13.60	16.77
pH（无量纲）	8.79	8.31	8.40	8.43	8.48	8.52
DO/(mg/L)	6.16	5.39	6.09	5.59	5.46	5.36
高锰酸盐指数 /(mg/L)	1.40	2.13	1.80	2.03	1.40	2.10
SS/(mg/L)	4.00	4.00	10.67	4.00	4.00	4.67
COD/(mg/L)	4.67	9.67	9.67	9.67	4.67	8.00
BOD_5/(mg/L)	0.53	0.50	0.50	0.53	0.57	0.50
NH_3-N/(mg/L)	0.06	0.09	0.10	0.07	0.06	0.03
TP/(mg/L)	0.02	0.29	0.05	0.03	0.04	0.01
Cu/(mg/L)	0.0025	0.1867	0.0045	0.0039	0.0019	0.0026
Pb/(mg/L)	0.0011	0.0012	0.0012	0.0015	0.0010	0.0010
Zn/(mg/L)	0.0233	0.0800	0.0200	0.0233	0.0200	0.0200
Cd/(mg/L)	0.0001	0.0001	0.0001	0.0001	0.0001	0.0001
Cr/(mg/L)	0.03	0.03	0.03	0.03	0.03	0.03
Fe/(mg/L)	0.0300	0.0367	0.0333	0.0533	0.0500	0.0567
Mn/(mg/L)	0.0733	0.0967	0.0900	0.0833	0.0833	0.1000
Hg/(mg/L)	0.0001	0.0003	0.0001	0.0003	0.0001	0.0000
As/(mg/L)	0.0003	0.0004	0.0003	0.0007	0.0003	0.0003
Se/(mg/L)	0.0004	0.0004	0.0004	0.0004	0.0004	0.0004
F/(mg/L)	0.07	0.11	0.07	0.09	0.1	0.11
CN/(mg/L)	0.004	0.004	0.004	0.004	0.004	0.004
挥发酚 /(mg/L)	0.0006	0.0006	0.0006	0.0004	0.0006	0.0005
石油类 /(mg/L)	0.01	0.01	0.01	0.01	0.01	0.01

续表

参数	W1	W2	W3	W4	W5	W6
硫化物 /(mg/L)	0.005	0.005	0.005	0.005	0.005	0.005
阴离子表面活性剂 /(mg/L)	0.05	0.05	0.05	0.05	0.05	0.05
Cr^{6+}/(mg/L)	0.004	0.004	0.004	0.004	0.004	0.004

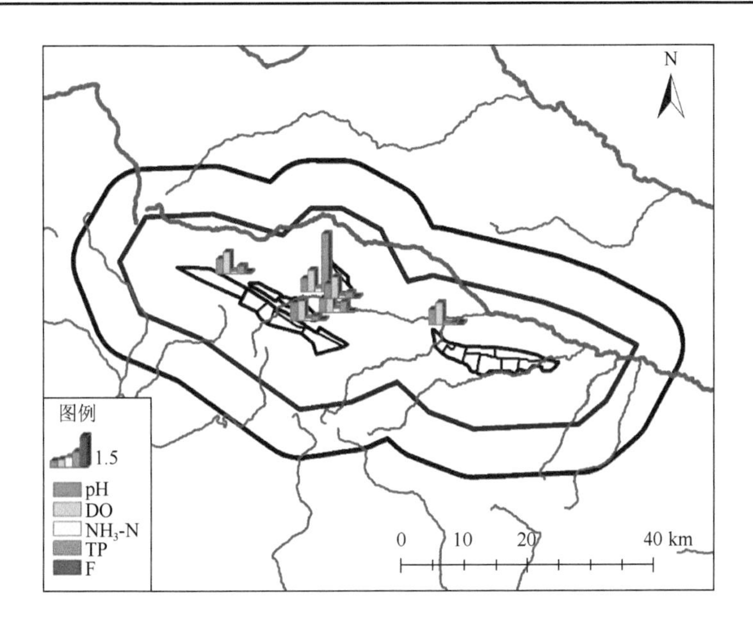

图 5-36　研究区地表水非金属无机物评价结果

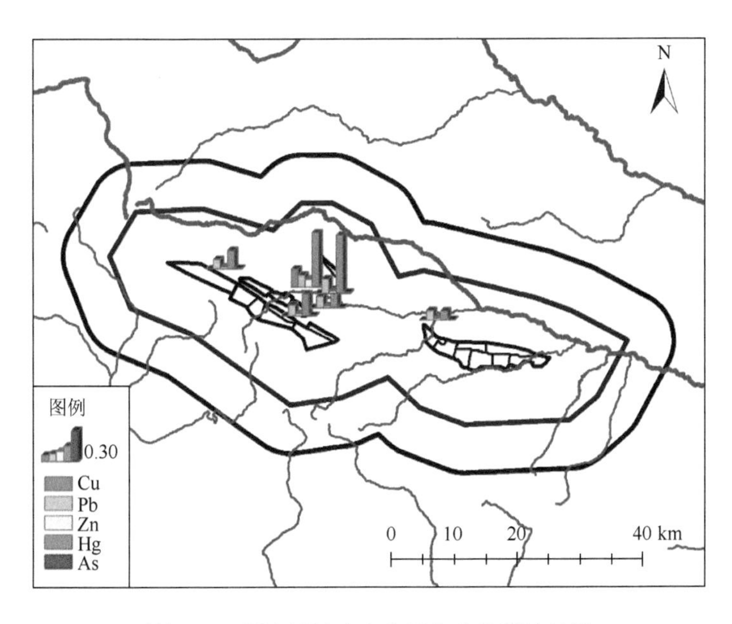

图 5-37　研究区地表水金属化合物评价结果

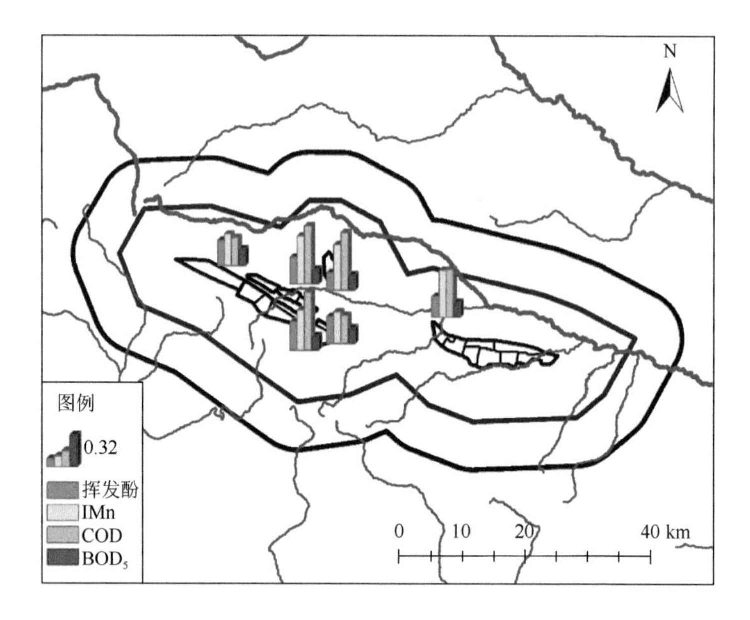

图 5-38　研究区地表水有机化合物评价结果

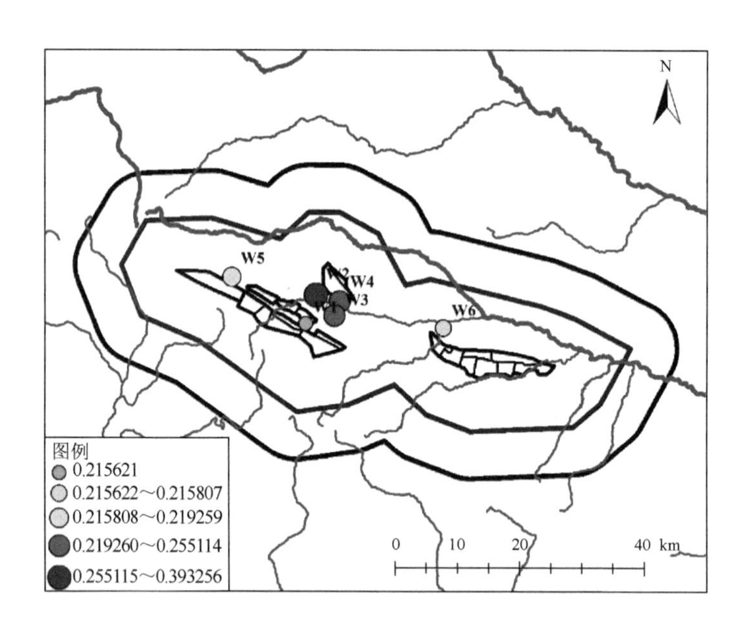

图 5-39　研究区地表水综合评价结果

2）地下水

根据2020年工矿区地下水水质监测数据（表5-12），对地下水各监测点水质采用《地下水质量标准》（GB/T 1484—2017）Ⅲ类标准进行评价。从已有监测数据来看，三个采样点的浊度、氯化物指标均超标，除此之外，G3采样点的Fe、Mn指标也超过《地下水质量标准》（GB/T 14848—2017）Ⅲ类标准值。

表 5-12　研究区地下水质量监测结果　（单位：mg/L）

指标	G1 矿区	G2 矿区下游 3km	G3 矿区上游 2km	《地下水质量标准》(GB/T 14848-2017) Ⅲ类标准值
pH（无量纲）	7.55	7.33	6.96	6.50
浊度 (NTU)	3.77	18.23	9.00	3.00
总硬度	336.33	427.00	214.33	450.00
硫酸盐	76.63	211.33	30.47	250.00
氯化物	4.80	22.87	1.15	1.00
挥发酚	0.0003	0.0006	0.0005	0.002
阴离子表面活性剂	0.005	0.005	0.005	0.3
硝酸盐氮	2.09	11.57	0.01	20
亚硝酸盐氮	0.003	0.003	0.0043	1
氨氮	0.026	0.035	0.0893	0.5
氟化物	0.1	0.09	0.07	1
氰化物	0.004	0.004	0.004	0.05
六价铬	0.004	0.004	0.004	0.05
嗅和味（级）	无	无	无	无
溶解性总固体	442.33	681.67	249.67	1000
Fe	0.03	0.04	0.44	0.3
Mn	0.10	0.11	0.15	0.1
Hg	0.00004	0.00004	0.00004	0.001
As	0.0003	0.0003	0.0003	0.01
Se	0.0004	0.0004	0.0004	0.01
Cu	0.001	0.001	0.001	1
Pb	0.001	0.001	0.0016	0.01
Zn	0.03	0.06	0.02	1
Cd	0.0001	0.0001	0.0001	0.005
肉眼可见物	无	无	有	无
色度（度）	5	5	30	15
硫化物	0.005	0.005	0.005	0.02
Al	0.0052	0.0087	0.0064	0.2
三氯甲烷	0.0014	0.0014	0.0014	0.06
四氯化碳	0.0015	0.0015	0.0015	0.002
苯	0.0014	0.0014	0.0014	0.01
甲苯	0.0014	0.0014	0.0014	0.7
碘化物	0.002	0.002	0.002	0.08
Na	26.6	132.33	4.727	200

2. 水环境质量响应

由于目前研究区与地下水相关数据量较少，统计学意义不大，且目前研究多集中在地表水对景观格局的响应，所以本节主要对地表水的景观响应进行研究。

点源污染得到较好控制后，非点源污染对区域地表水环境的影响愈加显著，并逐渐成为影响区域地表水质的主要因素。从景观生态学视角看，非点源污染物在异质斑块间的迁移行为受到不同“源”“汇”斑块的影响和控制，不同“源”“汇”景观的数量比例和空间排列方式均对地表水环境产生影响。国外学者自20世纪70年代以来广泛关注区域景观格局的水环境质量响应评价研究，并形成了较为完善的理论和方法体系，发展至今大致可分为3个阶段：早期大多仅是对不同土地利用类型区域的水质参数进行简单的定性比较；90年代以后开始研究区域不同土地利用方式的数量组成与典型污染物浓度的关系；2000年之后随着景观生态学的迅速发展，景观格局逐渐代替了简单的土地利用组成变量，不同土地利用方式的空间布局对污染物迁移分布的影响开始受到关注。2000年后国内开始对土地利用结构与氮磷营养物、重金属、有机物等污染物空间分布的关系开展了一定探索，研究方法多为定性或半定量分析方法，研究对象集中于区域土地利用结构对常规环境指标的影响。

研究运用相关性对土地利用程度综合指数、斑块数量与地表水监测数据直接关系进行分析，结果表明（图5-40），NP与NH_3-N浓度显著负相关（r=–0.67，p<0.01）；同时，本节通过地理加权回归（GWR）对其空间相关性进行进一步研究，结果表明（图5-41），不同采样点NP与NH_3-N相关性系数介于–0.00073～–0.00072，W6数值最小，W5数值最大（图5-42）。

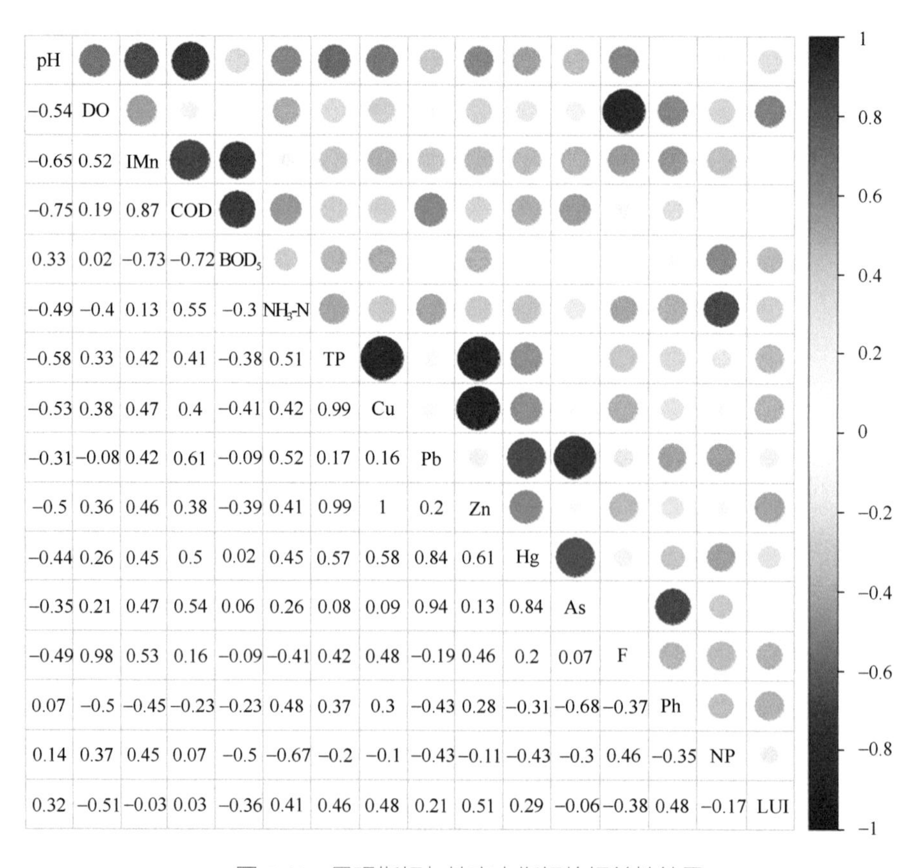

图5-40　景观指标与地表水指标的相关性结果

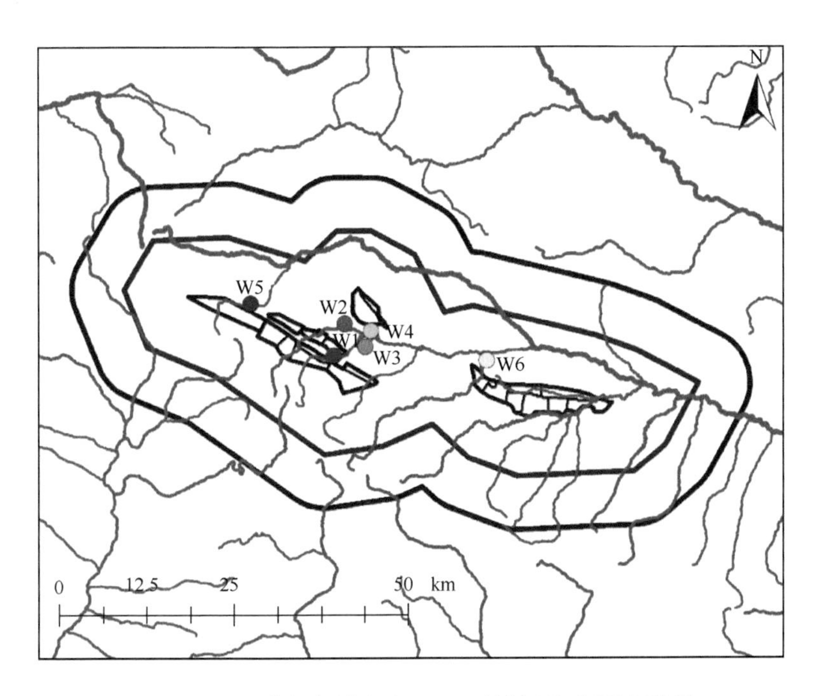

图 5-41　NP 指标与地表水 NH_3-N 的地理加权回归结果

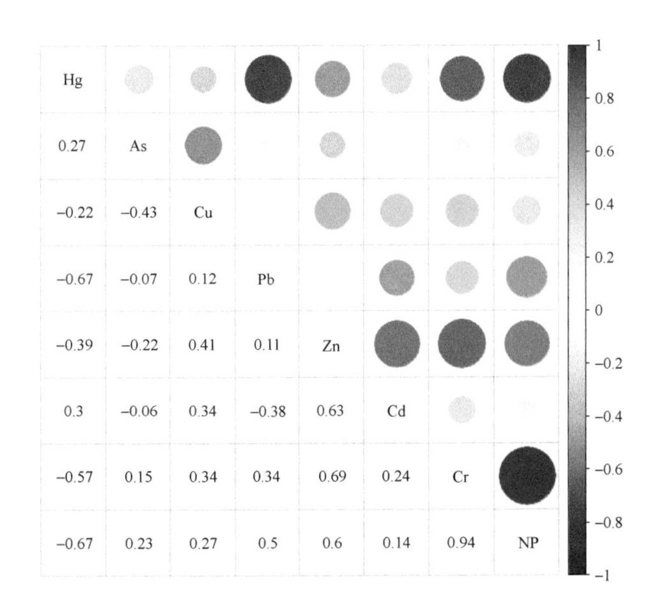

图 5-42　斑块数量与土壤重金属含量的相关性结果

5.4.3　土壤环境质量

1. 土壤环境质量现状

由 2020 年矿区土壤环境质量监测结果可知（表 5-13），区域内土壤环境质量较好，各项指标均能满足建设用地土壤污染风险筛选值，土壤污染风险较低。

表 5-13　研究区土壤环境质量监测结果　　（单位：mg/kg）

地点	pH	Hg	As	Gu	Pb	Zn	Cd	Cr
S1 矿区上游 2km	7.00	0.045	20.9	20	16	72	0.15	68
S2 矿区上风向	6.62	0.058	18.6	25	14	61	0.17	60
S3-1 矿区周边	6.01	0.028	22.3	24	21	75	0.17	84
S3-2 矿区周边	6.21	0.028	14.8	29	23	84	0.21	80
S3-3 矿区周边	7.04	0.026	11.6	27	20	82	0.14	75
S3-4 矿区周边	6.34	0.036	8.26	26	19	71	0.16	68
S3-5 矿区周边	6.43	0.048	22.3	24	21	76	0.17	79
S3-6 矿区周边	6.34	0.054	15.5	23	15	83	0.26	62
S3-7 矿区周边	6.79	0.05	14.9	24	20	74	0.19	70
S3-8 矿区周边	6.98	0.042	16.9	22	23	58	0.1	50
S3-9 矿区周边	5.89	0.033	14.2	25	21	79	0.16	74
S3-10 矿区周边	6.11	0.046	14.7	34	18	79	0.21	72

2. 土壤环境质量响应

景观格局容易受人类活动影响，为了精确掌握景观格局对土壤重金属污染的影响，研究运用相关性分析方法，研究斑块数量对表层土壤 7 种重金属含量的影响，结果表明（图 5-42），Zn 与 Cd、Cr 及 NP 表现出较强相关性（$r>0.6$，$p<0.05$），Cr 与 NP 显著正相关（$r=0.94$，$p<0.01$），NP 则与 Hg 表现出较强的负相关性（$r=-0.67$，$p<0.01$）。

5.5　本章小结

典型工矿区及外扩研究区土地覆盖类型主要为草地，其次为裸地；与外扩区域相比，研究区生产建设用地、湿地、水域面积较大，草地、裸地及永久冰川积雪面积较少，研究区内景观斑块数量远高于外扩区域景观斑块数量，破碎化程度高；2000 ～ 2020 年，草地始终为整个研究区域的优势景观类型，随时间推移研究区域及外扩区域草地面积一直减少，矿区建设用地增大；运用马尔可夫模型及 CA- 马尔可夫模型对土地利用变化情况进行模拟预测，发现与 2020 年相比，2030 年研究区域及外扩区域斑块数量、斑块密度、优势度指数、最大斑块面积指数较小，香农多样性指数较高，但是整体差异较小。

除臭氧指标外，工矿区其他环境空气质量监测数据均小于《环境空气质量标准》（GB 3095—2012）Ⅰ类水质标准限值，环境空气质量较好。斑块数量与臭氧浓度显著负相关，土地利用程度综合指数与研究区空气 SO_2 及 $PM_{2.5}$ 含量显著正相关。地表水监测点除极个别点位 DO 指标超过标准以外，各项评价因子均能满足《地表水环境质量标准》(GB/BT 3838—2002）Ⅱ类水质标准；工矿区监测点位的综合污染指数均小于 0.5，满足《地表水环境质量标准》（GB/BT 3838—2002）Ⅱ类水质标准。地下水 3 个采样点的浊度、氯化物指标均超过《地下水质量标准》（GB/T 14848—2017）Ⅲ类水质标准。研究区域内土壤环境质量较好，重金属浓度显著低于建设用地土壤污染风险筛选值。相关性结果表明，土壤 Cr、Zn、Cd 与斑块数量表现出显著正相关性，Hg 与 NP 表现出较强的负相关性。

第6章

青藏高原能矿业绿色发展模式探讨

2020 年 2 月～ 2022 年 1 月，科考分队先后开展了青海省柴达木循环经济试验区、西藏“一江两河”地区及藏东部昌都市、青藏高原东南部甘孜州 3 个区域的能矿业绿色发展及重点能矿业企业专项考察。在此期间，主要完成了以下三个方面的工作：其一是具体的区域能矿业及典型能矿企业野外考察工作；其二是对青藏高原能矿业发展区及典型能矿企业进行分析和判断，对青藏高原地区清洁能源开发和部分省区的矿业开发提交了咨询建议，并对青藏高原地区能矿业绿色发展模式进行了初步探讨；其三是对西藏自治区能矿业及整个高原地区的人类活动二氧化碳排放进行了测算。为此，本章有关内容也主要围绕这三个方面进行讨论，并进行高原地区能矿业发展模式的初步探讨。

6.1　高原能矿业绿色发展模式考察背景

关于已经进行的考察工作，包括高原地区的能矿业发展现状、主要能矿业发展区和典型能矿企业的考察分析等内容，已在第 2 章中给予了陈述，本节主要内容为讨论绿色发展模式考察区域和考察企业的选取思路、主要考察结论，以及对未来高原能矿业绿色发展模式的探讨。

6.1.1　考察区域与典型能矿企业的筛选

青藏高原地域辽阔，能矿资源分布广泛，但高原能矿业绿色发展绝不能遍地开花。地质环境分析、地质矿产评价、能矿资源单项勘查与评估等专业成果是重要方面，但不能仅依据高原能矿资源本底条件探讨能矿业发展，还要将基本立足点着眼于能否实现能矿资源开发利用和矿产业发展层面上。因此，主要能矿资源开发利用活动区才是能矿业发展区域层次的考察目标；同时，由于最终点要落实在绿色发展层级，选择和确定典型能矿企业是开展考察工作需要解决的另一个重点。故 2020 年初以来，在开展高原地区能矿业绿色野外考察之前，首要工作就是确定需要考察的重点区域和典型能矿企业。

1. 考察区域的选择与确定

能矿业是具有鲜明地域指向性的产业，其发展必须建立在能矿资源基础之上。能矿资源越富集的区域就越可能成为能矿业发展的区域。但整个青藏高原面积超过 250 万 km^2，已发现的能矿种类超过百种，资源聚集分布点数千，不能也无法都成为考察工作的指向目标，落脚点还必须建立在能矿业发展这一准则上，更需要在遵循能矿业产业空间活动一般规律的同时，结合高原地区能矿业发展的客观实际，选择和确定能矿业绿色发展主要考察区域。

选择和确定青藏高原能矿业发展区的原则主要有 4 个。其一是资源基础性，即能矿资源分布聚集度是确定的基础点，能矿资源分布聚集度（种类、规模与品位）和叠合度高的自然地理单元是基础性指向之一，如盆地区、流域区等；其二是产业规模性，即能矿业发展规模和变化趋势是选择和确定的目标点，某一类相同或相似的能矿业的发展规模和产业地位高的自然地理区域是基础性指向之二，如跨流域区、多个行政单元接壤区；其三是行政区域性，即能矿业发展是否与所在行政区域发展构成产业关联性，或者根据统计学归口确定的能矿业发展所集中的行政区域，通常涉及地市级行政区域，如省区、地州、市、县或乡镇等；其四是地域特殊性，即确定某一个能矿业发展区时，需要考虑不同类型地理单元尺度，尤其是地广人稀地区和人口稠密区、平原区与多山区、低海拔区和高海拔区之间的差异，如地广人稀的区域尺度就远高于人口稠密区，高海拔地区的区域尺度要远大于低海拔地区。

结合以上原则，还需进行与青藏高原地区能矿业相关的基础数据的收集和整理工作，这些数据主要来自以往的研究成果和公开数据以及公开的统计资料和媒体（线上和线下的）报道几个方面。首先通过上述渠道基本掌握青藏高原地区尽可能最新可公开获得的主要能矿资源种类、规模及其所在地区；其次是选择出其中能进行产业开发并同时具有国家层级优势的能矿资源（某一类能矿资源在国家级层面占有一定比例）；其三是整理出已开发利用能矿业最新的产业发展规模和该类产业在国家层面的基本格局、所在区域（包括至少到某一类型自然地理单元和到地市级的行政单元）；其四是进行关联性合并与调整，将地理空间相同、地理单元相近的各类能矿业进行空间归类；其五是根据主要参与者以往研究工作积累的经验总结和既有资料收集整理的结果，以及青藏高原地区能矿业实际的发展格局和趋势，确定青藏高原地区能矿业发展的主要区域，以及应优先考察的区域。

通过以上工作程序和步骤最终确定将高原地区能矿资源的空间区域主要划分为 4 个区，即柴达木能矿资源富集区、西藏“一江两河”能矿资源富集区、川滇藏能矿资源富集区和藏西能矿资源富集区，每一个能矿资源富集区内均具有不同特色、优势和代表性的能矿资源。在划分出能矿资源富集区基础上，进一步确定了不同类型的能矿业发展一级区，即柴达木循环经济试验区（或称柴达木能矿业发展区）、西藏“一江两河”能矿业发展区和川滇藏能矿业发展区（川滇藏能矿业发展区的核心行政区域是西藏自治区的昌都市、四川省的甘孜州和云南省的迪庆州），共计 3 个一级能矿业发展区。

其中，柴达木能矿业发展区在目前仅指柴达木盆地这一自然地理单元，未来则需要根据发展变化，在不改变称谓的情况下进行该能矿业发展区的拓展，如其东部海南州的能矿业发展，尤其是在共和盆地的新能源中高温地热类（干热岩）能够取得产业化开发技术突破，其实现产业化发展并发展达到一定规模后，该能矿业发展区将拓展到以两个盆地为核心的新的柴达木能矿业发展区。鉴于柴达木能矿业发展区在能矿业开发利用上已经形成了具有不同类型地理单元组合的能矿业发展园区，借用国家正式批复成立的柴达木循环经济试验区这一概念，进一步将柴达木循环经济试验区划分为“一区六园”的循环经济工业园，以及数十个能矿业发展园区；同时，鉴于西藏自治区“一江两河”地区和川滇藏能矿业发展区能矿资源分布的特征和目前尚处于“点状”

式发展阶段，没有进一步划分次级能矿工业园及能矿业园区，但可以考虑以地市级行政区域为单元，进行不完整的次级能矿工业园的划分。具体的理由将在6.2节中陈述。此外，没有将藏西能矿资源富集区作为青藏高原地区当前的能矿业发展一级区，是考虑到该区域的能矿业发展现状，以及区域自然环境（被视为“高原中的高原”）与自然条件（平均海拔超过4500m），国家级和省区级自然保护区的建立（包括未来国家公园的建设），人类活动规模与城镇基础等诸多制约因素，判断在未来相当长一段时期内，除个别对区域自然环境和生态负面影响较小的能矿业项目外（如扎布耶盐湖锂开发），该区域能矿业将不会有较大规模的发展。

在完成上述工作的基础上，将柴达木循环经济试验区作为首先要进行野外考察工作的区域，在正式接受青藏高原地区能矿业绿色发展任务后的第二个月，开展了对柴达木盆地区能矿业绿色发展的野外工作，并在其后陆续进行了西藏“一江两河”地区和川滇藏接壤地区（其中的代表性区域就是藏东部昌都市和四川省甘孜州）能矿业绿色发展的野外考察工作。

2. 典型考察企业的选择与确定

确定了主要能矿业发展区和重点考察区域，需要进一步确定各个发展区内的代表性企业或典型能矿企业。在已取得与能矿业发展区相关的信息基础上，进一步对有关数据信息按不同类型能矿业行业进行分类整理，根据已有资料和数据，直接获得该类行业具有代表性或典型性企业的信息，或进行企业信息的收集和整理，从中选择和确定该类行业中具有代表性或典型性的企业，初步将这些企业作为区域研究和野外考察的企业层级具体对象。此外，以往在青藏高原地区能矿业发展方面的基础资料积累，也是选择和确定待考察企业的重要来源。

在开展野外考察之前，一个重要的环节是要与所考察区域省区级政府有关部门进行接洽和沟通，提出需要进行考察的企业名单，尽可能在开展正式考察前，能够确定可以进行考察的具体能矿业企业。联系的省区级政府有关部门首先是与青藏高原二次科考可直接对接或衔接的省区科技厅科考办，通过所在省区科考办与企业联系，或通过科考办与企业所在地方政府有关部门，由地方政府有关部门与企业联系。如果不能达成目标，则在抵达考察区域首站后，通过科考办与其他政府有关部门（如省区级的发展改革委、能源局、自然资源厅、工业和信息化厅、经济和信息化厅、商务厅、统计局等）联系，由考察组直接前往相关部门进行接洽，进一步了解和掌握该省区内主要的能矿企业，并通过这些部门与企业联系，获得企业的同意后，再确定考察企业。从实践的结果看，每一个考察区域预计待考察能矿企业名单，最终都有不同程度压缩，原因是部分企业即使有地方政府部门协调，也有各种缘由不能成行。例如在柴达木循环经济试验区的考察企业中，原定有天峻县木里地区的代表性煤矿企业，但最终因各家企业婉拒未能成行。再如在甘孜州，提交州政府的企业考察名单中包括甘孜州康定市甲基卡锂辉岩矿区，但因企业的拒绝而未能成行。此外，有的企业开始表示不接待，后由考察组与企业直接沟通（从有关部门获得联系方式和联系人后），一再表明不需要收集和掌握企业的重要经济信息（如企业财务信息、税收缴纳信息、人事制度信息、用工制度信息等），保证对企业提供的资料不再外传后，才获得了前往考察的机会，如在西藏自治区拉萨市墨竹工卡县甲玛沟的西藏华泰龙矿业开发有限公司，就是通过这种反复沟通和说明方式，最后确定并获得前往实地考察的机会。

对能矿企业绿色发展的实地考察，尤其是对矿产采选业企业绿色发展的实地考察，生产环节的考察可以进行生产线的全面了解，大多可以对生产工艺各环节及运行设备进行拍摄（部分企业不允许）。因此，对企业绿色生产的现地考察更多来自直接的观察，以及事前事后对该企业媒体信息的收集和分析，以及当地政府环保部门的公开信息，以此来分析和判断该企业是否实现环保达标。

最后，从实际结果看，已完成考察区域的相关企业，基本上具有其所在区域能矿业行业的代表性和典型性（有关企业的基本信息已在 2.2 节中有较为完整的陈述，此处不再赘述）。

6.1.2　考察与研究资料信息的收集和整理

1. 考察中获取的资料收集与信息选择

在实地考察中主要获得的资料来自两个方面，一是从部分政府有关部门获得的资料（主要是行业概述性资料和区域统计数据资料）；二是从部分实地考察企业获得的企业概要性资料（包括企业发展现状、发展目标、生产流程及生产工艺、生态环境保护与投入等），这些资料除统计局提供的可公开对外的统计数据外，其他多属于定性介绍和汇报类资料，其中的内容以发展成绩和成果为主，涉及行业和企业发展问题的较少，即使属于行业发展规划类的资料，在实际提供时也做了一些删减。这一结果具有较大的非完整性和碎片化，需要在获得这些资料后重新进行拼接和相互印证。在统计数据方面只获得了青海省层级的宏观和中观数据，西藏自治区层级只有矿业类产品产量统计数据。

在企业层面重点关注企业绿色生产状况。考察的企业基本只提供企业整体的生产发展和生态环境维护综合情况，部分企业提供了不完整的项目建设环评可行性报告，很难在考察时获得企业生产中“三废”排放的定量化数据资料。为此，在企业考察中，主要从以下几个方面考察能矿企业绿色发展状况。

(1) 重点观察采选类矿业企业的生产工艺和工序，设备新旧状况，尤其是采矿环节的废渣堆场和选矿后续环节的尾矿库建设和运行状况，如采矿环节的废渣堆场是如何配置的和日常是如何管理的，堆场的生态环境重建是“事中治理”还是“事后治理”，是全部露采还是全部井工开采（还是其中的结合型），井工开采方式是否大范围运用了充填工艺；在尾矿库方面，重点关注尾矿库的建设和配置规模，生产中的选矿尾渣是采用“湿排”还是“干排”，尾矿库中的选矿水是全部回用还是部分回用，尾矿库闭库后的具体治理和应对措施。

⑵ 对于盐湖化工类企业，重点关注企业生产的废液排放和回收情况，是否配置和运行了中水治理和回用装置，是否实现了废液全回灌或达标排放。

⑶ 对于非金属类原材料生产企业，重点是水泥生产企业的熟料生产线，主要关注的是熟料生产线在窑头和窑尾的收尘环节配置情况，是电收尘还是袋式收尘，以及是否配置了硫化物和氮氧化物回收装置等。因为青藏高原地区已全部关闭了立窑生产线，现有水泥生产线全部为新型干法生产线，水泥熟料生产环节基本无固废和废水排放。

⑷ 各类企业包括清洁能源开发和生产企业的能源消费状况（种类和规模的单耗），也是考察企业绿色生产的内容。

2. 室内总结和研究中的资料收集与信息选择

除实地考察收集的资料和数据外，另一主要来源就是室内研究和总结阶段的资料收集。主要也包括两个方面，一个方面是在线下公开发行的资料，如相关省区的统计年鉴、与青藏高原地区能矿业绿色发展相关的学术专著；另一个方面就是线上的海量数据搜索和下载，如关于青藏高原地区能矿业区域和企业发展的各类信息，包括学术研究论文、新闻报道类信息（正面和负面均在内）的收集和整理。从初步收集和整理的结果看，同样存在着较大的非完整性和碎片化问题，需要将这些资料和数据与实地考察所收集的资料合并在一起，进行相互比对和印证。

关于整个青藏高原地区能矿业绿色发展的问题，目前尚没有发现一个较为完整的学术研究成果，即使是学术类专著，一般也只是针对青藏高原地区能矿业发展较成熟的区域和区域内优势能矿产业发展的研究，如柴达木循环经济试验区盐湖资源综合利用与盐湖循环经济体系化发展、盐湖类优势产业发展的研究。即使是统计类的数据信息，也不能简单地摘取和采用，而需要结合统计数据信息中的分类数据分析，有关能矿业产业发展的研究和报道，通过综合比对才能作为研究的证据支撑材料和数据。在资料和数据整理和分析中，较为典型的工作案例是对西藏自治区能矿业空间发展格局的判断。西藏自治区的统计数据涉及能矿业发展的分行业企业数量、增加值规模、产值规模、税收上缴、产品产量等基本数据，只在自治区层面，无法落地到地市，更不用说到区县，为解决这一困局，就需要各地市的年度政府工作报告、国民经济与社会发展统计公报、实地考察时在自治区有关部门获取的资料，其主要来自西藏自治区发展和改革委员会能源局、西藏自治区电网、西藏自治区自然资源厅、西藏自治区经济和信息化厅、西藏自治区商务厅等，以及公开的企业研究成果和新闻报道、公开可获得的网络企业名录信息等，结合在一起进行综合分析与比对，并尽可能找出其中能矿业主要电源点、矿产采选点、矿产加工点的定性地理位置。最终得出的判断是：①西藏自治区能矿业目前的发展基本集中在拉萨市、山南市、日喀则市、林芝市和昌都市范围内，且较为集中在西藏自治区“一江两河”流域地区，以及澜沧江上游和金沙江流域，涉及地域面积大致占全自治区的15%左右。②从一定程度或概率上讲，西藏“一江两河”流域地区以及藏东昌都市澜沧江上游和金沙江流域的能矿业发展格局就是西藏自治区的能矿业发展格局。换句话讲，从《西藏自治区统计年鉴》上获得的能矿业分行业数据，就实际反映了西藏“一江两河”地区及藏东昌都市能矿业发展区的发展状况，故在分析“一江两河”地区能矿业部门、行业层级的发展格局时，完全可以利用整个西藏自治区的工业部门、行业结构统计数据替代。③由于受垂直地带性自然环境条件的影响，西藏自治区的矿产业发展、企业层级的生产工序基本集中在采选阶段（基本无冶炼环节），矿产品基本以精矿半成品形式运出自治区外；个别矿产品因资源品级较优，不需选矿就直接外输，如当前西藏矿业罗布莎矿的铬铁矿就是典型；原材料产成品基本为水泥生产，以及砂石料和水泥制品；清洁能源尚未形成“水－光”生产供给体系。④西藏“一江两河”地区及藏东昌都市的能矿业尚未形成集中成片的产业园区化发展格局。

另一个较为典型的工作案例来自柴达木循环经济试验区的能矿企业筛选。由于没有在实地考察中获得柴达木循环经济试验区内的能矿业企业清单，考察工作结束后，经过研讨，决定将基本摸清柴达木循环经济试验区内能矿业清单作为一项单独工作进行。最终获得的结果是，截至 2020 年，柴达木循环经济试验区可以纳入能矿业范围内的生产型企业共计近 350 家。具体通过如下步骤：①运用“网络爬虫”技术，尽可能多地从多个企业名录网站获取涉及能矿业的企业名录，之后将其与从实地考察和其他信息收集中获得的企业名录交叉对比，将遗漏的名录补充到全部企业名录中。②按搜集到的企业名录，再进一步在线上尽可能收集和整理每一家企业的注册地、注册资金、权属关系、经营范围、生产产品、人员规模和结构、企业曝光度等信息。③结合进一步获得的各个企业的相关信息，确定对应的“门槛”标准，对每一家企业进行定性和定量化的筛选，在正面保留达到标准的企业，在反面将其中的贸易型、关联型、僵尸型、服务型企业剔除。

3. 对能矿业绿色发展中的能源消费信息分析和判断

在青藏高原的能矿业绿色发展进程中，能源业自身的生产和消费结构，矿产业的能源消费来源与消费结构，事关青藏高原地区能矿业能否实现可持续发展，更是判断高原能矿业能否进入到绿色发展阶段的重要依据。因此，尽可能通过已获得的资料信息，尤其是数据资料信息的整理和分析，推算出青藏高原地区能矿业发展进程中的定量化能源生产和消费结构，这是开展青藏高原能矿业绿色发展考察研究的重要工作内容。

从目前已掌握的资料分析，青海省部分的能源生产与消费较为明确和清晰，原因是历年《青海统计年鉴》均有能源生产和消费数据（能源平衡表），以及能矿业部门、行业的能源消费品种、规模和结构数据。难度较大的部分来自西藏自治区和青藏高原地区东部的 4 个涉藏自治州（即云南省迪庆州、四川省甘孜州和阿坝州、甘肃省甘南州）。这部分区域能源数据直接获取难度较大的原因在于：①虽然可获得《西藏自治区统计年鉴》，但西藏自治区是唯一在省区级统计年鉴中能源生产和消费数据缺失的省区，能源生产部分可以结合西藏自治区能源资源开发利用和主要工业产品生产数据获得，消费部分的数据获取难度较大。②青藏高原东部 4 个涉藏自治州直接获得统计年鉴的难度本身较大，即使有，多数情况下在能矿业生产活动过程中的能源消费部分也未进入政府统计部门的范畴内，或者未被编辑进入州内统计年鉴的文本中。③值得庆幸的是，在已完成考察并从内部获得青藏高原东部甘孜州的近年统计年鉴，因该州是青藏高原地区和四川省重要的清洁能源生产区，统计部门做了分工业行业的能源消费统计工作，而甘孜州还是 4 个涉藏区域中行政区域面积最大、能矿业发展规模和发展潜力最大的自治州（主要为水能资源开发），其能矿业的能源消费结构本身就具有较高代表性。

而对于能源消费数据缺失的部分区域，主要因为这类区域能矿业规模和结构相对简单（与高原地区北部的柴达木循环经济试验区相比较），采用地方政府相关部门调查资料和企业调查数据相结合的方式，来推算该区域内的能矿业能源消费大致的规模与结构。最典型的工作案例就是对西藏自治区能矿业能源消费规模和结构进行推算，具体的推算过程如下：①在西藏自治区有关部门走访时，将能矿业发展的能源消费作为一个调查的重要内容，虽然没有在西藏自治区统计局获得直接的能源消费数据，但在西藏自治区统计局、西藏自治区发展和改革委员会能源局和西藏自治区商务厅分别获得了能源行业的平均能耗、主要能矿产品的年度产量数据和全自治区分品种成品油（煤油、柴油、汽油）、液化天然气（LNG）和石油液化气（PNG）的年度购销数据。②在典型能矿业企业的调查中，也将能源消费作为一个重点内容，分别在水泥生产企业获得了单位熟料煤耗、水泥单位电耗，在矿产采选企业获得了采选矿的能源消费种类和单位能耗（如吨铜精矿采选综合电耗、吨铅锌精矿采选综合电耗、吨铬铁矿采选综合电耗等），以及这些能矿业的成品油（柴油、汽油）的消费情况。③将这些分散的行业能源消费和企业产品能源单耗相互对照，就基本上可以分析和测算出整个西藏自治区能矿业能源消费的规模与结构，并初步掌握区域矿业能源消费的结构性变化趋势。

4. 考察区域能矿业企业绿色生产实际状况的判断

对 2020 年以来所开展的 3 个区域能矿业绿色发展考察，更多是建立在相关文字资料和现场考察直观判断上。在所考察能矿企业中，多数企业在建设之际，或部分运行时限较长企业在其后的生产中，不管是出于企业自身意愿，还是政府监管所致，均尽可能采用了相对成熟且经济可行的技术装备和生产工艺，或在投运后追加环保治理设备和环保工程。由于多种因素客观限制，考察既无法在现场及事后利用相关设备进行有效的定点监测，也不能获得所在区域环保监测部门的定点长期有效监测数据（可获得环保部门监测结果的公开概述性信息）。因此，判断相关能矿业企业是否为绿色生产，更多需要建立在线上线下公开信息的发布之上。

如果相关政府部门和重要媒体以及企业自身公开发布的信息具有较高置信度，则我们可认为，所考察区域内的能矿业企业基本上实现了达标排放和绿色生产。此外，国家相关部门所发布的信息，如果权威性不容置疑，则置信度更高。例如，2020 年 12 月 11 日《自然资源部关于公布绿色矿业发展示范区名单的公告》（索引号：000019174/2020-01131）中，青海格尔木绿色矿业发展示范区（简称格尔木循环经济工业园）和青海大柴旦绿色矿业发展示范区位列所发布的 50 家名单中，两示范区主体即为格尔木工业园和大柴旦工业园，是所考察北部区中能矿业企业主要的工业产业园区，其中的中国石油青海油田格尔木炼油厂、青海盐湖工业股份有限公司钾肥分公司、镁业循环经济产业园、西部矿业股份有限公司锡铁山分公司等，是两示范区中的核心企业，由此可认为，这些能矿企业均是所在行业和园区绿色生产的代表性企业。

甘孜州的能源类企业是甘孜州能矿业发展的主体，尤其是在运行的水力发电企业，本身就属于低碳类项目，关于这类企业是否存在生态环境方面的问题，只能选择置信所在地政府和考察企业所提供的信息。在甘孜州的矿产业在运行企业中，规模上基本无大型企业，代表性企业四川鑫源矿业有限责任公司和四川里伍铜业股份有限公司，其核心主体均入选国家级绿色矿山名录，也是当地政府环保监管部门重点关注的企业。

6.2　主要考察结论

自 2020 年初基本确定承担青藏高原能矿业绿色发展部分的考察和研究后，研究人员就开始了相关的准备和室内资料收集、整理、分析工作。从 2020 年 3 月开始，通过重点区域的野外考察和室内研究工作的整合，对整个青藏高原的能矿业发展格局有了一个较完整的判断。

已完成的具体研究成果如下：①在总结青藏高原能矿资源富集区基础上，提出了青藏高原地区的能矿业发展可以划分为 3 个能矿业发展一级区，但发展空间格局存在较大的南北差异性；②针对青藏高原地区清洁能源资源赋存格局，提出了未来青藏高原地区清洁能源主要开发方向和总体空间推进策略；③基于对西藏自治区矿产企业发展格局和优势能矿业的判断，提出西藏自治区在大力推进清洁能源开发进程中，应适度保持特色优势矿产业发展；④对青藏高原地区核心区的西藏自治区 2019 年能矿业碳排放格局进行了研究，并提出了未来的变化趋势；⑤对 2019 年整个青藏高原地区人类活动碳排放（仅限 CO_2）规模进行了初步的测算；⑥对青藏高原地区能矿业绿色发展模式进行了初步探讨（该部分将在 6.3 节讨论）。

6.2.1　对青藏高原能矿业发展的再认识

在第 2 章中主要针对已考察区域对青藏高原地区的能矿业发展有一个初步的认识和判断。在此，将在前述认识和判断基础上，从青藏高原地区内部的区域发展态势比较视角，进一步总结对青藏高原地区能矿业绿色发展格局的认识和判断。但需要说明的是，由于目前野外考察工作尚处在未完成阶段，一些重要区域尚未进行野外考察工作，难免在认识和判断程度上存在挂一漏万和准确性问题。

1. 青藏高原能矿业发展存在显著的南北差异

如前所述，青藏高原能矿业发展总体上已具有一定规模，并初步形成了 3 个各具特色的能矿业发展一级区。但如果进一步比较分析，则会发现同时作为能矿业发展一级区，地处青藏高原地区北部的柴达木循环经济试验区在规模和水平上均高于南部和东南部的西藏“一江两河”能矿业发展区与川滇藏能矿业发展区，即青藏高原地区能矿业发展在空间格局上存在较为显著的南北差异。首先是在能矿业产业发展规模上，2020 年柴达木循环经济试验区工业增加值近 400 亿元（统计数据为海西州，因柴达木循环经济试验区是海西州能矿业发展的主体，故在此可以替代），2/3 以上来自能矿业，即该发展区内能矿业产业增加值已超过 260 亿元，当年南部的西藏“一江两河”能矿业发展区和川滇藏能矿业发展区合计的能矿业增加值约为 180 亿元，大致为北部的 70%；其次是北部的柴达木循环经济试验区起步于 20 世纪 50 年代末期，快速发展于改革开放后，经过 60 多年的持续开发与发展，已经形成了“一区五园，多产业园，三级架构，两级管理”的产业组合发展的地域空间结构（加上西藏自治区“飞地”经济技术开发区的藏青工业园，实际为“一区六园”），以盐湖化工、油气化工、有色冶金、特色生物、新能源开发等为主导的循环经济特色产业体系初具规模，而南部的两个区能矿业起步较晚，既有能矿业规模化发展多始于改革开放后，两个能矿业发展区内早期的能矿企业，包括覆盖能矿项目的“五小”建设项目相关企业，在改革开放以后多数已消亡，如西藏自治区原有土门格拉、东嘎、马查拉等 34 座煤矿就属于西藏自治区的“五小”工业或“小三线”建设项目，基本在 20 世纪 80 年代后期全面停产；最后，在整个青藏高原南部地区，20 世纪 60 中后期年代以来，先后有西藏自治区阿里地区革吉县的硼镁矿开采，西藏自治区那曲地区的金矿开采（如安多县拉日曲金矿、班戈县卡足金矿、尼玛县达查金矿），甘孜州和阿坝州的砂金矿采选，大多因市场中短期需求、开发基础设施落后、开采自然条件恶劣、资源品质差、生产成本高、生产方式落后、环境破坏大等因素先后被关闭。西藏“一江两河”能矿业发展区内的现代能矿业企业基本建设和发展于 20 世纪 90 年代初期（目前尚在生产运行的矿业企业罗布莎铬铁矿山，原名西藏红旗矿，虽成立于 1984 年，但直到 1992 年底采矿才正式投产），直到现代大型矿业采选业项目发展的今天，也基本上处在“散点状”产业发展状态；在柴达木循环经济试验区的各个工业园以及下属的产业发展园区之间，为支撑和保障能矿业的发展，已初步构建起产业关联度较高的产业集群，优势产业关系协调性较高，产业配套能力较强。

形成这一发展格局的原因是多方面的，认为主要来自以下几个方面。

(1) 柴达木循环经济试验区能矿资源赋存本底具有显著组合优势，即同一区域的能矿资源不仅在种类和品质上，而且在规模上，形成了雄厚的资源本底叠加优势，尤以钾、钠、镁、锂、硼等盐湖矿产著称，煤油气化石能源、风光热新能源、黑色金属、有色金属、贵金属、稀有稀散金属、非金属齐备。仅在能源资源赋存方面，煤炭、石油、天然气等传统化石能资源（已探明储量煤炭为 40 亿 t、石油为 4 亿 t、天然气为 4000 亿 m^3，远景储量煤炭为 65 亿 t、石油为 29.6 亿 t、天然气为 3.2 万亿 m^3）和水能、风能、太阳能等清洁能源具备，且开发潜力巨大，为构建区域性能矿业发展区奠定了坚实的能源资源基础。

(2) 柴达木循环经济试验区已经形成了供给和保障能力较强的基础设施，且仍在不断完善和提升之中。仅在交通基础设施方面，已经实现了铁路、公路、航空、管道 4

种运输方式网络化聚集且内外交流供给能力较强。①青藏铁路（正线全长为 1956km，其中西宁—格尔木段为双线电气化铁路，正线长为 814km，年货运能力超过 5000 万 t；格尔木—拉萨段为国铁 I、II 混合级，正线长为 1142km，单线内燃牵引，设计年货运能力为 600 万～ 800 万 t，预留复线建设条件，2022 年 6 月开始电气化改造，工期三年，覆盖格拉段正线长 1136.338km，除拉萨站外的其余 32 处车站到发线有效长延长至 850m，牵引力将达到 4000t，与西宁—格尔木段牵引力相同，届时西宁货运列车途经格尔木无需重组，可直抵拉萨）、敦格铁路（敦煌—格尔木，在饮马峡站汇入青藏铁路西格段，正线长为 509km，国铁 I 级单线电气化铁路，设计年货运能力为 3500 万 t，预留复线建设条件，通过该铁路将青藏和兰新两大铁路干线直接连在一起）、格库铁路（格尔木—库尔勒，正线全长为 1214km，其中青海省海西州境内为 505.6km，国铁 I 级单线电气化铁路，设计年货运能力为 2600 万 t，预留复线建设条件）交汇于格尔木市。②青藏高速（G6）西格段（西宁—格尔木段，在建格尔木—拉萨段）、茶德高速（茶卡—德令哈）、柳格（柳园—格尔木）高速、小德高速（小柴旦—德令哈）等高速公路为主干，青藏（国道 109 线）、青新（国道 315 线）、敦格（国道 215 线）等国道干线公路为支撑的环形公路网络已经成形。③格尔木机场（4D 级，海拔标高为 2842m，跑道规格为 4800m×50m，军民合用 + 国内支线机场）、海西德令哈机场（4C 级，海拔标高为 2862m，跑道规格为 3000m×45m，国内支线机场）、海西花土沟机场（4C 级，海拔标高为 2906m，跑道规格为 3600m×45m，国内支线机场）3 个机场实现常态化民航客货运输。④格拉成品油混输管线（格尔木至拉萨，管线全长为 1080km，1977 年建成运行，2004 年完成升级改造，平均海拔标高为 4260m，汽油、柴油、航空煤油和燃用煤油混输，年输送能力为 25 万 t）、柴达木花格原油管道（花土沟油砂山至格尔木炼油厂，线路全长为 436km，设计压力为 6.27MPa，平均海拔为 2888m，1990 年建成运行，1997 年完成升级改造，年原油输送能力为 200 万 t）、涩西兰天然气管道（涩北一号气田—西宁—兰州西固区柳泉乡天然气输送管线，线路全长为 953km，平均海拔标高为 2700m，2001 年建成运行，管径为 660mm，设计压力为 6.4MPa，年天然气输送能力为 20 亿 m^3）3 条主干油气管线（共计 10 条油气管线，其中 9 条为原油、天然气管线，石油年输送能力为 300 万 t，天然气年运输能力为 107 亿 m^3）实现了油气资源和部分成品油的便捷输送，这些油气管线为我国在高寒缺氧地区建设和运行管道油气运输积累了丰富的经验。

此外，以 750kV 超高压柴达木环网为主干的电力输送网络为柴达木循环经济试验区的电力消费提供了坚强的电力保障（为保障西藏自治区电网冬季的平衡运行，柴达木 750kV 环网已由终端型电网转变为枢纽型，±400kV 超高压的青藏电网实现了两省区电力网互联），位于试验区东部的 ±800kV 青豫直流特高压成为新能源清洁电力重要的外输通道。

(3) 城镇支撑和保障能力初步形成，成为柴达木循环经济试验区发展的主体，发展区内虽然人口总量不大，2020 年年末户籍人口为 40 万人左右（城镇户籍人口比重近 70%），但常住人口却将近 47 万人（2019 年曾高达 52 万人），作为中华人民共和国成立后因能矿资源而逐步在戈壁滩上建立起来的移民城市——格尔木市常住人口超过22万人，虽然区域经济总量不及省会西宁市，但人均水平在全青海省多年位居第一（2019年人均GDP超过12万元，位居全国地市级城市前列），这些新兴移民城市的形成经过50多年的发展，格尔木在作为柴达木循环经济试验区能矿资源开发和深度加工基地的同时，还在教育和科技等方面积累了宝贵的经验并持续培育了较强的人才队伍。

青藏高原地区南部的两个能矿业发展区在能矿资源的规模化开发利用时序上就大大落后于北部，优势能矿业的规模性开发利用与发展基本上是在近10年，甚至近5年的时间段内开始的，且各个能矿业开发企业基本以较为单一的“散点状”或“孤岛”型空间形式存在，能矿业企业发展的技术装备保障与维护、辅助材料供给、人才队伍建设等，大多需要从区域外部输入，产业关联度也只在能源-矿产之间初步形成，除水泥、砂石等非金属加工业产品外，其他矿产品均需要全部外输。

2. 能矿业绿色发展空间格局北部优于南部

北部柴达木循环经济试验区能矿资源赋存条件和空间组合性好，现代交通运输体系已经成形，对外交流交换能力较强，经过数十年的开发与发展，已形成“一区六园”格局，即格尔木、大柴旦、冷湖、德令哈、乌兰工业园加上藏青工业园，能矿业在上述工业园内均有不同程度的分布和发展，在工业园之间和各工业园下辖的产业园区内的各类企业，已经形成了优势产业关系协调性较高、产业配套能力较强的发展格局。南部的“一江两河”能矿业发展区和川滇藏能矿业发展区因能矿资源空间组合性不及北部，在空间上不具有种类和规模高度聚合的特性，现代交通运输体系建设尚在加速建设和配置中，如青藏高速公路格拉段、川藏高速公路四川康定—西藏林芝段、川藏铁路等，整个发展区跨区域交流的通达性相对更差；在区域层面，高原南部“一江两河”地区及藏东昌都市的能矿业发展尚未进入到园区化发展阶段，区内能矿业资源，尤其是具有开发利用潜力、可作为矿产业发展的优势和特色类矿产资源的空间赋存分布，呈现出较大分散状态，使能矿业发展区内产业和企业产业链关联性实现难度更大；在矿区层面，南部“一江两河”地区及藏东昌都市的矿产资源分布的相对单一特性也更为突出，加大了矿产业的不同类型企业在同一空间上的关联性与组合性发展，致使南部“一江两河”地区内的能矿业在空间上基本依托各自的资源赋存区呈现“散点状”发展态势更突出，优势产业关系协调性和产业配套能力不强，企业生产运行的成本支付加大，且所在区域因工业电力消费占比较小，目前依然为“生活型电力供需结构”或“输出型电力生产+生活型电力消费结构”，导致电力生产和电网运行的供需稳定性也显著弱于北部的柴达木循环经济试验区。

此外，在自然条件方面，由于南部区平均海拔超过4000m，“地广人稀、高寒缺氧”的青藏高原自然条件和环境属性更加典型，导致在现有技术经济条件下，矿产业发展难以在区内实现“采选冶”一体化，如黑色金属冶炼业的铬铁合金生产，有色金属的冶炼工序等。而北部柴达木循环经济试验区主要工业园和产业园区，海拔平均在

3000m 左右，加上相对平坦且集中连片的盆地内地形地貌区（这种适宜工矿业发展的地形地貌区在高原东部的川滇藏能矿业发展区也十分缺乏），低于南部尤其是西藏“一江两河”能矿业发展区，而成为青藏高原地区内的矿产业深加工适宜区。此外，柴达木循环经济试验区内能矿业为主体的工业规模较大且生产较为稳定，使该区域已形成了较为稳定的工业电力生产和消费供需结构。

3. 青藏高原南部能矿业发展区具有自身的特色和优势

虽然目前青藏高原地区能矿业发展在空间上呈现出较大的南北差异，但并不表明南部的西藏“一江两河”和川滇藏两个能矿业发展区在未来的能矿业发展潜力和规模上不能形成多大气候。而事实是随着我国能矿产业技术和经济实力的不断提升，南部区域基础设施供给能力的逐步增强，南部的西藏“一江两河”和川滇藏两个能矿业发展区因自身能矿资源的特色和优势已展现出越来越大的发展潜力。

众所周知，进入工业化发展阶段的能矿资源开发利用在形态上是规模化开发和产业化发展。距离能矿资源消费中心区的远近、能矿资源开发利用产业技术水平高低（进入新时代发展期的能矿资源开发利用产业技术，还包括了开发利用的环境生态维护利用技术）、投资主体的经济实力强弱和能矿资源赋存区的基础设施供给能力高低，是能矿资源富集区内的能矿资源能否获得规模化开发和产业化发展的 4 个主要影响和决定因素。

从发展区的宏观背景看，未来的国家发展大格局和全球进入百年未有之大变局的趋势，十分有利于南部的西藏“一江两河”和川滇藏能矿业发展区的成长。进入新时代发展阶段，可持续发展战略、区域协调和谐发展战略、内循环为主的实体经济发展战略，将是我国未来长期坚持推进和实施的重要战略；同时，我国未来在能矿资源利用领域需要“开源”和“节流”并举。在“开源”方面，清洁能源资源和相关原材料所需要的矿产资源将是未来能矿资源开发利用的主要方向，从而为青藏高原地区南部的特色和优势类能矿资源开发确定宏观市场需求背景。

随着我国在能矿领域各个重大工程技术的逐步提升，从产业技术角度而言，南部两个能矿业发展区内的特色和优势能矿资源开发已不存在产业技术上的难度，并可以在生产运行各工序阶段实现绿色生产；从投资主体的经济实力看，不管是国有、国有控股还是混合型能矿业企业，国内各大能矿资源开发集团已具有进入两个能矿业发展区内投资的经济实力和能力；在基础设施供给能力，尤其是交通基础设施供给能力方面，随着青藏铁路电气化、青藏高速公路格拉段（格尔木—拉萨）、川藏铁路雅林段（四川省雅安—西藏自治区林芝）、川藏高速公路康林段（四川省康定—西藏自治区林芝）等一系列重大交通基础设施项目的建设，青藏高原地区南部两个能矿业发展区的重大特色和优势能矿业项目可开发性也变得越来越有现实性。

特别是以水能和太阳能为核心的清洁能源资源，以铜铅锌多金属矿、盐湖锂、锂辉岩、铬铁矿等为特色优势的关键矿产类资源，因赋存规模大、品质较优、开发利用水平低而显示出巨大的开发利用潜力。

以水能资源开发状况和潜力为例，据2016年全国水能资源普查结果，我国水能资源的技术可开发量为5.42亿kW、年发电量为2.47万亿kW·h，经济可开发量为4.02亿kW、年发电量为1.75万亿kW·h。截至2021年底，全国水电装机容量已达到3.91亿kW，为技术可开发量的72.14%，水力发电量为11840亿kW·h，为技术可开发电量的47.77%和经济发电量的67.66%。我国水能资源开发和待开发的格局表明，西藏“一江两河”与川滇藏两个能矿业发展区正是我国最大的水能资源在开发和待开发区，在我国剩余的技术可开发1.51亿kW装机容量中，绝大部分集中在两个能矿业发展区内，是未来国家水能资源开发的主要接续地。其中，川滇藏能矿业发展区是当前我国最大的水能资源在开发区，而西藏“一江两河”则是最大的待开发区，全球待开发最大装机规模可达7000万kW的雅鲁藏布江下游大拐弯水电开发项目就位于西藏“一江两河”东部地区。

4. 已考察的能矿企业普遍重视绿色发展

从2020年以来，在已开展了野外考察工作的3个区域内，具体考察了30多家能矿业企业，这些企业基本上属于所在区域的能矿业行业龙头企业、大型企业或代表性企业。对各个能矿类企业，尤其是矿产采选类企业考察的结果看，不管是出于企业自身利益与意愿，还是来自政府有关部门在资源和环境方面的监管，所考察企业均重视所掌控资源的有序开发利用和综合利用。在矿产业企业中，原矿采收率（开采回收率）、选矿回收率和综合利用率是衡量和提升企业综合效益的重要指标，要实现这三项重要指标的稳定和提升，在生产环节均需要采用国内外较成熟的技术装备和生产工艺，在“三废”排放环节更需要基本能够达到和提高排放标准，其中的大中型矿产采选企业，以及原材料产成品加工企业，在争取上级集团公司和控股公司的关注和考核方面，也需要关注自身生产园区的环保和生态建设。

在已考察的所有矿业开发企业中，多数企业属于国内大型能矿集团企业下属或控股的大中型矿产类企业，均在矿区内配置了专门的排土场（废渣堆场）和尾矿库，一般都在项目可研、设计和建设期间，将矿山采选环节的环境保护问题一并考虑；在企业运行阶段，也基本能够做到生产、排放、治理“三同时”。这些矿产业企业基本上能够在排土场管控方面，采取“事中治理”的动态方案，即排土、排渣和复垦同时展开；在选矿的尾矿处置环节均配套建设了隔膜防渗型尾矿库，基本实现选矿尾矿“零”外排外溢，同时实现生产用水循环利用，实现工程设计与建设100%无生产、生活用水园区外排，如青海盐湖工业股份有限公司钾肥分公司、中金国际西藏华泰龙矿业开发有限公司、西部矿业集团西藏玉龙铜业股份有限公司、四川鑫源矿业有限责任公司呷村银多金属矿等；黑色和有色金属采选业中属于井工生产类的矿产采选企业基本上都运用了井工充填开采生产工艺，如西部矿业股份有限公司的锡铁山铅锌矿、西藏矿业发展股份有限公司的曲松罗布莎铬铁矿、四川鑫源矿业有限责任公司呷村银多金属矿、四川里伍铜业股份有限公司里伍铜矿和中咀铜矿等；在所考察的能源原材料生产加工企业中，所有的生产线均采用和运行收尘、脱硫、脱硝装置，如中国石油青海油田格尔木炼油厂、西藏高争建材股份有限公司、华新水泥（西藏）有限公司等，实现了所在区域环保部门设定的达标排放。

然而，非法开采、滥采滥挖、无序排放的事件也会产生，如 2020 年 8 月，天峻县木里聚乎更煤矿区因青海省兴青工贸工程集团有限公司非法开采导致生态环境被破坏（该区域虽不在柴达木盆地内，但属于柴达木循环经济试验区辖区）。该事件被查处后，《木里矿区以及祁连山南麓青海片区生态环境综合整治三年行动方案（2020—2023 年）》正式出台和实施，目标是到 2023 年 12 月，建成高原高寒矿山生态公园，形成公园运维长效机制。该事件也促使柴达木循环经济试验区加大了对区内所有煤炭生产企业在安全生产和绿色生产方面的监管，实行了不达标不运行生产的政策。

5. 河湟谷地不是青藏高原能矿业发展区

如果在自然地理单元上将青海省的河湟谷地作为青藏高原一个组成部分（当前存在一定争议，但二次科考将该区域纳入青藏高原范围内），则河湟谷地就是青藏高原地区现实和潜在的最大的产业发展区、人口聚集区和城市发展区。河湟谷地在行政范围上主要由青海省省会西宁市和海东市构成，两市行政区域面积占青海省面积的 2.89% 和青藏高原总面积的 0.83%，但 2019 年两市常住人口已占青海省全省人口的 63.84% 和青藏高原地区总人口的 32.96%，当年两市 GDP 总量占青海省总量的 61.21% 和青藏高原地区总量的 30.71%。此外，青海省省会西宁市是青藏高原地区唯一一个人口规模超过 100 万人的大城市。

虽然西宁市和海东市的工业经济总量占比低于柴达木循环经济试验区（海西州的工业基本集中分布在柴达木循环经济试验区内，在此两个称谓的经济数据完全可以互用），2019 年西宁市和海东市工业增加值共占青海省的 41.19%（海西州占比更高，为 47.69%），但也表明河湟谷地也是青海省甚至整个青藏高原主要工业发展区和汇聚地，是青海省重要的原材料产业发展区和加工制造业发展区。但不能由此认为河湟谷地也是青藏高原主要或重要的能矿业发展区（表 6-1）。

表 6-1　河湟谷地与柴达木循环经济试验区能矿业发展比较

项目	河湟谷地	柴达木循环经济试验区
行政区域范围	西宁市、海东市	海西州＋海南州（以自然地理单元计，共和盆地属于柴达木盆地组成部分）
能矿资源赋存	能矿资源以水能、非金属具有优势，具有产业发展优势的能矿资源主要为水能、石灰石、钙芒硝、石膏、石英石、白云岩等	柴达木盆地有"聚宝盆"之称，能矿资源十分丰富，化石能源、新能源及各类非能源矿产种类齐备，具有产业发展优势的能矿资源主要有煤炭、石油、天然气、页岩气、可燃冰、水能、风能、太阳能、地热能（干热岩）、钾钠锂镁硼铷溴碘锶铯碱等盐湖矿产、铁矿石、铜铅锌金、石灰石、石膏、芒硝、石墨、石棉等
主要能矿原材料产业行业及产品	非金属采选、水电、火电、钢铁、水泥、平板玻璃、电解铝及铝型材、铁合金、单晶硅、多晶硅等	油气采选（石油、天然气）及油气化工（气煤柴油、液化石油气、液化天然气、聚氯乙烯）、煤炭采选（煤化工原煤及洗精煤、焦炭）、火电、水电、风电、光伏电、光热电、钾肥、原盐、碳化钙、纯碱、烧碱、硫酸、水泥、铜铅锌金银、盐湖锂硼锶等系列化工产品
能矿业原材料产业发展地域性	电力、煤炭与焦炭、铁矿石、氧化铝、工业硅等需区外输入，其中动力煤、焦炭、铁矿石等相当一部分来自柴达木	各类能源与原材料产业的上游产品均来自当地，风电、光伏电、光热电、储能等新能源开发的技术装备来自区外

主要理由如下。

(1) 河湟谷地虽然是黄河上游水电梯级开发的重要组成区域，但基本缺乏能矿业中最基础的产业类别——矿产采选业，2019 年西宁市和海东市两市采矿业增加值仅 2.5 亿元（其中西宁市无，海东市矿产采选业主要矿产品为石灰石和硅矿石等），仅占当年青海省采矿业增加值的 1.13%，同年以柴达木循环经济试验区为主体的海西州却占 95.85%，表明河湟谷地本身能矿资源较为短缺，矿产采选业不是区域主要产业，可以判断的是，河湟谷地缺乏作为能矿业发展区的资源和产业基础，不符合判定作为能矿业发展区的主要标准。

(2) 虽然河湟谷地是青藏高原地区最重要的高耗能原材料加工业产业聚集区，钢铁、水泥、有色金属（主要为电解铝和铝材）、单晶硅和多晶硅（为光伏新能源项目的主要原材料）等原材料工业制成品在青海省占主导地位，但这些原材料产业的主要原料、辅助材料、燃料基本来自河湟谷地以外，其中，钢铁工业基本原料和燃料，如铁矿石、焦炭、煤炭等相当一部分来自柴达木循环经济试验区及其他区域，有色金属大宗产品的原料氧化铝甚至来自青海省外（主要为黄河上游水电开发有限责任公司利用自身成本较低的水火电发展的“电力 + 电解铝”复合关联发展项目），区内水泥生产的主要燃料煤炭也基本来自柴达木循环经济试验区。总之，河湟谷地原材料产业发展的基础原材料、燃料及辅助材料等基本由区外输入，其中柴达木循环经济试验区是重要来源地。

(3) 虽然河湟谷地当前仍是青海省重要的电力生产区域，但占比并不高，且随着青海省新能源装机规模和发电上网量的逐步增长，该区域电力生产中因西宁市火电规模压缩还呈现出绝对规模和占比“双下降”的态势，如 2011 年西宁市和海东市两市发电量占青海省发电总量的 38.54%（当年全省发电总量为 436 亿 kW·h），到 2019 年两市发电量合计占全省总量已下降到 28.26%，其中还包括海东市以水电为主的发电量（发电量主要源自海东市东南部尖扎、化隆、循化境内黄河上游梯级电站中李家峡、公伯峡两个大型水电站的清洁电力生产）；2011 年青海省发电量构成中火电占 21.10%，到 2019 年已下降到 13.53%（当年青海省发电总量为 791 亿 kW·h），主要源自青海省近年来大规模的清洁电力和新能源的开发，使西宁市以火电生产为主的电力生产量处于持续下降态势，且河湟谷地的火力发电燃料还主要来自柴达木循环经济试验区。

综上，即使河湟谷地可以作为青藏高原的组成部分，但从能矿资源聚集分布和产业发展态势来看，河湟谷地不是青藏高原主要或重要的能矿业发展区，但却是青藏高原地区重要的原材料加工业制造区，也是青藏高原地区新能源开发许多技术装备制造的重要基地。

6. 藏西部区不宜成为青藏高原能矿业发展区

藏西部区位于青藏高原西南部和西部，地域范围大致为日喀则西部萨嘎、仲巴等县以及阿里地区全部和新疆和田部分区县，属于喜马拉雅西段、昆仑山、喀喇昆仑山、冈底斯山和羌塘高原构成的自然地理单元，既是青藏高原核心区的组成部分，更是“高原中的高原”和“世界屋脊之屋脊”，是雅鲁藏布江及南亚次大陆众多江河的发源地，青藏高原湖泊、冰川、荒漠广布，平均海拔超过 4500m，绝大部分地域为无人区，地广人稀、高寒缺氧是对该区域自然人文环境特征最经典的总结和标配。藏西部区虽然是青藏高原地质工作以及能矿资源勘探、评价相对最弱的区域，但已有成果显示，藏西部区也是青藏高原矿产和新能源资源富集的区域。

在矿产资源方面，位于日喀则市仲巴县北部的扎布耶盐湖（扎布耶茶卡）是亚洲地区最大和世界第三大锂盐湖，海拔为 4429m，面积为 340 多 km^2，分南北两湖（南湖面积为 $243km^2$，北湖面积近 $100km^2$），固液并存，是目前世界上唯一以天然碳酸锂形式存在的盐湖；锂品味位居世界第二位，且“镁锂比”居全球最低，地表卤水、晶间卤水及固体矿物均含碳酸锂，总储量近 250 万 t，居全国第一位，其中仅地表卤水中控制的经济基础储量就超过 70 万 t；除碳酸锂外，还伴生硼、钾、溴、铯、铷等集于一体的大型综合盐类矿床，初步估算的经济价值从数千亿到上万亿元；另据有关专家估算，整个藏西部区的盐湖类氯化锂资源总量达到 1156 万 t。藏西部区还是我国最具有远景的锂、铍、铌钽、铷等稀有金属矿产富集区。据有关专家在昆仑山地区所做的部分地质矿产评价工作，西昆仑大红柳滩超大型远景锂矿带将是我国最重要的稀有金属成矿带之一。近年来新发现 509 道班西锂铍矿、白龙山锂矿、俘虏沟南锂矿等 13 处伟晶岩型矿床，累计探获氧化锂（锂辉石）资源量 200 万 t 以上，氧化锂平均品位 1.5%。300m 以浅资源远景可达 500 万 t，共伴生铍、铌钽、铷等。

在铜等有色金属方面，目前已有的地勘工作结果显示，位于阿里地区改则县西北约 110km 的多龙有色金属矿富集区，平均海拔为 5000m，是班公湖—怒江成矿带内已发现最大的斑岩型铜金矿产地，资源潜力巨大，沿西南至东北依次分布有多布扎、波龙、荣那等铜金银多金属矿，斑岩型和低温热液型并存，埋藏浅，铜平均品位均在 0.5% 以上，初步估算仅铜金属储量已超过 2000 万 t，1000m 以浅的深部潜力铜金属量至少在 1000 万 t 以上。可以认为，多龙铜矿区是目前整个青藏高原地区乃至全国最大规模的铜多金属矿区。此外，藏西部区太阳能资源更是在青藏高原独树一帜（大部分地域年均日照时数超过 3000h，年太阳总辐射量大多在 $8000MJ/m^2$ 以上），是整个青藏高原太阳能资源最丰富的地区。

依据典型地质勘探和评价成果，藏西部区是青藏高原地区极具远景和潜力的矿能资源富集区，尤以特色和优势铜多金属矿、盐湖锂矿、锂辉石矿等矿产资源的大规模集中赋存，在整个青藏高原地区的能矿资源区域格局中占据重要的位置。然而，不主张藏西部区进行大规模优势矿产资源开发利用，也应避免过早将该地区发展为青藏高原地区重要能矿业部署区。我们的基本观点是，在总体上深化地质评价和研究工作的同时，通过国家直接投入和资助的形式，支持对该地区继续进行持续性矿产资源勘探和评价工作；同时，除个别或极少数易开采和环保达标的矿产项目外，对藏西部区矿能资源开发利用遵循“探而不采”原则，并实施矿产资源直接“资源性储备”的战略性举措。

提出这一观点的主要理由如下。

(1) 藏西部区是青藏高原的核心区和“高原中的高原”，是青藏高原地区生态环境最脆弱区。总体上藏西部区属于青藏高原冻融荒漠化生态系统，地表植被稀疏，生态环境十分脆弱，对西藏自治区区域生态环境脆弱性进行评价的结果显示，藏西部区主要地域生态环境脆弱性属于高度脆弱区和极度脆弱区（脆弱性指数区间为 0 ～ 1.0，指数越高越脆弱，0.61 ～ 0.80 为高度脆弱区，0.81 以上为极度脆弱区，藏西部区整体脆弱性指数超过 0.75，一半以上地域超过 0.81）；同时，藏西部区大部分地域属于国家级或省区级自然保护区范围，是未来我国青藏高原地区建设国家公园的重要指向区。如果进行大规模的能矿业开发活动，在目前已有的产业技术条件下，除个别开采条件简单，对生态系统扰动较小，且有开采规模限制的特色优势类项目外，其他很难做到矿产开发利用和维护生态环境的兼顾与协调。

(2) 藏西部区位置偏远，人类生存活动条件极差，是我国人口密度最小区域（西藏阿里地区 2020 年人口密度为 0.35 人 /km^2）和“生命禁区”，平均海拔为 4500m，部分区域，如前述中的西昆仑大红柳滩超大型远景锂矿带平均海拔近 5000m，所列举的特色优势类矿产项目所在地基本为无人区。仅从交通运输这一重要基础设施构件看，如果进行大规模的能矿业开发活动，进出藏西部区的主要通道只有国道 219 线，且穿越路段多属于融冻土地带，虽已实现全路段表面硬化处理，实际仍为季节性通行；在这一面积超过 50 万 km^2 的区域内，也建设和开通有民航运输的阿里昆莎机场，其为 4D 级国内支线机场，海拔标高为 4274m，跑道 4500m×45m，为夏秋航季季节性机场，规模小，受天气变化影响大。总之，藏西部区现有交通运输方式和能力根本无法支撑区域性大规模能矿业开发活动；同时，藏西部区中的部分区域属于地缘政治敏感区，甚至是领土争议区（如喀喇昆仑山的阿克赛钦地区），也会对能矿业的大规模开发活动产生不确定性影响。

(3) 除交通运输供给能力不足外，虽然国家对该区域进行了长期不懈的投入和维护，但因地域范围广大，除少数城镇区和主要居民聚居区，以及沿主要交通干线条件相对较好区域外，其他区域，尤其是位置偏远的各主要矿产资源赋存区，基本没有水、电、气、通信等基础设施的建设和配套，如已经进行了多年盐湖锂初级开发的扎布耶茶卡，至今没有电网通电。总之，藏西部区现有基础设施配套条件基本上不能支撑和保障能矿业大规模发展。

6.2.2 青藏高原清洁能源极具开发潜力

青藏高原地区有条件在国家加快能源转型发展进程中成为国家清洁能源建设和发展的重点区域。这不仅有助于推进青藏高原区域社会经济现代化发展进程，也能显著提升国家地缘政治影响力。

1. 清洁能源产业初具规模

进入新时代发展期，在青藏高原核心区，能源资源开发呈现加快态势，清洁能源占据越来越重要的地位。核心区北部青海省的柴达木循环经济试验区等地近年来清洁能源产业发展成就显著，2019 年青海省已成为清洁能源净输出省份，2020 年底全省电力总装机为 4030 万 kW，清洁电力装机占 90.3%，太阳能、风电等新能源装机占比达 60.7%，为全国新能源装机占比最高省份，其中海南州和海西州新能源电力装机分别达到 1841 万 kW 和 1043 万 kW；2021 年底青海省电力装机总规模达到 4286 万 kW，清洁能源装机占比进一步提高到 90.83%，其中水电占比达到 29.47%、光伏占比为 38.64%、光热占比为 0.49%、风电占比为 22.24%，新能源装机合计占比 68.60%，持续保持新能源电力装机规模占比全国第一位置，其中光伏发电装机已超过水电成为青海省最大电力装机类别。核心区南部的西藏自治区虽相对滞后，但到 2020 年电力装机也达到了 423 万 kW，清洁电力装机占比 90%，发电量占 95% 以上，2021 年雅鲁藏布江中游大古电站和金沙江上游苏洼龙电站首台机组相继投产后，可望实现区内全年电力供需基本平衡（包括部分为满足冬季用电需求的油电类火力发电量，大致在 5% 以下），按目前主要在建水电项目规模，到 2025 年西藏自治区电力装机规模将超过 1500 万 kW。在川滇藏接壤地区的甘孜州，2021 年电力装机规模已达到 1390 万 kW（全部为清洁电力装机），其中水电装机规模超过 1352 万 kW，外送装机容量超过 990 万 kW，为青藏高原地区目前最大的清洁电力输出地区。预计到 2025 年整个川滇藏接壤地区（包括西藏自治区昌都市）的水电电力装机规模至少在 3000 万 kW 以上。

此外，得益于青海省柴达木盆地煤油气等化石能源资源稳定开发和加工产业的发展，煤油气等供给亦可保障青藏高原核心区内的基本需求（煤炭、天然气可实现南北区域协调平衡，成品油部分需要从青藏高原地区外部输入）。

2. 清洁能源产业发展面临的主要问题

总体上，以水电、光伏和风电为主的清洁电力开发已成为核心区电力生产主体，清洁能源产业已初具规模。但在青藏高原地区，尤其是核心区的清洁能源产业发展不平衡，清洁能源市场扩张能力不足等一系列问题也日渐显著。

(1) 整个能源产业规模“北高南低”的空间发展格局十分明显。2019 年青海省一次能源生产与消费总量分别为 4542.13 万 tce 和 4235.23 万 tce，能源结构中煤油气电俱全，其中一次电力占能源生产总量的 54.09%，能源净输出近 307 万 tce，天然气、清洁电力为主要净输出产品。西藏自治区的能源生产基本集中于电力生产，2019 年全区年发电量为 87.69 亿 kW·h，其中水电占近 90%，但发电量仅相当于同期青海省的 11.09%，电力装机容量也仅为青海省的 10.71%。此外，西藏自治区能源消费中占约 2/3 的煤炭、成品油、天然气等能源供给主要来自北部地区青海省柴达木循环经济试验区。

(2) 能源资源禀赋与清洁能源产业技术经济供给能力差异是导致青藏高原核心区清洁能源产业发展不平衡的主要原因。核心区北部青海省因平均海拔为 3000m，海拔相对较低，拥有“聚宝盆”之称的柴达木盆地，加上柴达木盆地东部相邻的共和盆地，地下富藏煤油气、干热岩、可燃冰等，地上广布风能、太阳能，加上铁、铅、锌等金属矿产和富含钾、钠、锂、硼等盐湖资源相伴，其能矿业发展具有资源赋存与空间组合性好的优势；而南部西藏自治区因平均海拔超过 4000m，地形地势更为复杂多样，能矿资源赋存与空间组合性相对较差，导致核心区内南北能源资源禀赋差异较大。在开发方面，青藏高原核心区北部干旱少雨，但风能、太阳能组合性好，且干热岩、可燃冰等优质能源资源还有待产业技术的突破和勘探开发；南部海拔更高导致的风能密度相对较低而不具有产业化优势，但水能资源和太阳能资源潜力巨大，是我国未来水能资源开发的主要接续地，核心区 1.6 亿～ 1.8 亿 kW 的水能技术可开发量基本集中在南部区及“三江流域”地区，其中雅鲁藏布江下游就有 7000 万 kW，太阳能优势更为显著，西藏自治区仅在 5000m 以下海拔光伏技术可开发装机容量达 120 亿 kW（其中最适宜区技术可开发装机容量为 20 亿 kW），且与水能具有良好的时空组合优势。然而，清洁能源，主要是新能源产业技术经济供给能力的南北差异十分明显。北部区已形成相对稳定的能源生产体系和工业主导型能源消费结构，而南部的西藏自治区能源产业关联度较低且协同度较差，各类清洁能源开发从项目建设到运行维护，大部分原材料、技术装备，乃至主要专业技术人才等基本需从区外输入，以生活消费为主体的电力消费结构，在昼夜与季节方面变幅较大，导致能源产业发展单位投资成本显著超过青海省。

(3) 跨区域清洁能源市场体系不健全是导致青藏高原核心区清洁能源市场扩张能力不足的制度性原因。能源产业技术经济发展规律表明，某一区域通过开发优势清洁能源并实现能源供需平衡后，新增的清洁能源供给以跨区域电力输出最优。然而，在当前电力运行管理体制下，如没有中央政府干预和引导，东中部电力消费巨大的省区多不会选择来自长距离输送的青藏高原核心区清洁电力。我国电力消纳以省级单元为主，包括国家电网系统内也以省级电网公司为基本核算单元。不管是经济快速增长，还是面临“瓶颈”期，除京沪等少数自身电力供给能力小、环境治理强度大的超大城市外，在 GDP 等巨大经济利益驱动下，各省区一般会优先增加省区内电力供给能力，或稳定既有供给能力。加之清洁电力自身资源赋存和生产缺陷，在“厂网分离”格局下，清洁电力输送存在着较为严重的季节性不平衡问题，加剧了未来青藏高原地区清洁电力外输的难度和困境。

3. 清洁能源基地应成为国家能源体系重要组成部分

青藏高原地区巨大的清洁能源资源潜力是我国未来能源低碳化的重要基础所在。为此，强化青藏高原地区，尤其是南北核心区清洁能源体系整合是实现青藏高原输出型清洁能源基地建设目标的重要前提。进入“十四五”发展期，双循环社会经济模式与低碳清洁生产已成为我国社会经济发展的基调和产业结构演进的内在需求，意味着我国整个国民经济运行体系，尤其是国家能源体系的加速调整，为加快核心区优势显著、潜力巨大的清洁能源资源开发提供了前所未有的发展机遇。《中共中央关于制定国民经济和社会发展第十四个五年规划和二〇三五年远景目标的建议》中，关于“推进新型基础设施、新型城镇化、交通水利等重大工程建设，支持有利于城乡区域协调发展的重大项目建设”部分，明确提出的“雅鲁藏布江下游水电开发”就是具体体现。为保障国家目标的顺利实现，为加快青藏高原地区，尤其是核心区清洁能源资源开发，促进青藏高原输出型清洁能源基地建设，需要从以下几个方面着手。

(1) 将核心区输出型清洁能源基地建设作为国家能源供给消费体系调整的重要组成部分。高寒缺氧、地广人稀、生态环境脆弱是青藏高原地区的基本自然人文环境特征，尤以西藏自治区最为显著。在区域经济发展路径上，西藏自治区难以通过“工业化 + 城市化”的传统模式实现区域社会经济现代化。但利用潜力巨大的低碳清洁能源资源进行大规模开发和向外输送，无疑是破解青藏高原核心区，尤其是西藏自治区实现区域社会经济现代化的重要“密钥”之一。通过加快青藏高原地区，重点是核心区清洁能源开发进程，在未来 20 ～ 25 年，在核心区内可形成 3.5 亿～ 4.0 亿 kW 装机容量和 1.0 亿～ 1.2 亿 kW·h 的巨量低碳清洁电力产能，通过高效的外输通道建设与合理制度安排，使核心区成为国家重要的输出型清洁能源基地，进而成为我国低碳能源体系和国家电力供给体系的重要组成部分。

⑵ 全面发挥核心区清洁能源的时空组合优势，坚持有序的时空推进与发展原则。青藏高原地区，尤其是核心区不仅是我国水能资源开发的主要潜力区和接替区，也是太阳能、风能、地热能（包括干热岩）等新能源潜力巨大的区域，应充分利用核心区水能资源丰水期与风能、太阳能资源具有的季节性时序错位特性，全面发挥清洁能源在北部的“风 + 光 + 光热 + 水 + 储能”（远期应考虑发展“风 + 光 + 光热 + 水 + 干热 + 储”的清洁电力生产结构）和南部的西藏“一江两河”与川滇藏地区“水 + 光 + 地热 + 储”（远期应考虑发展“风 + 光 + 地热 + 储能”的清洁电力生产结构）的不同组合优势，并通过灵活智能电网的系统统筹，逐步提升清洁电力的年内持续生产和输出稳定性（见图 6-1 和图 6-2）。

目前，青藏高原东部的四川省甘孜州和阿坝州、云南省迪庆州、甘肃省甘南州水能资源开发已处于开发中后期，核心区东部的“三江流域”接壤区金沙江上游梯级、雅砻江上中游梯级和大渡河上中游梯级开发在 10 年左右（不超过 2035 年）完成开发也是大概率事件，但鉴于社会经济基础和技术经济供给能力区域差异，未来核心区清洁能源开发在开发和推进的时空格局上总体应坚持“先东后西”“先北后南”的基本原则；同时，太阳能、风能等站场布局和建设应与水能资源开发站场在空间上尽可能相互临近，以便于清洁电力的大规模上网集输配与灵活生产调度。

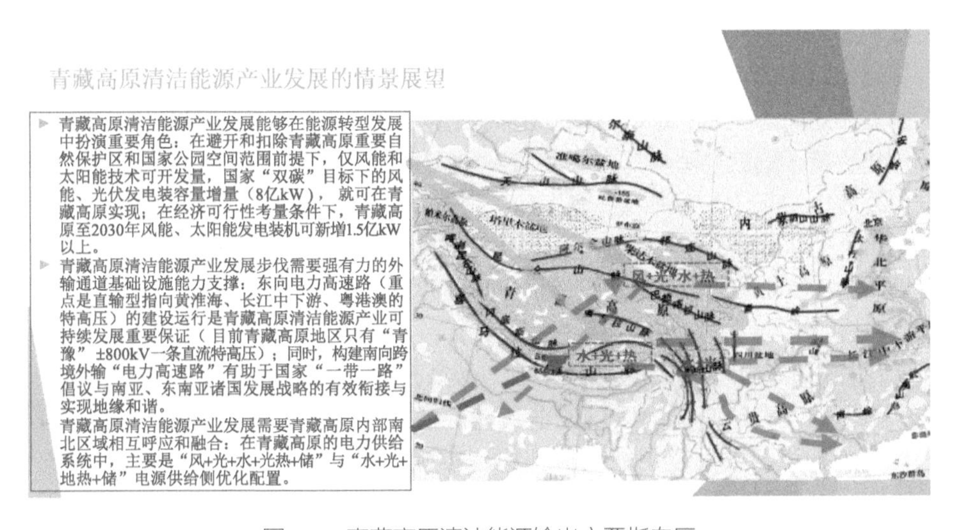

图 6-1　青藏高原清洁能源输出主要指向区

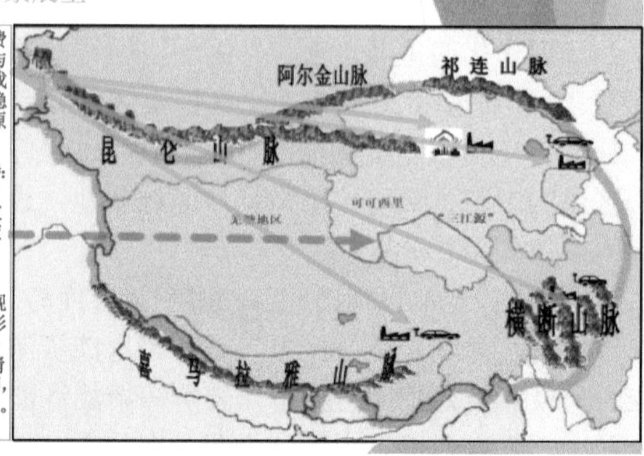

图 6-2　青藏高原清洁能源开发重要策略

(3) 要强化青藏高原地区内部的清洁能源体系整合，重点是配套建设和完善基础设施与青藏高原核心区坚强智慧型主干网架建设。从发展趋势看，加快青藏高原优势清洁能源开发进程的技术经济供给能力不断提升。具体表现在三个方面：其一，我国已具备大规模开发青藏高原地区清洁能源的投资能力；其二，随着现代基础设施交通、通信等正在不断植入核心区，尤其是高等级铁路、公路、机场的相继落地，北部的青海省已基本实现交通运输网络化，南部的西藏自治区及“三江流域”铁路、高等级公路路网正在加快形成，将为青藏高原核心区构建起更为通畅的内外交流能力；其三，±750kV 超高压和 ±800kV、±1050kV 高压电力“高速路”在我国的创新发展与大规模运行，为青藏高原地区清洁电力的大规模、长距离、跨区域输送提供了强有力的技术经济保障。

能源领域现代化的基本标志是能源生产电力化和能源消费电气化。要加快核心区输出型清洁能源基地建设，除继续加快核心区既有规划电源点建设步伐外，还要以“青藏高原核心区输出型清洁能源基地中长期发展规划”为依据，强化清洁能源体系整合，在既有青藏电网和川藏电网基础上，构建起一个更为统一的坚强智慧型输配电网。建议在“十四五”期间，建设和形成 ±750kV 超高压环形主干网架，以保障清洁电力在核心区的统一集输配，远期要考虑进一步将青藏电网升级为特高压网架；其次，实现跨区域清洁电力统筹集输配，在青海省（海南州）—河南省（驻马店）±800kV 高压直流输电基础上，按照“先北后南、先东后西”的原则，陆续统筹更多跨区域高等级电力“高速路”建设和集输配，后续进一步统筹规划跨境电力网建设；最后是强化北部天然气、干热岩、可燃冰等清洁能源勘探开发与产业化进程，发挥核心区东部可装机百万千瓦以上级水能优势，以及大规模储能储电装置先行先试，促进核心区内骨干基荷和调峰清洁电源能力建设。

(4) 稳步扩大青藏高原地区内的清洁能源消费规模。首先是政策引导，要积极培育核心区内新的生活类用电用能负荷部门，如新型城镇化和新农村建设中社区公共负荷部门、家庭电气化、采暖供热推广等；其次，将湟水谷地、柴达木循环经济试验区、西藏“一江两河”和川滇藏能矿业发展区作为国家级新能源客货机动车先行试验示范区和近零碳排放交通示范区，通过电网与城市规划、交通运输、城镇基础公共设施等部门和产业，以及国内外相关部门、产业和企业的联动，加大城镇、乡村集中型社区、客货运输场站和干线公路休息停车区的充电桩及清洁电力设施建设力度，扩大新能源客货机动车的运用规模；然后是在青海省工业负荷稳定增长基础上，适度增加南部和东部区的工业和实体产业负荷，培育具有一定规模且负荷稳定的工业电力负荷，如具有资源优势且能够实现电气化清洁生产的铬、铜、盐湖锂等矿产采选业，实现产业层面“电力 + 采选 + 加工”产业结合型发展模式是一个主要路径，规模化“种养加”青藏高原特色产业实现“种养加 + 电力”发展模式也是一个重要选择。中远期结合坚强智能电网建设和“绿氢”产业技术的突破，实现“绿氢”制备业规模化发展等。

(5) 积极开拓区外境外清洁能源消费市场。在鼓励大中型电源企业和电网主动寻求东中部电力负荷的同时，建议青海省、西藏自治区两省（自治区）政府及有关部门协助企业寻求对口支援东中部省份的合作，加快跨区域清洁电力外输能力建设，以获得更多的东中部稳定电力负荷；充分借鉴云南省等省份跨境电力和互联网通道建设以及电力贸易发展的经验，在中央的支持下加大对外开放力度，加强与邻国，重点是尼泊尔、不丹、缅甸、孟加拉国等的区域能源合作力度，在“一带一路”倡议下促进青藏高原清洁电力外输通道与东南亚和南亚的跨境电力互联网市场建设，助力提升我国在东南亚和南亚的地缘政治经济影响力。

6.2.3　加快西藏自治区特色优势能矿业绿色发展

相比较而言，无论是从全国省区间比较，还是从青藏高原地区内部比较，作为青藏高原的核心区，西藏自治区虽然面积高达约 120 万 km^2，居全国各省份第二位，但在能矿业领域的发展步伐无疑处在相对和绝对落后状态。自然环境与自然条件、省区总体区位、能矿资源自身赋存状况、既有的能矿资源勘探和评价水平、基础设施供给能力、城镇发展水平、区域科技教育等制约和影响了西藏自治区能矿业的发展进程。就此是否可认定西藏自治区能矿业发展在未来将持续处于滞后状态，或者因环境保护和生态维护之名，西藏自治区就不适宜进行能矿业规模化、产业化发展。对此，进行了较长时期的思考与内部讨论，结论是：西藏自治区能矿业发展虽然滞后，但发展潜力巨大，是国家未来重要能矿资源开发和能矿业发展省份；同时，西藏自治区可以在能矿业发展和生态环境保护之间实现和谐共处，持续发展。

1. 西藏自治区特色优势能矿业发展成效显著

西藏自治区能矿业基本起步于 1959 年民主改革以后，现代能矿业发展虽然步履蹒跚，但在曲折中不断取得了成效。随着技术进步和国家综合实力的逐步增强，具有青藏高原特色和国家层级优势的能矿资源获得了富有成效的开发利用，能矿业发展区初步成形。

(1) 以水能、太阳能、地热能为主体的清洁能源和以铜多金属矿、铬铁矿、盐湖矿等为优势的矿产开发，已成为西藏自治区现代产业的重要力量和区域新型工业化的主导产业，能矿产业在区域工业产值中的占比超过 75%，其中矿产采选及加工业占 54% 以上，黑色金属采选业、有色金属采选业、电力生产及供应业，以及以水泥生产为主的非金属矿物制造业构成能矿业的主要行业部门，各类发电量、铬铁矿、铜铅锌精矿、碳酸锂精矿、水泥用石灰石及水泥熟料等成为西藏自治区主要工业半成品和制成品，铜铅锌等有色金属采选业已在西藏自治区工业体系中占有重要地位，铬铁矿开发具有国家层面战略意义，盐湖锂矿开发已经起步，水泥用石灰岩矿等也成为区域水泥生产的基本原料。此外，饮用矿泉水行业产能已可满足市场有效需求，工业级高温地热开发实现良性发展。

在电力建设和配置方面，至 2020 年，西藏自治区电力装机容量已超过 400 万 kW，其中水能装机容量超过 300 万 kW，光伏超过 100 万 kW；当年 12 月，阿里联网工程建成投运，形成了西藏自治区统一电网，并通过青藏联网（±400kV 直流超高压，从柴达木 ±750kV 交流超高压环网接出）、川藏联网（±500kV 交流超高压）、藏中联网工程（±500kV 交流超高压）和阿里联网工程（±220+±500kV 交流高压和超高压，自日喀则桑珠孜 ±220kV 交流高压变接出，升级为 ±500kV 超高压至吉隆变，转 ±220kV 高压至阿里霍尔 ±220kV 高压变）的支撑，使西藏自治区电网已覆盖 74 个县（区）、供电人口约 330 万人，超过全区人口总量的 90%。在矿产业方面，西藏矿业发展股份有限公司（主要包括曲松罗布莎铬铁矿和仲巴扎布耶茶卡锂盐矿）、中金国际西藏华泰龙矿业开发有限公司、紫金矿业集团西藏巨龙铜业有限公司、西部矿业集团西藏玉龙铜业股份有限公司、西藏高争建材股份有限公司（含拉萨高争水泥、昌都高争水泥、日喀则高新雪莲水泥）、华新水泥（西藏）有限公司等企业构成了西藏自治区矿产采选及加工业的主要企业，也是当地上缴利税的大户。总之，能矿业的发展在优化西藏自治区产业结构和就业结构、改善民生和增加地方财力、提升西藏自治区区域经济活力和自主发展能力等方面具有显著正相关效应。

(2) 特色与优势能矿资源构成西藏自治区能矿业发展的坚实基础。按省份计算，西藏自治区是我国水能资源最具开发潜力的省份，水电技术待开发量超过 1.2 亿～ 1.5 亿 kW，太阳能开发技术可装机规模更是高达 20 亿 kW。西藏自治区已发现矿种 103 种，其中属于我国战略矿产的铬、铜保有资源 / 储量和盐湖锂储量居全国首位，铜多金属矿占据全国主要地位。我国为铬铁矿（Cr_2O_4）短缺国，西藏自治区现查明资源量占全国近一半，远景资源量或将超过 1000 万 t；铜矿初步查明金属资源量超 6000 万 t，占全国保有资源 / 储量的 50% 以上，其中 50% 左右已成为在生产运行矿山的基础储量；盐湖矿则多达 100 多处，仲巴扎布耶茶卡、日土龙木错、尼玛当穷错、双湖鄂雅错、改则麻米错（仓木错）等为大型碳酸锂盐湖矿，其他如日土县结则茶卡、热帮错，革吉县扎仓茶卡、聂尔错，改则县洞错、拉果错等中型碳酸锂盐湖矿，初步估算西藏自治区液体型氯化锂（LiCl）资源量超过 1600 万 t，目前在开发盐湖锂矿为扎布耶茶卡。

(3) 西藏自治区特色和优势能矿业及其产品符合国家产业转型发展基本方向，优势矿产业产品具有广泛的国内外市场前景。

在能源资源开发方面，西藏自治区的特色和优势能源资源均属于清洁能源资源，既符合国家能源低碳化转型发展基本方向和产业发展基本政策，也是国家鼓励开发并支持的重点清洁能源开发区，西藏“一江两河”和川滇藏（西藏部分）两个能矿业发展区是西藏自治区清洁能源“自东向西”时空推进的主要区域，在 2030 年前后川滇藏接壤的昌都金沙江上游干流“一库 + 三级”梯级基本开发完毕后（其间雅鲁藏布江中游干流的 4 个梯级水电项目也将全部投入运行），国家清洁能源中以水电开发为主的开发重心将从金沙江干支流向更西部的西藏雅鲁藏布江、澜沧江干支流大规模转移，2030 年以后的雅鲁藏布江下游大拐弯枢纽水电站工程，预计装机总量将达到 7000 万 kW 左右，建成运行后将成为我国及全世界最大规模的水电清洁能源骨干世纪工程。

在矿业开发方面，西藏自治区在开发的矿产资源及其因此构成的矿产业，在矿种层面的金属类矿种基本属于国家 2016 年确定的战略性矿种。虽然西藏自治区的铬铁矿、铜多金属矿、盐湖锂矿在开发环境和自然条件方面不占竞争性市场优势，但进入“十三五”发展中后期以来，这些矿种从资源到产品，均成为国内外市场强烈追逐的对象，市场价格不断追涨，其上市股价也连番被追涨，其中锂矿资源及相关锂矿产品获得了“有锂走遍天下”之称。例如得益于世界各国新能源政策的推进，新能源储能核心材料和纯电动新能源汽车动力关键材料的电池级碳酸锂，现货价格在 2022 年初冲高至 27 万元 /t(2018 年 8 月低谷期最低价为 3.9 万元 /t，2019 年底国内电池级碳酸锂现货价尚在 5 万元 /t 左右)，除投机资本炒作外，供需失衡是主要因素。再以铜金属价格为例，仅 2020 年 3 月到 2021 年 5 月，国内铜价就从每吨 3.5 万元左右飙升到每吨 7.5 万元，创近 15 年新高；2021 年 5 月 11 日伦敦金属交易所 (LME) 期铜最高触及 10747 美元 /t，创 10 年新高。这些矿产品的市场价格变化也使得开发和生产初级精矿产品的各家企业连带成为盈利大户。

例如，西藏矿业发展股份有限公司作为在深圳证券交易所上市的西藏自治区股份制企业 (2020 年 6 月 29 日，中国宝武钢铁集团有限公司与西藏自治区人民政府国有资产监督管理委员会、日喀则城投及马泉河投资签署相关协议，中国宝武钢铁集团有限公司实际持有西藏矿业发展股份有限公司资产 47% 的股份，加上一致行动人日喀则城投股权为 52%，为公司控股股东）在 2019 年尚处于亏损状态，2020 年初的业绩预告还将亏损 3600 万～ 5400 万元，2020 年的归母净利润为 −4851.7 万元；到 2022 年 1 月 27 日西藏矿业发展股份有限公司发布公告，预计 2021 年实现归母净利润 1.1 亿～ 1.65 亿元；其间，西藏矿业发展股份有限公司在 2021 年 9 月发布公告，将投入西藏自治区扎布耶盐湖绿色综合开发利用万吨电池级碳酸锂项目 (EPC+O 合同)，计划投标报价约为 28.73 亿元（不含税），于 2023 年 9 月 30 日运行投产，项目为年产电池级碳酸锂 9600t、工业级碳酸锂 2400t、氯化钾 15.6 万 t。

再以西藏巨龙铜业有限公司控股方紫金矿业为例，2022 年 1 月 16 日紫金矿业发布公告称，2021 年公司实现归母净利润约 156 亿元，与上年同期相比增加 91 亿元，同比增长约 140%；公司（代指紫金矿业）三大世界级铜矿项目之一的西藏巨龙铜矿一期于 2021 年 12 月全部建成投产 (2020 年 6 月紫金矿业拟以约 38.83 亿元收购西藏巨龙铜业有限公司 50.1% 股权，主导我国已探明铜金属资源储量最大的斑岩型铜矿开发），一期项目整体投资 146 亿元，已完成投资 74 亿元，于 2021 年底建成投产，建成后年产铜 16.5 万 t，年产钼 0.62 万 t；二期将于一期投产后第 7 ～ 8 年开始按日处理 30 万 t 建设，建成后年产铜 26.3 万 t，年产钼 1.3 万 t。项目整体建成投产后将成为国内最大的单体铜矿山；紫金矿业之所以愿意投入巨资参与巨龙铜矿的开发，是预见铜铅锌钼等有色金属的潜在市场潜力。

(4) 现有矿产业企业基本能够达到国家设定的“三废排放标准”，实现绿色生产。基于 2020 年实地野外考察结合既往资料与研究成果判断，虽然西藏自治区发放的探矿权和采矿权已达数百个，但实际投入开发运行的采矿权只有不到 20 个，现在拥有采矿权并进行开发与生产的矿业企业（包括矿泉水采掘企业）主要分布在西藏“一江两河”能矿业发展区和藏东部的川滇藏能矿业发展区，属中度生态脆弱区，多数矿企业作业区生态环境脆弱性指数一般在 0.50 左右。

分行业看，西藏自治区矿产业主要侧重于以铜多金属矿和盐湖锂矿为主要对象的有色金属采选业，以水泥生产为主体的非金属矿物制品业和提供原料的非金属矿采选业，主要为水泥用石灰岩和砂石类采选，总体发展规模仍处在可控制范围内，在空间上也呈现“散点状”发展格局；金属采选业企业较为关注资源的综合利用，同时较为重视环境保护，在运行的相关企业在生产过程中，固废排放基本实现了“边排放边治理”，废水排放实现了综合利用和无园区外排放，废气排放则正在通过“以电代油”等举措展开，如曲松罗布莎铬铁矿、仲巴扎布耶茶卡锂盐矿等企业因无选矿环节和工序（罗布莎铬铁矿因品位高，原矿出矿后即为入炉级品位，无须选矿；仲巴扎布耶茶卡的盐湖锂矿抽取卤水后，采用“盐田蒸发 + 膜分离技术 + 结晶蒸发技术提锂”的技术路线，利用自然界太阳能及冷源在预晒池、晒池中进行冷凝、蒸发，析出各种副产品，以此提高卤水中 Li^+ 浓度，所得富锂卤水在结晶池吸收太阳能使卤水增温后，逐渐使碳酸锂（Li_2CO_3）结晶析出，结晶产物经干燥、包装直接外运，在生产过程中实现无“三废”排放，不引入任何杂质离子，对盐湖无负面影响），能源消费主要为电力消费；华泰龙、玉龙等大型铜多金属矿选矿均通过封闭性尾矿库运行和尾矿水全回收重复利用，实现无废液外排，生产过程中除部分为爆破掘进采矿外，其余工序能源全部为电力消费；非金属矿物采选业与非金属矿物制品业因固废和废水排放较小，生产环节重点通过收尘和废气治理，基本实现了达标排放。

2. 西藏自治区能矿业的问题与挑战

中国经济的转型发展给西藏自治区的新型工业化和特色优势能矿业提供了前所未有的机遇，但在发展进程中面临的问题也不容忽视。

(1) 清洁能源虽已成为西藏自治区自供能源的主体，进入“十四五”发展前期，西藏自治区电力将从电力净输入省份逐步转变为电力净输出省份，公共交通运输领域业已展开的“油改气”“油改电”，预示着新能源动力在西藏自治区的良好发展前景，但占西藏自治区能源消费 2/3 的成品油、煤炭、液化天然气（LNG）等化石能源消费仍将需要从区外输入。在新能源产业技术，尤其是产业替代技术、大规模储能材料技术和储能装置技术未实现突破以前，西藏自治区的能源消费格局将不会有重大变革，如水泥生产熟料生产如何解决替代煤炭烧制的问题，清洁能源汽车如何在社会运输车辆替代燃油车的问题（包括对自驾游燃油车的政策问题）；同时，因成品油、石油液化气、天然气与煤炭等化石能源缺乏，现有化石能源部分消费需求基本依赖区外输入，但消费本底不清，消费规模不明，传统化石能源供给部门与绿色能源供给部门更缺乏整体的优质能源替代规划，难以协调部门利益，也是导致西藏自治区能源供需状况在国家能源统计信息中长期缺失的主要原因。

(2) 以水电为主体的清洁能源开发，在“十四五”期间将成为西藏电力净输出的主要能源，清洁能源固有的丰枯期与电网输送的不平衡问题，将使西藏自治区的清洁能源开发面临着新的困境。电力供需作为“发电、集输、配送、消费”一体化完成的现代能源供需方式，在区内受到了源自季节差和昼夜差的资源环境禀赋限制，加上区内特有的生活主导型电力消费格局，使部分发电成本相对较高的企业运行效益较差。目前西藏自治区在建水电装机规模超过 1000 万 kW，预计至“十四五”末期的 2025 年，西藏自治区水电装机规模就将超过 1500 万 kW，加上为水电配套并以光伏为主的新能源开发量，预计就将达到 2500 万 kW，面临大量清洁能源在丰水期的外销和外送问题。如果不能有效处理好清洁能源外销和外送的问题，青藏高原川滇藏接壤区现状最大清洁电力输出区甘孜州的丰水期“窝电”现象，又将在西藏自治区上演。例如，羊八井地热电站长期处于“保命”运行状态，曾为藏中骨干电源点的羊卓雍湖抽水蓄能电站现在只承担电网调相功能，甚至 2015 年才全面投入运行的且当前装机规模最大的雅江藏木电站已出现丰水期无法满负荷运行的问题。总之，如不能获得长期和稳定的区内外消纳市场，清洁能源的规模化开发利用可能难以为继。

(3) 能矿业发展进程中如何实现与生态环境保护的协调问题。能矿业尤其是矿产采选业在西藏自治区这类高寒缺氧、生态环境脆弱地区的发展，难免存在着对区域生态环境的不同程度的扰动问题。西藏自治区以往的能矿业项目开发结果表明，在能矿业项目规模小、投资力度小的状态下，往往在环境保护方面未给予相应的投入，产生了不同程度的环境破坏和负面影响，大中型企业在处理开发与生态环境协调性关系方面要远高于小型能矿业项目。近年来较大规模的能矿业项目建设和运行，即使是光伏发电类新能源开发项目，因大量光伏板的物理“植入”，会改变项目开发地原有的水土气自然交换原生态环境；大坝工程的建设当地植被、土壤、气候，甚至地质形态也会有所改变；对于矿产采选项目，不管是露采还是井工开采，都会产生一定数量的采矿废渣和选矿尾渣，以及选矿尾矿液；水泥厂的生产前端是水泥用石灰石的采选，后端是熟料及水泥制备过程中产生的硫化物、氮氧化物、二氧化碳、粉尘等气态物质。就现有的产业技术和项目环保技术供给能力来讲，基本上可以通过专项的工程技术手段和专用设施设备将影响范围控制在项目建设运行区内，实现环保监管部门设定标准范围内的“三废”达标排放。但即使如此，也不可能保证 100% 不与所在地自然环境发生任何关系，还需看标准制定的“边界”。

部分能矿业项目的大规模建设运行，环保标准尚未确定，如新能源项目中，光伏发电企业的光伏板技术最大转换率只能达到25%左右，其余大部分太阳辐射将因光伏板而产生反射或折射，如此对当地原生态环境是正向还是负向影响在科学或技术上尚没有明确结论。再如风电项目开发，大量风机在运行过程中必然会产生不同程度的风噪，这些风噪对项目开发地的动植物影响是正向还是负向也没有明确的结论。国内外不管是风力发电还是光伏发电，一般不会在项目场区配置相关的环境观测及监测设备（监测部分还没有标准），在生态环境脆弱的西藏自治区开发新能源究竟会产生何种影响，尚有待探索。

因此，对项目建设和开发地生态环境的影响，即使有环保标准的能矿业项目，也存在一个相对的概念和测度标准的认定问题，更需要在实际的生产运行中，强化政府环保部门监管工作与科学观测工作，在实践中检验大中型能矿业开发项目对青藏高原脆弱生态环境的影响。

3. 强化产业协同

通过对西藏地区既有能矿业发展过程中的状态分析和问题总结，认为基本思路需要从协调产业着手，从总体路径上促进西藏自治区能矿业的绿色发展。

具体的认识和看法主要在以下几个方面。

(1) 政策引导，稳步扩大区内绿色能源消费市场。虽然在整体发展方向上，西藏自治区社会经济发展无法以工业化作为基本路径，但在坚守生态环境保护的基本原则下，首先是积极培育扶持具有一定稳定能源消费规模的产业部门，如区内既有的黑色金属、有色金属矿产采、选、冶企业，新的规模化“种养加”高原特色企业等，其中重点是清洁能源生产与矿产采选及加工业之间的有机融合，从产业层面形成“清洁能源+矿产采选+矿产加工业”，从企业层面形成清洁电力企业与矿产业企业直接衔接的融合发展模式，助力西藏自治区2个主要能矿业发展区形成用能大户，用电占比逐步提高且促进稳定电力消费结构形成，西藏自治区现有的铜矿采选业企业和水泥制造业企业是主要的工业用电大户，也是稳定的电力消费用户，“一江两河”能矿业发展区内的现有用电大户至少可形成20万kW的工业负荷，中远期的工业负荷在50万kW以上，对“水+光”清洁能源供给体系可持续发展也具有重要的驱动作用；同时，积极探索“光伏+光热+绿氢”等新型绿色能源开发和储能项目发展。其次是新的生活类用电用能负荷部门的培育，将“一江两河”地区和藏东河谷地区作为先行先试区，加强电力供给部门、企业与城市规划、交通运输、城镇基础公共设施运行等部门和产业，以及国内外相关部门和产业联动，加大城镇和干线公路的充电桩及供能设施建设力度，稳步扩大新能源机动车、新能源照明、新能源用能的推广规模，在新型城镇化和新农村建设中加大社区服务建设、家庭电气化、采暖供热推广运用。

(2) 转变观念，大力开拓区外境外绿色能源消费市场。清洁能源项目的开发建设，尤其是藏东金沙江上游大中型水能项目的开发建设，会鼓励企业主动寻求东中部电力负荷，西藏自治区政府及有关部门也应主动寻求对口支援和区域合作的东中部省份支持，促进电力企业获得更多的稳定用户；同时，在进入“十四五”后，充分借鉴云南等省份跨境电力和互联网通道建设以及电力贸易发展的经验，在中央的支持下加大对外开放力度，加强与邻国及其相关区域合作，主要是尼泊尔、不丹、缅甸等，促进南亚跨境电力互联网市场建设，助力提升国家在南亚的地缘政治经济影响力。

(3) 适度超前，加快坚强智能电网建设步伐。由于西藏自治区特殊的高原自然环境与社会经济特性，既往经验表明，青藏高原以电力为核心的绿色能源基地建设的顺利推进和实施，在供给侧方面的关键环节是坚强智能电网的建设及运行。虽然目前西藏自治区的主干电网即将全面形成，能够满足当前及未来一段时期的电力输配，但随着“十四五”新的电源点形成和投入运行以及消费需求的增长，电力输配，尤其是电力输出能力不足问题将迅速显现。为此，需要进一步提升西藏自治区统一电网的输配能力，在“十四五”期间重点是电网输配智能化方面的软硬件能力建设。

(4) 强化环境保护与生态文明建设“硬约束”，加上环保法律法规和相关政策及调控机制的有效运行，实现对在运行和新投入矿企的有效监管。西藏自治区作为国家生态安全屏障主要区域和高原核心区，也是特色优势能矿业发展地，在清洁能源发展力度不断加大的同时，矿产采选及加工业总体规模也会有所增长，但不会呈现出放量增长态势，仍将维持在既有的行业，即集中在铜多金属矿采选业和以水泥生产为主的非金属矿物加工业两个行业（到 2030 年，铜多金属矿采选业规模在 50 万～ 60 万 t/a，水泥熟料生产规模将基本维持在 1000 万 t/a)，且因自然环境和技术供给能力限制，铜多金属矿等采选业将基本停止于采选工序，通过半成品精矿运出西藏自治区外才能进行冶炼工序及下游环节的深度加工；同时，在空间上也将基本维持既有的发展格局，西藏自治区西部矿能业富集区内除少数能矿业企业外（如仲巴县扎布耶茶卡西藏矿业的盐湖锂矿采选项目），发展将主要集中在“一江两河”能矿业发展区和藏东的川滇藏能矿业发展区（西藏自治区自然保护区面积占比达 40%，自然保护区和国家公园建设在大的空间格局上就限制了矿产业无序发展，如改则多龙超大型铜多金属矿区等，因存在自然保护区建设的空间冲突问题，原则上应排除在矿业开发项目对象外）。

(5) 矿产企业绿色发展基本格局仍将保持，产业规模和层次将有所提升，并在空间格局上仍将保持现有的“散点状”发展格局。由于西藏自治区的矿产采选及加工业的项目主要为大中型项目，这加大了对西藏优势矿产品的市场需求，丰厚回报可以有效引导优势矿产业不断提质增效；同时，矿企从硬件配置到采选矿科技方面不断加大投入力度，对矿产业整体实现绿色发展具有可持续支撑作用，在空间地域上相对邻近的能矿业部分企业，在未来的开发进程中，有“能矿山开发点→能矿开发区→能矿产业园区”发展趋势，将更有利于产业到企业层级的绿色发展。

6.2.4　新时代西藏自治区能源矿业碳排放格局特征

在关注高原地区能矿业绿色发展的考察和研究工作中，将高原地区能矿业发展的碳排放现状及趋势也作为一项重要内容。首先对西藏自治区的能矿业碳排放现状及未来变化趋势进行相应的研究，研究成果发表在《中国能源》核心期刊 2021 年第 6 期上（赵建安等，2021)。

主要观点是：进入新时代的西藏能矿业呈现持续增长态势，电力生产、水泥制造、有色金属采选、非金属采选等已成为能矿业乃至整个西藏工业的主要行业，能矿业碳排放规模因此亦呈现较快增长，其中水泥生产成为主要碳排放源。2019 年西藏能矿业碳排放量估算结果为 535.67 万～ 548.55 万 t CO_2，其中水泥生产碳排放占 92.91% ～ 93.06%。主要结论是：①未来水泥生产仍将是西藏能矿业碳排放增长的主体；②尽管能矿业与西藏主要人口聚居和经济活动在空间上高度重合，但能矿业发展所产生的碳排放增长不会对西藏区域碳收支格局产生重要影响；③适度调控能矿业的增长规模（水泥、铜铅锌等有色金属）和调整能矿业能耗结构（电力、水泥等），将有助于缓解未来西藏能矿业碳排放规模的快速增长；④未来西藏“水 - 光”主体清洁能源生产和供给体系的形成将有助于西藏能矿业的碳减排。

西藏工业虽在区域经济构成中所占比重一直不高，但立足于具有资源禀赋优势的能矿业（电力、水泥、有色金属采选业等）在 2000 年以来呈现出较快增长态势。例如，2001 年西藏全区发电总量为 6.97 亿 kW·h，水泥产量为 49.59 万 t；到 2019 年，发电总量达到 88.6 亿 kW·h（其中丰水期外送电量已达到 17 亿 kW·h），水泥产量为 1080.94 万 t，铜等有色金属折合合计 22.48 万 t，2019 年发电量、水泥产量分别为 2001 年的 12.7 倍和 21.8 倍。

能矿业是一个区域的高耗能产业和高排放行业。西藏作为国家重要的生态屏障和生态环境敏感脆弱区，能矿业快速增长导致的碳排放增加是否存在过快及失控问题引起了广泛关注；同时，如何有效调控西藏因能矿业发展而产生的碳排放增长，成为本书研究的出发点。

西藏目前能矿业各部门行业产业关系及各部门行业碳排放源参见图 6-3。

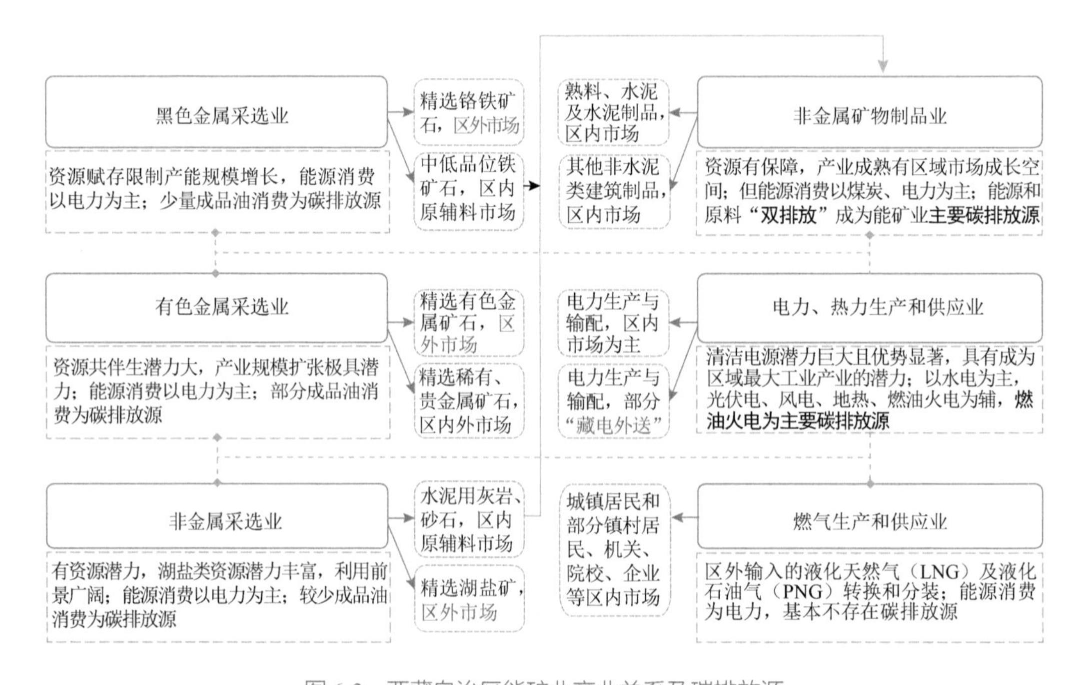

图 6-3　西藏自治区能矿业产业关系及碳排放源

有以下研究结论及讨论。

(1) 水泥生产是西藏能矿业最大的碳排放源，且仍存在上升空间。在以工厂（矿山）厂区（矿区）为碳排放测算边界的条件下，对 2019 年相关行业碳排放的测算结果显示，水泥生产是西藏最大的工业碳排放源。在全国其他省份“去产能”控制水泥产能增长的背景下，西藏水泥产能逆势增长，为全国省级高增长区。按既有规划和目前在建、改造项目，2020 年后西藏水泥熟料生产线将达到 14 条，熟料产能超过 1300 万 t/a，水泥年产量超过 1800 万 t/a，产能过剩已现端倪（西藏自治区将不会批准再建设新的水泥熟料生产线，因西藏水泥生产市场基本限定在自治区内，预计未来水泥熟料规模大致就在 1000 万 t/a 左右）。按届时生产线能力，西藏水泥生产碳排放还有近 90% 的增长潜力，未来碳排放规模将超过 1000 万 t CO_2/a。一方面，西藏水泥生产碳排放规模在 2025 年前后将达到峰值；另一方面，调整水泥熟料原料、水泥产品及水泥制品结构，也将有助于调控水泥熟料生产碳排放的过快增长。

(2)“一江两河”河谷地区及藏东部分地区是西藏能矿业主要碳排放区域。既有的各类矿产采选业、水泥制造业及主要化石能源电源点空间分布表明，西藏能矿业碳排放主要集中在拉萨河流域、年楚河流域雅鲁藏布江中游的“一江两河”地区，以及藏东的昌都卡若、江达等地，与西藏自治区内主要城镇、人口分布及对外交流汇聚地高度重合，其也是西藏自治区化石能源消费和工业生产碳排放主要区域。

(3) 电力生产中的火电生产规模已经呈现下降趋势。西藏清洁能源生产，尤其是水电生产及供给存在冬春季节性短缺，致使目前以燃油为主的火力发电尚未完全退出西藏能源生产体系。但随着西藏“水－光”主体能源生产供给体系的持续发展，清洁能源生产和总体供给能力的提升，以及青藏、川藏、藏中电网等工程建设和运行，火电生产在西藏电力生产中必将进一步下降直至全部退出。近年来西藏相关的火电生产数据显示，季节性燃油火电发电量已呈现下降趋势，如 2012 年西藏火电生产量为 4.6 亿 kW·h，至 2019 年已下降到 4.0 亿 kW·h 以下，占全区当年发电总量的比例从 17.59% 下降到 5.49%。

(4) 矿产采选业规模相对较小、能耗总量不高且未来碳排放增加幅度也有限。虽然矿产采选业，尤其是有色金属采选业已成为西藏重要的工业部门和第一工业纳税行业，但目前产业产能实际规模并不大（折金属产品总量不到 30 万 t/a)，预计全自治区采矿业能源消费总量在 40 万～ 45 万 tce/a，其中直接的化石能源消费不足 20%。因此，当前矿产采选业在西藏能矿业碳排放中并非重要角色。随着未来各类矿产采选业，尤其是铜多金属矿有色金属采选业在建和规划项目的逐步落地，预计在 2025 年前后西藏的有色金属采选业产能规模将达到折金属量 50 万～ 100 万 t/a，使西藏的矿产采选业，尤其是有色金属采选业能耗规模成倍增长，但有色金属采选业能耗以电力消费为主，且消费比重将不断提高（如矿山用电铲车、电动自卸车、电动传送皮带等广泛运用），矿产采选业在碳排放方面的负面影响和作用不会大幅度增长。

(5) 能矿业规模的进一步扩张不会对西藏总体碳收支格局产生重要影响。原因在于，西藏既已形成且仍将增长的巨额碳汇量远远超越区域内人类社会经济活动产生的碳排放规模，使西藏成为我国现实和未来重要的碳汇“输出”省份或碳中和能力贡献省份。据有关研究，西藏2011年碳汇总量已达到26.79亿t CO_2；西藏的森林活立木碳储量——碳库已达到9.03亿t，森林总碳汇量达到9.53亿t。而西藏2019年的能矿业碳排放量高值不到其森林总碳汇量的0.6%。

(6) 构建青藏高原核心区域清洁能源供给体系有助于能矿业碳排放增长的控制。西藏虽然化石能源资源短缺，但水能、太阳能、风能、地热能等各类清洁非化石能源十分丰富，开发潜力巨大，是目前我国具有巨大水能资源开发潜力的最后一个省级行政区，太阳能、地热能、风能开发利用尚处在起步阶段。一旦相关储能材料与大规模储能技术成熟并实现产业化，将显示出西藏清洁能源开发利用的巨大资源优势，为构建西藏“水-光”主体清洁能源生产和供给体系提供坚实的资源基础。西藏清洁能源生产和供给体系不但源源不断输出大量清洁能源（电力），还促使区域内能矿业的能源消费方式与结构产生重大变化并实现显著的行业碳减排。

6.3 高原能矿业绿色发展模式探讨

要分析和探讨青藏高原能矿业的绿色发展模式，就需要溯源绿色产业的概念和内涵，在充分把握绿色产业内涵和体系的基础上，结合高原能矿业发展实际，才能分析和探讨青藏高原能矿业绿色发展模式。

6.3.1 绿色经济与绿色产业的内涵与实践

绿色产业（green industry）缘起于绿色经济相关理论和实践，而绿色经济则发端于可持续发展理论与实践。或者说，绿色经济与循环经济和低碳经济一起是可持续发展理论与实践的丰富和发展，是人类应对全球和区域不同层面不断恶化的环境污染与生态危机，实现可持续发展的三大基本路线。

绿色经济是在发达经济体大规模向发展中国家和地区转移实体经济的上中游产业，尤其是能矿业及其原材料加工产业大规模转移大背景下产生的。发达国家原本为将原有的污染源转移出境，还可利用发展中国家和地区廉价劳动力，实现更大的资本回报。但结果却事与愿违，在全球经济增长的进程中，不但没有彻底解决本国的问题，还将环境污染与生态危机从国家和地区层面扩展到全球。发达国家与环境和生态相关的专家和学者开始意识到这一问题的潜在严重性。

“绿色经济”（green economy）一词源自1989年英国环境经济学家大卫·皮尔斯（David Preece）的专著《绿色经济蓝图》。基本内涵是指在市场经济背景下，以传统和实体经济为主要对象，以经济与环境的和谐为目的，从而实现可持续发展的一种新的经济模式。绿色经济首先是一种经济发展理念，其次是强调经济发展的状态，具体是指从产业、企业到产品发展、制造、销售与消费的状态。绿色经济以经济发展实现效率、和谐、持续相互协调为目标，在产业层面以农业生态化、工业循环化和服务产业低碳化为基本对象和基本内容，是现代产业经济体系为适应人类环保与健康需要，而产生出来的一种发展状态。在产业层面，绿色经济的本质是以生态、产业协调发展为核心的可持续发展产业；在企业层面，绿色经济的本质就是建设和运行环境友好型的可持续发展企业。

绿色经济融合了人类现代文明，以高新技术为支撑，突出人与自然和谐相处，以此实现可持续发展，是一种市场化和生态化有机结合的经济，并充分体现自然资源价值和生态价值的经济。绿色经济既强调绿色生产，也鼓励和支持绿色消费，既可以是具体的一个企业层级的微观单位经济，也可以是一个国家的国民经济体系，甚至涵盖全球范围的经济。在绿色经济发展模式下，与实体经济产业和企业生产过程相关的环保技术、清洁生产工艺等各类技术，只要是有助于改善环境、维护生态的技术，均可以通过产品、生产线、企业层面传导到行业、产业层面转化为生产力，通过有助于环境改善或与环境无害化的经济行为，来实现经济可持续增长。从资源利用视角，绿色经济与循环经济具有追求资源高效利用的共同目标，绿色经济更突出产业和企业的技术和工艺绿色体系化，循环经济更突出产业和企业的资源利用“关系链”构建，具有更显著的时间性和空间性。

在发达国家实际绿色经济政策制定和实施中，绿色经济所包含的侧重面有所不同。英国政府在提出“绿色经济”这一概念时，强调了绿色经济价值，在于增长效应在经济体系中的最大化，财富能够得到持续的增长，包括低碳发展、环保产品和绿色服务等若干方面。联合国工业发展组织则认为，为获得人类的自身发展，绿色产业发展不以自然体系的健康发展为代价。美国布鲁金斯学会定义的“清洁经济”同美国劳工局使用的相同的概念，认为清洁经济能够在产品与服务中增添环境效益。加拿大政府最早在 1989 年提出“绿色产业计划”，首次在政府宏观管理上把“绿色产业”与整个社会经济发展的规划结合。随后，十多个工业化发达国家提出了 20 多项“绿色产业计划”。需要强调的是，绿色产业并不是独立于传统第一、第二、第三产业之外的第四产业，也不单指环保类产业，而是泛指企业、行业到产业，因采取了低能耗、无污染的技术，产品在生产、消费和回收过程中不会对环境造成污染和破坏，由此共同构成了绿色产业体系。

在我国，自党的十八大以来，以习近平同志为核心的党中央明确了实践创新、理论创新，协调推进“四个全面（全面建成小康社会、全面深化改革、全面依法治国、全面从严治党）”的战略布局，坚持统筹国内国际两个大局，牢固树立并贯彻“创新、协调、绿色、开放、共享”的新发展理念。

首先是新常态下的绿色发展新理念的构建，内涵主要包括：一是绿色经济发展理念。此理念是在可持续发展思想基础上产生的新型经济发展理念，旨在提高人类福利和社会公平，树立“绿水青山就是金山银山”的发展理念，突出将节约优先、保护优先、自然恢复作为基本方针，将绿色、循环、低碳发展作为发展的基本途径。二是绿色环境平衡理念。坚持合理利用自然资源，以防止自然环境与人文环境的污染和破坏，要保护自然环境和地球生物，要改善人类社会环境的生存状态，要保持和维护生态平衡，由此协调人类与自然环境的关系，以保证自然环境与人类社会的共同发展。三是绿色政治生态理念。即政治生态必须清明，从政环境必须优良。自然生态要山清水秀，政治生态也要如此。对腐败分子“零容忍”，是保持政治生态山清水秀的必然要求。四是绿色文化发展理念。绿色文化同环保、生态、生命意识等绿色理念息息相关，绿色行为为表象，是全面体现了人类与自然和谐相处和“共进、共荣、共发展”的生活方式、行为规范、思维方式，以及价值观念等文化现象的总和。五是绿色社会发展理念。绿色是大自然的特征底色，是生机活力和生命健康的具体体现，是稳定安宁和平的心理象征，是现代社会文明的标志。绿色蕴涵了经济与生态的良性循环，意味着人与自然的和谐平衡，寄予了人类美好的未来愿景。

为此，为贯彻和落实中央的重大决策，将理论落地于实践，发展和改革委员会、工业和信息化部、自然资源部等七部委联合于2019年2月发布了《绿色产业指导目录(2019版)》，绿色产业主要包括节能环保、清洁生产、清洁能源、生态环境产业、基础设施绿色升级和绿色服务六个大类，并细化出30个二级分类和210个三级分类，其中每一个三级分类均有详细的解释说明和界定条件，是目前我国关于界定绿色产业和项目最全面、最详细的指南，对切实解决在具体实践操作过程中所遇到的困难具有重要指引作用。

仅在矿产采选业领域按照《国家标准化体系建设发展规划(2016—2020年)》的总体要求，有关部门和社会组织积极推进绿色矿山建设标准。2017年3月，国土资源部、财政部、环境保护部等六部门联合发布了《关于加快建设绿色矿山的实施意见》，明确提出了绿色矿山建设三大目标：一是基本形成绿色矿山建设新格局，二是探索矿业发展方式转变新途径，三是建立绿色矿业发展工作新机制。2018年6月，自然资源部发布《非金属矿行业绿色矿山建设规范》(DZ/T 0312—2018)、《化工行业绿色矿山建设规范》(DZ/T 0313—2018)、《黄金行业绿色矿山建设规范》(DZ/T 0314—2018)、《煤炭行业绿色矿山建设规范》(DZ/T 0315—2018)、《砂石行业绿色矿山建设规范》(DZ/T 0316—2018)、《陆上石油天然气开采业绿色矿山建设规范》(DZ/T 0317—2018)、《水泥灰岩绿色矿山建设规范》(DZ/T 0318—2018)、《冶金行业绿色矿山建设规范》(DZ/T 0319—2018)、《有色金属行业绿色矿山建设规范》(DZ/T 0320—2018)9项行业绿色矿山建设规范，并于当年10月开始实施。2020年6月，自然资源部依据《关于加快建设绿色矿山的实施意见》(国土资规〔2017〕4号)和《自然资源部办公厅关于做好2020年度绿色矿山遴选工作的通知》(自然资办函〔2020〕839号)，印发了《绿色矿山评价指标》和《绿色矿山遴选第三方评估工作要求》，将绿色矿山建设进一步标准化和规范化。2018年初，中国矿业联合会出台我国首个绿色矿山建设团体标准，随后又颁布了绿色勘查团体标准，2019年7月发布了《绿色矿山建设评估指导手册》。2011～2018年，全国先后完成了四批国家级绿色矿山建设试点。从2019年开始实行全国绿色矿山目录管理制度，进行了两轮遴选，至2019年底，全国已有953家矿山被列入绿色矿山国家级名录，到2020年底，绿色矿山国家级名录累计增加到1200多家。部分地方建立了省市级的创建库或名录，同时开展50个绿色矿业发展示范区建设。

6.3.2　高原能矿业绿色发展的特征与途径

为在高原地区实现能矿业绿色发展，就需要在总结既有的经验和教训基础上，运用绿色经济、循环经济和低碳经济的理论和方法，借助不断扩张的能矿业绿色产业技术创新成果，建立符合高原地区能矿业发展实际的绿色发展模式。

1. 高原能矿业更需要实现绿色发展

能矿业是一个国家极为重要的基础性产业，尤其是中国这样一个人口总规模超过 14 亿人的发展中大国和世界第二大经济体，能矿业具有举足轻重的作用。据统计，随着我国经济增长和产业结构演进的逐步升级，2020 年我国工业增加值占比虽已下降到 30.8%(1978 年改革开放之时工业增加值占 44.1%)，但能矿业增加值占比仍达到 4.8%，与能矿业直接相关的能源原材料合计占工业增加比重仍高达30.9%。即使我国已进入“第二个百年”发展新阶段，但我国经济发展仍将以实体经济为主体，能矿业的基础性地位依然不可动摇。进入发展新阶段后，我国能矿业领域面临着传统增长动能失速和寻找新增长动能的挑战，在积极寻求新的发展空间和做好新的能矿资源保障的基础上，要更加重视能矿资源供给品质和能矿业发展质量。

即使是在高寒缺氧、地广人稀的青藏高原，能矿业也需要在国家发展新阶段进程中，做出应有的贡献。虽然国家赋予西藏自治区这一高原核心区及整个青藏高原的基本战略定位是国家安全屏障（包括生态安全屏障）和重要战略资源储备基地（包括能矿资源），但并不表明高原地区具体到能矿资源就只是单一的战略储备而不开发利用，能矿业也不发展，而是要在维持国家赋予高原地区战略地位基本不动摇的前提下，对高原地区在国家发展中具有特色和优势的能矿资源，进行科学有序的开发利用。而在高原地区发展能矿业，最重要的就是要协调好生态环境保护、社会经济发展和能矿资源开发三者之间的关系。

实践证明，能矿业能够在高原地区实现绿色发展。2018 年 7 月，国务院国家新闻办公室向世界发布了《青藏高原生态文明建设状况》白皮书（简称白皮书），其中第四部分专门对高原地区的产业发展进行了阐述，基本定位是：“目前，青藏高原各省区以循环经济、可再生能源、特色产业为特点的绿色发展模式已初步建立，绿色发展水平不断提高”“绿色生产初具规模”。为说明青藏高原经济发展坚持走生态环境友好、资源节约集约的道路，努力形成绿色发展方式，还举例“国家在青海省设立了柴达木循环经济试验区、西宁经济技术开发区 2 个国家级循环经济试点产业园”，强调“柴达木循环经济试验区形成了盐湖化工、油气化工、金属冶金、煤炭综合利用、新能源、新材料、特色生物等产业，园区资源集约利用水平不断提升”；同时，还对高原地区清洁能源开发给予了充分肯定，认为“近年来，青藏高原各省区基本构建了以水电、太阳能等为主体的可再生能源产业体系，保障了区域经济发展与环境保护的协调推进”。其中，青藏高原是世界上太阳能最丰富的地区之一，大部分地域年太阳总辐射量高达 5400 ～ 8000MJ/m^2，比同纬度低海拔地区高 50% ～ 100%，青海省柴达木循环经济试验区将被打造成国际最大规模的光伏电站集群；西藏自治区在2014年就被国家列为不受光伏发电建设规模限制的地区，优先支持开发光伏发电项目。白皮书在此表明了两点：①绿色产业在青藏高原已经初步形成一定的发展规模；②能矿业绿色发展能够成为青藏高原绿色产业的重要组成部分。而柴达木循环经济试验区就是专门进行分析后的判断和结论：柴达木循环经济试验区在产业和空间层面，是青藏高原地区目前发展规模最大，也是具有可持续性的能矿业绿色发展区。在自然资源部的绿色矿山国家级名录中，青藏高原地区已有30多家矿产采选企业被纳入名录，其中16家分布在柴达木循环经济试验区内；在自然资源部确定的50个绿色矿业发展示范区中，柴达木循环经济试验区内5个循环经济工业园，就有青海格尔木绿色矿业发展示范区、青海大柴旦绿色矿业发展示范区2个入选。

如果将高原地区能矿业作为一个子系统，在高原地区整个大系统中，最重要的就是能矿业子系统与生态环境子系统和社会经济子系统之间的协调平衡与和谐共处，其中能矿业子系统与生态系统的协调平衡最为重要（图6-4）。能矿业子系统只有优先与生态子系统实现协调平衡与和谐共处，才能对社会经济子系统做出重要贡献，促进社会经济子系统与生态子系统更加协调与和谐。在高原能矿业发展进程中，通过对高原地区生态敏感性（ES）、生态弹性（EE）和生态压力（EP）的分析，构建起高原地区和分区域的生态环境脆弱性评价指数（EF），并在具体的能矿业项目建设前和运行中，进行切实可行项目建设和运行的生态环境可行性评估，是高原能矿资源开发与能矿业发展的重要内容和基本程序。

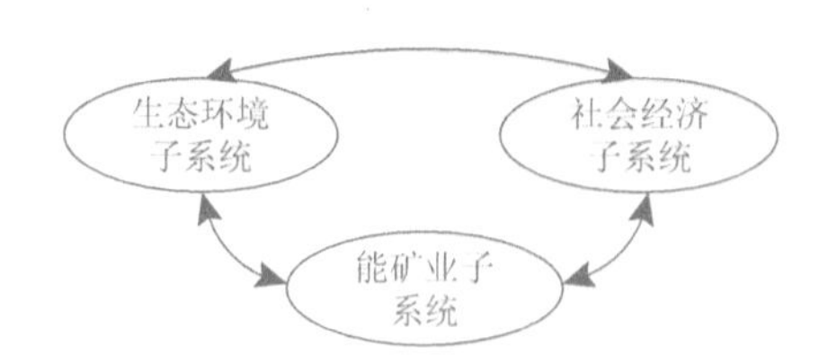

图6-4　能矿业子系统与生态环境子系统、社会经济子系统的关系

正是基于对高原各区域生态环境脆弱性的基本判断和评价，提出在现有基础设施和技术经济供给能力下，不宜对能矿资源丰富的藏西部矿能资源富集区进行大规模开发利用，更不宜进行藏西部矿能业发展区的建设；同时，对于能矿资源开发的项目建设和运行，尤其是对于高原南部的“一江两河”能矿业发展区和川滇藏能矿业发展区的能矿业项目，应当坚持“抓大限小”的原则，即能矿资源开发项目应鼓励和支持大中型项目、限制小项目。

2. 高原能矿业不存在单一的绿色发展模式

在青藏高原目前已划分的4个能矿资源富集区和初步确定的3个能矿业发展区中，需要结合各个能矿业发展区不同类型能矿业的资源基础、区位条件、市场供需、产业演进、生产工艺、环保标准等多种因素，确定不同的能矿业绿色发展模式与实现路径（能矿业绿色发展基本关系如图6-5所示）。

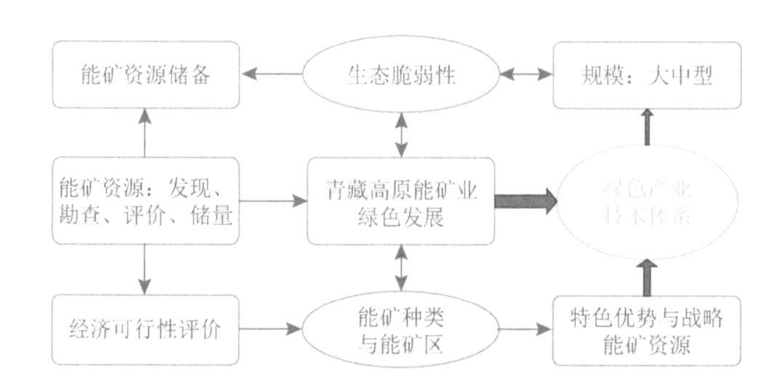

图 6-5　青藏高原能矿业绿色发展基本关系图

仅从高原地区初步确定的 3 个能矿业发展区水平看，由于从资源本底、区位条件，到基础设施保障供给能力的差异，尤其是循环经济工业园和产业园区化发展进程的差异，柴达木循环经济试验区已初步建立起循环经济工业园及产业园区，尤其是在青海格尔木绿色矿业发展示范区、青海大柴旦绿色矿业发展示范区 2 个循环经济工业园范围内，能够在空间上最大限度地通过产业、企业、资源、技术、资本、基础设施的聚合，构建不同层级和不同类型的能矿业绿色发展模式。而在南部的 2 个能矿业发展区，因发展进程的绝对和相对滞后，尤其是不能最大限度地实现空间聚合，在能矿业绿色发展模式构建上也将滞后，但最基本的“矿 - 能”绿色发展模式可以在 2 个能矿业发展区内实现。此外，虽然已完成的考察区域和典型企业是高原能矿业的主要发展区和代表性企业，但既有高原能矿业考察的相关信息表明，现有考察成果只是部分成果，对高原能矿业绿色发展模式的总体态势、区域差异、企业差异和理论总结，尚不具有足够的支撑能力，有待后续考察工作的继续开展，以期获得更丰富的实证案例支持。

从高原地区目前初步形成的能矿业发展格局看，高原地区的能矿业发展，不管要总结和构建哪一类能矿业绿色发展模式，实现产业和企业不同层级的绿色发展，均需要坚持以下基本原则。

(1) 预立在先，合理规划。要将高原能矿业发展置于国家发展大战略背景之下，把握国家发展大趋势和全球变化大趋势，以及能矿业产业技术发展变化趋势，以此确定高原地区能矿业发展的格局和趋势，并通过科学合理的高原能矿产业发展规划，在时空上确定高原能矿业总体和分区的发展规模、类别、结构、重点和时序。

(2) 保护开发，环评刚性。青藏高原是全球地球地质环境演进剧烈区和生态环境高度敏感区，生态环境脆弱性显著，能矿业发展项目的确定即使具有技术可行性和经济可行性，也需要从产业到项目进行不同层级环境可行性评估，并执行最严格的环境可行性标准。

(3) 开发方式科技化，生产过程环保化。高原地区能矿业项目的建设和运行，需要从建设、运行到管理全过程贯彻绿色发展理念，坚持和实现安全环保、节约集约、节能减排、高质高效是能矿业开发科技化、生产过程环保化的基本内涵。要高起点、高标准建设，采用国内外先进的工艺、技术与装备，实施现代化科学生产，不断更新和采用科学高效的绿色工艺技术和节能高效设备，持续优化开采工艺。

(4) 资源利用集约化，生产空间生态化。以能矿资源利用最大化为建设和运行的重要原则，最大限度地提升能矿资源的利用价值，并在建设和生产过程中坚持环境保护优先，按照边生产、边治理、边恢复的“三同时”原则，建立和实施生产、生活过程的生态环境动态化治理体系。

(5) 项目管理规范化，生产运行智能化。以清洁生产技术装备和5G技术装备配套建设为着力点，以少人化和无人化为重要目标，在加强基础数据库建设基础上，重点建设和持续更新生产自动化系统、环境安全信息化系统、企业管理信息化系统，持续提升能矿业建设和运行项目的自动化、智能化水平，并强化生产标准体系、外部监管体系、内部考核评价体系和内控管理体系的能力建设。

3. 高原能矿业绿色发展的分层级多样化模式

高原地区的能矿业绿色发展模式至少要划分为产业绿色发展模式和企业绿色发展模式两个层级，核心都是要通过“资源链”的扩展和延伸，并通过生产的无废排放实现产业关联和绿色生产。在产业层面，以资源的空间聚合种类和聚合度为基础，园区可以划分为能矿资源循环产业发展工业园区和能矿企业产业发展园区两个层级，重点是资源利用集约化及再利用效率、资源管理协调以及资源协同处置能力，并提升政府监管指导和引导能力。在绿色发展模式上，能矿资源循环产业发展工业园区更多侧重于产业间关联，而能矿企业产业发展园区更多侧重于能矿“资源链”的关联。在企业及产品层面，以能矿资源空间（矿山区和厂区级）聚合度和品级为基础，目标是矿产资源的综合回收率和生态环境维护能力，重点内容是生产工艺过程的能耗水平和“三废”水平降低，自动化和智能化水平提高，以及企业经营管理制度创新。

1) 绿色发展模式一：多产业聚合的循环经济工业园绿色发展模式

在产业层面，柴达木循环经济试验区的格尔木循环经济工业园已经基本形成循环经济产业体系框架。格尔木循环经济工业园在基本建立起盐湖化工产业、油气化工产业、清洁煤化产业、新能源产业、有色冶金产业、新材料产业6个产业的基础上，进一步形成了“盐湖化工+碳（煤炭、天然气）化工耦合”（图6-6）和“新能源（光伏+光热）+有色金属+新材料融合”（图6-7）2个多产业间关联的绿色产业发展模式。

2) 绿色发展模式二：能矿业发展产业园区间资源综合利用绿色发展模式

在企业层面，柴达木循环经济试验区的青海格尔木循环经济工业园和青海大柴旦循环经济工业园已形成多个企业层级的资源综合利用与集约化利用的企业。在盐湖资源综合开发方面，青海盐湖工业股份有限公司在察尔汗盐湖沿青藏铁路、敦格高速东西两侧配置了两个产业园区（即钾钠锂资源循环利用产业园区、金属镁一体化循环经济产业园区），已基本建立起“创新驱动、分级提取、综合利用”的盐湖资源集约化生产体系绿色发展模式（图6-8）；在新能源开发方面，鲁能集团有限公司在格尔木将风电、光伏电、光热电和电储能集于一体，已建立起“鲁能格尔木70万kW风光热储多能互补新能源生产体系”绿色能源发展模式（图6-9）；在有色金属采选方面，西部矿业股份有限公司锡铁山铅锌矿“八化”智能矿山建设（“八化”指：资源空间可视化、采矿准备高效化、工艺控制自动化、生产计划专业化、生产执行智能化、人员本质安全化、业务流程数字化、决策支持智慧化），实现了无人矿山、高效矿山、绿色矿山、本质安全矿山的总体目标。

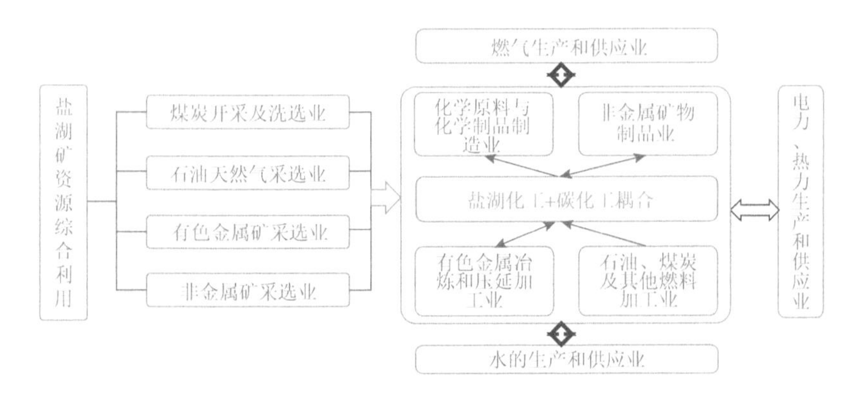

图 6-6　盐湖化工 + 碳（煤炭、天然气）化工耦合绿色发展模式产业关联图

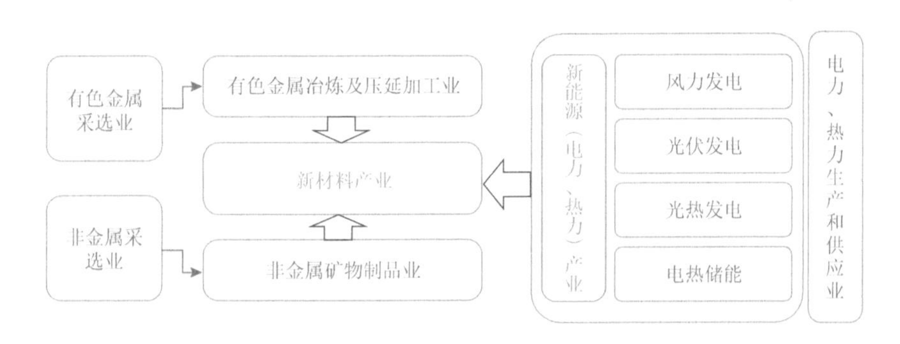

图 6-7　新能源（光伏 + 光热）+ 有色金属 + 新材料融合绿色发展模式产业关联图

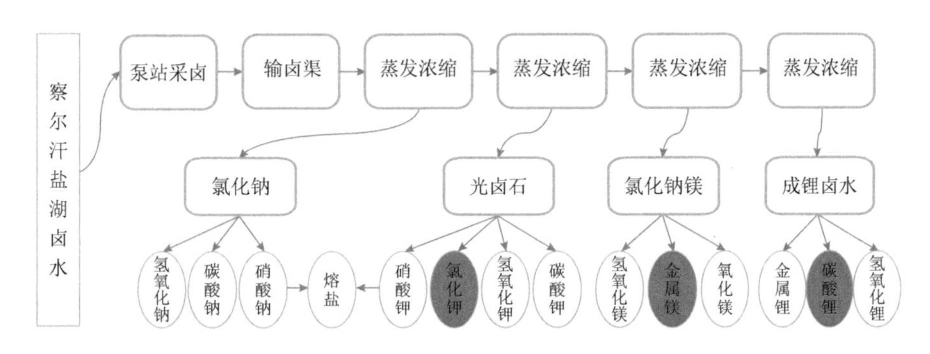

图 6-8　青海盐湖工业股份有限公司察尔汗盐湖卤水资源集约化利用图

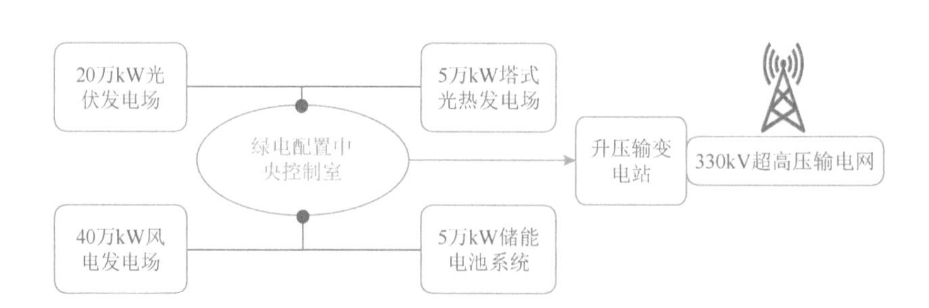

图 6-9　鲁能格尔木 70 万 kW 风光热储多能互补新能源生产体系

3）绿色发展模式三：“绿电 + 消费端生产过程电气化”绿色发展模式

在企业的生产过程层面，部分矿产采选业企业实现了生产工序和工艺过程的纯电力能源消费模式。高原地区东部的甘孜州为解决水电丰水期上网难形成的“窝电”问题，曾探讨过多种清洁电力生产能力尽可能达产的路径，如“水电 + 铁合金”“水电 + 比特币矿机”等，结果均不理想，原因在于清洁电力负荷端的项目存在环境负面影响大或不符合国家产业政策等非绿色产业发展的产业关联。因此，清洁电力生产消费端项目必须要做到一是负荷国家产业政策和国家绿色产业指导目录，二是负荷端的生产过程必须要达到国家环保标准，尤其是消费端为矿产采选业项目时。只有双方均达到绿色生产标准（或达到绿色矿山建设和运行标准），才能被视作“绿电 + 消费端生产过程电气化”绿色发展模式，如西部矿业股份有限公司玉龙铜矿在 2020 年 12 月完成二期工程建设后，采选能力达到 1989 万 t/a，年新增铜金属量 10 万 t，并基本形成了全电气化的低碳（清洁电力）生产过程，从矿石露采（纯电动矿用铲车）、转运（纯电动矿用自卸车 + 皮带传输）到选矿（铜多金属精矿）全部采用电力（图 6-10）。

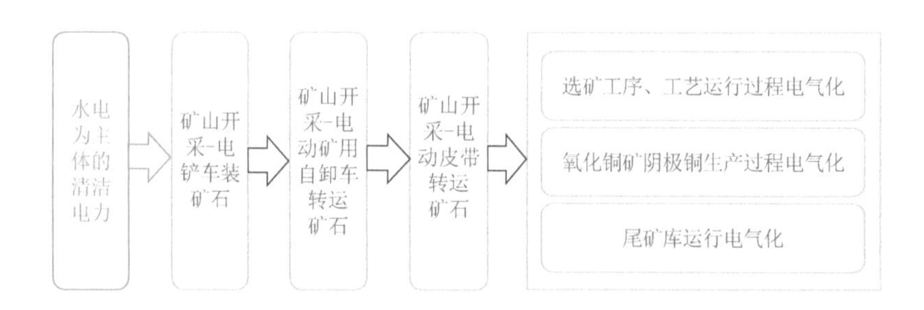

图 6-10　西部矿业股份有限公司玉龙铜矿“绿电 + 消费端生产过程电气化”绿色发展模式

4）绿色发展模式四：“分布式新能源 + 无废排放”绿色发展模式

分布式能源体系或将成为高原能矿业发展能源生产、供给与消费的新模式。据报道，西藏矿业发展股份有限公司 2021 年 8 月发布公告称，在日喀则仲巴县扎布耶茶卡的碳酸盐开采，将在 2021 年内开始建设综合开发利用万吨电池级碳酸锂二期项目，预计投资 23 亿元，计划 2023 年 9 月底运行投产，将新增锂盐产能 1.2 万 t 碳酸锂（电碳 9600t/a、工碳 2400t/a），另有副产氯化钾 15.6 万 t/a、铷铯混盐 200t/a。更有意义的是，该公司在 2022 年 2 月发布《关于控股子公司西藏日喀则扎布耶锂业高科技有限公司签订重大合同的进展公告》，国家电投集团西藏能源有限公司中标扎布耶茶卡二期项目的“供能服务合同”项目，为期 25 年，计划采用 BOO 模式配套建设“光伏 + 光热”项目解决用电问题（为扎布耶茶卡盐湖锂产能改造醒目配置 4.2 万 kW 光热、7 万 kW 光伏和 10.5 万 kW·h/5.25 万 kW 储能（两放两充），光热镜场面积 58 万 m^2，储热时长 24h，主要为扎布耶碳酸锂厂提供孤网运行、电网应急、综合能源等一揽子调度运行方案。如果整个项目能够按期建设和投入运行，则其将成为西藏自治区乃至整个高原地区具有代表性的“分布式新能源 + 无废排放”绿色发展模式（图 6-11）。

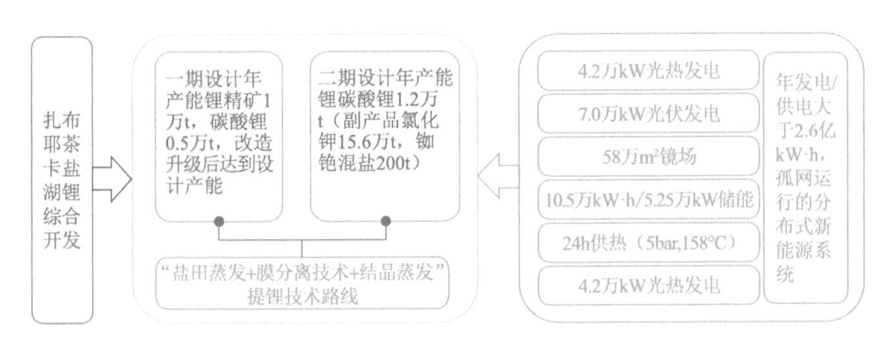

图 6-11　西藏矿业扎布耶茶卡“分布式新能源 + 无废排放”绿色发展模式

综上，能矿资源本底赋存结构、区位条件等差异也将导致高原能矿业因产业、企业和产品不同，形成不同的青藏高原能矿业绿色模式。但可以预见的是，高原地区南部“一江两河”能矿业发展区和川滇藏能矿业发展区，即使未来基础设施建设能够缩小与北部柴达木循环经济试验区的差距，也不能在空间上构成与此相当规模的能矿业发展区，也很难形成柴达木循环经济试验区内的循环经济工业园，而有可能发展成达到一定规模的循环经济产业园区。故南部两个能矿业发展区将更多侧重于后两类企业层级的绿色发展模式。

参考文献

柏露，姚宜斌，雷祥旭，等. 2018. 近 40 年青藏高原地区地表温度的年际及季节性变化特征分析，测绘地理信息，43(2)：15-19.

曹德云. 2013. 长江源区水环境及水化学背景特征. 北京：中国地质大学.

曹晓云. 2018. 基于 MODIS 的青藏高原地表反照率时空变化研究. 南京：南京信息工程大学.

陈爱军，曹晓云，韩琛惠，等. 2018. 2000-2016 年青藏高原地表反照率时空分布及动态变化. 气候与环境研究，23 (3)：355-365.

陈宝林. 2021. 青藏高原近 20 年 NDVI 动态变化及土壤水分分布格局研究. 兰州：甘肃农业大学.

邓儒儒. 2002. 青藏高原地表反照率反演及冷热源分析. 北京：中国科学院研究生院.

范建友，丁国栋，关博源，等. 2005. 正蓝旗植被覆盖动态变化的遥感监测. 中国水土保持科学，4(54-59)：86.

范玮. 2010. 甘肃省境内长江流域片河流水化学特征分析. 甘肃水利水电技术，46(6)：1-54.

高荣，韦志刚，钟海玲. 2017. 青藏高原陆表特征与中国夏季降水的关系研究. 冰川冻土，39(4)：741-747.

宫照，栗敏光，阎凤霞. 2020. 青藏高原生态屏障区植被覆盖度监测. 地理空间信息，18(5)：111-115.

郝守宁，李成林，郭永刚. 2020. 西藏尼洋河流域饮用水源地重金属健康风险评价. 环境科学与技术，43(5)：154-163.

何冬燕，田红，邓伟涛. 2013. 三种在分析地表温度资料在青藏高原区域的适用性分析. 大气科学学报，36(4)：458-465.

黄培培，南卓铜. 2013. 基于 Wavelet-ANFIT 和 MODIS 地表温度产品的青藏高原 0cm 土壤温度估算方法. 冰川冻土，35(1)：75-83.

黄祥麟. 2020. 青藏高原生长季植被 NDVI 对气候变化的响应研究. 成都：成都理工大学.

江灏，程国栋，王可丽. 2006. 青藏高原地表温度的比较分析. 地球物理学报，49(2)：391-397.

江平，张全发，李思悦. 2023. 雅鲁藏布江水化学演变规律. 环境科学,44(6)：3165-3173.

姜高珍，韩冰，高应波，等. 2013. Landsat 系列卫星对地观测 40 年回顾及 LDCM 前瞻. 遥感学报，17(5)：1033-1048.

李承鼎，康世昌，刘勇勤，等. 2016. 西藏湖泊水体中主要离子分布特征及其对区域气候变化的响应. 湖泊科学，28(4):743-754.

李成伟. 2018. 考虑植被覆盖度和根围效应的青藏高原陆面模式改进研究. 北京：清华大学.

李崇银. 2002. 气候动力学引论. 2 版. 北京：气象出版社，311-337.

李艳芳，孙建. 2015. 青藏高原 NDVI 时空变化特征研究 (1982-2008). 云南农业大学学报，30(5)：790-798.

李志龙，张惠芳，刘长兵，等. 2024. 西藏扎日南木措流域水环境特征及其影响因素. 环境科学：1-19.

刘佳驹，李金城，郭怀成，等. 2023. 基于人工神经网络的雅鲁藏布江水化学变化趋势研究. 北京大学学报（自然科学版），59(6)：1043-1051.

刘云根. 2019. 典型高原河口湿地氮磷净化效果时空差异及污染风险定量评估. 昆明：昆明理工大学.

刘宪锋，任志远，林志慧，等. 2013. 2000-2011 年三江源区植被覆盖时空变化特征. 地理学报，68(7)：897-908.

刘昭. 2012. 雅鲁藏布江拉萨—林芝段天然水水化学及同位素特征研究. 成都：成都理工大学.

刘智琦，潘保柱，韩谞，等. 2022. 青藏高原湖泊水环境特征及水质评价. 环境科学，43(11): 5073-5083.
刘振伟. 2021. 基于GEE的青藏高原长时序高分辨率土壤水分数据集构建研究. 北京：中国科学院大学.
陆品廷. 2018. 基于 Lansat 8 数据的青藏高原地区地表温度反演研究. 南京：南京信息工程大学.
路茜. 2017. 气候变化对青藏高原表层土壤水分时空格局的影响研究. 兰州：甘肃农业大学.
罗立辉，张耀南，周剑，等. 2013. 基于 WRF 驱动的 CLM 模型对青藏高原地区陆面过程模拟研究. 冰川冻土，35(3): 553-564.
马伟强，马耀明，胡泽勇，等. 2018. 青藏高原地表参数观测与模拟分析. 合肥：第 35 届中国气象学会年会 S3 高原天气气候研究进展.
孟梦，牛铮，马超，等. 2018. 青藏高原 NDVI 变化趋势及其对气候的响应. 水土保持研究，25(3): 360-366.
那洪明. 2017. 我国钢铁工业大气污染物排放时空特征分析及其仿真模拟. 沈阳：东北大学.
欧阳斌，车涛，戴礼云，等. 2012. 基于 MODIS LST 产品估算青藏高原地区的日平均地表温度. 冰川冻土，34(2): 296-303.
彭萍，朱立平. 2017. 基于野外站网络的青藏高原地表过程观测研究. 科技导报，35(6): 97-102.
朴世龙，张宪洲，汪涛，等. 2019. 青藏高原生态系统对气候变化的响应及其反馈. 科学通报，64(27): 2842-2855.
青海省水文水资源勘察局. 2002. 长江源生态环境调查与水资源保护对策研究.
仁增拉姆，罗珍，陈虎林，等. 2021. 西藏年楚河流域水化学特征分析. 地球与环境，49(4): 358-366.
尚颖洁. 2021. 基于遥感植被指数的青藏高原植被时空变化研究. 太原：太原理工大学.
邵杰，滕超，陈喜庆，等. 2023. 拉月曲流域地表水水化学特征及其影响因素. 环境科学与技术，46(12): 1-10+28.
邵天杰，赵景波，治宝. 2011. 巴丹吉林沙漠湖泊及地下水化学特征. 地理学报，66(5): 662-672.
苏高利. 2010. 同化多源遥感数据的中国区域陆面过程模拟研究. 北京：中国科学院研究生院.
孙建. 2013. 西藏高寒草地植被生物量及其分配机制研究. 成都：中国科学院水利部成都山地灾害与环境研究所.
孙菽芬. 2005. 陆面过程的物理、生化机理和参数化模型. 北京：气象出版社.
孙志忠，马巍，穆彦虎，等. 2018. 青藏铁路沿线天然场地多年冻土变化. 地球科学进展，33(3): 248-256.
史轩，陈喜，高满，等. 2023. 青藏高原拉萨河流域水化学时空变化特征控制因素研究. 长江流域资源与环境，32(1): 183-193.
王建明. 2005. 基于 ERS 散射计数据的青藏高原土壤水分估算方法研究. 北京：中国科学院研究生院.
王腾，韩凤清，马茹莹，等. 2014. 青海察尔汗盐湖别勒滩区段晶间卤水全氮地球化学分布特征. 盐湖研究，22(2): 33-38.
温馨. 2020. 青藏高原遥感地表温度的时间序列建模与分析. 成都：电子科技大学.
吴倩倩. 2016. 青藏高原 MODIS 地表反照率的分析与应用. 南京：南京信息工程大学.
吴浩玮，孙小淇，梁博文，等. 2020. 我国畜禽粪便污染现状及处理与资源化利用分析. 农业环境科学学报，39(6): 1168-1176.
徐好，桑国庆，杨丽原，等. 2019. 近十年来南四湖水质时空变化特征研究. 海洋湖沼通报，(2):47-52.

星球研究所 . 2021. 这里是中国 . 北京：中信出版社 .

杨成松 , 车涛 , 欧阳斌 . 2016. 青藏高原地表温度时空变化分析 . 遥感技术与应用 , 31(1): 95-101.

姚檀栋 . 2019. 青藏高原水 － 生态 － 人类活动考察研究揭示“亚洲水塔”的失衡及其各种潜在风险 . 科学通报 , 64(27): 2761-2762.

姚檀栋 , 陈发虎 , 崔鹏 , 等 . 2017. 从青藏高原到第三极和泛第三极 . 中国科学院院刊 , 32(9): 924-931.

姚檀栋 , 邬光剑 , 徐柏青 , 等 . 2019. “亚洲水塔”变化与影响 . 中国科学院院刊 , 34(11): 1203-1209.

张涛 , 王明国 , 张智印 , 等 . 2020. 然乌湖流域地表水水化学特征及控制因素 . 环境科学 , 41(9): 4003-4010.

赵建安 , 钟帅 , 胡纾寒 , 等 . 2021. 新时代西藏自治区能源矿业碳排放格局研究 . 中国能源 , 6: 67-74.

中国地质调查局成都地质调查中心 . 2021. 青藏高原 1 ∶ 150 万矿产及成矿背景图及说明书 .

朱立平 , 鞠建廷 , 乔宝晋 , 等 . 2019. “亚洲水塔”的近期湖泊变化及气候响应：进展、问题与展望 . 科学通报 , 64(27): 2796-2806.

朱伊 , 范广洲 , 华维 , 等 . 2018. 1981-2015 年青藏高原地表温度的时空变化特征分析 . 西南大学学报 (自然科学版), 40(11): 127-150.

Alva V A, Peyton B M. 2003. Phenol and catechol biodegradation by the haloalkaliphile Halomonas campisalis: influence of pH and salinity. Environmental science & technology, 37(19): 4397-4402.

Anslan S, Rad M A, Buckel J. 2020. Reviews and syntheses: how do abiotic and biotic processes respond to climatic variations in the Nam Co catchment (Tibetan Plateau)?. Biogeosciences, 17: 1261-1279.

Bi X, Isaili R A M, Zheng Q. 2015. Evaluation of wastewater treatment quality in the West Bank-Palestine based on fuzzy comprehensive evaluation method//Qi E, Shen J, Dou R. Proceedings of the 21st International Conference on Industrial Engineering and Engineering Management 2014. Paris: Atlantis Press, 219-221.

Bu J, Sun Z, Zhou A, et al. 2016. Heavy metals in surface soils in the upper reaches of the Heihe River, northeastern Tibetan Plateau, China. International Journal of Environmental Research & Public Health, 13(3): 247.

Cao D. 2013. Yangtze River Source Area Water Environment and Hydrochemistry Background Characteristic. Beijing: China University of Geosciences.

Cao S, Zhang J. 2015. Political risks arising from the impacts of large-scale afforestation on water resources of the Tibetan plateau. Gondwana Research, 28 (2): 898-903.

Carlson R E. 1977. A trophic state index for lakes. Limnology and Oceanography, 22(2): 361-369.

Chang H. 2008. Spatial analysis of water quality trends in the Han River basin, South Korea. Water Research, 42 (13): 3285-3304.

Chapin F S, Matson P A, Mooney H A. 2011. Principles of Terrestrial Ecosystem Ecology. Berlin: Springer Science & Business Media.

Chen J, Wang F, Xia X, et al. 2002. Major element chemistry of the Changjiang (Yangtze River). Chemical Geology, 187(3): 231-255.

Chen Y, Fang H, Pinhui L, et al. 2009. Distribution, formation and exploitation of mineral resources in

Qinghai-Tibet Plateau (in Chinese). Geography and Geo-Information Science, 25(6): 45-50.

Cheng H, Ouyang W, Hao F, et al. 2007. The non-point source pollution in livestock-breeding areas of the Heihe River basin in Yellow River. Stochastic Environmental Research & Risk Assessment, 21 (3): 213-221.

Cheng J, Tao J P. 2010. Fuzzy comprehensive evaluation of drought vulnerability based on the analytic hierarchy process: an empirical study from Xiaogan City in Hubei Province. Agriculture & Agricultural Science Procedia, 1 (4): 126-135.

Chidya R C G, Sajidu S M I, Mwatseteza J F, et al. 2011. Evaluation and assessment of water quality in Likangala River and its catchment area. Physics & Chemistry of the Earth, 36(14/15): 865-871.

Cong Z T, Yang D W, Gao B, et al. 2009. Hydrological trend analysis in the Yellow River basin using a distributed hydrological model. Water Resources Research, 45 (7): 335-345.

Cui B L, Li X Y. 2014a. Characteristics of stable isotopes and hydrochemistry of river water in the Qinghai Lake Basin, northeast Qinghai-Tibet Plateau, China. Environmental Earth Sciences, 73 (8): 4251-4263.

Cui B L, Li X Y. 2014b. Characteristics of stable isotope and hydrochemistry of the groundwater around Qinghai Lake, NE Qinghai-Tibet Plateau, China. Environmental Earth Sciences, 71 (3): 1159-1167.

Darko G, Akoto O, Oppong C. 2008. Persistent organochlorine pesticide residues in fish, sediments and water from Lake Bosomtwi, Ghana. Chemosphere, 72 (1): 21-24.

Ding W G, Lei Q, Yang Q. 2007. A research on the motivation forces of the natural pasture and sustainable development in Xiahe County. Journal of Arid Land Resources and Environment, 21(12): 84-88.

Dinka M O, Loiskandl W, Ndambuki J M. 2015. Hydrochemical characterization of various surface water and groundwater resources available in Matahara areas, Fantalle Woreda of Oromiya region. Journal of Hydrology Regional Studies, 3 (C): 444-456.

Dupré B, Gaillardet J, Rousseau D, et al. 1996. Major and trace elements of river-borne material: the Congo Basin. Geochimica & Cosmochimica Acta, 60(8): 1301-1321.

Effendi H. 2016. River water quality preliminary rapid assessment using pollution index. Procedia Environmental Sciences, 33: 562-567.

El-Sayed M, Salem W M. 2015. Hydrochemical assessments of surface Nile water and ground water in an industry area - south west Cairo. Egyptian Journal of Petroleum, 24 (3): 277-288.

Ermida S L, Soares P, Mantas V, et al. 2020. Google Earth Engine open-source code for Land Surface Temperature estimation from the Landsat series. Remote Sensing, 12(9): 1471.

Erturk A, Gurel M, Ekdal A, et al. 2010. Water quality assessment and meta model development in Melen watershed - Turkey. Journal of Environmental Management, 91 (7): 1526-1545.

Feng X, Qiu G. 2008. Mercury pollution in Guizhou, Southwestern China—an overview. Science of the Total Environment, 400(1/3): 227-237.

Forstner U, Wittmann G T. 2012. Metal Pollution in the Aquatic Environment. Berlin: Springer Science & Business Media.

Gaillardet J, Dupre B, Louvat P, et al. 1999. Global silicate weathering and CO_2 consumption rates deduced from the chemistry of large rivers. Chemical Geology, 159(1-4): 3-30.

Gaillardet J, Viers J, Dupré B. 2003. Trace elements in river waters. Treatise Geochem, 5: 225-272.

Galy A, France-Lanord C. 1999. Weathering processes in the Ganges-Brahmaputra basin and the riverine alkalinity budget. Chemical Geology, 159(1): 31-60.

Gautam S K, Maharana C, Sharma D, et al. 2015. Evaluation of groundwater quality in the Chotanagpur plateau region of the Subarnarekha river basin, Jharkhand State, India. Sustainability of Water Quality & Ecology, 6: 57-74.

Gibbs R J. 1970. Mechanisms controlling world water chemistry. Science, 170(3962): 1088-1090.

Giri S, Qiu Z. 2016. Understanding the relationship of land uses and water quality in twenty first century: a review. Journal of Environmental Management, 173: 41-48.

Guan Z H, Chen C Y, Qu Y X. 1984. Rivers and lakes of Xizang (Tibet). Beijing: Science Press.

Guo J, Kang S, Huang J, et al. 2015. Seasonal variations of trace elements in precipitation at the largest city in Tibet, Lhasa. Atmospheric Research, 153: 87-97.

Gyawali S, Techato K, Yuangyai C, et al. 2013. Assessment of relationship between land uses of riparian zone and water quality of river for sustainable development of river basin, a case study of U-Tapao River basin, Thailand. Procedia Environmental Sciences, 17: 291-297.

Haxel G B, Hedrick J B, Orris G J, et al. 2002. Rare Earth Elements: Critical Resources for High Technology. Washington DC: US Department of the Interion.

Hem, J D. 1991. Study and Interpretation of the Chemical Characteristics of Natural Water. US Geological Survey Water Supply Paper 2254.

Hou J J, Zhao G Q, Jiao T, et al. 2013. Evaluation on adaptability of six Avena varieties in Xiahe County, Gansu Province. Grassland & Turf, 33 (2): 26-37.

Hu G J, Zhao L, Li R, et al. 2020. A model for obtaining ground temperature from air temperature in permafrost regions on the Qinghai-Tibetan Plateau. Catena, 189: 104470.

Hu Z, Wang L, Wang Z, et al. 2015. Quantitative assessment of climate and human impacts on surface water resources in a typical semi-arid watershed in the middle reaches of the Yellow River from 1985 to 2006. International Journal of Climatology, 35 (1): 97-113.

Huang X, Sillanpaa M, Gjessing E T, et al. 2009. Water quality in the Tibetan Plateau: major ions and trace elements in the headwaters of four major Asian rivers. Science of the Total Environment, 407(24): 6242-6254.

Huang X, Sillanpaa M, Gjessing E T, et al. 2010. Environmental impact of mining activities on the surface water quality in Tibet: Gyama valley. Science of the Total Environment, 408(19): 4177-4184.

Huang X, Sillanpaa M, Gjessing E, et al. 2011. Water quality in the southern Tibetan Plateau: chemical evaluation of the Yarlung Tsangpo (Brahmaputra). River Research Appllications, 27(1): 113-121.

Huheey J E, Keiter E A, Keiter R L, et al. 1983. Inorganic Chemistry: Principles of Structure and Reactivity. New York: Harper & Row.

Immerzeel W W, van Beek L P, Bierkens M F. 2010. Climate change will affect the Asian water towers. Science, 328 (5984): 1382-1385.

IPCC. 2007. Climate Change 2007: impacts, adaptation and vulnerability. contribution of working Group II to the Fourth Assessment Report of the Intergovernmental Panel on Climate Change. Cambridge: Cambridge University Press.

Ji X Y, Luo L, Wang X Y, et al. 2018. Identification and change analysis of mountain altitudinal zone based on DEM-NDVI Land cover classification in Tianshan Bogda Natural Heritage site. Journal of Geo-information Science, 20(9): 1350-1360.

Jiang J, Lou Z, Ng S, et al. 2009. The current municipal solid waste management situation in Tibet. Waste Management, 29(3): 1186-1191.

Jiang L, Yao Z, Liu Z, et al. 2015. Hydrochemistry and its controlling factors of rivers in the source region of the Yangtze River on the Tibetan Plateau. Journal of Geochemical Exploration, 155: 76-83.

Ju J T, Zhu L P, Huang L. 2015. Ranwu Lake, a proglacial lake with the potential to reflect glacial activity in SE Tibet. Chinese Science Bulletin, 60: 16-26.

Khadka U R, Ramanathan A. 2013. Major ion composition and seasonal variation in the Lesser Himalayan Lake: case of Begnas Lake of the Pokhara Valley, Nepal. Araban Journal of Geosciences, 6(11): 4191-4206.

Kilonzo F, Masese F O, Griensven A V, et al. 2014. Spatial-temporal variability in water quality and macro-invertebrate assemblages in the Upper Mara River basin, Kenya. Physics and Chemistry of the Earth, 67-69: 93-104.

Koster R D, Dirmeyer P A, Guo Z C, et al. 2004. Regions of strong coupling between soil moisture and precipitation. Science, 305: 1138-1140.

Li C, Kang S, Chen P, et al. 2014. Geothermal spring causes arsenic contamination in river waters of the southern Tibetan Plateau, China. Environmental Earth Sciences, 71(9): 4143-4148.

Li C, Kang S, Zhang Q, et al. 2007. Major ionic composition of precipitation in the Nam Co region, Central Tibetan plateau. Atmospheric Research, 85 (3-4): 351-360.

Li C, Kang S, Zhang Q, et al. 2009. Rare earth elements in the surface sediments of the Yarlung Tsangbo (Upper Brahmaputra River) sediments, southern Tibetan Plateau. Quaternary International, 208(1): 151-157.

Li Y C, Zhang M, Shu M, et al. 2016. Chemical characteristics of rainwater in Sichuan basin, a case study of Ya'an. Environmental Science and Pollution Research, 23 (13): 13088-13099.

Liu C, Zhu L, Wang J, et al. 2021. In-situ water quality investigation of the lakes on the Tibetan Plateau. Science Bulletin, 66(17): 1727-1730.

Liu J, Milne R I, Cadotte M W, et al. 2018. Protect Third Pole's fragile ecosystem. Science, 362: 1368-1368.

Liu G, Li S, Song K, et al. 2021. Remote sensing of CDOM and DOC in alpine lakes across the Qinghai-Tibet Plateau using Sentinel-2A imagery data. Journal of Environmental Management, 286: 112231.

Liu L, Zhou J, An X, et al. 2010. Using fuzzy theory and information entropy for water quality assessment in Three Gorges region, China. Expert Systems with Applications, 37 (3): 2517-2521.

Liu T. 1999. Hydrological characteristics of Yarlung Zangbo River. Journal of Geographical Science, 54 (S. 1): 157-164.

Liu X, Qian K, Chen Y. 2016. A comparison of factors influencing the summer phytoplankton biomass in China' s three largest freshwater lakes: Poyang, Dongting, and Taihu. Hydrobiologia, 792(1): 283-302.

Liu X D, Chen B D. 2000. Climatic warming in the Tibetan Plateau during recent decades. International Journal of Climatology, 20(14): 1729-1742.

Liu Y, Fang P, Bian D, et al. 2014. Fuzzy comprehensive evaluation for the motion performance of autonomous underwater vehicles. Ocean Engineering, 88 (5): 568-577.

Liu Z, Yao Z, Wang R, et al. 2020. Estimation of the Qinghai-Tibetan Plateau runoff and its contribution to large Asian rivers. Science of the Total Environment, 749: 141570.

Ma Y Q, Shi Y, Qin Y W, et al. 2014. Temporal-spatial distribution and pollution assessment of heavy metals in the upper reaches of Hunhe River (Qingyuan section): Northeast China. Environmental Science, 35(1): 108-116.

Ma T, Weynell M, Li S L, et al. 2020. Lithium isotope compositions of the Yangtze River headwaters: Weathering in high-relief catchments. Geochimica et Comsmochimica Acta, 280: 46-65.

Meybeck M. 1982. Carbon, nitrogen, and phosphorus transport by world rivers. American Journal of Science, 282(4): 401-450.

Meybeck M. 1987. Global chemical weathering of surficial rocks estimated from river dissolved loads. American Journal of Sciences, 287(5): 401-428.

Meybeck M. 2003. Global occurrence of major elements in rivers. Treatise Geochem, 5: 207-223.

Meybeck M, Helmer R. 1989. The quality of rivers: from pristine stage to global pollution. Global and Planetary Change, 1(4): 283-309.

Meybeck M, Ragu A. 1995. River Discharges to the Oceans: an Assessment of Suspended Solids. UNEP: Major Ions and Nutrients.

Meybeck M, Ragu A. 2012. GEMS-GLORI World River Discharge Database Laboratoire de Géologie Appliquée. Paris: Université Pierre et Marie Curie.

Mohapatra M, Anand S, Mishra B K, et al. 2009. Review of fluoride removal from drinking water. Journal of Environmental Management, 91 (1): 67-77.

MOH & SAC. 2006. Ministry of Health of the People's Republic of China & Standardization Administration of P. R. China. Chinese National Standards GB 5749-2006: Standards for Drinking Water Quality. Available online at http://www.moh.gov.cn/publicfiles/business/cmsresources/zwgkzt/wsbz/new/20070628143525.pdf, 2006 (in Chinese).

Novotny V, Olem H. 1994.Water quality Prevention, Identification, and Management of Diffuse Pollution. New York: van Nostran Reinhold.

Pant R R, Zhang F, Rehman F U, et al. 2018. Spatiotemporal variations of hydrogeochemistry and its controlling factors in the Gandaki River Basin, Central Himalaya Nepal. Science of the Total Environment, 622: 770-782.

Pazand K, Hezarkhani A. 2012. Investigation of hydrochemical characteristics of groundwater in the Bukan basin, northwest of Iran. Applied Water Science, 2(4): 309-315.

Pesce S F, Wunderlin D A. 2000. Use of water quality indices to verify the impact of Córdoba City（Argentina）on Suquıa River. Water research, 34 (11) : 2915-2926.

Pi X H, Feng L, Li W F. 2021. Chlorophyll-a concentrations in 82 large alpine lakes on the Tibetan Plateau during 2003-2017: temporal-spatial variations and influencing factors. International Journal of Digital Earth, 14 (6) : 714-735.

Ping Z, Ji D, Jin J. 2000. A new geochemical model of the Yangbajin geothermal field, Tibet. Proceedings World Geothermal Congress : 1-6.

Piper A M. 1944. A graphic procedure in the geochemical interpretation of water-analyses. Transactions of the American Geophysical Union, 25: 914-923.

Piplani R, Wetjens D. 2007. Evaluation of entropy-based dispatching in flexible manufacturing systems. European Journal of Operational Research, 176（1）: 317-331.

Pirrone N, Cinnirella S, Feng X, et al. 2010. Global mercury emissions to the atmosphere from anthropogenic and natural sources. Atmospheric Chemistry and Physics, 10 (13) : 5951-5964.

Pitman A J. 2003. The evolution of, and revolution in, land surface schemes designed for climate models. International Journal of Climatology, 23 (5) : 479-510.

Porterfield W. 1984.Inorganic Chemistry: A Unified Approach. Reading, Mass: Addison—Wesley.

Qiao B, Wang J, Huang L. 2017. Characteristics and seasonal variations in the hydrochemistry of the Tangra Yumco basin, central Tibetan Plateau, and responses to the Indian summer monsoon. Environmental Earth Science, 76: 162.

Qu B, Sillanpaa M, Zhang Y, et al. 2015. Water chemistry of the headwaters of the Yangtze River. Environmental Earth Sciences, 74 (8) : 6443-6458.

Qu B, Zhang Y, Kang S, et al. 2017. Water chemistry of the southern Tibetan Plateau: an assessment of the Yarlung Tsangpo river basin. Environmental Earth Sciences, 76 (2) : 74.

Qu B, Zhang Y, Kang S, et al. 2019. Water quality in the Tibetan Plateau: Major ions and trace elements in rivers of the "Water Tower of Asia". Science of The Total Environment, 649: 571-581.

Qu X, Hou Z, Zaw K, et al. 2007. Characteristics and genesis of Gangdese porphyry copper deposits in the southern Tibetan Plateau: preliminary geochemical and geochronological results. Ore Geology Reviews, 31 (1) : 205-223.

Ramanathan A. 2007. Phosphorus fractionation in surficial sediments of Pandoh Lake, Lesser Himalaya, Himachal Pradesh, India. Applied Geochemistry, 22 (9) : 1860-1871.

She H Q, Feng C Y, Zhang D Q, et al. 2005. Characteristics and metallogenic potential of skarn copper-lead-zinc polymetallic deposits in central eastern Gangdese.Mineral Deposits, 24 (5) : 508-520.

Sheng J, Wang X, Gong P, et al. 2012. Heavy metals of the Tibetan top soils. Environmental Science and Pollution Research, 19 (8) : 3362-3370.

Shi Y, Yang Z. 1985. Water resources of glaciers in China. Geo Journal, 10 (2) : 163-166.

Singh V B, Ramanathan A, Pottakkal J G, et al. 2014. Seasonal variation of the solute and suspended sediment load in Gangotri glacier meltwater, central Himalaya, India. Journal of Asian Earth Sciences, 79: 224-234.

Stallard R, Edmond J. 1981. Geochemistry of the Amazon: 1. Precipitation chemistry and the marine contribution to the dissolved load at the time of peak discharge. Journal of Geophysical Research Oceans, 86(C10): 9844-9858.

Su T, Miao C Y, Duan Q Y, et al. 2023. Hydrological response to climate change and human activities in the Three-River Source Region. Hydrology and Earth System Sciences, 27 : 1477-1492.

Sun D, Ma Y, Li X, et al. 1994. A preliminary investigation on trace elements in the brines and sediments of Salt Lakes, China. Journal of Salt Lake Research, 03: 41-44.

Sun W, Xia C, Xu M, et al. 2016. Application of modified water quality indices as indicators to assess the spatial and temporal trends of water quality in the Dongjiang River. Ecological Indicators, 66: 306-312.

Tong Y, Chen L, Chi J, et al. 2016. Riverine nitrogen loss in the Tibetan Plateau and potential impacts of climate change. Science of the Total Environment, 553: 276-284.

Tripathee L, Kang S, Huang J, et al. 2014. Concentrations of trace elements in wet deposition over the central Himalayas, Nepal. Atmospheric Environment, 95: 231-238.

Trolle D, Spigel B, Hamilton D P. 2014. Application of a three-dimensional water quality model as a decision support tool for the management of land-use changes in the catchment of an oligotrophic lake. Environmental Managemeng, 54(3): 479-493.

Venkateswaran S, Deepa S. 2015. Assessment of groundwater quality using GIS techniques in Vaniyar watershed, Ponnaiyar river, Tamil Nadu. Aquatic Procedia, 4: 1283-1290.

Wang J, Zhu L, Daut G. 2009. Investigation of bathymetry and water quality of Lake Nam Co, the largest lake on the central Tibetan Plateau, China. Limnology, 10: 149-158.

Wang M C, Liu X Q, Zhang J H. 2002. Evaluate method and classification standard on lake eutrophication. Environmental Monitoring in China, 18(5): 47-49.

Weng Q, Fu P, Gao F. 2014. Generating daily land surface temperature at Landsat resolution by fusing Landsat and MODIS data. Remote Sensing of Environment, 145: 55-67.

Wetzel R G. 1975. Limnology. Philadelphia: Saunders Company.

WHO. 1996. Guidelines for Drinking-Water Quality, Health Criteria and Other Supporting Information, vol. 2, 2nd ed. Geneva, Switzerland: World Health Organization: 307-312.

WHO. 2009. Guidelines for Drinking-Water Quality. Incorporating First and Second Addenda, vol. 1, 3rd ed. Geneva: World Health Organization.

WHO. 2011. Guidelines for Drinking-Water Quality. Recommendations, Vision 4. Geneva: World Health Organization.

Wu J, Li M, Zhang X, et al. 2021. Disentangling climatic and anthropogenic contributions to nonlinear dynamics of alpine grassland productivity on the Qinghai-Tibetan Plateau. Journal of Environmental Management, 281: 111875.

Xie Q, Ni J Q, Su Z. 2017. Fuzzy comprehensive evaluation of multiple environmental factors for swine building assessment and control. Journal of Hazardous Materials, 340: 463-471.

Xu Y, Miao L, Li X C, et al. 2007. Antibacterial and antilarval activity of deep-sea bacteria from sediments of the West Pacific Ocean. Biofouling, 23 (2): 131-137.

Xu Y M, Shen Y, Wu Z Y. 2013. Spatial and temporal variations of land surface temperature over the Tibetan plateau based on harmonic analysis. Mountain Research and Development, 33 (1): 85-94.

Xu Z T, Gong T L, Li J Y. 2008. Decadal trend of climate in the Tibetan Plateau—regional temperature and precipitation. Hydrological Processes, 22 (16): 3056-3065.

Yang K, Chen Y Y, Qin J. 2009. Some practical notes on the land surface modeling in the Tibetan Plateau. Hydrology & Earth System Sciences, 13 (5): 687-701.

Yang K, Wu H, Qin J, et al. 2014. Recent climate changes over the Tibetan Plateau and their impacts on energy and water cycle: a review. Global and Planetary Change, 112: 79-91.

Yang M X, Nelson F E, Shiklomanov N I, et al. 2010. Permafrost degradation and its environmental effects on the Tibetan Plateau: A review of recent research. Earth Science Reviews, 103 (1-2): 31-44.

Yao T, Thompson L, Yang W, et al. 2012. Different glacier status with atmospheric circulations in Tibetan Plateau and surroundings. Nature Climate Change, 2 (9): 663-667.

Yao T D. 2019. Tackling on environmental changes in Tibetan Plateau with focus on water, ecosystem and adaptation. Science Bulletin, 64: 417.

Yao T D, Xue Y K, Chen D L, et al. 2019. Recent Third Pole's rapid warming accompanies cryospheric melt and water cycle intensification and interactions between monsoon and environment: multidisciplinary approach with observations, modeling, and analysis. Bulletin of the American Meteorological Society, 100: 423-444.

Yao Z J, Wang R, Liu Z F. 2015. Spatial-temporal patterns of major ion chemistry and its controlling factors in the Manasarovar Basin, Tibet. Journal of Geographical Sciences, 25: 687-700.

Yin A, Harrison T M. 2000. Geologic evolution of the Himalayan-Tibetan orogen. Annual Review of Earth and Planetary Sciences, 28 (1): 211-280.

Yu D, Shi P, Liu Y, et al. 2013. Detecting land use-water quality relationships from the viewpoint of ecological restoration in an urban area. Ecological Engineering, 53 (3): 205-216.

Zampella R A, Procopio N A, Lathrop R G, et al. 2007. Relationship of land-use/land-cover patterns and surface-water quality in the Mullica River basin. Journal of the American Water Resources Association, 43 (3): 594-604.

Zeng Z Z, Piao S L, Li L Z X, et al. 2017. Climate mitigation from vegetation biophysical feedbacks during the past three decades. Nature Climate Change, 7 (6): 432-436.

Zhang B, Song X, Zhang Y, et al. 2012. Hydrochemical characteristics and water quality assessment of surface water and groundwater in Songnen plain, northeast China. Water Research, 46 (8): 2737-2748.

Zhang J X, Zhu B Q. 2023. Composition, Distribution, and Attribution of Hydrochemistry in Drainage Systems in the North of Tianshan Mountains, China. Atmosphere, 14 (7) : 1116.

Zhang G Q, Luo W, Chen W F. 2019a. A robust but variable lake expansion on the Tibetan Plateau. Science Bulletin, 64: 1306-1309.

Zhang G Q, Yao T D, Chen W F. 2019b. Regional differences of lake evolution across China during 1960s-

2015 and its natural and anthropogenic causes. Remote Sensing of Environment, 221: 386-404.

Zhang Q, Huang J, Wang F, et al. 2012. Mercury distribution and deposition in glacier snow over western China. Environmental Science & Technology, 46(10): 5404-5413.

Zhang Q, Wang S, Yousaf M, et al. 2018. Hydrochemical characteristics and water quality assessment of surface water in the northeast Tibetan Plateau of China. Water Supply, 18(5): 1757-1768.

Zhang Y, Li B, Zheng D. 2002. A discussion on the boundary and area of the Tibetan Plateau in China (in Chinese with English abstract). Geographical Research, 21(1): 128.

Zhang Y, Sillanpaa M, Li C, et al. 2015. River water quality across the Himalayan regions: elemental concentrations in headwaters of Yarlung Tsangbo, Indus and Ganges River. Environmental Earth Sciences, 73(8): 4151-4163.

Zhang Z, Zhang B, Hu J, et al. 2006. Problems of how to search for Tl (Tl-bearing) ore deposits. Science Technology and Engineering, 6(1): 1671-1815.

Ping Z, Ji D, Jin J. 2000. A new geochemical model of the Yangbajin geothermal field, Tibet. Proceedings World Geothermal Congress, 1-6.

Zhe M, Zhang X Q, Wang B W. 2017. Hydrochemical regime and its mechanism in Yamzhog Yumco Basin, South Tibet. Journal of Geographical Sciences, 27: 1111-1122.

Zheng W, Kang S, Feng X, et al. 2010. Mercury speciation and spatial distribution in surface waters of the Yarlung Zangbo River, Tibet. Chinese Science Bulletin, 55(24): 2697-2703.

Zheng X Y, Zhang M G, Xu T. 1988. Salt Lakes of Tibet. Beijing: Science Press.

Zhou S, Kang S, Chen F, et al. 2013a.Water balance observations reveal significant subsurface water seepage from Lake Nam Co, south-central Tibetan Plateau. Journal of Hydrology, 491 (1): 89-99.

Zhou Z, Zhang X, Dong W. 2013b. Fuzzy comprehensive evaluation for safety guarantee system of reclaimed water quality. Procedia Environmental Sciences, 18: 227-235.

Zhu B, Yang X. 2007. The ion chemistry of surface and ground waters in the Taklimakan Desert of Tarim Basin, western China. Chinese Science Bulletin, 52(15): 2123-2129.

Zhu B, Yang X P, Rioual P, et al. 2011. Hydrogeochemistry of three watersheds (the Erlqis, Zhungarer and Yili) in northern Xinjiang, NW China. Applied Geochemistry, 26(8): 1535-1548.

Zhu B, Yu J J, Qin X G, et al. 2012. Climatic and geological factors contributing to the natural water chemistry in an arid environment from watersheds in northern Xinjiang, China. Geomorphology, 153-154: 102-114.

Zhu B, Yu J J, Qin X G, et al. 2013a. The Significance of mid-latitude rivers for weathering rates and chemical fluxes: evidence from northern Xinjiang rivers. Journal of Hydrology, 486: 151-174.

Zhu B, Yu J, Qin X, et al. 2013b. Identification of rock weathering and environmental control in arid catchments (northern Xinjiang) of Central Asia. Journal of Asian Earth Sciences, 66: 277-294.

Zhu L P, Ju J T, Qiao B J. 2019. Recent lake changes of the Asia water tower and their climate response: progress, problems and prospects. Chinese Science Bulletin, 64: 2796-2806.

Zou F L, Li H D, Hu Q W. 2020. Responses of vegetation greening and land surface temperature variations to global warming on the Qinghai-Tibetan Plateau, 2001-2016. Ecological Indicators, 119: 106867.

附　　录

科考分队筛选的青海省海西蒙古族藏族自治州能矿企业名录

企业名称	注册资本 / 万元	地址
青海格尔木鲁能新能源有限公司	122200	青海省海西州格尔木市东出口光伏园区
德令哈金科新能源有限公司	60000	德令哈市祁连路16号（德令哈工业园管委会四楼405室）
青海日芯能源有限公司	60000	青海省海西州格尔木市黄河中路8号
格尔木那陵格勒河水电开发有限责任公司	60000	格尔木市昆仑经济开发区商业街76号
三峡新能源格尔木清能发电有限公司	58500	青海省海西州格尔木市郭勒木德镇（东出口光伏园区）
青海省马海电力有限公司	50000	青海省海西州大柴旦县
三峡新能源大柴旦风电有限公司	43000	青海省海西州大柴旦行委锡铁山镇
青海聚鸿新能源有限公司	38808	青海省海西州都兰县察汗乌苏镇和平街猎场巷1-3号
青海中控太阳能发电有限公司	37000	德令哈市西出口光伏热产业园
海西国投绿色能源有限公司	35100	青海省海西州德令哈市格尔木东路6号海西州发展和改革委员会101室
格尔木国电电力光伏发电有限公司	4800	格尔木市东出口109国道2705公里处北侧
华能格尔木光伏发电有限公司	29511.81	青海省海西州格尔木市东出口光伏园区
青海黄电格尔木光伏发电有限公司	27744	青海省海西州格尔木市团结湖路盐三巷3号
龙源（青海）新能源开发有限公司	26537.2639	青海省海西州格尔木市昆仑经济开发区
青海格尔木广恒新能源有限公司	23650	青海省格尔木市东出口光伏园区
青海启明新能源有限责任公司	22680	青海省海西州大柴旦行委鱼卡矿区
德令哈协合光伏发电有限公司	22200	德令哈市西出口光伏（热）产业园区
三峡新能源格尔木绿能发电有限公司	21600	青海省海西州格尔木市乌图美仁光伏光热产业园区
格尔木京能新能源有限公司	20536	青海省海西州格尔木市东出口收费站以东30公里109国道以北约10公里处
格尔木神光新能源有限公司	20000	青海省格尔木市南出口收费站以南6公里109国道西侧300米处
青海日晶光电有限公司	20000	德令哈市长江路延伸段以东南山路1号
青海华电诺木洪风力发电有限公司	18468	青海省海西州都兰县宗加镇(109国道2600公里处南沙滩)
青海瑞德兴阳新能源有限公司	17500	青海省海西州德令哈市河西街道西出口光伏（热）产业园区
国投格尔木光伏发电有限公司	17000	青海省海西州格尔木市建设西路8号
格尔木金鹏聚矿业有限公司	200	—
青海百科光电有限责任公司	16000	青海省格尔木市光伏路23号
青海华广新能源有限公司	15703.9987	青海省格尔木市南出口109国道西侧
乌兰柴达木能源开发有限公司	15500	乌兰县柯柯镇老虎口东侧
大柴旦泰白新能源有限公司	15300	青海省海西州大柴旦行委
德令哈瑞启达光伏发电有限公司	14481	青海省海西州德令哈市德令哈市蓄集乡陶斯图村
青海大唐国际格尔木光伏发电有限责任公司	13597	格尔木市昆仑南路18号
三峡新能源（大柴旦）风扬发电有限公司	13000	青海省海西蒙古藏族自治州大柴旦行委锡铁山镇
青海省格尔木水电有限责任公司	12736.1678	青海省格尔木市昆仑南路20号

续表

企业名称	注册资本 / 万元	地址
青海水利水电集团茫崖风电有限公司	12300	青海省海西州茫崖茫崖镇福利区至石棉矿中段
青海格尔木正泰新能源开发有限公司	12283	格尔木市东出口以东 10 公里 109 国道北侧
青海中电投吉电新能源有限公司	12107.62	青海省格尔木市东出口以东 17 公里 109 国道以北 9 公里处
大柴旦全通畅新能源有限公司	12000	青海省海西州大柴旦行委锡铁山镇
海西州亚硅新能源开发有限公司	11855	青海省海西州德令哈市海西州德令哈西出口光伏（热）产业园区
国家能源集团格尔木龙源光伏发电有限公司	11700	青海省格尔木市乌图美仁光伏光热产业园
格尔木蓝科皓宇太阳能有限公司	11500	青海省格尔木市昆仑经济开发区 126 号
国家能源集团格尔木第二光伏发电有限公司	10300	青海省海西州格尔木市东出口光伏产业园区
格尔木时代新能源发电有限公司	10300	青海省海西州格尔木市东出口光伏园区
格尔木阳光能源电力有限公司	10000	青海省格尔木市南出口 7 公里处
德令哈白鹿光伏发电有限公司	10000	德令哈市乌兰东路 20 号
青海格尔木昡日太阳能发电有限公司	10000	青海省格尔木市盐桥北路 70-3 号
格尔木金钒光热发电有限公司	10000	青海省格尔木市昆仑经济开发区商业街 153 号
青海光热电力集团有限公司	10000	青海省格尔木市黄河中路 70 号
青海天木能源集团有限公司	10000	青海省海西州天峻县天棚路
国家能源集团格尔木光伏发电有限公司	9600	青海省海西州格尔木市东出口光伏产业园区
华电运营格尔木光伏发电有限公司	8700	青海省海西州格尔木市郭勒木德镇（东出口光伏园区内）
格尔木庆华矿业有限责任公司	86666.6667	青海省海西州格尔木市乌图美仁乡 140 公里处
格尔木阳光启恒新能源有限公司	8550	青海省格尔木市华能路 10 号
格尔木汇科新能源有限公司	8000	青海省海西州格尔木市昆仑经济技术开发区商业街 246 号
都兰大雪山风电有限责任公司	7800	都兰县察汗乌苏镇和平街猎场巷 1-3 号
格尔木阳光华瀚能源有限公司	7700	青海省海西州格尔木市南出口 8 公里处
华电格尔木太阳能发电有限公司	7682.1	青海省海西州格尔木市东出口以东 30 公里、109 国道北侧 9 公里处
格尔木东恒新能源有限公司	7600	青海省格尔木市光明路航空巷 56 号
大柴旦浩润新能源有限公司	7600	青海省海西州大柴旦建设路 12 号
都兰泰白风电有限公司	7500	都兰县察汗乌苏镇建设街东
青海浙能新能源开发有限公司	7500	青海省海西州德令哈市工业园区长江路以东纬二路以南 2 号辅助楼
都兰金阳新能源有限公司	7500	青海省海西州都兰县察汗乌苏镇新华街 23 号
青海水利水电集团冷湖风电有限公司	7300	海西州冷湖镇兴湖街 9 号（原老行委办公楼二楼）
青海丰博能源发展有限公司	7000	青海省海西州蒙古族藏族自治州茫崖茫崖镇昆仑路 5
海西聚仁新能源有限公司	7000	德令哈市河东区祁连路 46-5 号
德令哈聚能电力新能源有限公司	7000	青海省海西州德令哈市西出口光伏产业园区金光大道 14 号

续表

企业名称	注册资本 / 万元	地址
华润新能源光伏发电（德令哈）有限公司	6997	青海省海西州德令哈市西出口光伏产业园
青海黄电枫山风能发电有限公司	6900	青海省海西蒙古族藏族自治州都兰县宗加镇诺木洪村一社 4 幢
格尔木华能太阳能发电有限公司	6800	青海省海西州格尔木市东出口光伏园区
国家能源集团德令哈光伏发电有限公司	6700	德令哈市西出口光伏（热）产业园区
青海力腾天怀新能源有限公司	6000	青海省格尔木市郭勒木德镇光伏路
都兰新东力新能源光伏发电有限公司	6000	都兰县察汗乌苏镇希望路
海西固胜新能源有限公司	5800	德令哈市河东区祁连路 135-7 号
德令哈百科光伏电力有限公司	5400	德令哈市西出口光伏（热）产业园
青海中铸光伏发电有限责任公司	5100	青海省海西州都兰县察汗乌苏镇南新街
德令哈峡阳新能源发电有限公司	5100	德令哈市光伏产业园区
德令哈日晶新能源有限公司	5000	青海省海西州德令哈市工业园区南山路 1 号（长江路以东）
格尔木金科新能源有限公司	5000	青海省海西州格尔木市昆仑经济开发区商业街 148 号
青海华恒新能源有限公司	5000	青海省海西州格尔木市东出口 109 国道 K2713+300 米处
海西国投绿色能源光伏有限公司	5000	德令哈市河东区乌兰东路 20 号（海西州国有资本投资运营（集团）有限公司三楼 309 室）
大柴旦先航新能源开发有限公司	5000	青海省海西州大柴旦团结路
都兰上能新能源有限公司	5000	都兰县察汗乌苏镇解放街 26 号
大柴旦一峰新能源开发有限公司	5000	青海省海西州大柴旦团结路
青海水利水电集团格尔木光伏发电有限公司	4890	青海省海西州格尔木市昆仑南路 20 号
三峡新能源德令哈发电有限公司	4400	青海省海西州德令哈市光伏产业园区
华电德令哈太阳能发电有限公司	3960	德令哈市光伏（热）产业园区
德令哈时代新能源发电有限公司	3900	青海省海西州德令哈市西出口光伏（热）产业园区
格尔木西北水电新能源有限公司	3800	青海省海西州格尔木市江源路 4 号 1 号楼 3 层 0120301
国家能源集团海西光伏发电有限公司	3740	德令哈市西出口光伏（热）产业园区
尚德（乌兰）太阳能发电有限公司	3600	青海省海西州德令哈市柯柯镇东沙沟村
大柴旦尚能新能源开发有限公司	3000	青海省海西州大柴旦镇人民西路 10 号
润峰格尔木电力有限公司	2300	青海省海西州格尔木市东出口
大柴旦豪都国能新能源有限公司	2000	青海省海西州大柴旦经发局办公楼 202 号
海西华扬晟源电力有限公司	2000	德令哈市河东区柴达木中路（浩星街浩星商铺 7#-2）
青海格尔木涩北新能源有限公司	1000	青海省格尔木市东出口光伏园区
格尔木特变电工新能源有限责任公司	1000	青海省格尔木市昆仑经济开发区东海路
汇联建能新能源科技（茫崖）有限公司	1000	青海省海西州茫崖花土沟镇茫崖市工业和信息化局 3 楼
德令哈未来二零二发电有限公司	1000	德令哈市乌兰东路 20 号（德令哈工业园管委会二楼）

续表

企业名称	注册资本 / 万元	地址
格尔木昆雨水电有限责任公司	2000	青海省格尔木市中山路 63 号
德令哈市白水河四级发电有限责任公司	600	德令哈市宗务隆乡巴音河村
海西州白水河宝昌水电有限责任公司	600	青海省德令哈市滨河路 3 号
大唐国际都兰新能源有限公司	500	都兰县察汗乌苏镇新华街（金世界宾馆院内）
大柴旦达能运营管理有限公司	500	青海省海西州大柴旦行委创新街 001001
格尔木建跃新能源有限公司	500	青海省海西蒙古族藏族自治州格尔木市昆仑路街道昆仑中路 7-7
德令哈季兴水电有限公司	300	德令哈市河西街道渠南四号电站
国网青海省电力公司格尔木阳光扶贫光伏运营分公司	100	青海省格尔木市黄河中路 80 号
都兰县热水水电有限责任公司	90	都兰县热水乡赛什堂村
乌兰县天宇水电开发有限责任公司	80.6	青海省海西州乌兰县希里沟镇东台
都兰县水利水电开发有限责任公司	70	青海省海西州都兰县夏日哈镇
格尔木鑫鼎矿业有限公司	1000	格尔木市建设路 79 号 2-2-401
大柴旦鱼卡水电有限公司	50	青海省海西州大柴旦县
青海黄河上游水电开发有限责任公司格尔木太阳能发电分公司	—	青海省海西州格尔木市东出口
青海黄河上游水电开发有限责任公司乌兰风力发电分公司	—	青海黄河上游水电开发有限责任公司乌兰太阳能发电分公司光伏电站
青海力腾新能源投资有限公司格尔木分公司	—	青海省格尔木市东出口以东 11 公里 109 国道以北 8 公里处
青海黄河中型水电开发有限责任公司德令哈新能源分公司	—	德令哈市河东区柴达木路 6 号
青海黄河中型水电开发有限责任公司格尔木新能源分公司	—	格尔木市柴达木东路 55 号泰山花苑 3 号 -112
格尔木胜华矿业有限责任公司	72000	格尔木市黄河中路 56 号
格尔木融金矿业开发有限公司	58337.7	青海省格尔木市乌图美仁乡察汉乌苏牧委会
青海鸿鑫矿业有限公司	37358.03	青海省海西州格尔木市滨河新区县圃路东侧、宁海路北侧（格尔木市广达滨河新城）
海西地原钾肥有限公司	30000	青海省海西州茫崖花土沟镇（晶鑫华隆钾肥公司厂区内）
青海长河矿业有限责任公司	25000	青海省格尔木市昆仑经济开发区商业街 180 号
大柴旦大华化工有限公司	23614.4578	青海省海西州大柴旦县
格尔木昆仑宝玉石有限责任公司	20000	青海省格尔木市柴达木路
格尔木生光矿业开发有限公司	15000	青海省格尔木市通宁路 26-2 号
青海创安有限公司	15000	青海省海西州茫崖茫崖镇
青海锦泰钾肥有限公司	12000	青海冷湖行委巴仑马海湖湖区西侧
德令哈市恒源矿业有限公司	10889	青海省海西州德令哈市旺尕秀德都公路 1 号
都兰天宝矿业有限责任公司	10100	都兰县察汗乌苏镇解放街 5 号
海西良锂矿业有限公司	10000	青海省海西州茫崖市花土沟镇创业路与团结路交汇处（茫崖文汇宾馆）

续表

企业名称	注册资本 / 万元	地址
格尔木垚鑫矿业有限责任公司	10000	青海省海西州格尔木市盐桥南路 57 号
海西中乾盐业有限公司	10000	青海省格尔木市昆仑经济开发区商业街 168 号
青海都兰灵德矿业有限公司	10000	都兰县香日德镇
茫崖华信金鑫矿业有限责任公司	8000	青海省海西州茫崖市花土沟镇青年路看守所对面
格尔木昆成矿业开发有限责任公司	5800	青海省格尔木市昆仑经济开发区商业街 161 号
都兰北部矿业有限公司	5600	青海省海西州都兰县察汗乌苏镇希望路
海西冷湖坤源油田服务有限责任公司	5000	青海省冷湖镇交通巷 2 号
格尔木盐化（集团）有限责任公司	5000	格尔木市柴达木西路 36-3 号
青海莽昆矿业有限责任公司	3060	格尔木市盐桥南路 65#（浩源汽配城 F 区）
茫崖金龙矿业有限责任公司	3000	青海省海西州茫崖行委花土沟镇文化路 2 号
格尔木信石矿业有限责任公司	3000	青海省格尔木市昆仑经济开发区金星路以东
茫崖光明矿业有限公司	3000	青海省海西州茫崖行委花土沟镇昆仑路中段金龙大院
青海中天硼锂矿业有限公司	3000	青海省海西州大柴旦行委大柴旦镇人民东路 60 号
都兰龙鑫矿业有限责任公司	3000	都兰县察汗乌苏镇新华街 3 号
青海海易隆矿业有限公司	3000	青海省海西州格尔木市长江路与 109 国道交汇处东南角
茫崖尕斯库勒盐化有限公司	3000	青海省海西州茫崖行委花土沟镇
都兰香加恰当矿业有限责任公司	3000	都兰县夏日哈镇
青海西旺矿业开发有限公司	2159	青海省都兰县解放路 3 号
天峻县哲合隆铅矿	2000	青海省海西州天峻县快尔玛乡
格尔木恒祥隆矿业有限公司	2000	青海省格尔木市盐桥南路援藏巷 13 号
格尔木欣昆矿业有限责任公司	2000	格尔木市盐桥南路 57 号
格尔木银兴隆矿业有限公司	2000	青海省格尔木市盐桥南路 38 号
格尔木蓝盛矿业有限公司	1800	青海省海西州格尔木市盐桥路 32 号
青海承华矿业有限公司	1500	青海省海西州大柴旦大华街 1 号
都兰县兰天矿业有限责任公司	1100	都兰县夏日哈镇哈莉哈德山
青海大沃矿业有限公司	1500	青海省海西州茫崖市花土沟镇文化路中小微企业创业园 B-218，B-219
天峻县鑫钛实业有限责任公司	1030	青海省海西州天峻县新源关角路
青海西泰矿业有限公司	1000	青海省格尔木市盐桥南路 32 号
青海碱业有限公司	84316.77	青海省德令哈市工业园区
格尔木超越工程有限责任公司	1000	青海省格尔木市昆仑经济开发区
乌兰建伟矿业发展有限公司	1000	青海省海西州乌兰县柯柯镇
青海源润胜矿业开发有限公司	1000	青海省格尔木市柴达木中路 50 号

续表

企业名称	注册资本 / 万元	地址
都兰县五龙沟金矿有限责任公司	1000	青海省海西州都兰县诺木洪五龙沟矿区
青海盛煌实业有限公司	600	青海省格尔木市长江路华明建材物流园 3-1 号
乌兰县恒金工贸有限责任公司	600	海西州乌兰县茶卡镇夏艾里沟村村委会
青海淮德矿业有限公司	500	青海省格尔木市格茫公路 195km 向南 20km 处
青海利勇矿业有限公司	500	青海省乌兰县东大街 12 号
乌兰智诚矿业有限公司	500	乌兰县茶卡镇盐湖路中段
乌兰县一帆矿业有限责任公司	500	青海省海西州乌兰县茶卡镇茶一路
青海都兰县西利来煤业有限责任公司	330	青海省都兰县香日德镇南北街 62 号
青海五原矿业有限公司	310	青海省乌兰县柯柯镇盐湖路 7 号
都兰诺木洪砂石有限责任公司	300	青海省都兰县宗加镇乌图村 109 国道以南诺木洪河床以西
格尔木经纬矿业开发有限公司	200	青海省格尔木市通宁路 80 号
海西久石矿业有限公司	200	青海省格尔木市柴达木西路北侧 14 号
海西天天矿业有限责任公司	200	德令哈市迎宾东路 13 号
青海同维矿业有限公司	190	都兰县察汗乌苏镇南新街 8 号
乌兰县芳源花岗岩矿	150	青海省海西州乌兰县察汗诺
都兰玖泰砂石有限公司	150	都兰县巴隆乡三合村
青海开源煤炭有限责任公司	150	青海省海西州格尔木市中山路 25-1 号
都兰县银峰矿业有限责任公司	120	青海省海西州都兰县察汗乌苏镇解放街
都兰县创盛矿业有限责任公司	100	都兰县察汗乌苏镇希望路
乌兰县中利矿业有限公司	100	青海省海西州乌兰县西大街 8 号
德令哈市益盛矿业有限公司	3000	青海省海西州德令哈市长江路东侧工业园区
都兰鑫岩矿业有限责任公司	100	都兰县香日德镇东小街
都兰县金龙有限责任公司	80	青海省都兰县宗加乡开荒北地区
都兰县鹏程矿业有限责任公司	55.55	都兰县香日德镇东小街 18 号
德令哈鸿达矿业开发有限公司	52	德令哈市昆仑路西侧 3-202 号
德令哈市正辉矿业开采有限责任公司	50	青海省海西州德令哈市祁连路 5 号
茫崖和兴建材资源开发有限责任公司	50	青海省海西州茫崖花土沟镇文化路 1 号
格尔木智昌矿业有限责任公司	50	格尔木市昆仑南路 144 号
都兰中浩矿业有限责任公司	50	青海省海西州都兰县香日德镇南北街
大柴旦鱼卡石灰石开发有限公司	50	青海省海西州大柴旦镇
都兰金源矿业有限责任公司	30	都兰县香日德镇得胜村
格尔木鑫盈驰盛矿业有限公司	30	青海省格尔木市柴达木东路 40 号 2 幢 4 层 4002 号

续表

企业名称	注册资本 / 万元	地址
乌兰县长生矿业有限公司	10	乌兰县茶卡镇（青盐宾馆旁）
格尔木鸿岩石材加工厂	—	青海省格尔木市昆仑经济开发区金星路以东
德令哈市恒源矿业有限公司高特拉蒙铁锰矿	—	青海省海西州德令哈市旺尕秀德都公路 1 号
青海亨泰经贸实业有限责任公司都兰县三色沟铅锌矿	—	都兰县诺木洪乡三色沟
乌兰县大丰砂厂	—	乌兰县铜普镇
乌兰县海平砂石场	—	乌兰县铜普镇河南村一社
中国石油天然气股份有限公司辽河油田青海分公司	—	海西州茫崖市花土沟镇（青海油田昆北作业区切 16 注水站西）
格尔木超越工程有限责任公司都兰县五龙沟黑石山 58 号铅锌矿	—	都兰县诺木洪五龙沟黑石山
德令哈市恒源矿业有限公司都兰宗加大理岩矿	—	都兰县察汗乌苏镇解放街 4 号
青海京柯盐化有限公司	3500	青海省乌兰县柯柯镇
德令哈市正辉矿业开采有限责任公司都兰柯柯赛多金属矿	—	都兰县察汗乌苏镇解放街（运管所南侧）
乌兰县恒泰砂石料场	—	乌兰县柯柯镇沙柳泉
中国华冶科工集团有限公司锡铁山二矿	—	青海省海西州大柴旦行委锡铁山镇
德令哈市恒源矿业有限公司都兰打柴沟金矿	—	都兰县察汗乌苏镇解放街 4 号
都兰县洪利铅锌矿	—	青海省海西州都兰县宗加乡洪水河矿区
青海明阳新能源有限公司	31250	德令哈市德尕路以东
锡铁山沟里石灰厂	—	大柴旦行委锡铁山镇
青海新开元工贸有限公司都兰柯柯赛铁矿	—	都兰县夏日哈镇柯柯赛沟
青海盐湖镁业有限公司	895252.4272	青海省格尔木市黄河路 28 号
青海盐湖工业股份有限公司	543287.6672	青海省格尔木市黄河路 28 号
青海盐湖工业股份有限公司钾肥分公司	—	青海省格尔木市察尔汗盐湖
青海中信国安科技发展有限公司	220000	格尔木市建设中路 24 号
青海友明盐化有限公司	4000	青海省海西州乌兰县茶卡镇
青海东台吉乃尔锂资源股份有限公司	84000	青海省格尔木市昆仑经济技术开发区商业街 111 号
青海中航资源有限公司	83808.5	青海省海西州德令哈市长江路 35 号
青海五彩碱业有限公司	74500	青海省海西州大柴旦饮马峡工业园区内
青海盐湖蓝科锂业股份有限公司	51797.0554	青海省海西州格尔木市察尔汗
青海联宇钾肥有限公司	46800	青海省格尔木市黄河东路 28 号
青海中信国安锂业发展有限公司	40000	青海省格尔木市建设中路 24 号 1 幢
青海柴达木兴华锂盐有限公司	35000	青海省海西州大柴旦大华街 1 号
金昆仑锂业有限公司	32000	青海省格尔木市昆仑经济开发区瀚海路 28 号

续表

企业名称	注册资本 / 万元	地址
海西德昇碱业有限公司	30000	青海省海西州德令哈市河西区（八一路晨兴一期住宅小区 2 号楼 2-211 室）
冷湖滨地钾肥有限责任公司	24964.3602	青海省冷湖镇大盐滩 1 号
青海联大化工科技有限公司	21666.6667	青海省海西州格尔木市昆仑经济开发区南海路
青海中农贤丰锂业股份有限公司	20000	青海省海西州茫崖行委花土沟镇创业路 161 号（茫崖兴元钾肥公司供水调度楼）
青海盐湖三元钾肥股份有限公司	11758.5	青海省格尔木市黄河路 1 号
青海晶达科技股份有限公司	11091.3975	青海省格尔木市察尔汗盐湖
海西泓景化工有限公司	10000	德令哈市祁连路 16 号（德令哈工业园管理委员会四楼 405 室）
格尔木藏华大颗粒钾肥有限公司	10000	青海省格尔木市黄河中路 70 号
青海天行含氟新材料有限公司	10000	青海省海西州格尔木市团结湖路 6 号（昆仑经济开发区办公楼 410 室）
大柴旦乐青科技化学有限公司	10000	青海省海西州大柴旦行委饮马峡工业园区
青海锦泰锂业有限公司	10000	青海冷湖镇巴仑马海湖
格尔木同兴盐化有限公司	8056	青海省格尔木昆仑经济开发区
青海博华锂业有限公司	8000	青海省海西州大柴旦行委大华街 1 号
青海柴达木盐湖化工有限公司	6543	青海省海西州格尔木市黄河中路 4 号
青海中锂科技有限公司	6000	青海省海西蒙古族藏族自治州大柴旦行委人民东路 60 号
格尔木金石钾业有限公司	6000	青海省格尔木市昆仑经济开发区商业街 134 号
青海海西东诺化工有限公司	6000	青海省海西州德令哈市祁连路 8 号
青海高端盐湖科技有限公司	5966	青海省海西州格尔木市柴达木西路 14 号
地矿集团格尔木盐湖资源开发有限公司	5850	青海省格尔木市昆仑南路 16 号
青海徕硕科技有限公司	5800	青海省格尔木市黄河东路 28 号
青海高原地沣肥业有限公司	5500	青海省格尔木市昆仑经济开发区商业街 122 号
大柴旦和信科技有限公司	5000	青海省海西州大柴旦行委锡铁山工业园区
青海恒合南风化工有限公司	5000	青海省海西州大柴旦行委大柴旦工业园区管委会 401 室
冷湖博熔精细化工有限公司	5000	青海省海西州德令哈市冷湖行委大盐滩 1 号矿区（冷湖滨地钾肥有限责任公司办公楼 302 室）
青海香江盐湖开发有限公司	4892	青海省格尔木市黄河中路 66 号
青海昱辉新能源有限公司	16533	青海省海西州乌兰县柯柯镇南沙沟村
都兰县钾肥有限责任公司	3149.4	格尔木市察尔汗盐湖东区
青海美格钾业有限公司	3000	青海省格尔木市察尔汗一选厂
大柴旦润豪达化工有限公司	3000	青海省海西州大柴旦建设路 12 号经发局 202 室
青海隆之基新材料科技有限公司	3000	德令哈市双拥路 1 号（柴达木 <国家级> 循环经济促进中心西副楼 3 楼 305 室）
青海晶洁镁露科技有限责任公司	2100	青海省海西州格尔木市昆仑经济开发区星火路

续表

企业名称	注册资本 / 万元	地址
大柴旦乐鼎化工有限公司	2000	大柴旦行委经发局综合办公楼 1201 室
大柴旦新耀科技有限公司	2000	青海省海西州大柴旦锡铁山镇
青海中浩天然气化工有限公司	235000	青海省海西州格尔木市昆仑南路 15-02 号
格尔木展啸钾肥股份有限公司	1500	青海省海西州格尔木市柴达木中路 119 号 1 幢 1 至 4 层
格尔木浙海钾肥有限责任公司	1200	青海省格尔木市光明路
冷湖俄北钾肥有限责任公司	1056	冷湖镇昆特依盐场俄博梁
青海鼎信工贸有限公司	1009	青海省格尔木市昆仑经济开发区
格尔木康生钾业科技发展有限公司	1000	青海省格尔木市中山路 42 号
青海虹昇生物科技开发有限公司	1000	青海省海西州乌兰县茶卡镇
青海国大朗葛化工科技有限公司	1000	青海省海西州大柴旦行委建设西路大柴旦工业园管委会
青海金昆仑锂业研究院有限公司	1000	青海省格尔木市昆仑经济开发区商业街 158 号
格尔木亿升镁业科技开发有限公司	1000	青海省格尔木市昆仑经济技术开发区南海路 001-[03]-108
青海让克彪盐化有限公司	1000	青海省海西州格尔木市迎宾路工务段 6 号（铁路工务段西侧）
青海君晟新能源有限公司	1000	青海省海西州格尔木市盐桥南路 40 号
格尔木盛农复混肥有限责任公司	1000	格尔木市盐桥南路 54 号
青海金博化工有限公司	800	青海省格尔木市昆仑经济技术开发区商业街 201 号
格尔木德瑞化工有限公司	700	格尔木市昆仑经济开发区
青海中天诚盐湖资源研发有限公司	600	青海省海西州大柴旦人民东路 60 号
青海乌金化工有限责任公司	600	乌兰县柯柯镇盐湖路 24 号
青海昆仑镁盐有限责任公司	575.8	青海省格尔木市八一西路 5 号
格尔木政沁盐业有限公司	510	格尔木市昆仑南路 16 号
青海大柴旦中远矿业开发有限公司	500	青海省海西州大柴旦县
格尔木元和颗粒钾肥有限公司	500	青海省格尔木市达布逊
格尔木云宝钾肥有限公司	500	青海省海西州格尔木市昆仑路 62 号黄河国际大酒店 22 楼
大柴旦绿森有机肥科技有限公司	500	青海省海西州大柴旦行委（原小柴旦火电厂）
大柴旦融昌化工有限公司	500	青海省海西州大柴旦饮马峡工业园区
格尔木疆南域肥业有限公司	500	青海省格尔木市园艺场二队
青海佳慧硼镁肥业有限公司	500	海西州大柴旦青海省海西州大柴旦镇人民西路工业园区
青海黄河实业集团建安有限公司钾肥厂	—	青海省海西州格尔木市察尔汗盐湖
乌兰金峰新能源光伏发电有限公司	8700	青海省乌兰县柯柯镇西沙沟村
青海柴达木农垦莫河骆驼场有限公司盐业分公司	—	青海省海西州乌兰县茶卡镇
海西恒利气体工贸有限公司乌兰分公司	—	青海省海西州乌兰县察汉诺

续表

企业名称	注册资本 / 万元	地址
乌兰县鑫鑫石料场	—	乌兰县铜普镇察汗诺
格尔木藏格钾肥有限公司	80000	青海省海西州格尔木市昆仑南路 15-02 号
青海锂业有限公司	13000	青海省海西州格尔木市中山路 9 号 5 号楼
西安伟源绿化工程有限公司大柴旦小红山第二石料厂	—	—
青海西豫有色金属有限公司	40680	青海省昆仑经济开发区
中广核青海冷湖风力发电有限公司	42661.5	海西州茫崖市冷湖镇 305 省道西 400 米
青海发投碱业有限公司	51866.03	青海省德令哈市长江路东侧工业园区
中盐青海昆仑碱业有限公司	50000	青海省海西州德令哈市茫崖路 14 号
中广核太阳能（德令哈）光伏有限公司	3500	海西州德令哈市西出口光伏发电园区
青海西部镁业有限公司	50000	青海省德令哈市工业园区纬七路以南
青海恒信融锂业科技有限公司	6519.2744	青海省海西州大柴旦行委大柴旦镇西台 3 号
青海聚纤新材料科技有限公司	20000	德令哈市河东区双拥路 1 号（柴达木 < 国家级 > 循环经济促进中心主楼 4 楼 4-48 室）
青海聚纤新材料科技有限公司格尔木分公司	—	青海省格尔木市昆仑经济技术开发区商业街 232 号
青海盈天能源有限公司	10000	海西州德令哈市祁连路 16 号（德令哈市工业园管委会四楼 403 室）
青海盈天新材料有限公司	5500	青海省海西州德令哈市德令哈市工业园管委会四楼 403 室
中广核太阳能德令哈有限公司	90241	德令哈市西出口 315 国道以北
中广核太阳能乌兰有限公司	10000	青海省乌兰县柯柯镇西沙沟村
中广核海西太阳能开发有限公司	11247	德令哈市市政府办公大楼 324 室
中广核新能源风电海西有限公司	50	青海省海西蒙古族藏族自治州茫崖冷湖镇丁字路口
中广核（格尔木）能源开发有限公司	9202	青海省海西州格尔木市乌图美仁乡光伏园区 3 号地块
中国石油天然气股份有限公司青海油田分公司	—	青海省海西州茫崖花土沟镇创业路
中国石油天然气集团有限公司青海油田分公司格尔木炼油厂	—	青海省海西州格尔木市黄河中路
国电电力青海新能源开发有限公司格尔木分公司	—	格尔木市东出口 109 国道 2705 公里处北侧
国电电力青海新能源开发有限公司都兰分公司	—	都兰县宗加镇
中节能青海大柴旦太阳能发电有限公司	25543	青海省海西州大柴旦锡铁山镇
青海华汇新能源有限公司	10000	青海省德令哈市工业园区（长江路以东）
西部矿业股份有限公司锡铁山分公司	—	青海省大柴旦行委锡铁山镇
青海庆华矿冶煤化集团有限公司	100000	青海省海西州天峻县新源镇草原路西
青海省盐业股份有限公司	15000	青海省海西州乌兰县茶卡镇
中节能太阳能科技德令哈有限公司	2700	青海省海西州德令哈市西出口光伏（热）产业基地
青海黄河上游水电开发有限责任公司	999555.5556	青海省西宁市城西区五四西路 43 号
乌兰益多新能源有限公司	5000	海西州乌兰县青海省乌兰县车站路 1 号

续表

企业名称	注册资本 / 万元	地址
中盐青海昆仑碱业有限公司柯柯盐矿	—	青海省海西州乌兰县柯柯镇
西藏和锂锂业有限公司	4000	青海省格尔木市藏青工业园区拉萨路与孔雀河路交汇处
西藏容汇锂业科技有限公司	25000	青海省格尔木市藏青工业园
西藏大德材料科技集团有限公司	3030	青海省格尔木市藏青工业园 B 区 12 号车间
青海中浩能源化工有限公司	380000	青海省格尔木市昆仑南路 15-02 号
青海庆华煤化有限责任公司	87500	青海省乌兰县察汗诺
海西玺金煤化工开发有限公司	42180	青海省大柴旦经发局办公楼二楼 209 室
青海西豫有色金属有限公司	40680	青海省昆仑经济开发区
青海昆仑源航超轻材料研究院有限公司	30000	青海省海西州格尔木市昆仑经济开发区瀚海路 28 号
青海中创美镁业有限公司	20000	青海省格尔木市昆仑经济开发区金川路与长江路交汇处（柴达木循环经济实验区格尔木工业园科技孵化器B3厂房）
金海锂业（青海）有限公司	18000	青海省海西州大柴旦柴旦镇大华街与团结路交叉口 2014-2 号
青海华信环保科技有限公司	13133.75	青海省格尔木市昆仑经济开发区南海东路 9 号
青海润程沥青销售有限公司	12000	青海省海西州格尔木市昆仑中路 56-10 号（投资控股公司三楼）
青海金天利矿业投资有限公司	10100	乌兰县茶卡镇西街 18 号
青海锦泰新能源科技有限公司	10000	青海省海西州茫崖市冷湖镇巴仑马海湖湖区西侧
青海瑞隆大煤沟洗煤有限公司	8000	青海省海西州大柴旦行委大煤沟矿区
格尔木豫源有限责任公司	5300	格尔木市昆仑经济开发区
青海西部镁业新材料有限公司	4000	德令哈市工业园区纬七路以南（青海西部镁业有限公司院内）
大柴旦海峰科技有限公司	3000	青海省海西州大柴旦锡铁山镇
大柴旦中汇矿业开发有限公司	1200	青海省海西州大柴旦行委锡铁山工业园区
青海奥雷德镁业有限公司	1000	德令哈市河东区祁连路 16 号（德令哈工业园管委会四楼 403 室）
大柴旦佳雍矿业有限公司	1000	青海省海西州大柴旦镇人民东路
青海腾坤矿业有限公司	1000	青海省海西州都兰县察苏镇上庄村 5 号楼 4 单元 101 室
格尔木聚新再生资源回收有限公司	1000	青海省海西州格尔木市郭勒木德镇民康村 120 号村委会北侧 200 米处
青海昆仑稀有元素研究院有限公司	800	青海省海西州大柴旦大柴旦大华街 1 号
青海海镁特镁业有限公司	500 万（美元）	青海省格尔木昆仑经济开发区商业街 199 号
青海彬彬矿业有限公司	500	青海省海西州格尔木市团结湖路 6 号昆仑经济技术开发区综合楼 508 室